KB078846

NCS 적용 2D/3D 실무

SolidWorks 기계설계제도

강형식 · 이종신 공저

책을 내면서…

기계설계 과목을 강의하시는 교수님, 그리고 학습자 여러분 반갑습니다. 기계설계는 모든 제조업의 핵심 분야이며 회사의 첫 번째 자산입니다. 이제 기계설계는 2D CAD 시대를 넘어서 3D CAD를 통한 제품의 설계 및 창조적인 최적의 설계까지 요구되고 있으므로 이에 맞춰 인력을 양성해야 할 때입니다.

최근 국가에서는 모든 산업 현장에서 요구하는 지식, 기술, 소양 등의 직무를 수행할 수 있도록 NCS(국가직무능력표준)를 만들었으며 전문대학교, 직업학교 등에서 의무적으로 NCS 수업을 하고 있습니다. 그러나 그 방법이 너무 어렵고 산출해야 할 평가물 또한 방대하며, NCS 홈페이지에서 제공되는 모듈교재도 직무 내용이 맞지 않거나 내용이 많이 부족하여 정착하기에 어려움이 있습니다.

이러한 문제를 해결하기 위해 본 교재는 표준 능력단위를 기반으로 기계설계 직무 분야에 대하여 쉽게 순차적으로 NCS 수업을 할 수 있도록 학습계획부터 직무능력평가 및 보고서까지 체계적으로 구성하였습니다.

기계설계산업기사는 국가기술자격시험 기계설계 분야에서 가장 응시율이 높습니다. 2018년 3회부터 실기시험 과제 출제기준이 변경되었으나 기존의 CAD 실기교재는 이를 반영하지 못하고 있습니다. 이에 본 교재는 설계 변경 요구사항을 반영하고, 여러 예상과제를 분석하여 시작 단계에서부터 완성 단계까지 따라 해봄으로써 응용력을 기르는 것은 물론, 어떤 과제가 출제되더라도 설계 변경사항에 맞춰 도면에 자신감을 가지고 작업할 수 있도록 하였습니다.

끝으로, 이 책이 나오기까지 원고를 정성껏 다듬고 검토하며 많은 도움을 주신 도서출판 **일진사** 직원 여러분께 깊은 감사를 드립니다.

저자 일동

1 NCS 능력단위 절차 적용

최근 국가에서는 모든 산업 현장에서 요구하는 지식, 기술, 소양 등의 직무를 수행할 수 있도록 NCS(국가직무능력표준)를 만들었으며, 대부분의 대학에서 NCS 수업을 하고 있다. 그러나 NCS 홈페이지에서 제공되는 학습모듈교재는 직무 내용이 맞지 않거나 실기시험 과제 학습을 수행하기에는 내용이 많이 부족하며, 여러 종류의 CAD 프로그램을 수록하다 보니 전문 지식을 쌓기에도 한계가 있다.

본 교재는 NCS 개발 단계부터 다년간 쌓아 온 지도 경험을 토대로 교수 및 학습자 모두 NCS 수업을 절차에 따라 편리하게 진행할 수 있도록, 국가에서 요구하는 기계설계 분야의 3D 형상모델링 능력단위 학습목표를 설정한 후 능력요소별 수행준거에 맞춰 직무수행을 할 수 있도록 구성하였다. 진단평가, 직무수행능력평가, 향상평가를 편리하게 실시할 수 있도록 평가 방법을 제공하였으며, 최종 CQI 보고서 작성 방법 등도 제공하였다.

NCS 국가직무능력표준 National Competency Standards ➡ 능력단위 절차 적용

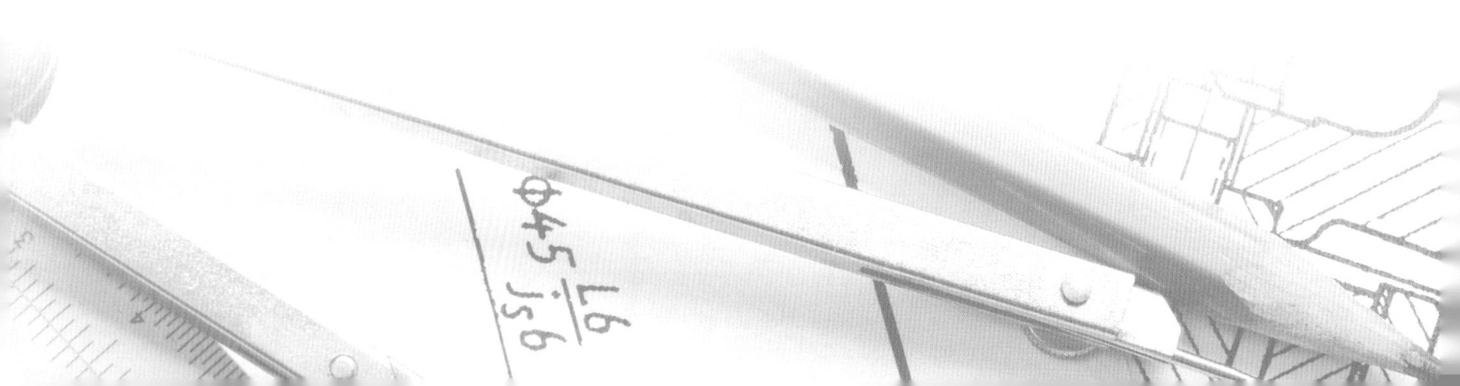

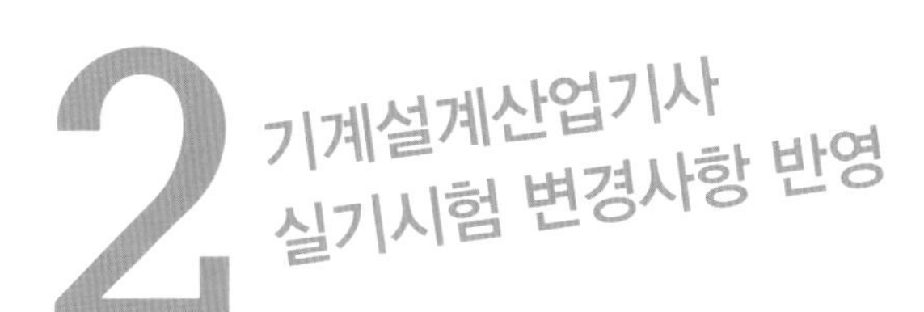

2 기계설계산업기사 실기시험 변경사항 반영

기계설계산업기사 실기시험은 2018년 3회 시험부터 실기시험 과제 출제기준이 변경되었으나 기존 교재는 이를 반영하지 못하고 있다. 이에 본 교재는 설계 변경 요구사항을 반영한 예상과제를 시작 단계에서부터 완성 단계까지 따라해봄으로써 응용력을 기르는 것은 물론, 어떠한 과제가 나오더라도 자신감을 가질 수 있도록 하였다.

3 실기시험 과제 수행에 필요한 모든 과정 수록

본 교재는 SolidWorks를 활용한 3D CAD 작업과 AutoCAD에서 추출한 도면으로 2D 부품도를 완성할 수 있도록 하였으며, 실기시험 과제 수행에 필요한 모델링과 도면화 작업까지 모든 과정을 수록하였다.

기계설계 과제도 ➡ 설계 변경 ➡ 모델링 및 2D 도면

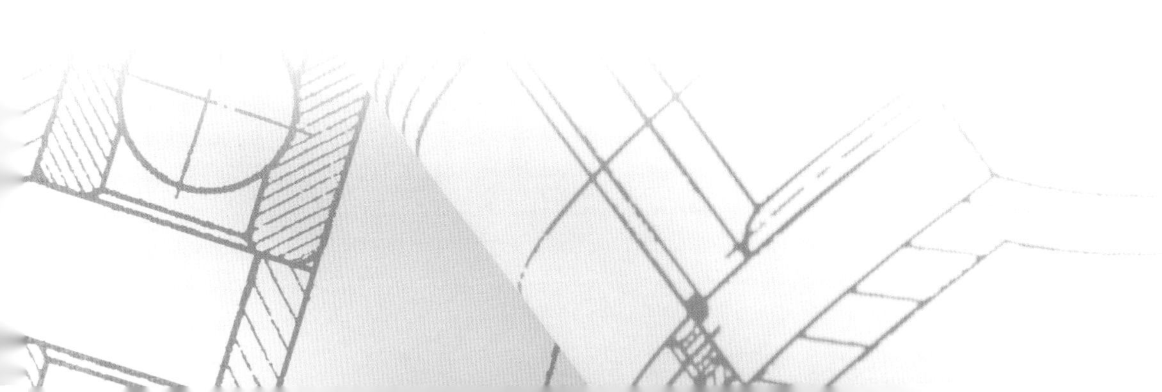

Chapter 1 출제분석 및 NCS 수업 방법

1. 출제분석

1 실기시험 출제기준 ···· 12
2 수험 준비 및 요령 ···· 14
3 국가기술자격 실기시험 문제 예시 ···· 18

2. NCS 수업 방법

1 능력단위 학습목표 ···· 26
2 교수 방법 및 학습 방법 ···· 27
3 진단평가 ···· 29
4 CQI 보고서 ···· 30

Chapter 2 3D 형상 모델링 작업 준비

1. SolidWorks 작업환경 설정하기

1 SolidWorks의 시작 ···· 34
2 기계설계용 기본 환경 설정 ···· 36

2. SolidWorks 도면양식 만들기

1 수험용 도면양식 ···· 41

3. AutoCAD 도면양식 만들기

1 2D 부품도 도면양식 ···· 47
2 환경 설정 ···· 48
3 SolidWorks에서 만든 도면양식 이용하기 ···· 59

4. 설계 변경 요구사항 분석하기

1 동력전달장치 ···· 62
2 드릴지그 ···· 67
3 공압 실린더 ···· 71

5. 직무능력 평가하기

1 작업장 평가 ···· 76
2 서술형 평가 ···· 77

3 피드백 79
4 향상평가 및 심화평가 79

Chapter 3 3D 형상 모델링

1. 동력전달장치
1 본체 82
2 축 (샤프트) 100
3 베어링 커버 108
4 V-벨트 풀리 116
5 3D 부품 등각투상도 작성 125
6 2D 부품도 작성 134
7 직무능력평가 165

2. 드릴지그
1 베이스 169
2 리드 나사 177
3 기타 부품 (블록, 고정 드릴부시, 상부 플레이트) 182

Chapter 4 예상과제 및 모범답안

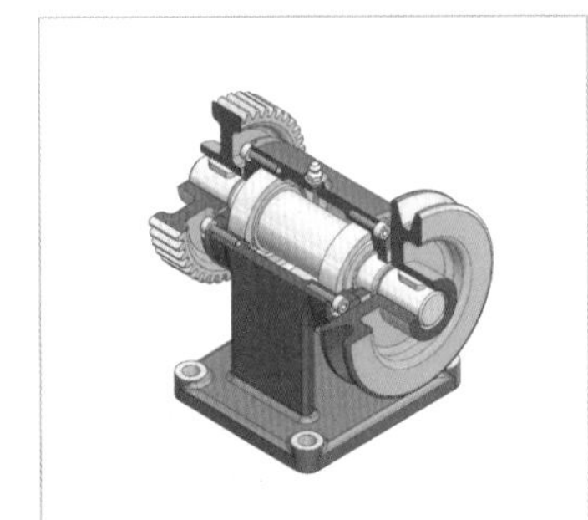

과제 1 동력전달장치 1 / 188

과제 2 동력전달장치 2 / 192

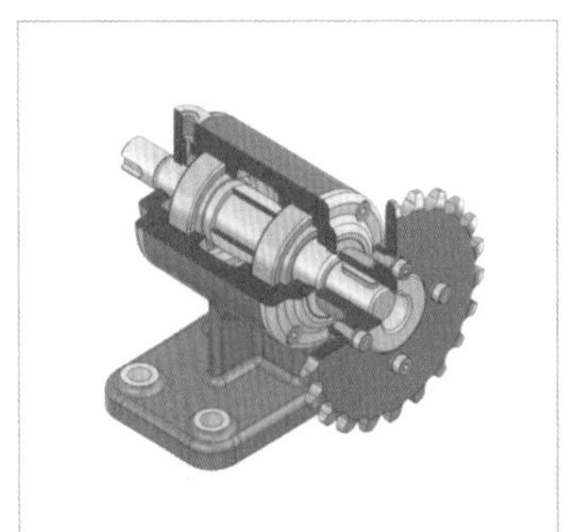

과제 3 동력전달장치 3 / 196

차례

과제 4 드릴지그 / 200

과제 5 공압 실린더 / 204

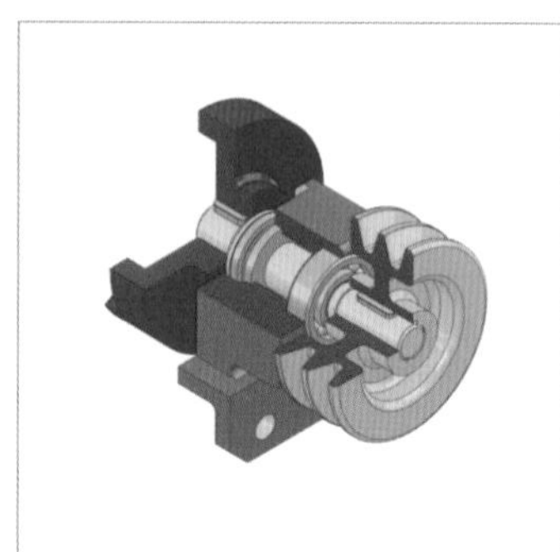

과제 6 3날 클러치 / 208

과제 7 동력변환장치 / 212

과제 8 래칫 기어장치 / 216

과제 9 편심왕복장치 / 220

과제 10 축받침대 / 224

과제 11 레버 스토리지 / 228

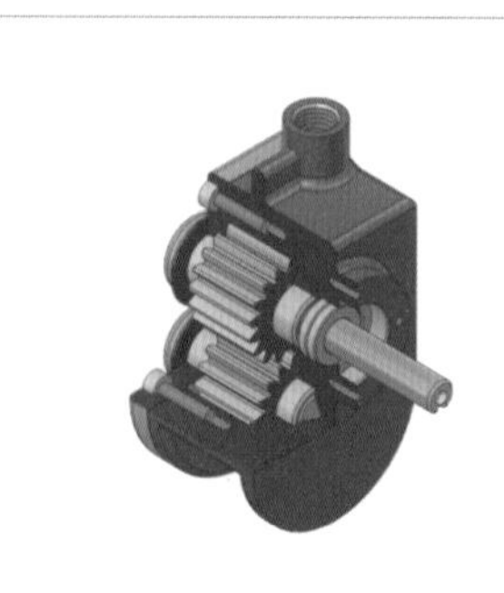

과제 12 기어펌프 / 232

과제 13 분할장치 / 236

과제 14 세그먼트 기어 / 240

과제 15 인덱싱 드릴지그 / 242

과제 16 클러치축 / 248

과제 17 길이측정 검사구 / 252

과제 18 클램프 / 256

과제 19 C형 슬라이더 / 260

과제 20 리밍지그 / 264

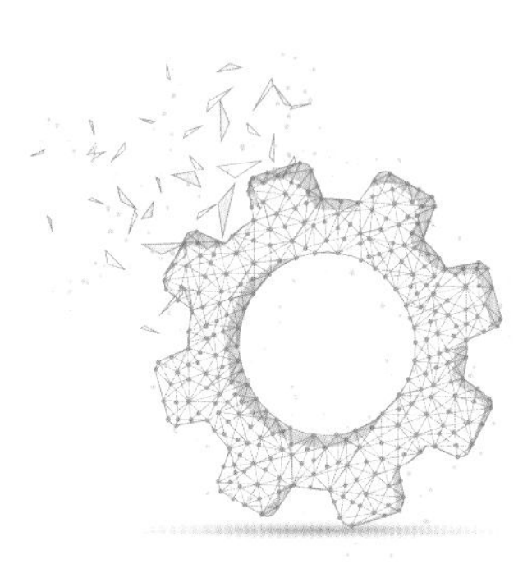

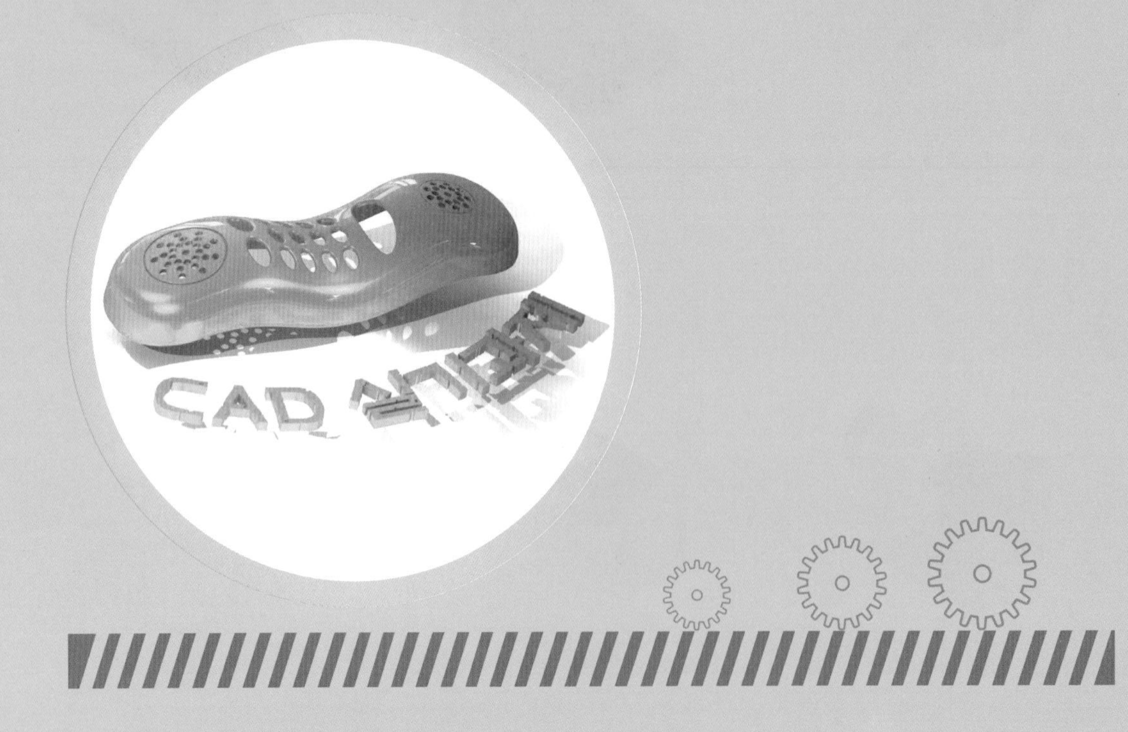
CAD

출제분석 및 NCS 수업 방법

1 출제분석

1 실기시험 출제기준

직무 분야	기계	중직무 분야	기계제작	자격 종목	기계설계산업기사	적용 기간	2018.7.1.~2020.12.31.

• 직무 내용 : 주로 CAD 시스템을 이용하여 기계도면을 작성하거나 수정 · 출도하며, 부품도를 도면의 형식에 맞게 배열하고 단면 형상의 표시 및 치수 노트 작성, 컴퓨터를 이용한 부품의 전개도, 조립도, 구조도 등을 설계하며 생산관리, 품질관리, 설비관리 등의 직무 수행

• 수행 준거 : 1. CAD 소프트웨어를 이용하여 산업규격에 적합하고 도면의 형식에 맞는 부품도를 작성하여 출력할 수 있다.
2. CAD 소프트웨어를 이용하여 모델링 작업 및 설계 검증(질량 해석 등)을 할 수 있다.
3. 제시된 기계의 특성에 맞는 부품 제작 및 조립에 필요한 내용(치수, 공차, 가공 기호 등)을 표기할 수 있다.

실기검정방법	작업형	시험시간	5시간 30분 정도

주요 항목	세부 항목
1. 설계관련 정보 수집 및 분석	1. 정보 수집하기
	2. 정보 분석하기
2. 설계관련 표준화 제공	1. 소요자재 목록 및 부품 목록 관리하기
3. 도면 해독	1. 도면 해독하기
4. 형상(3D/2D) 모델링	1. 모델링 작업 준비하기
	2. 모델링 작업하기

주요 항목	세부 항목
5. 모델링 종합평가	1. 모델링 데이터 확인하기
	2. 부품(PART) 어셈블리(ASSEMBLY)하기
6. 설계 도면 작성	1. 설계사양과 구성요소 확인하기
	2. 도면 작성하기
	3. 도면 출력 및 데이터 관리하기
7. 요소 부품 재질 검토(재료 열처리)	1. 열처리 방안 선정하기
8. 설계 검증	1. 설계 검증 준비하기
	2. 공학적 검증하기
	3. 설계 변경하기

실기시험 변경사항

❶ 2012년부터 제도용 데이터북은 열람할 수 없으며 실기시험 시 KS 데이터가 파일로 제공된다.

❷ 2018년 3회 시험부터 설계 변경사항 반영 후 CAD 작업을 수행하며, 작업시간은 5시간 30분이다.

2 수험 준비 및 요령

(1) 수험자 주의사항

2018년 기계설계산업기사 3회 실기시험부터 설계 변경사항을 반영한 후 2D 부품도 및 3D 모델링도 작업을 실시하는 것으로 과제 작업 방법이 변경되었다. 본 교재는 변경된 기준에 맞춰 수험 준비를 할 수 있도록 과제 요구조건, 수험자 주의사항, 과제 수행 관리 방법 등을 수록하였다.

신분증, 수험증 및 준비물을 지참하여 수험장에 들어간 후 감독위원으로부터 인적사항을 확인받고 비번호를 부여받는다. 비번호 이름표를 상의에 부착하고 지정 좌석에 앉아 마우스의 민감도, 컴퓨터 장비와 CAD 프로그램의 메뉴 배치 및 이상 여부를 확인한다.

수험자 지참 준비물 목록

지참 공구 목록		종목명	기계설계산업기사		
번호	지참 공구명	규격	단위	수량	비고
1	기계 제도 기초 용구	삼각자 디바이더 등	조	1	조립 도면 해독용
2	검은색 볼펜	사무용	조	1	–
3	삼각스케일	300mm	개	1	조립 도면 해독용
4	2차원 설계 S/W	–	개	1	수험장 시설을 사용하는 수험자는 제외
5	3차원 설계 S/W	–	개	1	
6	계산기	공학용	개	1	계산용

수험장에 설치된 CAD S/W(버전 포함)와 다를 경우 정품 CAD S/W 또는 개인 PC를 지참할 수 있으나, 시험 시작 전 수험장 PC에 S/W를 설치하거나 감독위원에게 개인 PC를 검수받아야 한다. 이때 호환성 및 설치, 출력 등으로 인해 발생되는 모든 사항은 수험자의 책임이므로 주의한다. * 반드시 수험장에 설치된 CAD S/W(2차원, 3차원 작업용)의 명칭 및 버전을 시험 전 미리 확인한다.

또한 수험장 출력용 PC에 해당 CAD S/W가 없을 경우 PDF 파일 형태로 변환한 다음 종이로 출력해야 하므로 작업한 도면 파일을 색상, 크기 등 수험 요구조건과 동일한 형태로 변환할 수 있어야 한다. 이때 폰트 깨짐 등의 문제가 발생할 수 있으므로 CAD 사용환경 등을 충분히 숙지하여 문제가 발생하지 않도록 준비한다.

최악의 경우 PDF 또는 이미지 파일(PNG, JPEG)로 저장한 후 출력할 수도 있다.

장비 점검이 끝나면 다음과 같은 문제지를 받는다. 비번호와 이름을 기록한 후 감독위원의 설명을 듣고 지시에 따른다. 매회 같은 내용이 아니므로 반드시 요구사항을 읽고 감독관의 지시에 따라야 한다. * 특히 작업 파일의 이름을 부여하는 방법에 대한 설명에 귀 기울여야 한다.

문제지에 기록해야 할 사항

<table>
<tr><td>자격종목</td><td colspan="2">기계설계산업기사</td><td>과제명</td><td colspan="2">도면 참조</td></tr>
<tr><td>비번호</td><td>05(예시)</td><td>시험일시</td><td></td><td>시험장명</td><td></td></tr>
</table>

시험시간 : 5시간 30분

(2) 작업수행 요령

① 시험이 시작되면 시간 체크를 한 다음, 과제 도면 검토를 시작한다. 이때 과제의 명칭을 보고 기능과 구동원리를 분석하며, 작업해야 할 부품을 체크하여 각 부품의 형상을 충분히 살펴본다. 대체로 품번 ①은 본체이며 형상이 복잡하지만 쉬운 부품부터 파악하다 보면 본체의 구성도 알 수 있으므로 당황하지 않도록 한다.

② 설계 변경 요구조건에 따라 제공된 KS 데이터(PDF 파일)를 보고 과제 도면의 요구사항과 대조하면서 크기와 적용할 공차값을 문제지에 기록한다.

* 이때 적용할 KS 부품 끼워 맞춤 기호와 관련된 부품의 크기 변화를 기록해 둔다.

③ 개정되기 전에는 단면을 요구하는 조건, 질량 산출 조건이 있었으나 최근에는 이러한 요구조건이 삭제되었으므로 착오로 인한 실수를 줄이고 시간을 낭비하지 않도록 한다.

④ 과제 도면은 실척에 맞게 1:1 또는 1:2로 인쇄되어 있으므로 과제 도면의 크기를 직접 자로 측정하고 각도를 재어 가면서 3D 모델링을 한다. 치수 측정 시 끼워 맞춤 치수, 중심거리 등과 같은 중요한 치수의 측정값은 색상이 다른 필기도구를 사용하여 해당하는 위치에 기록해 둔다.

* 특히 복잡한 형상 부분은 간략 프리핸드 스케치를 하여 필요한 치수를 기입해 둔다.

⑤ 과제 수행의 성공 여부는 시간관리에 있다고 해도 과언이 아니므로 시간을 체크해 가며 과제 수행을 한다.

쉬워 보이는 투상부터 해결하다 보면 그 과정에서 저절로 해결이 되는 경우가 있으므로 어려워 보이는 투상에서 너무 머뭇거려 시간을 뺏기는 일이 없도록 한다.

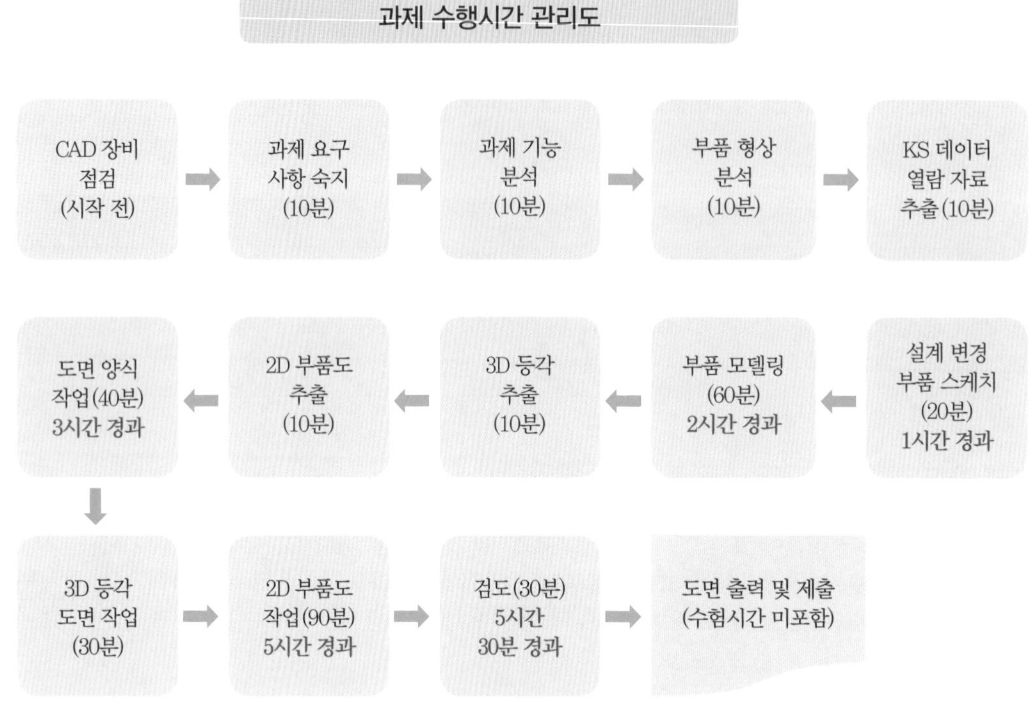

과제 수행시간 관리의 예시(5시간 30분)

과제 수행시간은 개인마다 편차가 있고 숙련도가 다르므로 연습 때부터 습관화하여 시간을 체크하는 것이 중요하다.

(3) 검도 방법

도면을 완성하더라도 바로 제출하지 않고 30분 정도 검도하는 시간을 갖는다. 이미 제출한 작업 파일은 수정할 수 없으므로 누락된 부분이나 오류가 있는지 확인하고 수정하는 시간을 갖는다.

미완성 작품도 감독위원이 출력물을 철하여 전달하긴 하지만 채점권한이 없으므로 대부분은 중앙 채점과정에서 미완성 또는 오작으로 실격 처리가 된다. 감점을 받더라도 연장시간을 이용하여 약간의 검도를 하는 것이 많은 도움이 된다.

■ 검도할 사항

① 설계 변경 요구사항대로 관련 부품의 투상과 치수가 올바른가?
② 작업 요구 부품별로 투상도, 요구 부품의 단면 및 해칭, 투상선 누락은 없는가?
③ 중요 치수(끼워 맞춤부, 중심거리, 부품 전체 치수, KS 데이터 치수)의 누락은 없는가?
④ 기능과 품질에 따른 주요부 기하 공차, 표면 거칠기를 논리적 위치에 적절하게 했는가?

⑤ 품번과 부품란 번호가 일치하는가? 3D 모델링도(등각투상도)는 음영 및 렌더링 처리가 올바른가?
⑥ 열처리 부품의 주서는 기입했는가? 재질 기호는 적합한가?
⑦ 전체적인 균형 배치가 맞아 짜임새 있고 보기에 좋은가?
⑧ 여백에 표면 거칠기 기호 등 불필요한 작업요소가 남아 있지 않은가?
⑨ 파단선, 은선 등 색상은 적합한가? 중심선이 너무 짧거나 길게 나온 곳이 있어 미관상 안 좋은 곳이 있는가?

(4) 출력

검도가 끝나면 모든 작업 파일을 비번호 폴더에 모아서 제출하고, 감독위원에게 작업시간을 체크아웃 한 다음 2D 부품도와 3D 모델링도를 직접 플로팅 한다. 이것은 작업시간에 포함되지 않으므로 차분하게 출력물의 이상 유무를 확인한 후 감독위원에게 서명을 받고 문제지와 함께 제출한 다음 퇴실한다. 이때 출력물에서 잘못 작도된 부분이 발견되더라도 본인 실수에 의한 것은 다시 작업을 할 수 없다.

플로팅 용지 크기, 선 굵기 등의 설정 요령은 Chapter 2. 2 SolidWorks 도면양식 만들기를 참조한다.

3 국가기술자격 실기시험 문제 예시

국가기술자격 실기시험문제

자격종목	기계설계산업기사		과제명	도면참조	
비번호		시험일시		시험장명	

시험시간 : 5시간 30분

1 요구사항

다음의 요구사항을 시험시간 내에 완성하시오.

1. 설계 변경 작업

(1) 지급된 과제 도면을 기준으로 아래 설계 변경 조건에 따라 설계 변경을 수행하시오.

(2) 설계 변경 대상 부품이 변경될 경우 관련된 다른 부품도 설계 변경이 수반되어야 합니다.

(3) 설계 변경 시 설계 변경 부위는 최소한으로 해야 하고, 설계 변경은 합리적으로 이루어져야 하며, 요구한 설계 변경 조건 이외의 불필요한 설계 변경은 하지 않아야 합니다.

❖ **설계 변경 조건**

❶ 'A'부 치수를 64로 변경하시오. 단, ①번 부품만 변경합니다.
❷ 'B'부 치수를 40으로 변경하시오. 단, ②번과 ④번 부품만 변경합니다.
❸ 'C'부 치수를 ϕ8로 변경하시오.
❹ 가공하는 제품도는 변경되지 않습니다.
❺ 과제 도면에 직접 명시된 치수는 변경되지 않습니다.
※ 설계 변경 작업을 대부분 하지 않았거나 제시한 문제 도면을 그대로 투상한 경우 채점 대상에서 제외됩니다.

2. 부품도(2D) 제도

(1) 지급된 과제 도면을 기준으로 설계 변경 작업 후 부품 (①, ②, ③, ⑤)번의 부품도를 CAD 프로그램을 이용하여 제도하시오.

– 단, 모델링도는 대상 부품이 틀릴 수 있습니다.

(2) 부품들의 형상이 잘 나타나도록 투상도와 단면도 등을 빠짐없이 제도하고 설계 목적에 맞는 기능 및 작동을 할 수 있도록 치수, 치수 공차, 끼워 맞춤 공차, 기하 공차, 표면 거칠기, 표면처리, 열처리, 주서 등 부품도 제작에 필요한 모든 사항을 기입합니다.

(3) 출력은 지급된 용지(A3 트레이싱지)에 본인이 직접 흑백으로 출력을 한 다음 제출합니다.

(4) 제도는 제3각법으로 A2 크기 도면의 윤곽선 영역 내에 1 : 1로 제도하며, 지정된 양식에 맞추어 좌측상단 A부에 수험번호와 성명을 먼저 작성하고, 오른쪽 하단 B부에 표제란과 부품란을 작성한 후 부품도를 제도합니다.

3. 렌더링 등각 투상도(3D) 제도

(1) 지급된 과제 도면을 기준으로 설계 변경 작업 후 (①, ②, ③, ⑤)번 부품을 파라메트릭 솔리드 모델링을 하고, 흑백으로 출력 시 형상이 잘 나타나도록 음영, 렌더링 처리를 하여 A2 용지에 제도하시오.

– 단, 출력 시 형상이 잘 나타나도록 색상 및 그 외 사항을 적절히 지정하시기 바라며, 부품은 단면하여 나타내지 않습니다.

(2) 도면의 크기는 A2로 하고 윤곽선 영역 내에 적절히 배치하도록 하며, 좌측상단 A부에 수험번호와 성명을 먼저 작성하고, 오른쪽 하단 B부에는 표제란과 부품란을 작성한 후 모델링도 작업을 합니다.

(3) 척도는 NS로 A3에 출력하며, 부품마다 실물의 특징이 가장 잘 나타나는 등각축을 2개 선택하여 등각 이미지를 2개씩 나타내시기 바랍니다.

(4) 출력은 렌더링 등각투상도로 나타낸 도면을 지급된 트레이싱 용지에 본인이 직접 흑백으로 출력하여 제출합니다.

지급 재료	※ 트레이싱지(A3)로 출력되지 않으면 오작
트레이싱지(A3) 2장	

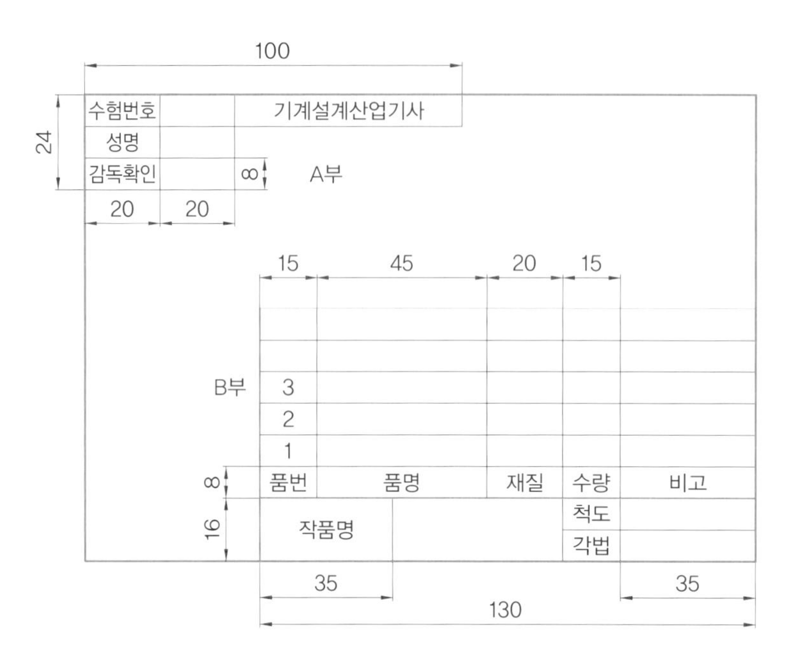

도면 작성 양식(2D 및 3D)

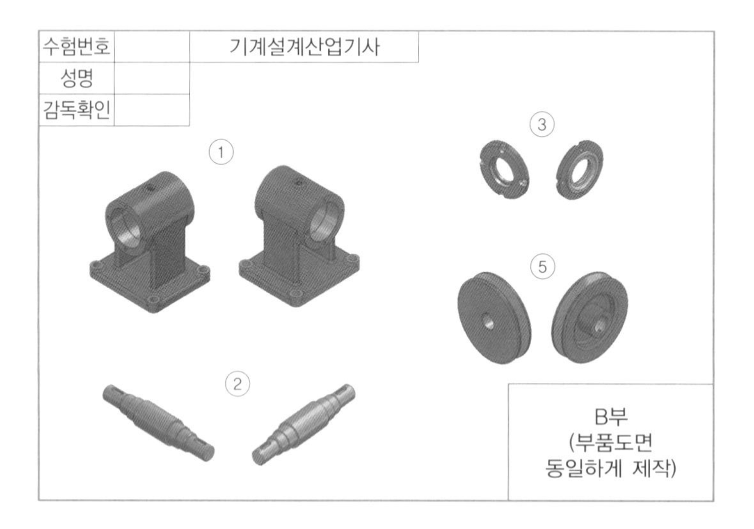

3D 모델링도 예시

2 수험자 유의사항

(1) 미리 작성된 LISP과 같은 Part program 또는 Block은 일체 사용할 수 없습니다.

(2) 시작 전 감독위원이 지정한 위치에 본인 비번호로 폴더를 생성한 후 비번호를 파일명으로 작업내용을 저장하며, 시험 종료 후 저장한 작업내용은 삭제바랍니다.

(3) 정전 또는 기계 고장을 대비하여 수시로 저장하시기 바랍니다.
- 이러한 문제 발생 시 '작업 정지시간 + 5분'의 추가시간을 부여합니다.

(4) 제도는 지급한 KS 데이터를 참고하여 제도하고, 규정되지 않은 내용은 과제 도면을 기준으로 하여 통상적인 KS 규격 및 ISO 규격과 관례에 따르시기 바랍니다.

(5) 도면의 한계와 선 굵기, 문자 및 크기를 구분하기 위한 색상은 다음과 같습니다.

㉮ 도면의 한계설정(Limits)

a와 b의 도면의 한계선(도면의 가장자리 선)은 출력되지 않도록 합니다.

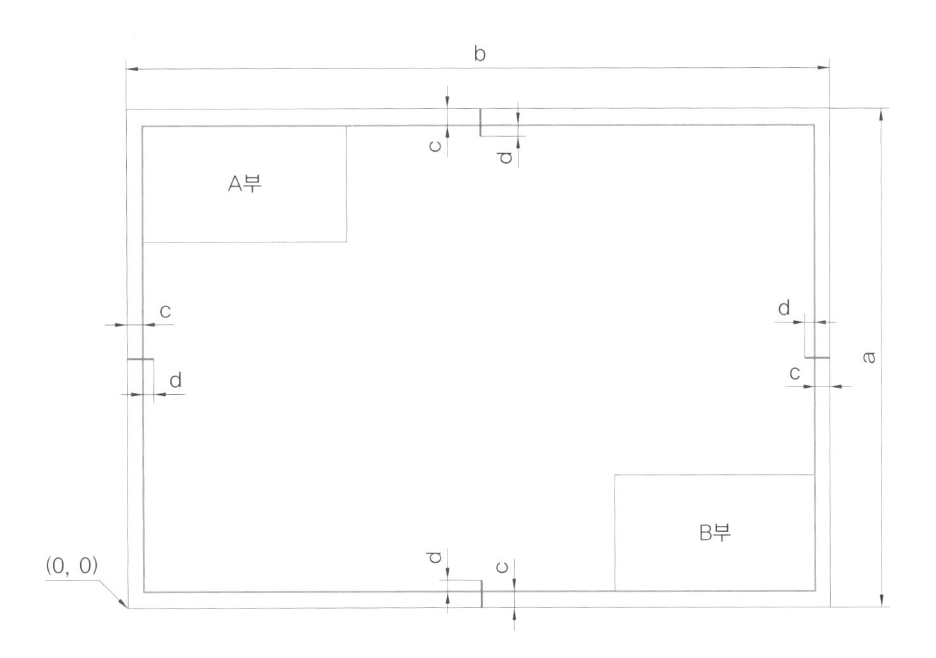

구분	도면의 한계		중심 마크	
도면 크기 \ 기호	a	b	c	d
A2(부품도)	420	594	10	5

도면의 크기 및 한계 설정, 윤곽선 및 중심 마크

㉯ 선 굵기와 문자, 숫자, 크기 구분을 위한 색상 지정

문자, 숫자, 기호의 높이	선 굵기	지정 색상	용도
7.0mm	0.70mm	청(파란)색 (Blue)	윤곽선, 표제란과 부품란의 윤곽선 등
5.0mm	0.50mm	초록색(Green), 갈색(Brown)	외형선, 부품번호, 개별주서, 중심 마크 등
3.5mm	0.35mm	황(노란)색 (Yellow)	숨은선, 치수와 기호, 일반 주서 등
2.5mm	0.25mm	흰색(White), 빨간색(Red)	해치선, 치수선, 치수보조선, 중심선, 가상선 등

※ 위 표는 AutoCAD 프로그램상에서 출력을 용이하게 하기 위한 설정이므로 다른 프로그램을 사용할 경우 위 항목에 맞도록 문자, 숫자, 기호의 크기, 선 굵기를 지정하시기 바랍니다.

※ 출력과정에서 문자, 숫자, 기호의 크기 및 선 굵기 등이 옳지 않을 경우 감점이나 채점대상에서 제외될 수 있으니 참고하시기 바랍니다.

※ 숫자, 로마자는 ISO 표준을 사용하고, 한글은 굴림 또는 굴림체를 사용하시기 바랍니다.

(6) 과제 도면에 표시되지 않은 표준 부품은 지급한 KS 데이터를 참고하여 해당 규격으로 제도하고, 도면의 측정 치수와 규격이 일치하지 않을 때에는 해당 규격으로 제도합니다.

(7) 좌측 상단 A부에 감독위원의 확인을 받아야 하며, 안전수칙을 준수해야 합니다.

(8) 작업이 끝나면 감독위원이 제공한 USB에 바탕화면의 비번호 폴더 전체를 저장하고, 출력 시 시험위원이 USB를 삽입한 후 수험자 본인이 감독위원 입회하에 직접 출력하며, 출력 소요시간은 시험시간에서 제외합니다.

(9) 표제란 위에 있는 부품란에는 각 도면에서 제도하는 해당 부품만 기재합니다.

※ 다음 사항에 대해서는 채점 대상에서 제외하니 특히 유의하시기 바랍니다.

■ 기권

수험자 본인이 수험 도중 기권 의사를 표시한 경우

■ 실격

㉮ 시험 시작 전 program 설정을 조정하거나 미리 작성된 Part program(도면, 단축 키

셋업 등) 또는 LISP과 같은 Block(도면 양식, 표제란, 부품란, 요목표, 주서 및 표면 거칠기 등)을 사용한 경우

㉯ 채점 시 도면 내용이 다른 수험자와 일부 또는 전부가 동일한 경우

㉰ 파일로 제공한 KS 데이터에 의하지 않고 지참한 노트나 서적을 열람한 경우

㉱ 수험자의 장비조작 미숙으로 파손 및 고장을 일으킨 경우

■ 미완성

㉮ 시험시간 내에 부품도(1장), 렌더링 등각투상도(1장)를 하나라도 제출하지 않은 경우

㉯ 수험자의 직접 출력시간이 10분을 초과할 경우(단, 출력시간은 시험시간에서 제외하며, 출력된 도면의 크기 또는 색상 등이 채점하기 어렵다고 판단될 경우에는 감독위원의 판단에 의해 1회에 한하여 재출력이 허용됩니다.)

- 단, 재출력 시 출력 설정만 변경할 수 있으며 도면 내용을 수정하거나 할 수는 없습니다.

㉰ 요구한 부품도, 렌더링 등각투상도 중에서 1개라도 투상도가 제도되지 않은 경우 (지시한 부품번호에 대하여 모두 작성해야 하며 하나라도 누락되면 미완성 처리)

■ 오작

㉮ 요구한 도면 크기에 제도되지 않아 제시한 출력용지와 크기가 맞지 않는 작품

㉯ 설계 변경 작업을 대부분 수행하지 않았다고 판단된 도면

㉰ 각법이나 척도가 요구사항과 전혀 맞지 않은 도면

㉱ 전반적으로 KS 제도 규격에 의해 제도되지 않았다고 판단된 도면

㉲ 지급된 용지(트레이싱지)에 출력되지 않은 도면

㉳ 끼워 맞춤 공차 기호를 부품도에 기입하지 않았거나 아무 위치에 지시하여 제도한 도면

㉴ 끼워 맞춤 공차의 구멍 기호(대문자)와 축 기호(소문자)를 구분하지 않고 지시한 도면

㉵ 기하 공차 기호를 부품도에 기입하지 않았거나 아무 위치에 지시하여 제도한 도면

㉶ 표면 거칠기 기호를 부품도에 기입하지 않았거나 아무 위치에 지시하여 제도한 도면

㉷ 조립 상태(조립도 혹은 분해조립도)로 제도하여 기본 지식이 없다고 판단되는 도면

※ 지급된 시험 문제지는 비번호 기재 후 반드시 제출합니다.

※ 출력은 수험자 판단에 따라 CAD 프로그램상에서 출력하거나 PDF 파일 또는 출력 가능한 호환성 있는 파일로 변환하여 출력하여도 무방합니다.

- 이 경우 폰트 깨짐 등의 현상이 발생될 수 있으므로 이에 유의하여 CAD 사용 환경을 적절히 설정하여 주시기 바랍니다.

3 채점 기준표 예시

1. 2차원 부품도 작업

2차원 부품도 작업

항목 번호	주요 항목	세부 항목	세부 배점	배점 (68점)
1	투상도 선택과 배열	합리적인 투상도 수 선택과 배열	상:10점 중:7점 하:4점 불량:0점	20
		올바른 투상도와 단면도 선택	상:5점 중:3점 하:1점 불량:0점	
		과제의 잘못된 이해와 투상도 누락	5점(개소당-1점)	
2	치수 기입	바른 설계 변경부 치수 기입	7점(개소당-1점)	18
		치수 기입과 적절한 위치	7점(개소당-1점)	
		치수 누락(KS 규격 중요 치수)	4점(개소당-2점)	
3	치수 공차, 기하 공차, 표면 거칠기 기호 기입	치수 공차, 끼워 맞춤 공차 기호의 올바른 기입 위치와 값	6점(개소당-1점)	18
		올바른 데이텀 선정 및 기하 공차 기호 기입의 적절성과 값	6점(개소당-1점)	
		표면 거칠기 기호의 적절성 및 누락 여부	6점(개소당-2점)	
4	주서, 부품란, 표제란 작성	올바른 주서의 기입과 위치	상:4점 중:3점 하:1점 불량:0점	8
		올바른 부품란, 표제란 작성(부품명, 재질, 수량, 작품명, 척도, 각법 등)	상:4점 중:3점 하:1점 불량:0점	
5	도면 외관과 해칭	선과 문자의 적절한 크기 및 도형의 균형 배치	상:4점 중:3점 하:1점 불량:0점	4

2. 설계 변경 및 3D 형상 모델링 작업

설계 변경 및 3D 형상 모델링 작업

항목 번호	주요 항목	세부 항목	세부 배점	배점 (32점)
1	올바른 등각축 선정	부품의 특징 표면이 적절하게 표현되는 등각축 선정 여부(120°)	상:4점 중:3점 하:1점 불량:0점	4
2	모델링 형상 및 설계 변경	각 부품의 형상 표현의 적절성	상:3점 중:2점 하:1점 불량:0점	13
		형상 표현 누락 (형상, 라운드, 필렛, 모따기, 해칭 등)	10점 (개소당-2점)	
3	부품도 작성	품번, 품명, 재질, 수량 설정	10점 (개소당-2점)	10
4	렌더링 및 배치	음영 및 렌더링 적절성, 배치도 미관	상:5점 중:3점 하:1점 불량:0점	5

2 NCS 수업 방법

NCS 능력단위의 위치

대분류	중분류	소분류	세분류	능력단위
기계	기계설계	기계설계	기계요소설계	3D 형상 모델링 작업

1 능력단위 학습목표

능력요소	3D 형상 모델링 작업 준비하기(LM1501020113_16v3.1)

1.1 명령어를 이용하여 3D CAD 프로그램을 사용자 환경에 맞도록 설정할 수 있다.
1.2 3D 형상 모델링에 필요한 부가 명령을 설정할 수 있다.
1.3 작업환경에 적합한 템플릿을 제작하여 도면의 형식을 균일화할 수 있다.

능력요소	3D 형상 모델링 작업하기(LM1501020113_16v3.2)

2.1 KS 및 ISO 관련 규격을 준수하여 형상을 모델링할 수 있다.
2.2 스케치 도구를 사용하여 디자인을 형상화할 수 있다.
2.3 디자인에 치수를 기입하여 치수에 맞게 형상을 수정할 수 있다.
2.4 기하학적 형상을 구속하여 원하는 형상을 유지시키거나 선택되는 요소에 다양한 구속조건을 설정할 수 있다.
2.5 특징 형상 설계를 이용하여 요구되는 3D 형상 모델링을 완성할 수 있다.
2.6 연관 복사 기능을 이용하여 원하는 형상으로 편집하고 변환할 수 있다.
2.7 요구되는 형상과 비교 · 검토하여 오류를 확인하고 발견되는 오류를 즉시 수정할 수 있다.

2 교수 방법 및 학습 방법

(1) 교수 방법(교육 담당자)

① SolidWorks를 활용하여 기본 명령어의 특성(예 파라메트릭 디자인의 개념)을 설명하고, 학습자가 3D 모델링과 도면화 작업을 스스로 할 수 있도록 3D 모델링을 구현하며, 디스플레이 제어 설정 등을 시연한다.

* 메뉴를 활용하여 보다 효과적이고 다양한 방법으로 모델링 할 수 있다는 것을 알게 한다.

② 기계설계용 사용자 환경 설정, 부가 명령어 설정, 도면양식 만들기, 형상 및 선의 용도에 따른 도면층 설정에 대해 실습실에 마련된 프로그램으로 강의 또는 시연한다.

③ 강의 중 또는 강의 후 학습자의 질문에 답을 하기 전, 학습자 스스로 해결할 수 있는 방법이나 간단한 토론을 통해 답을 유도하는 방법을 우선적으로 적용한다.

* 경우에 따라 과제를 제시하여 학습자들이 해결할 수 있도록 한다.

④ 도면 해독, 2D 도면 작성 등에서 선행 학습한 내용에 대하여 학습자 스스로 복습을 통해 훈련 과정에 임할 수 있도록 지도한다.

⑤ 교육시간마다 마무리 단계에서 해당 학습내용을 반영한 과제물을 전산으로 제출하도록 하여 학습자의 이해도를 관찰 및 기록한다.

교수 방법 단계도

단계	내용
1. 학기초 준비 단계	• 강의계획 준비 • 평가방법 구상 • 학습자 OT • 학습자의 사전 진단평가 분석

단계	내용
2. 주 학습 단계	• 강의법 시연 • 사용자 환경 설정, 부가 명령어 설정 시연 및 실습 • 선행 학습한 내용에 대해 학습자 복습 지도 • 교육시간마다 마무리 단계에서 해당 학습내용의 과제물 부여

단계	내용
3. 학기말 평가 단계	• 각 단원별 직무능력평가 실시 • 수준 미달자 향상교육 및 평가 실시 • 학습자의 사후 진단평가 결과 성취도 분석 • CQI 보고서 작성

(2) 학습 방법(학습자)

① 국가직무표준(NCS)의 교육 방법을 이해하고, 3D 형상 모델링 학습 수준이 어느 정도인지 묻는 사전 진단평가를 응시한다.

* 학습 달성을 위해 무엇을 준비해야 하는지 파악하여 능동적인 자세로 임한다.

② 교육 · 훈련 일정표에 따라 진행되는 강의에 참석하고 내용을 이해할 수 있도록 노력한다.

③ 프로그램별로 진행되는 메뉴별 기능에 대한 이해를 높이기 위해 강의 중 설명되는 자료를 익히고 실습을 통해 바로 적용한다.

④ 교수의 진행 방식에 따라 의문사항에 대해 질의를 하고 교수 학습법에서 제시하는 방법론에 맞춰 응답을 경청한 후, 실습을 통해 익히거나 과제 형태로 작성 또는 학습한 후 확인한다.

⑤ 각 단원의 학습 종료 후 직무능력평가를 통해 교수로부터 평가받고, 사후 진단평가를 작성하여 학습 성취도를 알아본다.

학습 방법 단계도

단계	내용
1. 학기초 준비 단계	• NCS 교육의 이해 • 교수의 학습진행 OST 체크 • 사전 진단평가 응시(성적 미반영)
2. 주 학습 단계	• 교수의 강의 참석 및 이해 노력 • 교수의 시연내용 실습 및 반복 훈련 • 조별 토의 실시 및 질의 응답 • 과제물 작성 후 제출
3. 학기말 평가 단계	• 각 단원별 직무능력평가 응시 • 수준 미달자 향상교육 및 평가 응시 • 사후 진단평가 실시(성적 미반영)

3 진단평가

* 학습자는 학습 첫 주에 사전평가를, 마지막 주에 사후평가를 수행한다.

학습자 진단평가							
학습명		3D 형상 모델링 작업 / 코드 번호	1501020113_16v3				
능력단위	능력요소	수행준거 (학습목표)	사전평가		사후평가		적용 학습위치
			Y	N	Y	N	
3D 형상 모델링 작업	3D 형상 모델링 작업 준비하기	1.1 명령어를 이용하여 3D CAD 프로그램을 사용자 환경에 맞도록 설정할 수 있다.					
		1.2 3D 형상 모델링에 필요한 부가 명령을 설정할 수 있다.					
		1.3 작업환경에 적합한 템플릿을 제작하여 도면의 형식을 균일화할 수 있다.					
	3D 형상 모델링 작업하기	2.1 KS 및 ISO 관련 규격을 준수하여 형상을 모델링할 수 있다.					
		2.2 스케치 도구를 사용하여 디자인을 형상화할 수 있다.					
		2.3 디자인에 치수를 기입하여 치수에 맞게 형상을 수정할 수 있다.					
		2.4 기하학적 형상을 구속하여 원하는 형상을 유지시키거나 선택되는 요소에 다양한 구속조건을 설정할 수 있다.					
		2.5 특징 형상 설계를 이용하여 요구되는 3D 형상 모델링을 완성할 수 있다.					
		2.6 연관 복사 기능을 이용하여 원하는 형상으로 편집하고 변환할 수 있다.					
		2.7 요구되는 형상과 비교, 검토하여 오류를 확인하고 발견되는 오류를 즉시 수정할 수 있다.					
성취도 $= \dfrac{\text{사전 점수}}{\text{사후 점수}} \times 100 =$ ______ (%)							

■ 진단평가 방법

① NCS 진단평가는 학습자 스스로 학습 전후의 수준을 비교하여 학습 성취도를 진단하기 위해 실시한다.
② 사전평가는 학습 첫 주에 학습자가 자신의 수준을 고려하여 자가진단 평가한다.
③ 사후평가는 학습 마지막 주에 학습자가 학습목표 달성 여부를 객관적으로 평가한다.
④ 교수는 사전평가를 참조하여 수준에 맞는 학습지도를 실시하고 사후평가와 비교하여 성취도를 분석한다.
⑤ 진단평가는 학습 성적에 반영되지 않으므로 학습자의 솔직한 평가가 요구된다.

4 CQI 보고서

CQI 보고서는 NCS 수업의 마지막 과정으로 학습 성과를 분석하여 보고서를 만들고, 차후 수업개선에 활용하려는 목적이 있다. NCS 수업을 하는 대부분의 대학에서는 이미 각 학사정보시스템에 CQI 보고서를 작성하도록 되어 있으며, 자동으로 분석되어 결과를 볼 수 있는 것과 분석 의견을 작성해야 하는 것이 있다.

(1) 학업성취도 분석(자동 분석)

① 직접평가(직무능력평가, 출석평가, 향상 심화평가)에 의한 평가 결과로 인원별, 능력요소별 성적 분포나 과년 평균대비 성적을 비교할 수 있다. * 그래프나 표의 형태
② 자가진단 평가(진단평가)에 의한 평가 결과로 학습자 스스로 능력요소별 성취도를 확인할 수 있다.

■ 교과목 목표 및 성취도

학습 단원	교과목 목표	비중(%)	성취도
1			
2			
3			
4			
합계		100	

■ 성적 평가도구 및 성적 분포표

시험	수시평가 ( )회, 직무능력평가 ( )회, 향상 심화평가 ( )회
과제물 부과	( )건
기타	

성적	A^+	A^0	B^+	B^0	C^+	C^0	D^+	D^0	F	합계
학생 수										

(2) 교수자 특성(학습자 작성)

학습자가 교수의 수업에 대한 열의, 목소리, 학생과의 교감, 강의계획과의 일치성, 수업진행 등을 평가한다.

(3) 강의사항 및 개선사항(교수 작성)

교수는 분석결과를 토대로 요약하여 작성하며, 그에 따른 개선방안을 마련한다.

CQI 보고서 작성양식의 예시

201 년 월 일

CQI 보고서			
교과명		개설학기	년도 학기
능력단위	3D 형상 모델링 작업	담당교수	
분반		수강인원	
항목명			
강의 내용	분석결과	개선방안	
수업 운영 (교수 학습법, 향상교육)			
학습 성과 (성적평가방법, 평가결과)			
수강생 강의 평가			
기타			

작성자: (인)

모델링 작업 준비하기

2 Chapter

3D 형상 모델링 작업 준비

1 SolidWorks 작업환경 설정하기

1 SolidWorks의 시작

SolidWorks의 기본 기능 익히기에 관한 내용은 생략하고, 실기시험 과제 수행에 있어 반드시 알아야 할 작업환경 설정에 대하여 알아보자.

1. 다음은 SolidWorks를 실행했을 때의 초기화면이다. 화면 상단에 풀다운 메뉴가 항상 보이도록 고정하려면 ✭을 클릭한다.

2. 우측 상단의 [새 문서]를 선택하거나 단축키 Ctrl + N을 클릭한다.

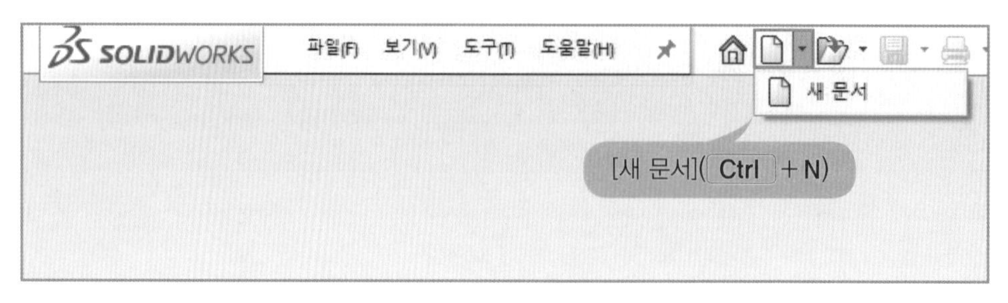

❸ 새 문서를 시작하면 기본 선택화면이 나오는데 크게 3가지 모드가 있다.

- 파트 : 단품(Part) 모델링, 응력 해석 등을 위한 환경을 제공한다.
- 어셈블리 : 부품 모델링 조립, 분해, 시뮬레이션 등을 위한 환경을 제공한다.
- 도면 : 3D 모델링에서 투상 도면을 추출하여 2D 작성을 위한 환경을 제공한다.

국내에서 통용되는 3D CAD 프로그램의 종류에는 SolidWorks, CATIA, Inventer, UG NX 등이 있으며, 실행된 3D 프로그램의 대부분은 첫 시작 화면에서 파트(Part), 어셈블리(Assembly), 도면(Drafting)을 선택하여 실행한다. 단, CATIA는 옵션에서 설정을 변경하지 않는 이상 어셈블리(Assembly) 화면 구성이 우선 실행된다.

2 기계설계용 기본 환경 설정

(1) 마우스 제스처 설정

❶ 풀다운 메뉴에서 [도구] ⇒ [사용자 정의]를 클릭하면 자주 사용하는 아이콘을 화면에 고정하거나 단축키를 설정할 수 있다.

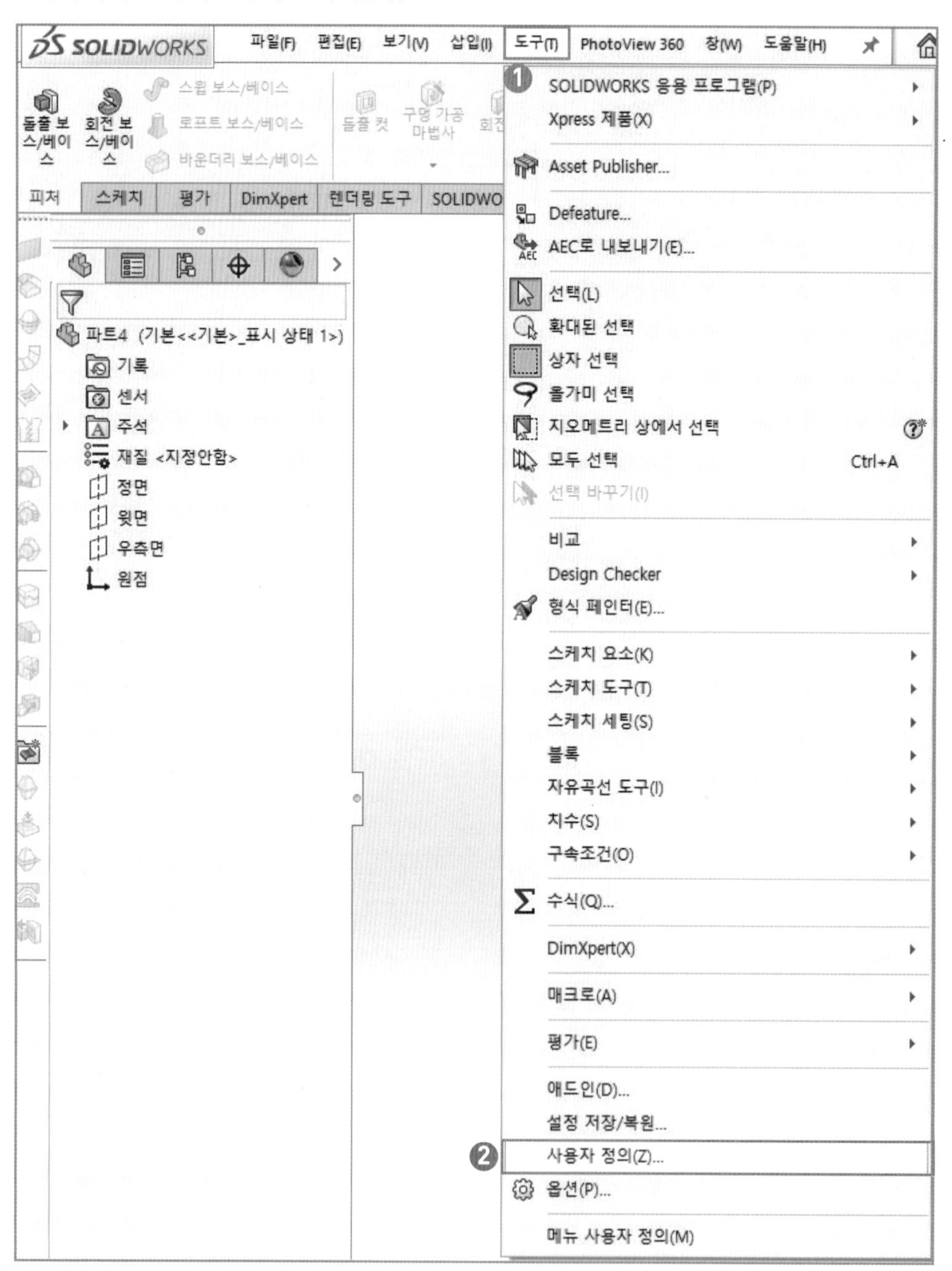

❷ 사용자 정의 대화상자에서 [마우스 제스처] ⇒ [8개의 제스처]를 선택하여 자주 사용하는 아이콘 메뉴 8개를 설정한다.

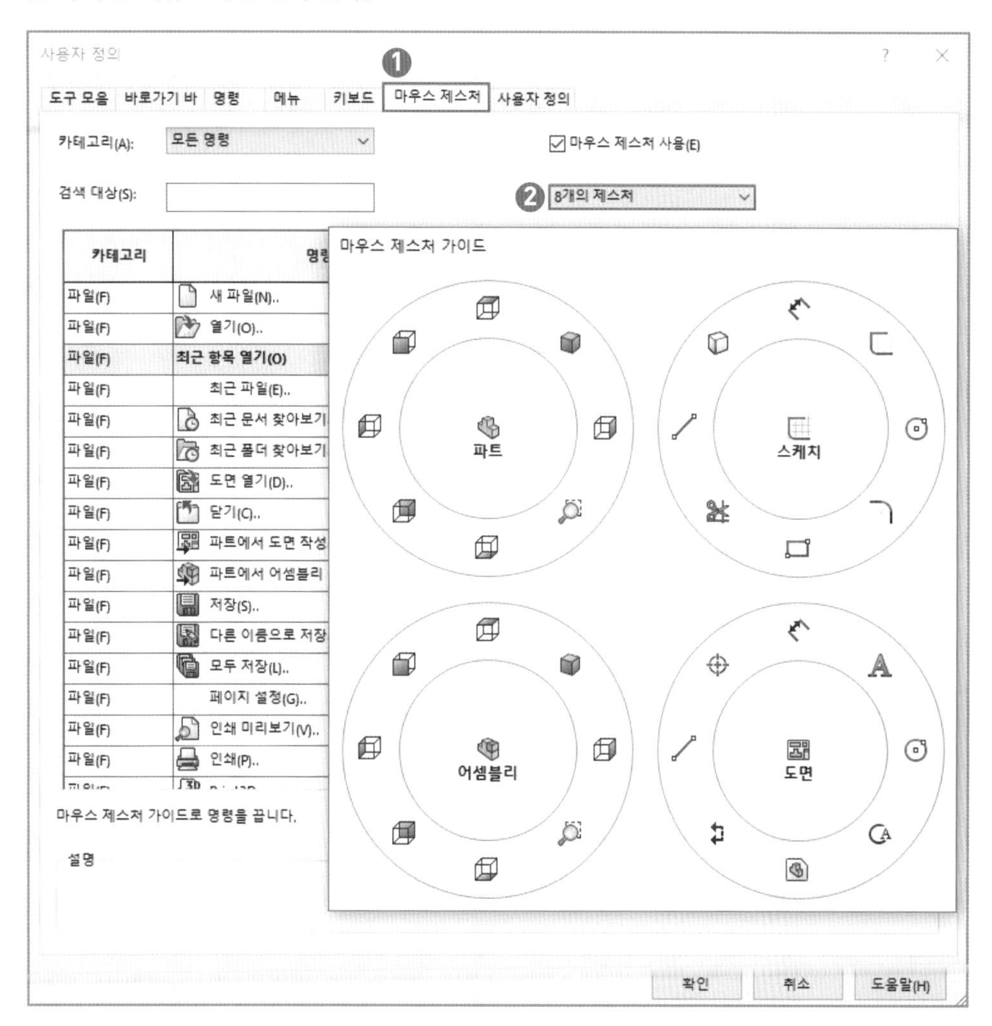

(2) 시스템 옵션 설정

❶ 메뉴에서 [옵션]을 클릭하면 상단에 시스템 옵션과 문서 속성 탭 2개가 있다.

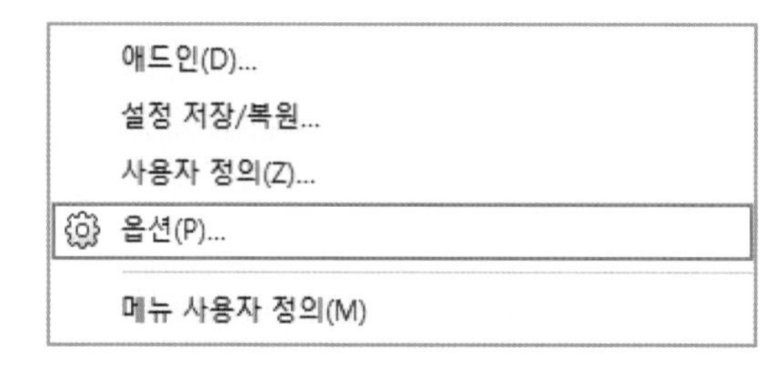

2 [시스템 옵션] ⇒ [뷰]를 클릭하고 [마우스 휠 확대 방향 바꾸기]에 체크한다.

* 마우스 휠을 이용한 Zoom 확대 · 축소 기능이 AutoCAD와 SolidWorks에서 서로 반대로 되어 있기 때문에 동일하게 사용하기 위한 것이다.

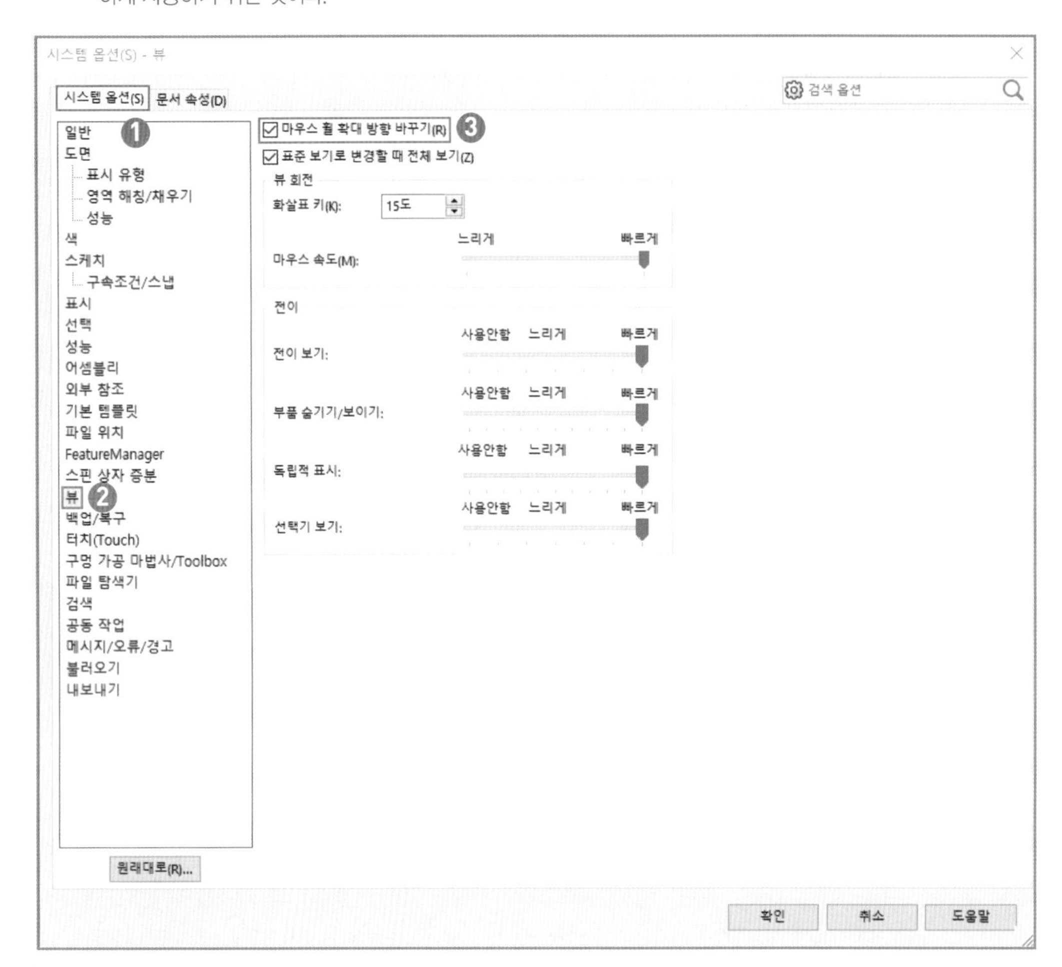

작업 상태에 따른 마우스의 기능

작업 상태에 따라 마우스 오른쪽 버튼을 누른 채 화살표 방향으로 끌어주면 다음과 같이 설정되어 작업시간을 절약할 수 있다.

- 파트 모델링 상태에서는 8개의 표준뷰
- 스케치 상태에서는 8개의 스케치 툴
- 어셈블리 상태에서는 8개의 표준뷰
- 도면 상태에서는 8개의 자주 사용하는 메뉴

(3) 마우스 기능

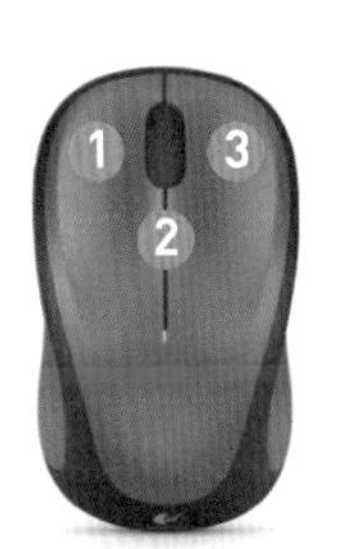

❶ 왼쪽 버튼 : 메뉴 및 객체를 선택한다.

❷ 휠

- 회전 : 휠을 누른 채 드래그 한다.
- 축소 : 휠을 위로 돌린다.
- 확대 : 휠을 아래로 돌린다.

❸ 오른쪽 버튼

- 팝업 메뉴 : 현재 상태에서 가능한 메뉴 목록을 알 수 있다.
- 마우스 제스처 : 작업 상태에 따라 표준뷰, 스케치 툴 등 여러 기능을 할 수 있다.

(4) 제 2 등각뷰 (남서 등각뷰 설정)

메뉴에서 주어지는 뷰 방향을 알아보면 다음과 같다.

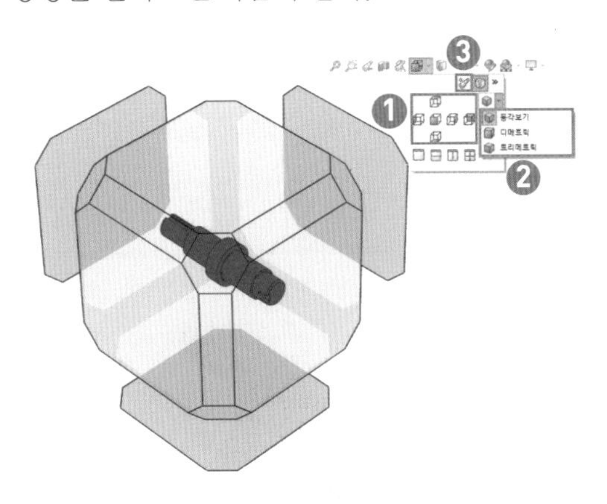

❶ 표준뷰 : 정면, 윗면, 좌측면, 우측면, 아랫면, 후면

❷ 3D 뷰 : 등각뷰(남동), 디메트릭, 트리메트릭

❸ 새로운 뷰 추가 : 저장하고 싶은 현재 뷰 상태의 이름을 정하고 저장한다.

Key Point

- 기계설계산업기사 등각투상도 과제에서는 동일 부품을 각각 남동 등각뷰 방향과 남서 등각뷰 방향으로 출력하도록 요구하고 있다.
- SolidWorks에서는 남서 등각뷰가 없으므로 새로운 뷰 추가 기능을 활용하여 남서 등각뷰를 만들고 새로운 뷰를 저장한 후 부품을 출력한다.

(5) 작업 순서

1. 모서리를 이용한 회전 : 메뉴에서 [수정] ⇒ [회전]을 클릭하고, 부품의 Y축 방향에 있는 수직 모서리 하나를 클릭하면 모서리가 보라색으로 변한다.

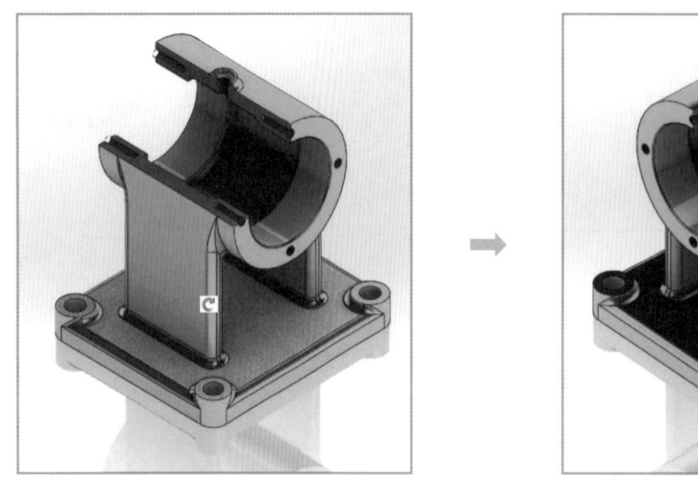

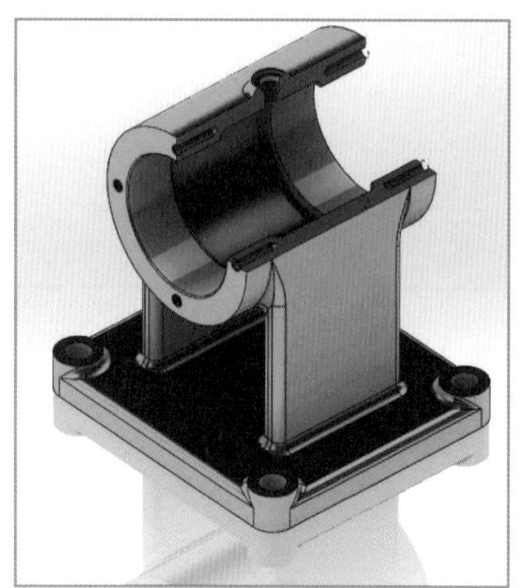

회전 전(표준 등각뷰) 회전 후(새 등각뷰)

2. 새 뷰 저장 : 뷰 메뉴 대화상자에서 ❶[새 뷰]를 클릭하여 ❷등각뷰2(남서)로 이름을 입력하고 ❸[확인]을 클릭한다.

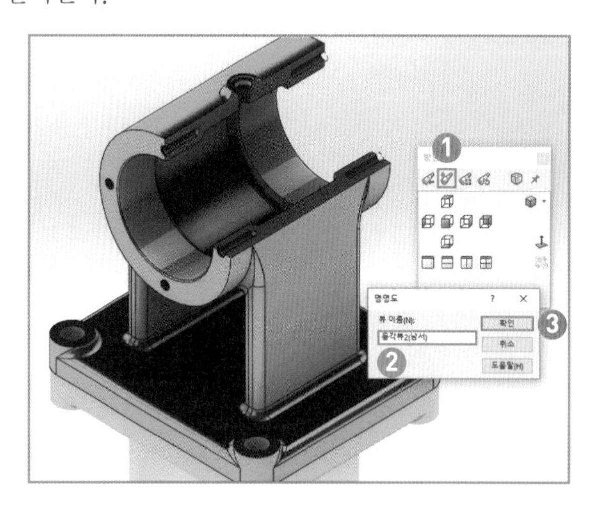

3. 방향 대화상자에 등각뷰2(남서) 목록이 생긴다.

다른 뷰 상태에서 [새 뷰]를 클릭하면 언제든지 그림과 같은 상태 뷰로 돌아오며, 도면을 추출할 때에도 이 상태로 추출하면 된다.

2 SolidWorks 도면양식 만들기

1 수험용 도면양식

① [새 문서]를 시작하여 [도면]을 선택하고 [확인]을 클릭한다.

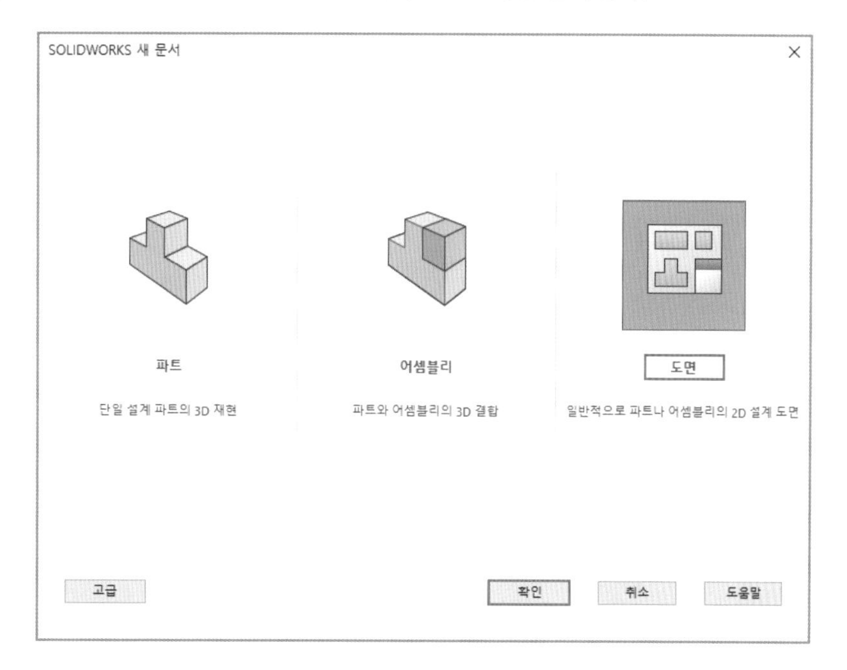

② 시트 형식/크기 대화상자에서 [사용자 정의 시트 크기]에 체크하고 가로에 [594], 세로에 [420]을 입력한 후 [확인]을 클릭한다.

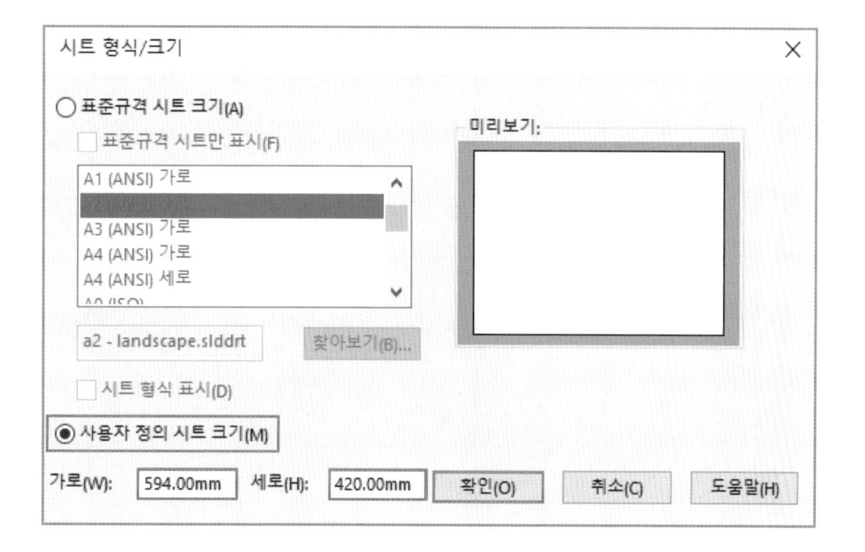

3 왼쪽에 모델뷰가 보이면 모델뷰 명령을 바로 시작하지 않고 ✕를 클릭하여 창을 닫는다.

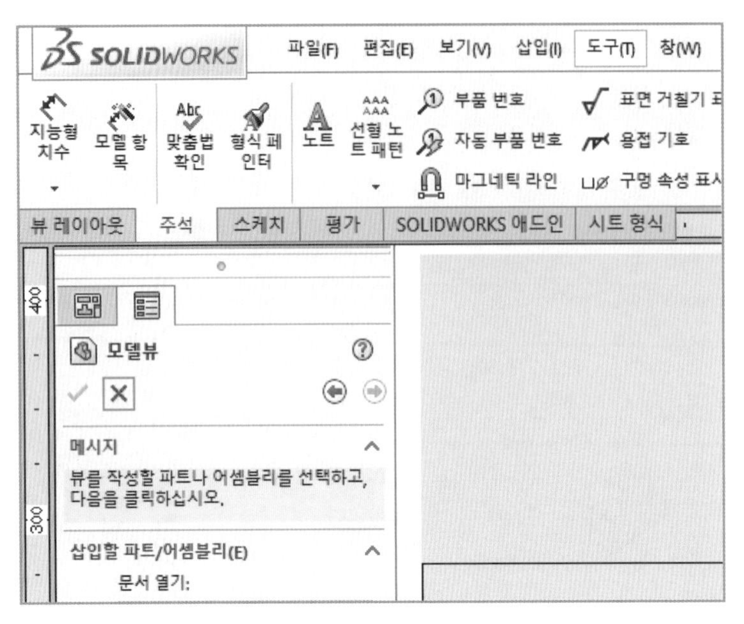

4 화면의 도면 안쪽에서 [마우스 오른쪽 버튼]을 클릭하여 [시트 형식 편집]을 선택한다.

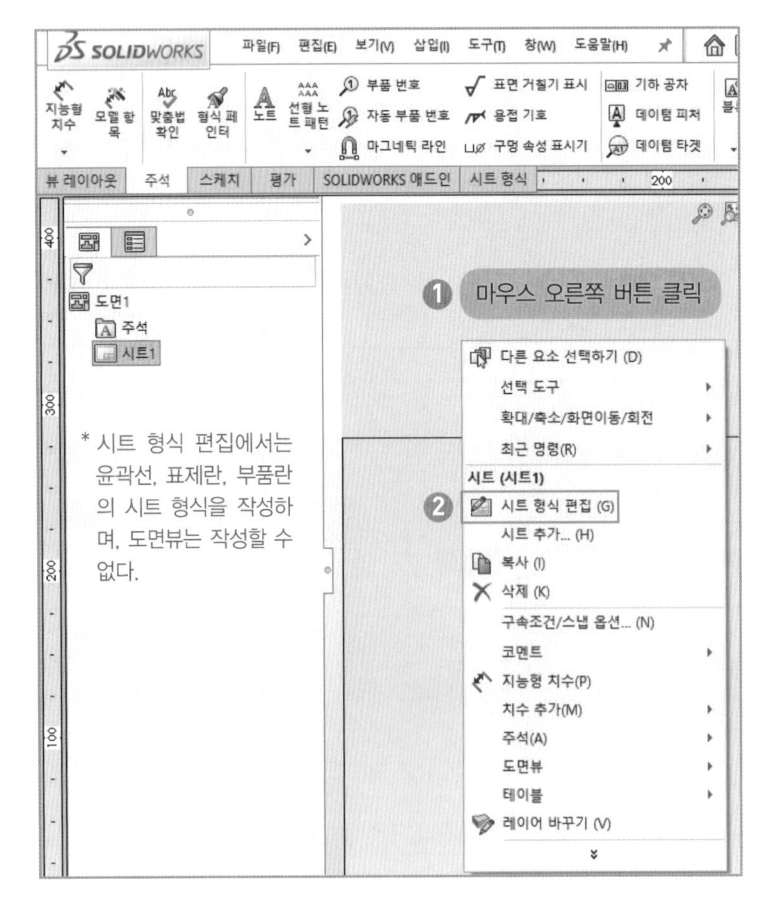

5 풀다운 메뉴에서 [보기] ⇒ [도구 모음] ⇒ [선 형식]을 클릭하여 [선 형식 도구 모음 대화상자]를 화면의 빈 여백에 배치한다.

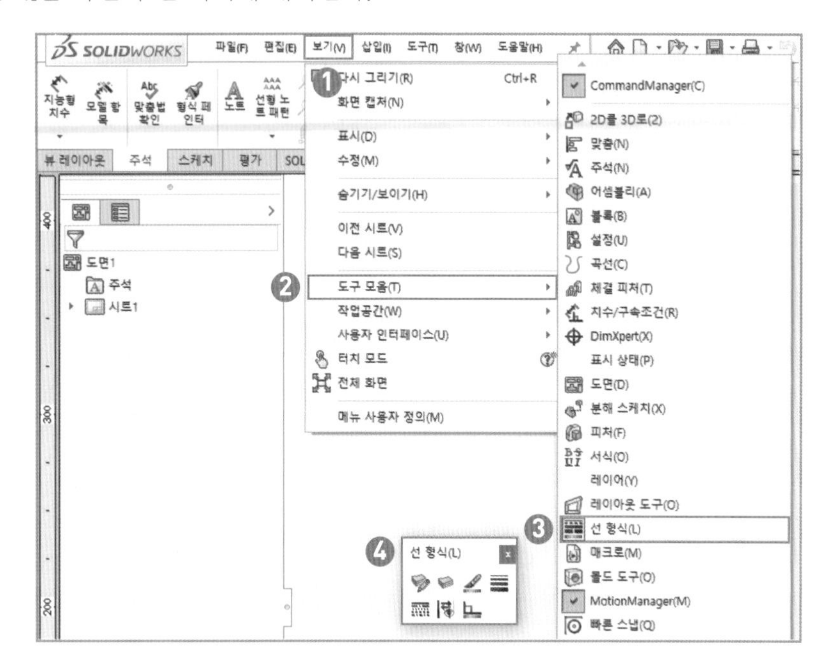

6 선 형식 도구 모음 대화상자에서 [레이어 속성]을 클릭하고 [새로 작성]을 4번 클릭하여 4개의 레이어를 추가한다. 각 항목을 선택하여 수정하고 [확인]을 클릭하여 대화상자를 닫는다.

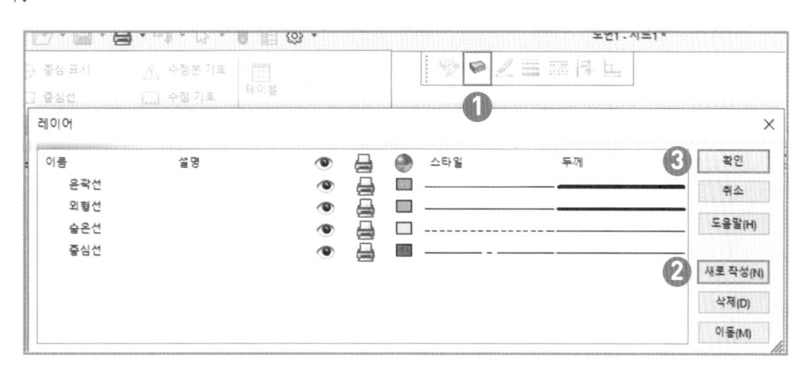

이름	선 굵기	색상	용도
윤곽선	0.7mm	파란색(Blue)	윤곽선
외형선	0.5mm	초록색(Green)	외형선, 개별주서, 중심 마크 등
숨은선	0.35mm	노란색(Yellow)	숨은선, 치수와 기호, 일반 주서 등
중심선	0.25mm	빨간색(Red)	해칭, 치수선, 치수보조선, 중심선 등

7 윤곽선을 그린다.

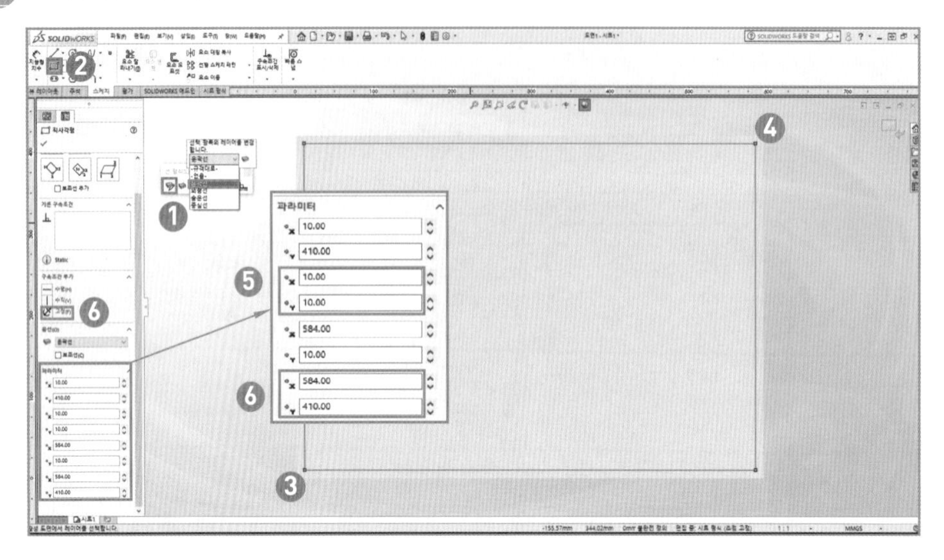

❶ 레이어를 [윤곽선]으로 설정한다.

❷ Command Manager에서 [스케치] ⇒ [코너 사각형]을 선택하여 사각형을 그린다.

❸ 좌측 하단의 꼭짓점을 클릭하고 마우스를 드래그 한다.

❹ 마우스를 계속 드래그하여 우측 상단의 꼭짓점을 클릭한다.

❺ 좌측 파라미터에서 X에 [10], Y에 [10]을 입력한다.

❻ 구속조건 부가에서 [고정]을 클릭한 후 파라미터에서 X에 [584], Y에 [410]을 입력한다. 다시 구속조건 부가에서 [고정]을 클릭한 후 [확인]을 클릭한다.

8 위에서 그린 4개의 윤곽선의 가운데에 중심 마크를 그린다.

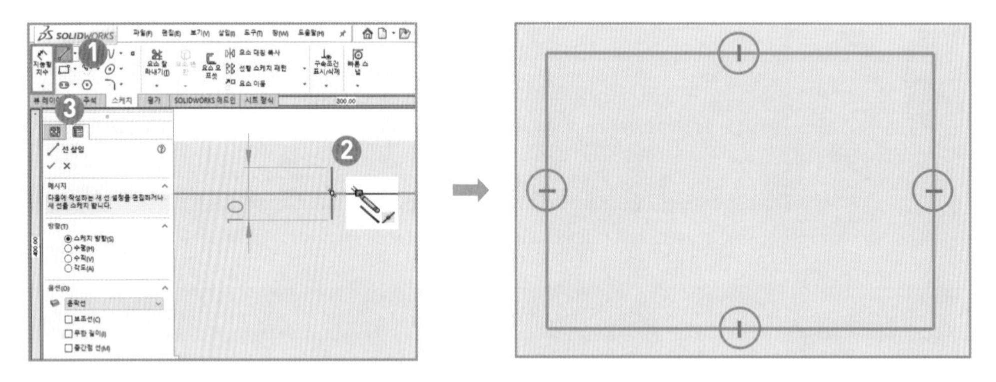

❶ Command Manager에서 [스케치] ⇒ [선]을 선택하여 상단의 윤곽선(가로선)의 가운데에 마우스를 가져간다.

❷ 중심 표시 가 보이면 윤곽선의 안쪽과 바깥쪽에 걸치도록 선을 그린다.

❽ [지능형 치수]를 클릭하여 길이가 10mm 되도록 선을 그린 후 치수 기입은 삭제하고, 동일한 방법으로 나머지 3군데에도 중심 마크를 그린다.

❾ 선 그리기를 이용하여 표제란과 부품란 및 수험란을 그린다.

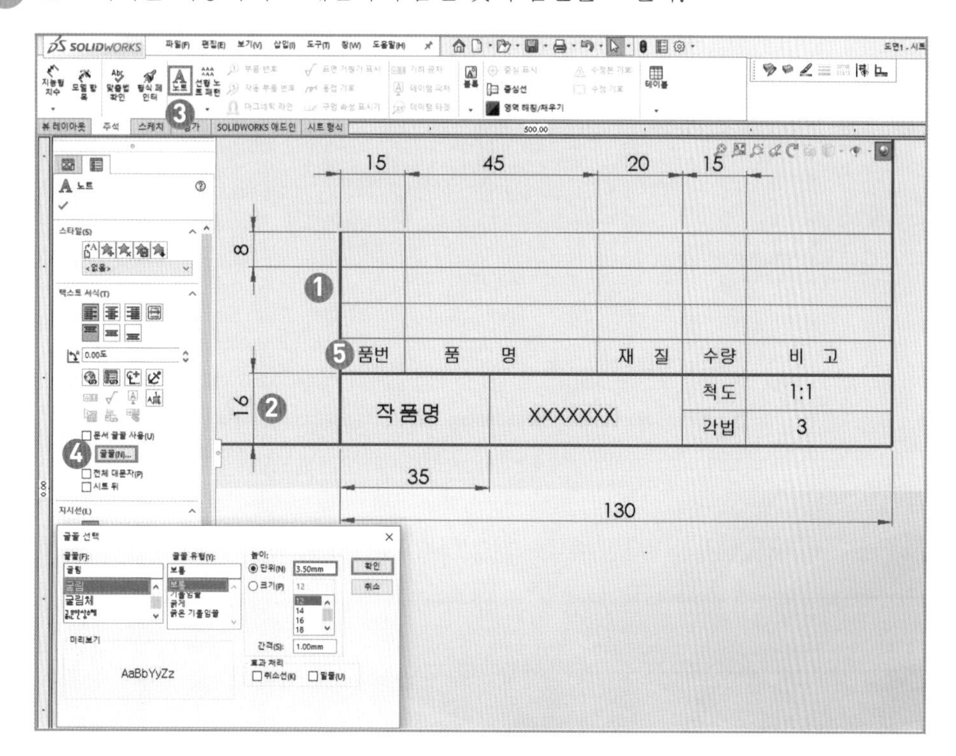

❶ 표제란과 부품란을 그리고, 선을 선택하여 굵기는 [0.25]로, 색상은 [빨간색]으로 선택한다.

❷ [지능형 치수]를 클릭하여 줄 간격을 맞춘 후 치수 기입을 삭제한다.

❸ Command Manager에서 [주석] ⇒ [노트]를 선택하면 노트 속성 대화상자가 나온다.

❹ 글꼴은 [굴림], 글꼴 유형은 [보통]으로 선택하고 높이는 [3.5]로 입력한 후 [확인]을 클릭한다.

❺ 글자 위치를 조절하고 작품명의 글자는 높이를 [4.5]로 조금 크게 설정한다. 좌측 상단의 수험란도 동일한 방법으로 설정하며, 치수 기입을 삭제한다.

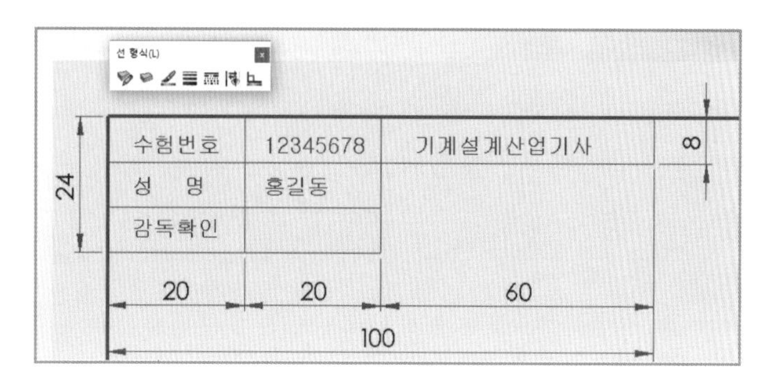

10 우측 상단의 [시트 형식 빠져나가기]를 클릭하여 도면 모드로 빠져나온다. 메뉴에서 [파일]을 클릭하고 [시트 형식 저장]을 선택한 후 수험용 도면양식(A2).drwdot라는 이름으로 저장한다.

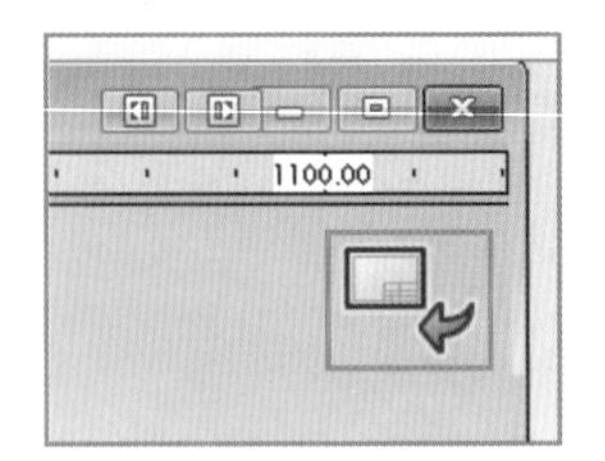

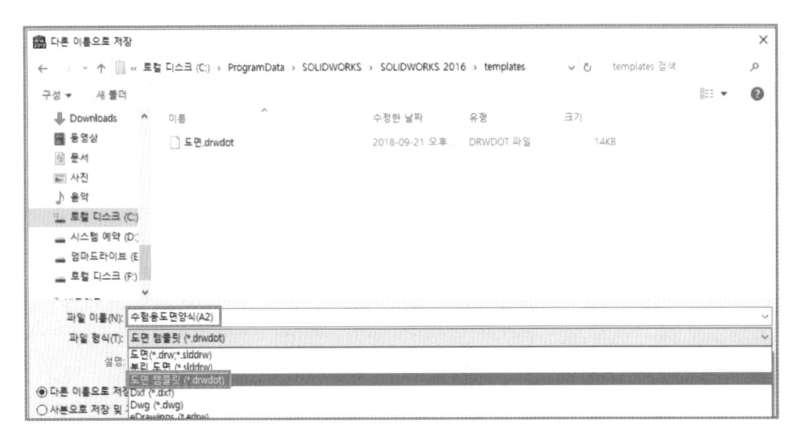

11 새 문서 대화상자를 열고 수험용 도면양식(A2).drwdot가 목록에 있는지 확인한다.

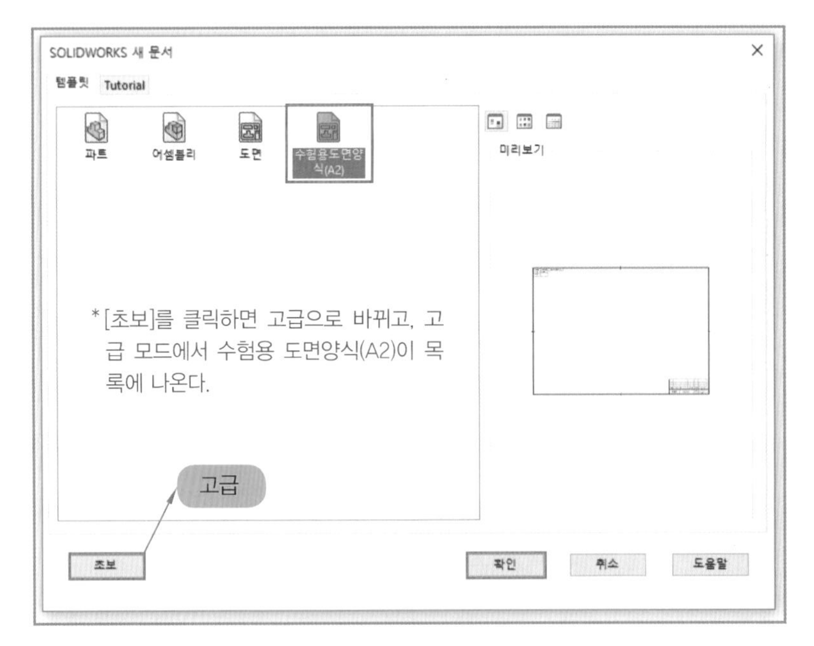

시트 형식 저장

시트 형식을 저장할 때 저장한 템플릿을 쉽게 불러올 수 있도록 하기 위해 저장 위치를 변경하지 않고 저장한다.

3 AutoCAD 도면양식 만들기

1 2D 부품도 도면양식

(1) AutoCAD 시작

AutoCAD를 실행하고 초기화면의 그리기 시작에서 [템플릿] ⇒ [템플릿 없음 - 미터법]을 선택한다.

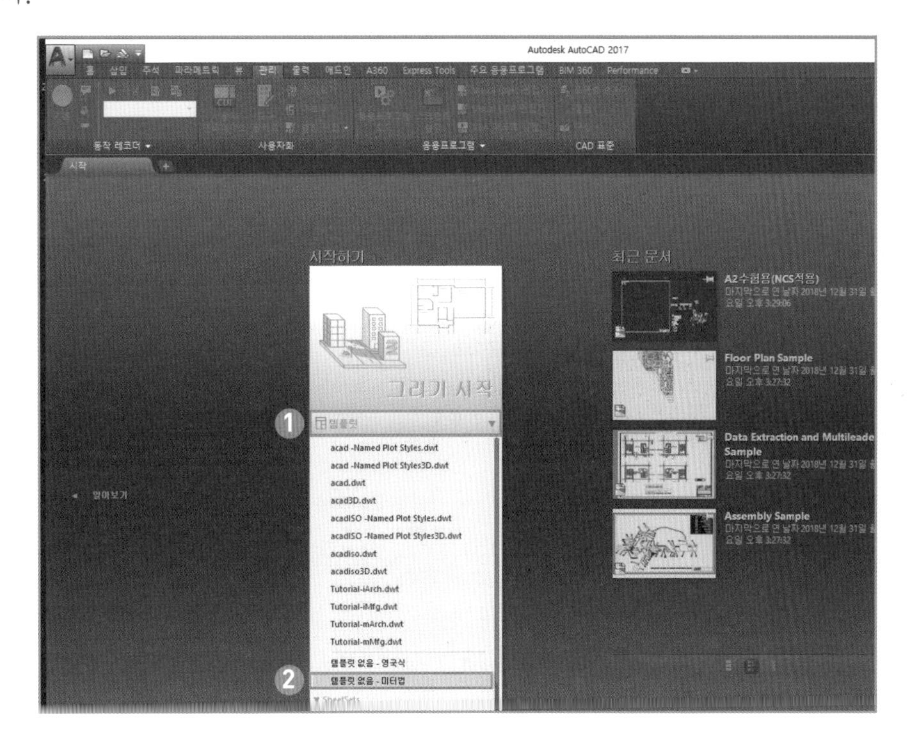

(2) AutoCAD 버전별 메뉴 구성

AutoCAD 최근 버전은 메뉴 구성에서 [AutoCAD 클래식]이 삭제되었다. 이 메뉴에 익숙한 학습자는 노트북에 AutoCAD를 설치한 후 AutoDesk 홈페이지에서 무료로 제공되는 클래식 메뉴 서비스 팩을 다운 받아 메뉴를 설정한 후 사용하는 것도 좋은 방법이다.

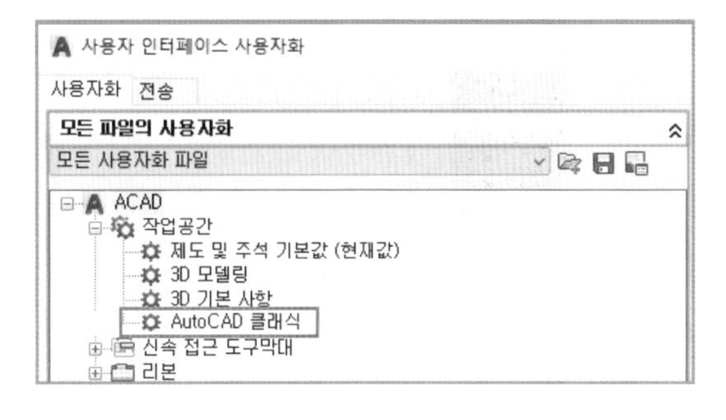

본 교재에서는 AutoCAD 기본 설치 상태인 [제도 및 주석 기본값(현재값)] 상태에 놓고 진행을 하였다. 화면 구성 상태가 다른 메뉴로 되어 있다면 [관리] ⇒ [사용자 인터페이스]를 클릭한 후 [제도 및 주석 기본값(현재값)]을 더블 클릭하여 사용한다.

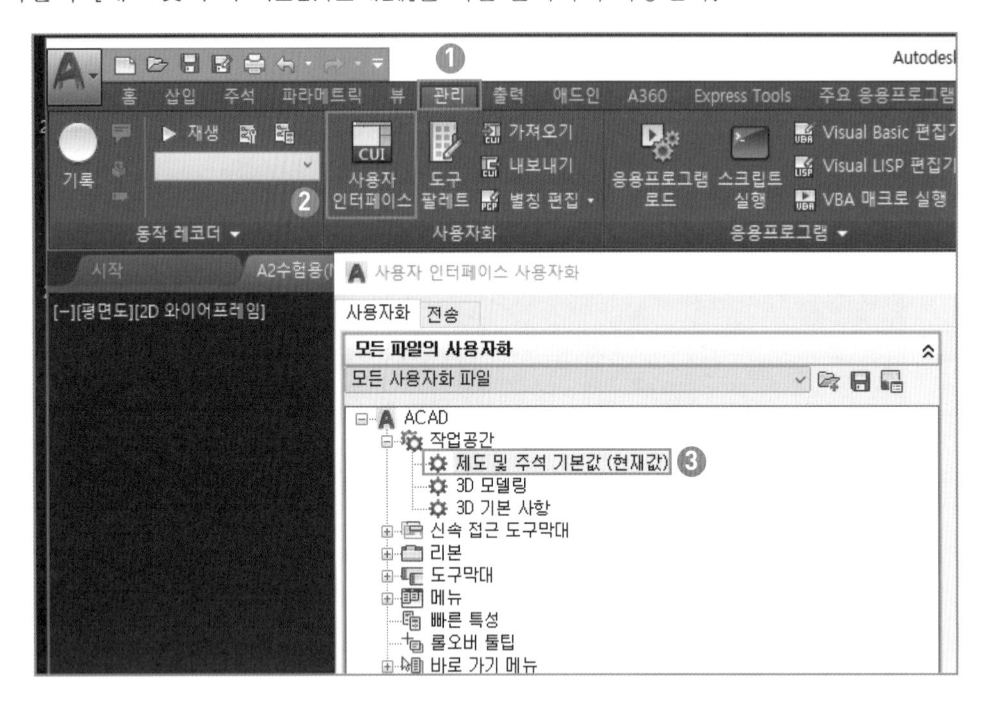

2 환경 설정

(1) 화면 설정(명령어 : OPTIONS)

① 화면에 [OP]를 입력하고 팝업 메뉴에서 [OP(OPTIONS)]를 클릭하면 옵션 대화상자가 나온다.

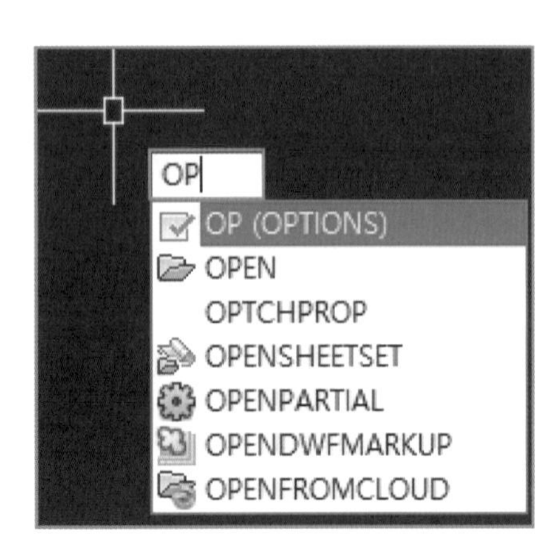

2 옵션 대화상자에서 ❶[선택]을 클릭하고 확인란 크기에 있는 ❷스크롤바를 1/4 정도의 위치에 놓는다. 객체 선택 방법이 익숙하지 않을 경우 ❸[올가미의 누른 채 끌기 허용]에서 체크를 해제하고 [확인]을 클릭한다.

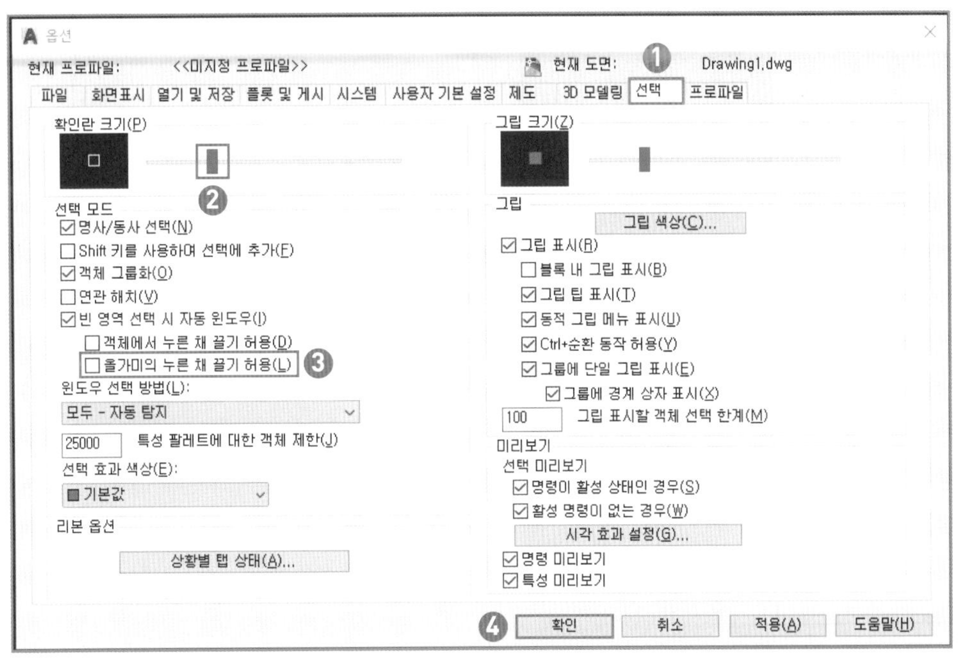

(2) 도명영역 A2 크기의 설정 (명령어 : LIMITS)

화면에 [LI]를 입력하고 팝업 메뉴에서 [LIMITS]를 클릭하면 설정창이 뜬다. 왼쪽 아래 구석점으로 [0, 0]을 입력한 후 ENTER 키를 클릭하고, 오른쪽 위 구석점으로 [594, 420]을 입력한 후 ENTER 키를 클릭한다.

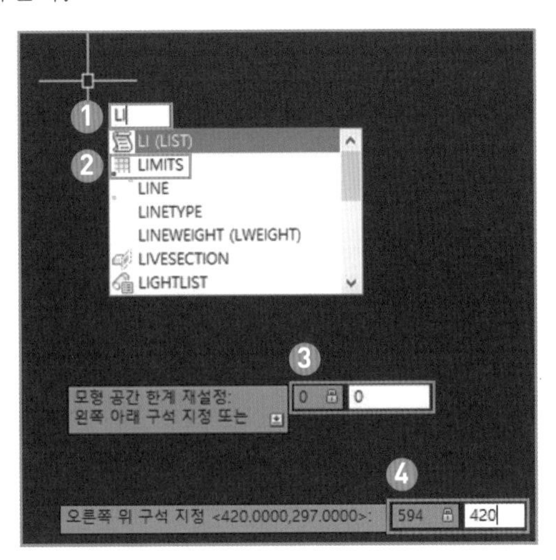

(3) 단위 설정(명령어 : UNITS)

화면에 [UN]을 입력하고 팝업 메뉴에서 [UN(UNITS)]를 클릭하면 설정창이 뜬다. 정밀도를 [0]으로 선택한 후 [확인]을 클릭한다.

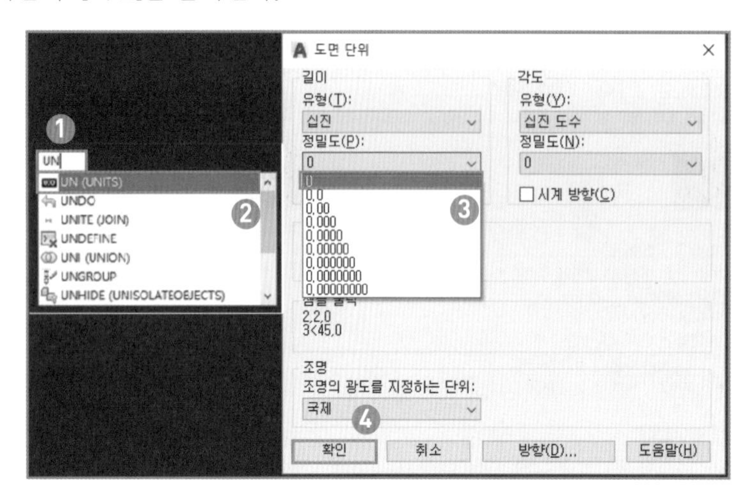

(4) 레이어 설정(명령어 : LAYER)

1 도구 패널에서 [레이어 설정]을 클릭한 후 [도면층]을 4번 클릭하여 새로 만든 도면층 리스트에 각각 [윤곽선, 외형선, 숨은선, 중심선]으로 이름을 준다. 색상 선택 대화상자를 열고 각 도면층에 [파란색, 초록색, 노란색, 빨간색]을 설정한다.

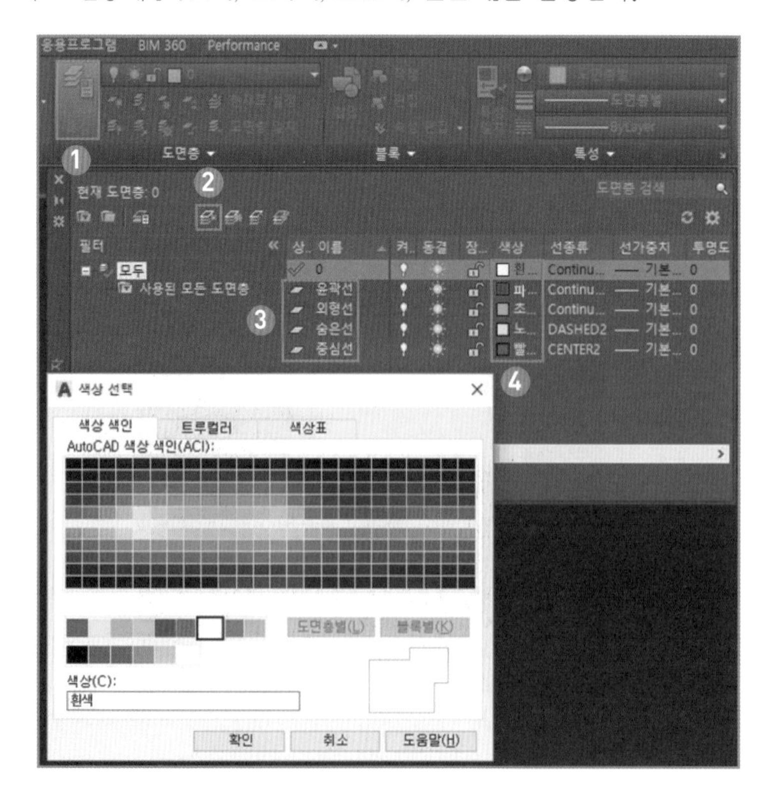

❷ [선 종류]의 Continuous를 클릭하면 선 종류 선택 대화상자가 나온다. [로드]를 클릭하여 도면에 그릴 선의 종류를 불러온 후 숨은선 레이어에 [DASHED2(0.5)], 중심선 레이어에 [CENTER2(0.5)]로 설정한다.

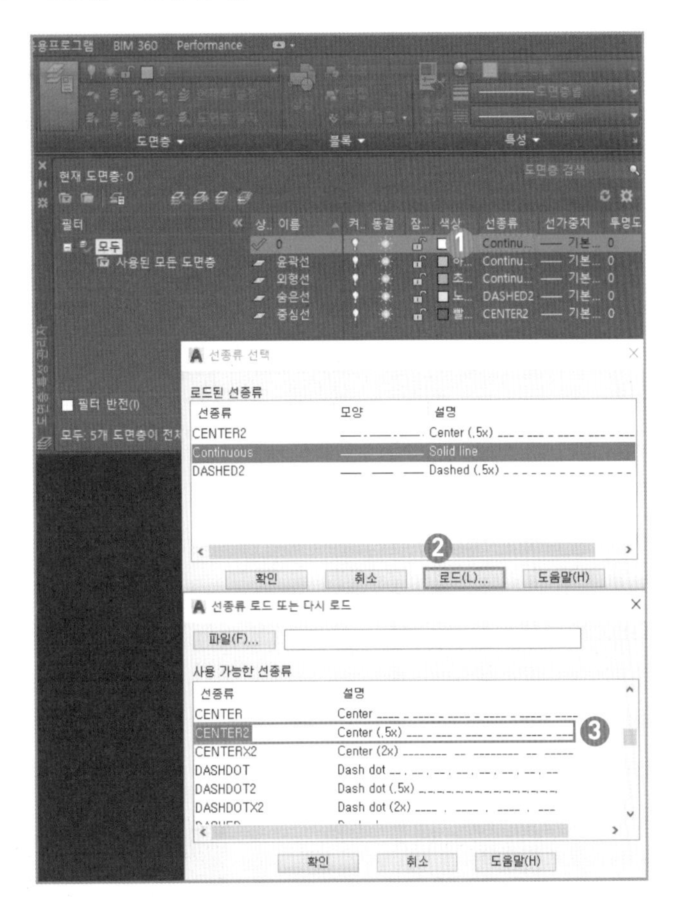

(5) 치수 기입과 문자 스타일 설정(명령어 : DDIM)

❶ 도구 패널에서 [주석] ⇒ [ISO-25] ⇒ [치수 스타일 관리]를 클릭한다.

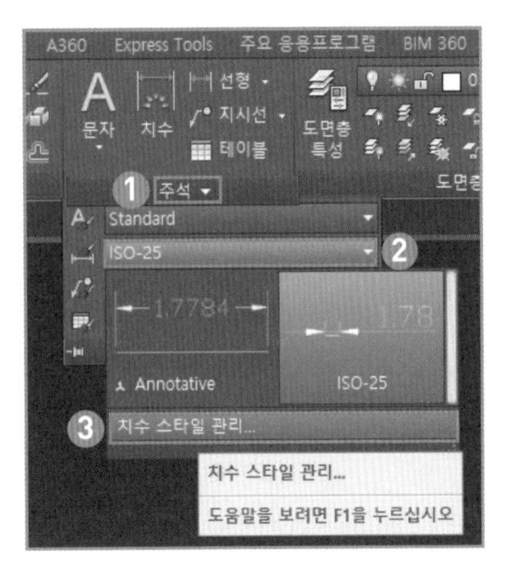

② 치수 스타일 관리를 클릭하여 나오는 치수 스타일 관리자 대화상자에서 [수정]을 클릭한다.

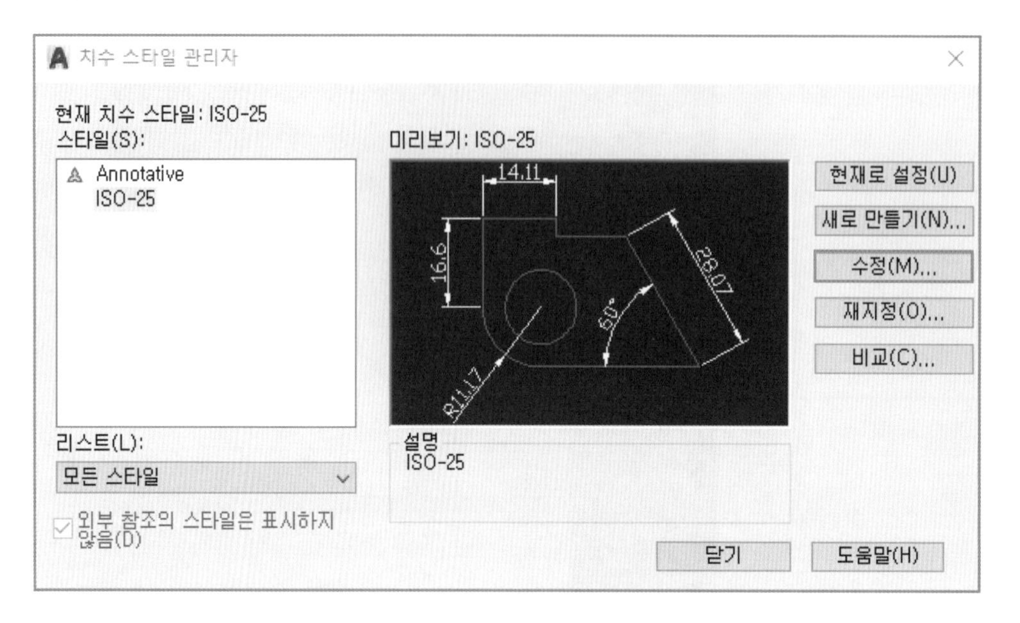

③ [선]을 클릭하고 치수선을 [빨간색]으로, 치수 보조선도 [빨간색]으로 선택하고 [확인]을 클릭한다.

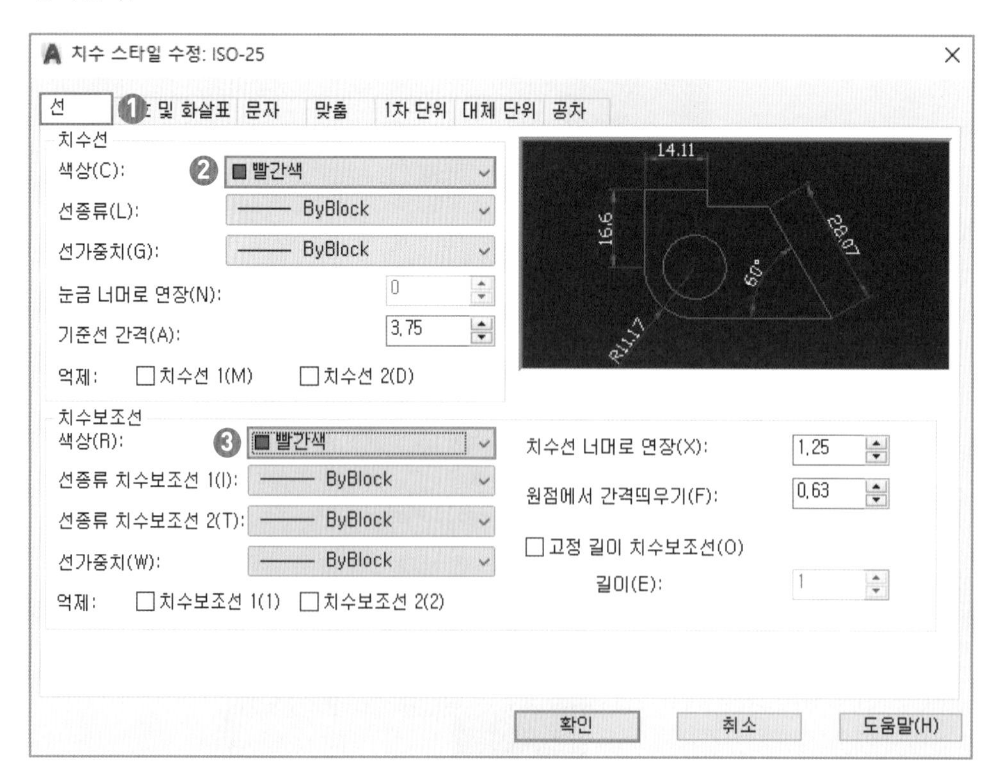

❹ [문자] ⇒ [노란색] ⇒ 글꼴은 [굴림]을 선택하고 문자 높이(크기)는 [3.5]를 입력한다. 다른 탭은 디볼트값으로 놓아두고 [적용] ⇒ [확인]을 클릭하여 빠져나온다.

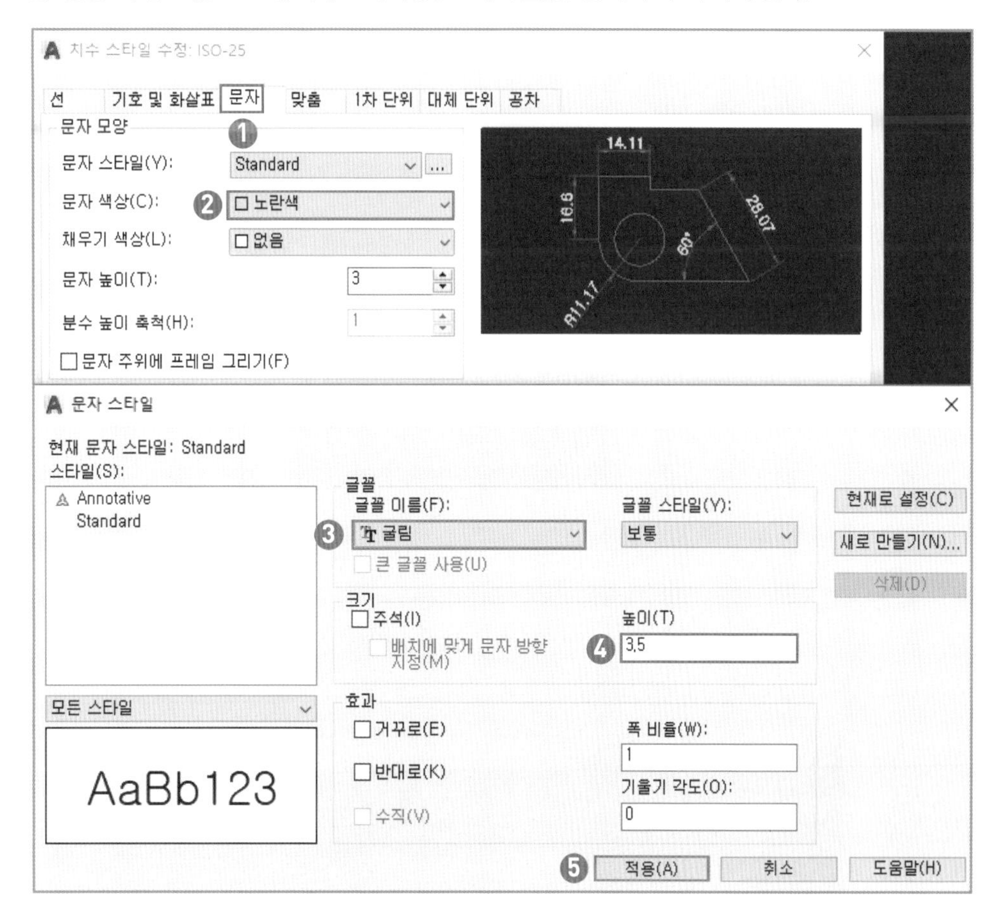

(C) 객체 스냅 설정(명령어 : OSNAP)

화면 하단의 [객체 스냅 설정]을 클릭한 후 [끝점, 중간점, 중심점, 사분점, 교차점]에 체크한다.

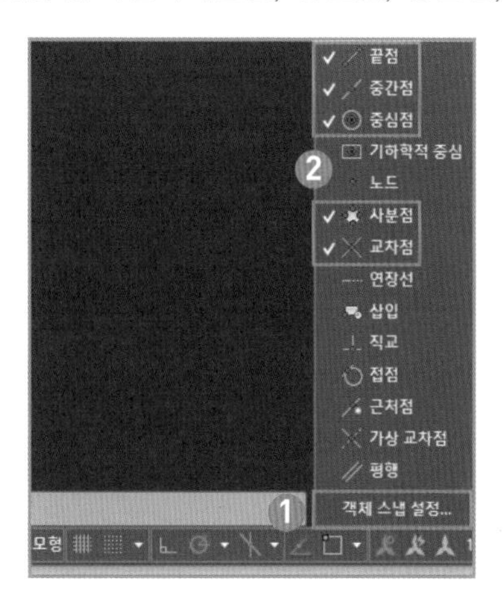

객체 스냅 설정

객체 스냅을 설정하는 것은 객체의 특정 위치를 추적하는 데 도움이 된다. 너무 많은 스냅 모드를 설정하면 오히려 방해가 되므로 끝점, 중간점, 중심점, 사분점, 교차점 정도만 체크한다.

(7) 윤곽선과 중심 마크 그리기

① 레이어 목록에서 [윤곽선]을 선택한다.

② [도구막대] ⇒ [그리기] ⇒ [코너 사각형]을 선택하고 용지영역 내부에 사각형을 그린다. 첫 번째 구성점으로 [10, 10]을 입력한 후 ENTER를 한 다음 다른 구성점으로 [584, 410]을 입력한 후 ENTER를 한다.

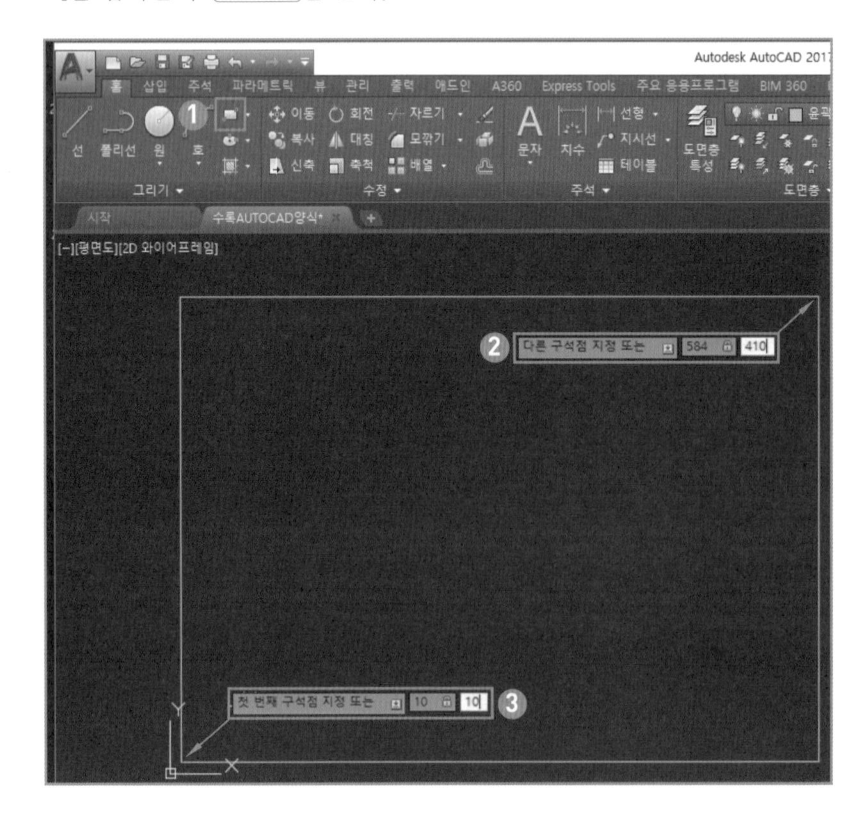

③ 그린 사각형의 가운데에 안과 밖으로 5mm씩 걸치도록 선을 그려 중심 마크를 나타낸다.

* 이것은 도면의 필수사항이므로 생략해서는 안 되며 4군데 모두 그린다.

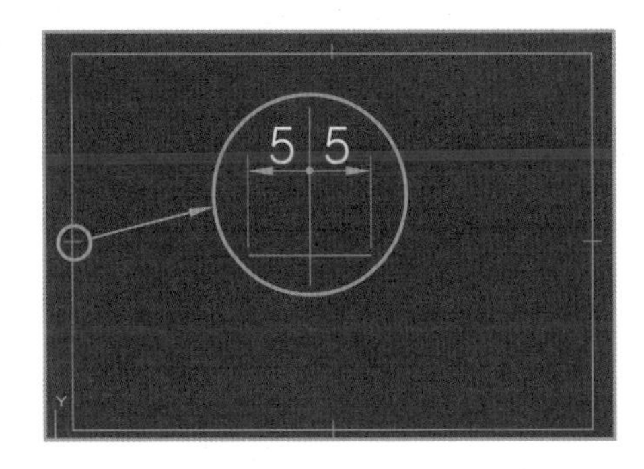

(8) 표제란 및 부품란 작성

선(Line)과 Offset 명령어를 사용하여 표제란과 부품란을 그리고, 내부의 선은 [빨간색]으로 바꾼다. 색상 대화상자에서 [노란색]을 선택하고 문자 도구에서 [단일행 문자]를 선택한 후 표 안에 문자를 배치한다.

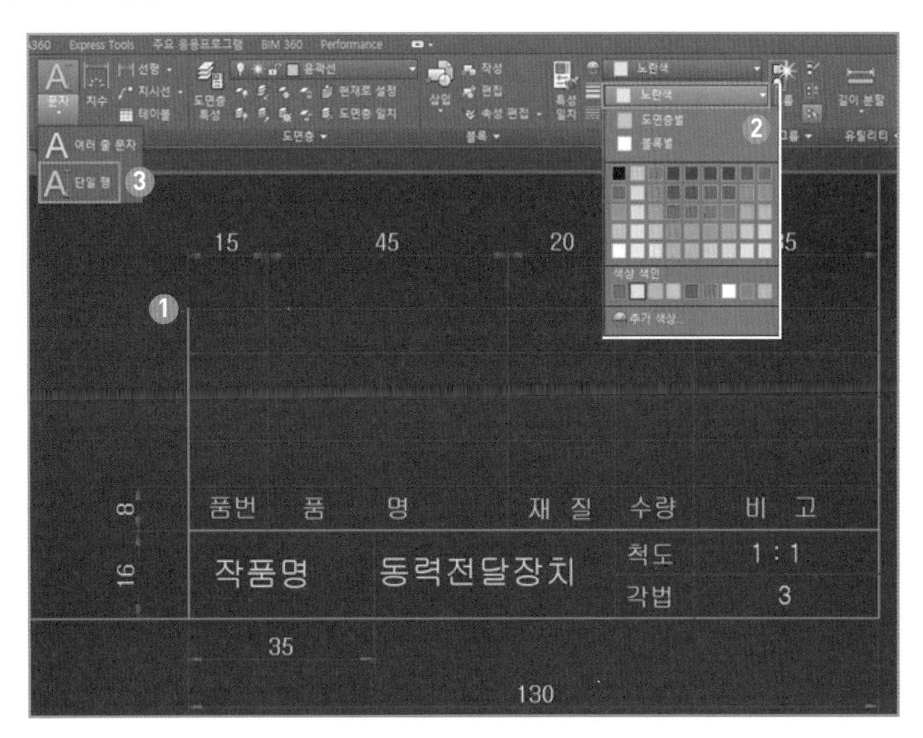

(9) 수험란 작성

동일한 방법으로 도면의 좌측 상단에 수험란을 작성한다.

* 이곳은 채점할 때 철할 부분이므로 가려지는 곳이다.

100 / 20 / 20 / 60 / 24 / 8

수험번호	12345678	기계설계산업기사
성명	홍길동	
감독	(인)	

(10) 주서 작성

일반적으로 주서는 [단일행 문자]를 이용하여 작성하며, 주서에 들어갈 내용은 다음과 같다.

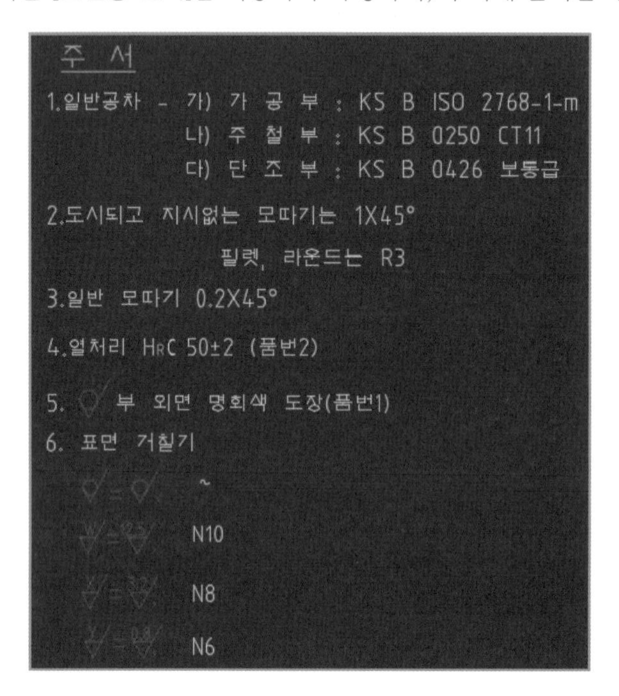

주서 작성

- 부품란에서 첫 번째 줄의 일반 공차는 회주철(예 GC200) 또는 탄소주강(예 SC37)을 사용했는지 확인하고, 해당 재질이 없으면 내용도 삭제한다.
- 운동부 접촉면, 축의 키 홈부, 기어 치형 부분 등은 반드시 열처리 내용을 표기한다. 이때 적용할 재질 기호는 Chapter 3의 '부품별 재질 기호'를 참고하며, 특히 열처리가 불가능한 회주철(GC), 일반 구조강(SB) 등을 사용하면 안 되므로 주의한다.
- 형상이 복잡하고 모서리가 라운딩 되어 있는 경우 회주철(GC)을 사용하면 무난한다.
- 지시없는 모따기 C1, 라운드 R3(R2) 등을 주어 부품도에서 이 부분의 치수 기입이 생략되었음을 인식하고, 도면에서 치수 기입을 생략한다.
- 표면 거칠기는 빨간색으로 가늘게 출력되도록 하고, 내용은 복잡할 필요가 없다.

(11) 표면 거칠기 기호 작성

❶ 표면 거칠기 기호 만들기 : 명령어 [polygon(⬡)]을 이용하여 다음과 같은 순서로 반지름이 3.5mm인 육각형을 그린다.

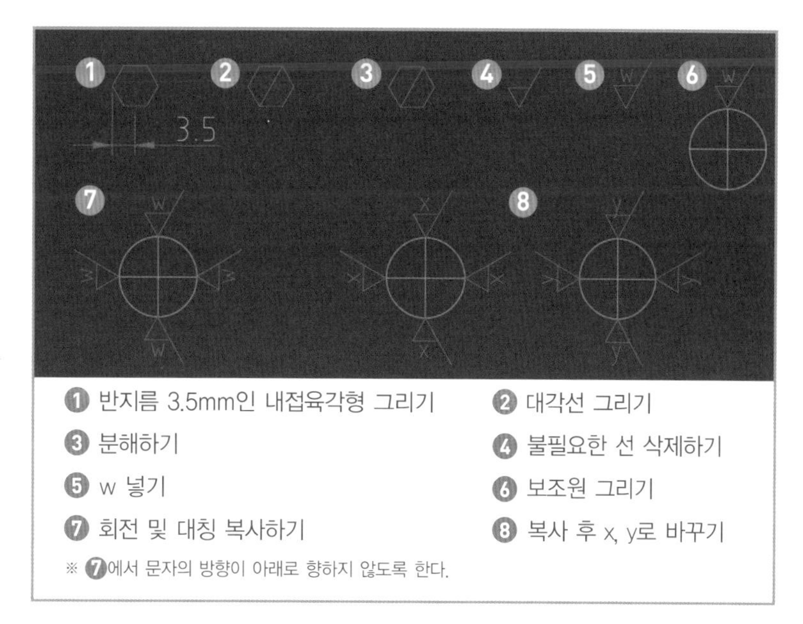

❶ 반지름 3.5mm인 내접육각형 그리기 ❷ 대각선 그리기
❸ 분해하기 ❹ 불필요한 선 삭제하기
❺ w 넣기 ❻ 보조원 그리기
❼ 회전 및 대칭 복사하기 ❽ 복사 후 x, y로 바꾸기
※ ❼에서 문자의 방향이 아래로 향하지 않도록 한다.

표면 거칠기 기호는 2D 부품 치수 기입 후 성격에 맞게 삽입해야 하므로 윤곽선 바깥쪽에 배치하여 복사해서 쓸 수 있도록 한다.

❷ 일반 주서 작성하기 : 문자 크기는 3.5mm로 외형선과 같은 색으로 하고 거칠기 기호는 부품에 표기되지 않은 것을 대표로 하며, 괄호 안쪽은 거칠기 정도가 낮은 순으로 넣고 크기도 1.5배 정도 크게 작성한다.

* 일반 주서는 2D 부품 상단에 품번을 넣고 사용된 대표 표면 거칠기 기호를 넣은 것으로, 조금 크게 그린다.

❸ 부품별 표면 거칠기 삽입하기 : 부품별 표면 거칠기 기호를 기입할 때 어느 곳에 어떤 값을 줘야 할지 결정하기 어렵다면 다음 표를 참고한다.

표면 거칠기 삽입 기준

거칠기 기호	적용면
z✓ = 0.2✓	오일실과 접촉하는 축 바깥지름면, 래핑 가공 등의 초정밀 가공면
y✓ = 0.8✓	기하 공차 기준면, 끼워 맞춤 부분, 습동(운동)면, 벨트 접촉면
x✓ = 3.2✓	면과 면이 단순 조립되는 고정면(볼트로 취부되는 면), 키 홈부
w✓ = 12.5✓	작동기능과는 무관하지만 가공을 한 면(드릴 구멍, 볼트 자리면)
✓ = ✓	주물면으로 필렛(모깍기)되어 있고 소재 상태로 도장 처리하는 면

표면 거칠기 삽입 기준

- 표면 거칠기 기호의 누락 방지를 위해 표면 거칠기 정도가 높은 순으로 삽입한다.
- 문자나 선들이 서로 중복되지 않는 곳을 찾아 투상선상이나 치수 보조선 중간에 기입한다.

(12) 수험용 도면양식 저장

만든 도면양식은 2D 부품도 작업 과제에서 사용해야 하므로 [전체보기] ⇒ [다른 이름으로 저장]을 클릭하여 A2도면양식.dwg의 형태로 저장한다.

3 SolidWorks에서 만든 도면양식 이용하기

SolidWorks에서 만든 도면양식 파일을 AutoCAD에서 불러와서 그대로 사용할 수 있는 방법에 대하여 알아보자.

(1) SolidWorks에서 만든 도면 파일을 AotoCAD에서 불러오기

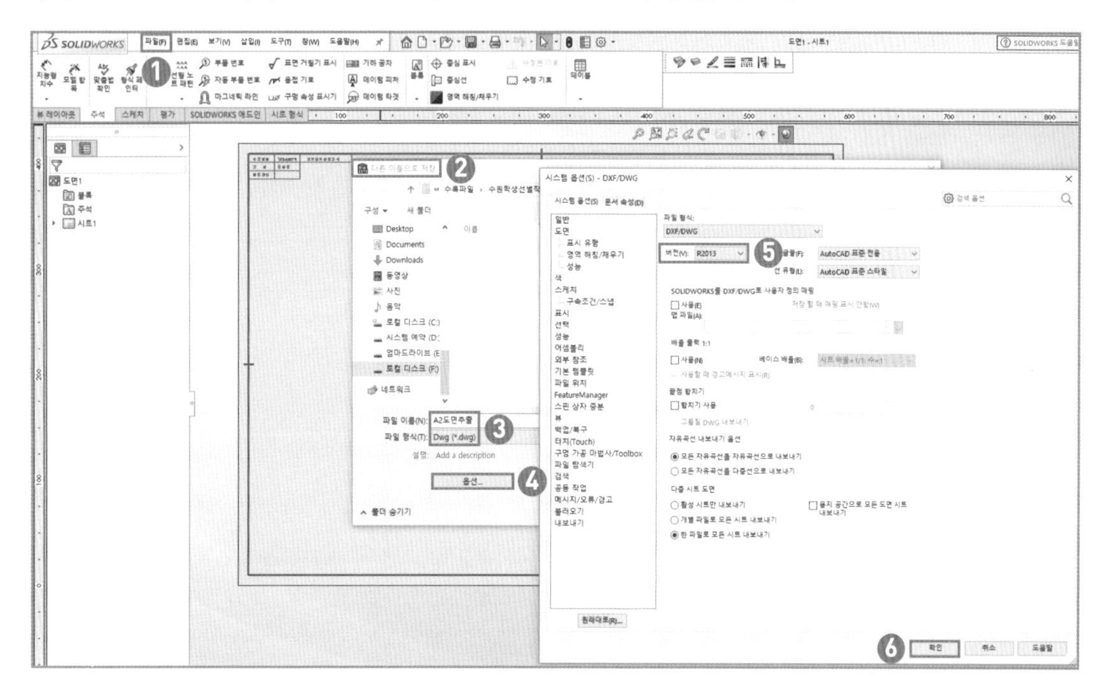

❶ SolidWorks에서 도면양식 파일을 열고 풀다운 메뉴의 [파일]을 클릭한다.

❷ [다른 이름으로 저장]을 클릭하고 저장할 폴더 위치를 확인한다.

❸ 파일 이름을 [A2도면추출]로 하고 파일 형식은 [Dwg(*.dwg)]를 선택한다.

❹ [옵션]을 클릭하면 시스템 옵션 대화상자가 나온다.

❺ [버전]을 클릭하여 현재 사용하는 AutoCAD 버전과 가장 가까운 구버전을 선택한다.

❻ [확인] ⇒ [저장]을 클릭하면 slddrw 파일에서 dwg 파일로 변환되어 추출된다.

CAD 프로그램의 호환성

CAD 프로그램은 호환성이 좋기 때문에 대표적인 변환 파일인 DXF 파일을 사용하지 않더라도 문자 스타일, 레이어 선의 종류 등 도면의 속성을 그대로 불러올 수 있다.

(2) 추출한 파일을 AutoCAD에서 검증하기

1. 추출한 파일을 AutoCAD에서 열 때 다음과 같은 경고 메세지가 뜨면 [DWG 파일 그냥 열기]를 클릭한다.

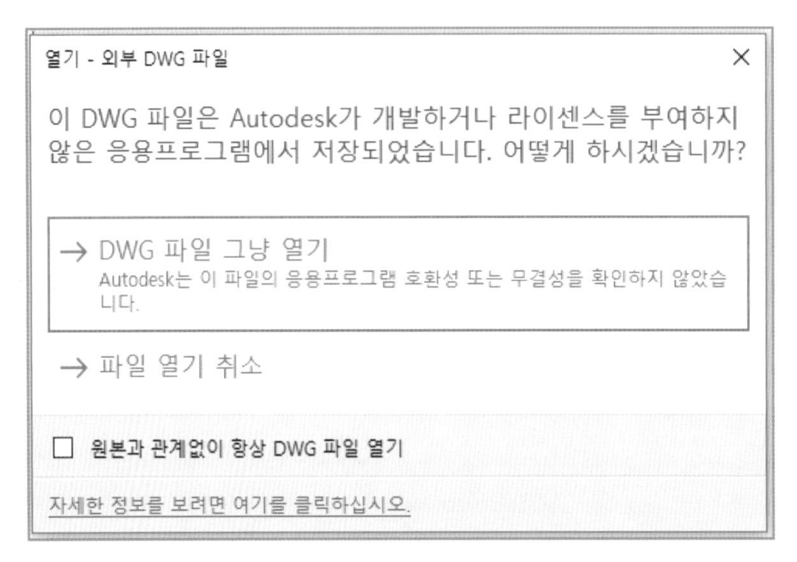

2. 마우스로 드래그 하여 화면의 [모든 객체를 선택]하고 도구 패널에서 [선 굵기]를 선택한 후 목록에서 [기본값]을 선택하면 모든 선이 가늘게 된다.

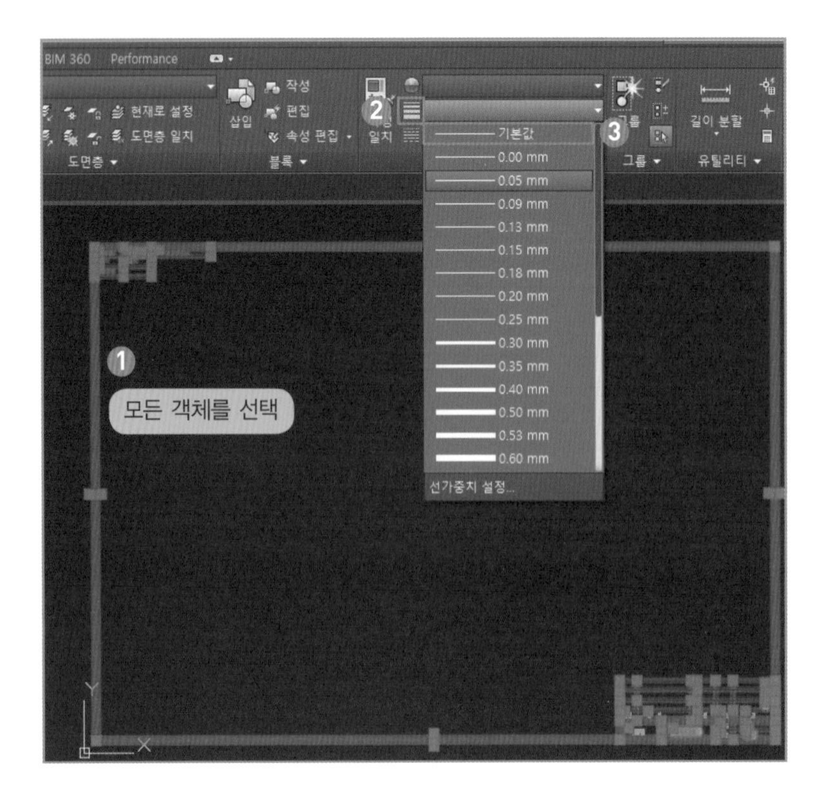

3 레이어 대화상자를 클릭하면 SolidWorks에서 설정한 목록이 그대로 불려왔음을 알 수 있다. 문자는 [노란색]으로 바꾸고, 마지막 치수 스타일(색상)이 설정되지 않았으므로 이것만 설정하면 된다.

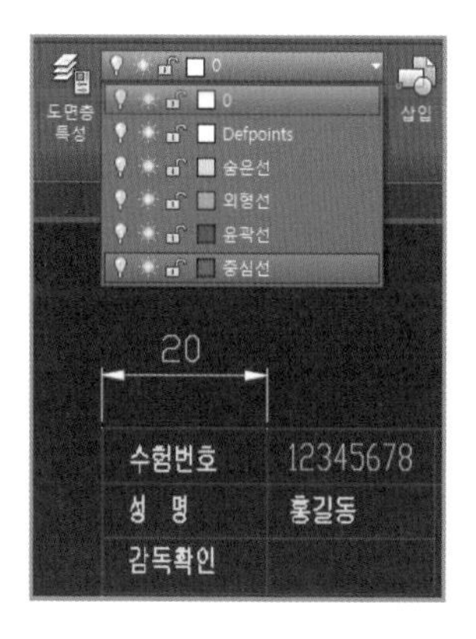

도면양식을 만드는 작업은 숙련된 상태라 하더라도 보통은 30분 정도 소요되지만 위와 같이 SolidWorks에서 만든 도면 파일을 변환하여 사용한다면 작업시간을 절약할 수 있다.

반대로 AutoCAD에서 만든 도면양식 객체를 복사(Ctrl+C)하고 SolidWorks 도면모드의 시트 형식 편집 에 들어가서 붙여넣기(Ctrl+V)한 후 사용할 수도 있다.

이때 SolidWorks 도면모드의 바탕색이 흰색이므로 노란색 문자는 파란색으로 바꿔야 잘 보인다.

4 설계 변경 요구사항 분석하기

기계설계산업기사 실기시험에서 설계 변경 조건 항목이 신설되고, 그 설계 변경사항을 반영하여 관련 부품은 형상 및 크기를 바꾼 후 3D 부품 모델링도(등각투상도)와 2D 부품도를 작업해야 한다.

주요 변경 사항

구분	변경 전	변경 후
작업 시간	5시간	5시간 30분
수행 과제	부품도 및 모델링도 작업	설계 변경 사항 반영 후 부품도 및 모델링도 작업

주요 과제별 설계 변경이 어느 곳에서 이루어지는지 살펴보고, 그에 따른 알맞은 문제 해결 방법에 대하여 알아보자.

1 동력전달장치

(1) 설계 변경

❖ **설계 변경 조건**

❶ 품번 ①에 설치된 베어링 번호 "6905"를 "7005"로 변경하시오.
(단, 제시된 과제에서 "A"의 치수를 유지하여 수정 부위를 최소화하시오.)
❷ 품번 ⑤의 V 벨트 풀리 M형을 A형으로 변경하시오.
(단, 호칭 지름은 변경하지 않는다.)
❸ 설계 변경과 관련된 모든 부품을 설계 변경한다.
❹ 설계 변경 부위를 최소화하여 설계하되 지시되지 않은 설계 변경은 수험자가 적절히 판단하여 작성한다.

설계 변경 조건은 베어링과 V 벨트 풀리 형태의 변경이다. 먼저 KS 데이터를 산출한다. 특히 A의 치수는 변하지 않으므로 크기 변화에 따른 관련 부품의 치수 변화를 잘 살펴보아야 한다.

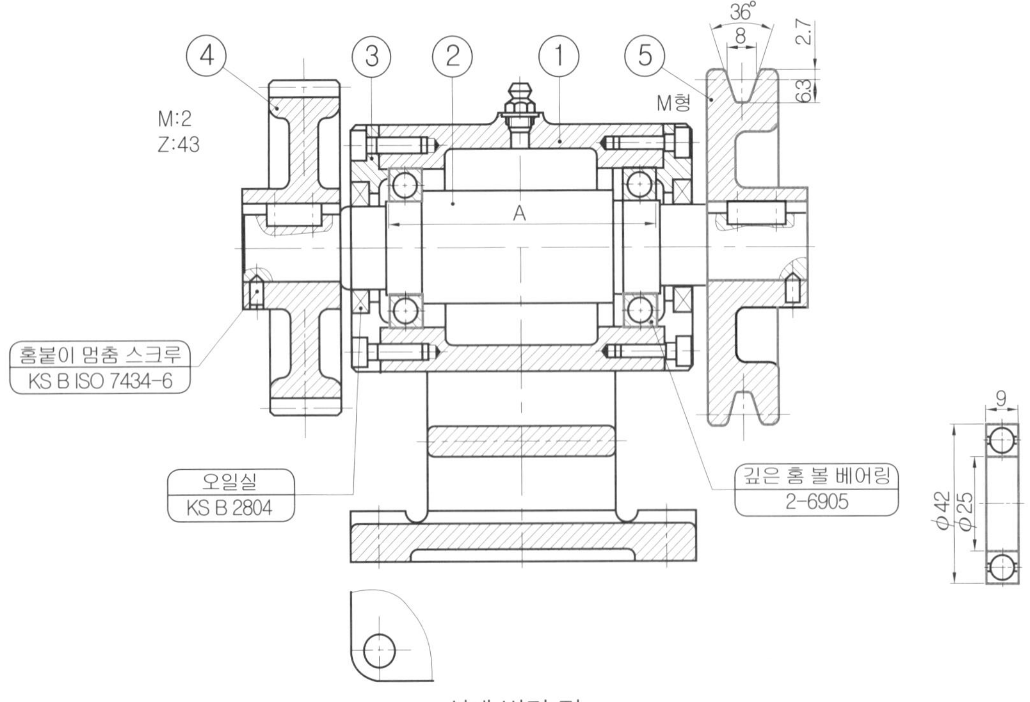

설계 변경 전

설계 변경

변경 부품	변경 전	변경 후	비고
베어링	*6905 (9, φ42, φ25)	*7005 (12, φ25, φ47)	• 안지름 불변 • 바깥지름 변경 • 폭 변경
V-벨트 풀리	*M형 (36°, 8, 2.7, 6.3)	*A형 (34°, 9.2, 4.5, 8)	• 호칭 치수 불변 • 홈 각도 변경 • 폭 변경 • 이끝 높이 변경 • 이뿌리 높이 변경

(2) 변경 부품의 KS 데이터

다음은 변경 부품의 KS 데이터를 산출한 부분이다.

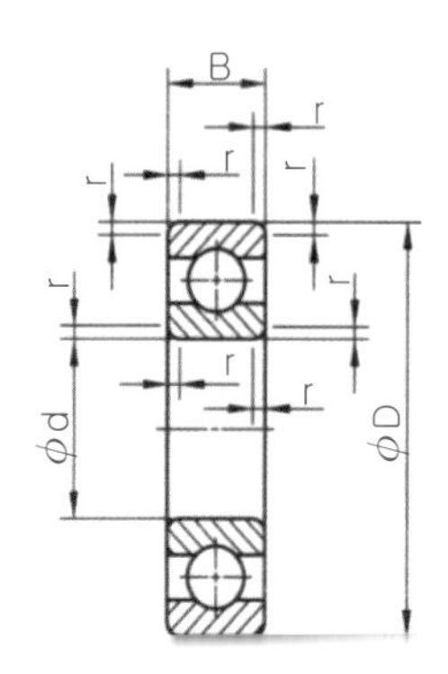

깊은 홈 볼 베어링

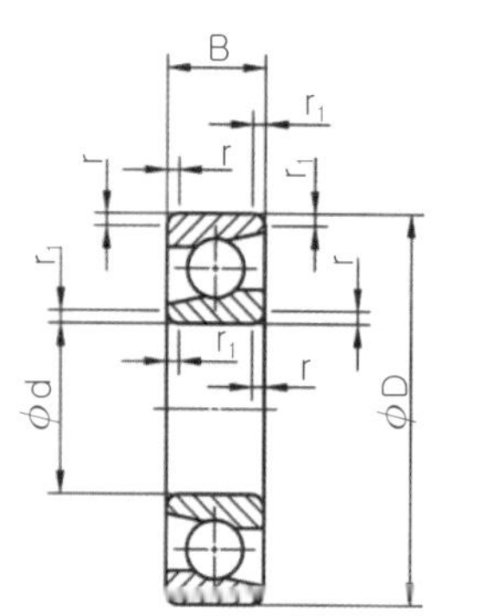

앵귤러 볼 베어링

호칭 번호 (69계열)	치수				호칭 번호 (70계열)	치수				
	d	D	B	r		d	D	B	r	r_1
6903	17	30	7	0.3	7003A	17	35	10	0.3	0.15
6904	20	37	9	0.3	7004A	20	42	12	0.6	0.3
❶ 6905	25	42	9	❷	7005A	25	47	12	0.6	0.3
6906	30	47	9	0.3	7006A	30	55	13	1	0.6
6907	35	55	10	0.6	7007A	35	62	14	1	0.6
6908	40	62	12	0.6	7008A	40	68	15	1	0.6

주] ❶은 설계 변경 전의 치수, ❷는 설계 변경 후의 치수이다.

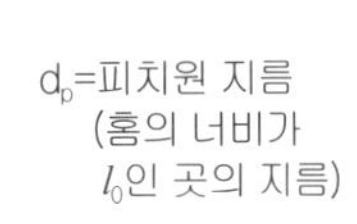

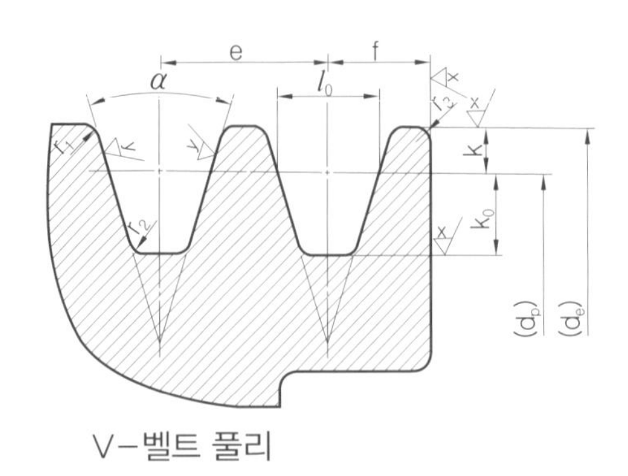

V-벨트 풀리

	V벨트의 형별	α의 허용차(°)	k의 허용차	e의 허용차	f의 허용차
❶	M	±0.5	+0.2 0	–	±1.0
❷	A	±0.5	+0.2 0	±0.4	±1.0

호칭 지름(mm)	바깥지름 d_e 허용차	바깥둘레 흔들림허용값	림 측면 흔들림허용값
75 이상 118 이하	±0.6	0.3	0.3
125 이상 300 이하	±0.8	0.4	0.4

	V벨트의 형별	호칭 지름	α(°)	l_0	k	k_0	e	f	r_1	r_2	r_3
	M	50 이상~71 이하	34	8.0	2.7	6.3	–	9.5	0.2 ~0.5	0.5 ~1.0	1~2
❶	M	71 초과~90 이하	36	8.0	2.7	6.3					
	M	90 초과	38	8.0	2.7	6.3					
❷	A	71 이상~100 이하	34	9.2	4.5	8.0	15.0	10.0	0.2 ~0.5	0.5 ~1.0	1~2
	A	100 초과~125 이하	36	9.2	4.5	8.0					
	A	125 초과	38	9.2	4.5	8.0					

주] ❶은 설계 변경 전의 치수, ❷는 설계 변경 후의 치수이다.

(3) 변경 부품 검토

변경된 부분을 기록해 두고 3D 부품 모델링을 실시하여 2D 부품도에 적용한다.

변경 부품 검토

변경 부품	변경 부분
① 본체	• 베어링 바깥지름 조립부 구멍 치수 : φ42 ⇒ φ47
② 축	• 베어링 안지름 조립부 바깥지름 치수 : φ25 불변 • 중앙부 길이 치수 : 56 ⇒ 50(베어링 폭의 변화)
③ 커버	• 베어링 바깥지름 조립부 구멍 치수 : φ42 ⇒ φ47
⑤ V-벨트 풀리	• 호칭치수(PCD) 불변 • 폭 : 8 ⇒ 9.2 • 홈 각도 : 36° ⇒ 34° • 이끝 높이 : 2.7 ⇒ 4.5 • 이뿌리 높이 : 6.3 ⇒ 8

(4) 설계 변경 후 2D 조립도

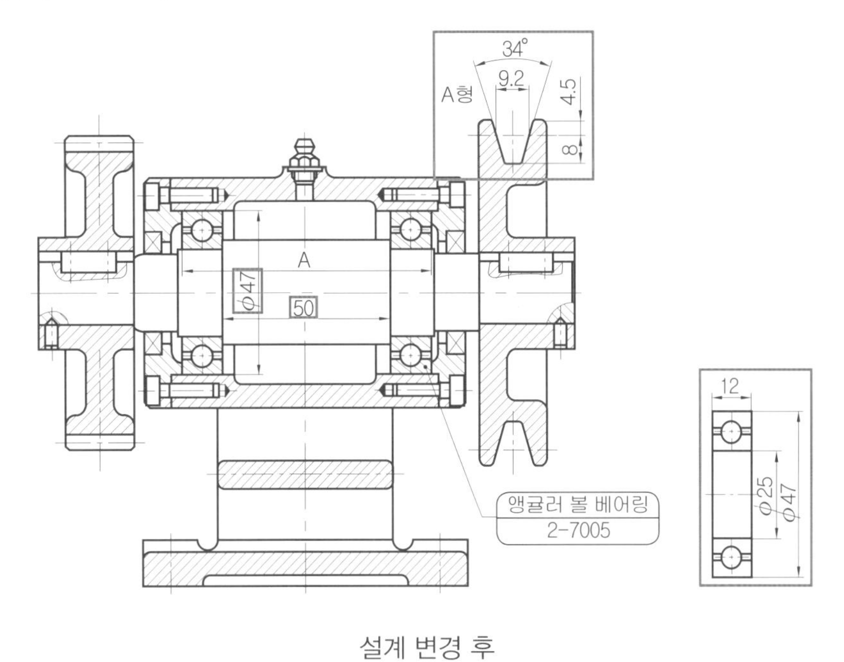

설계 변경 후

(5) 설계 변경 후 2D 부품 도면

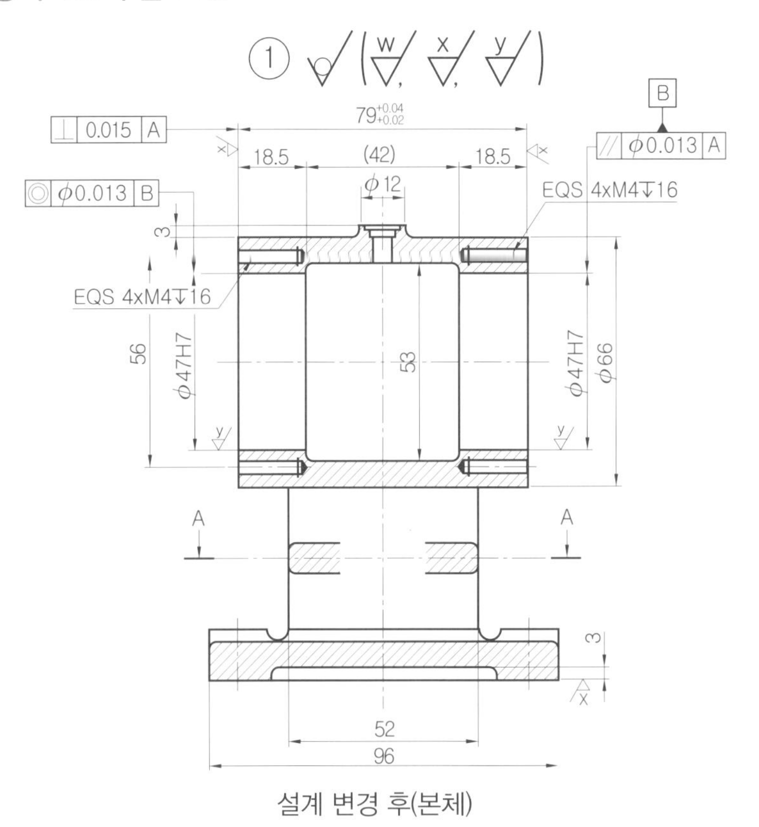

설계 변경 후(본체)

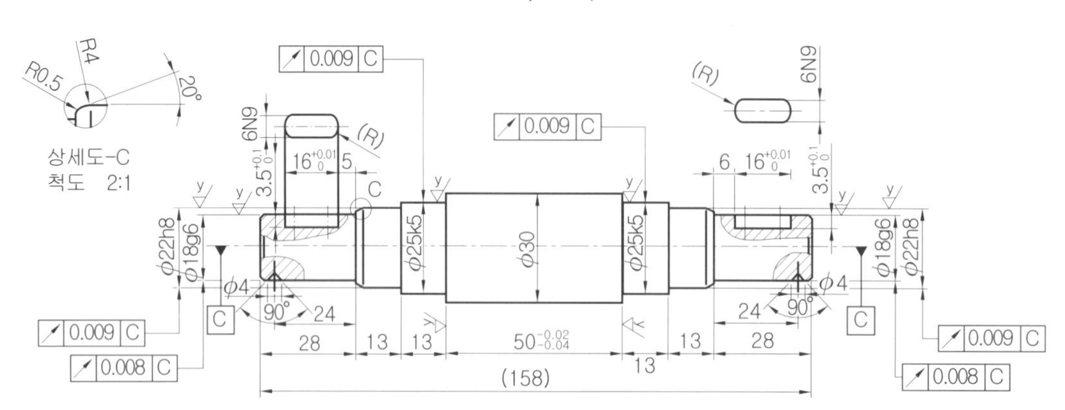

설계 변경 후(축)

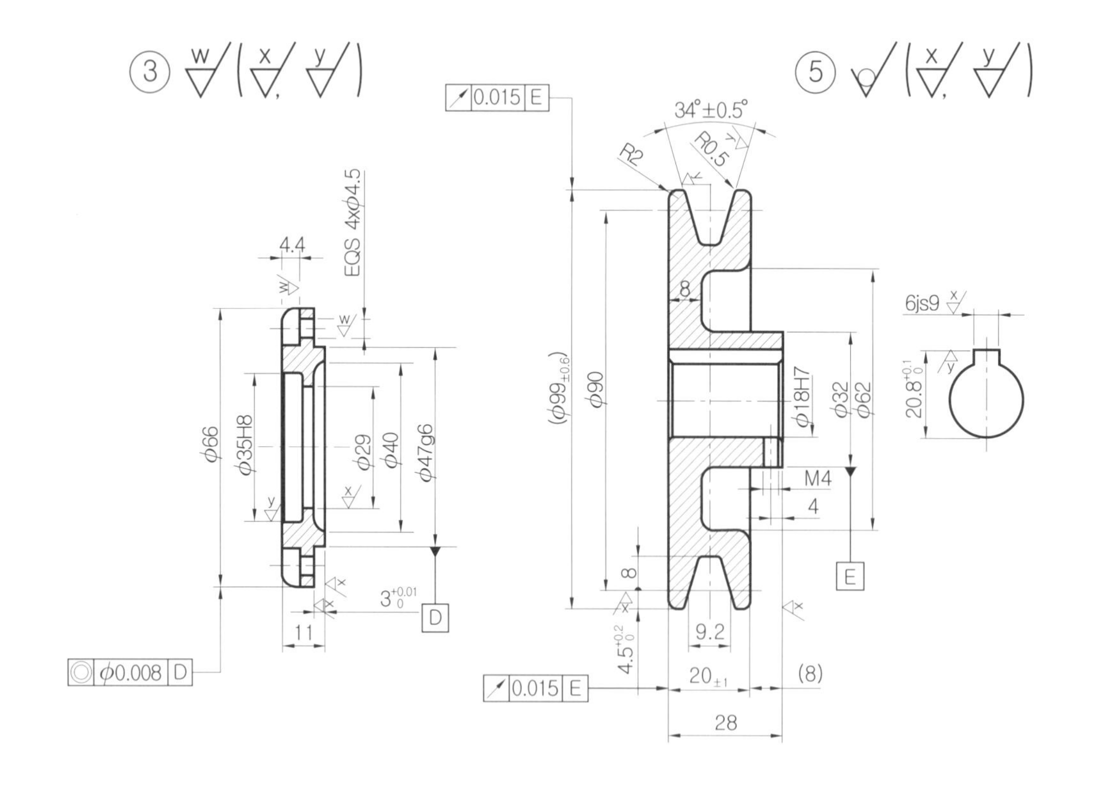

설계 변경 후(커버와 V-벨트 풀리)

2 드릴지그

(1) 설계 변경

❖ **설계 변경 조건**

❶ 제품도의 A부(드릴 구멍) 크기와 B부 위치를 설계 변경하시오.

❷ 설계 변경과 관련된 모든 부품을 설계 변경한다.

❸ 제품 고정면의 위치는 동일하며, 설계 변경 부위를 최소화하여 설계하되 지시되지 않은 설계 변경은 수험자가 적절히 판단하여 작성한다.

설계 변경 조건은 드릴 구멍의 위치와 크기의 변경이다. 먼저 지그용 고정 부시의 KS 데이터를 산출한다. 특히 제품의 고정면(로케이터)은 변하지 않으므로 크기 변화에 따른 관련 부품의 치수 변화를 잘 살펴보아야 한다.

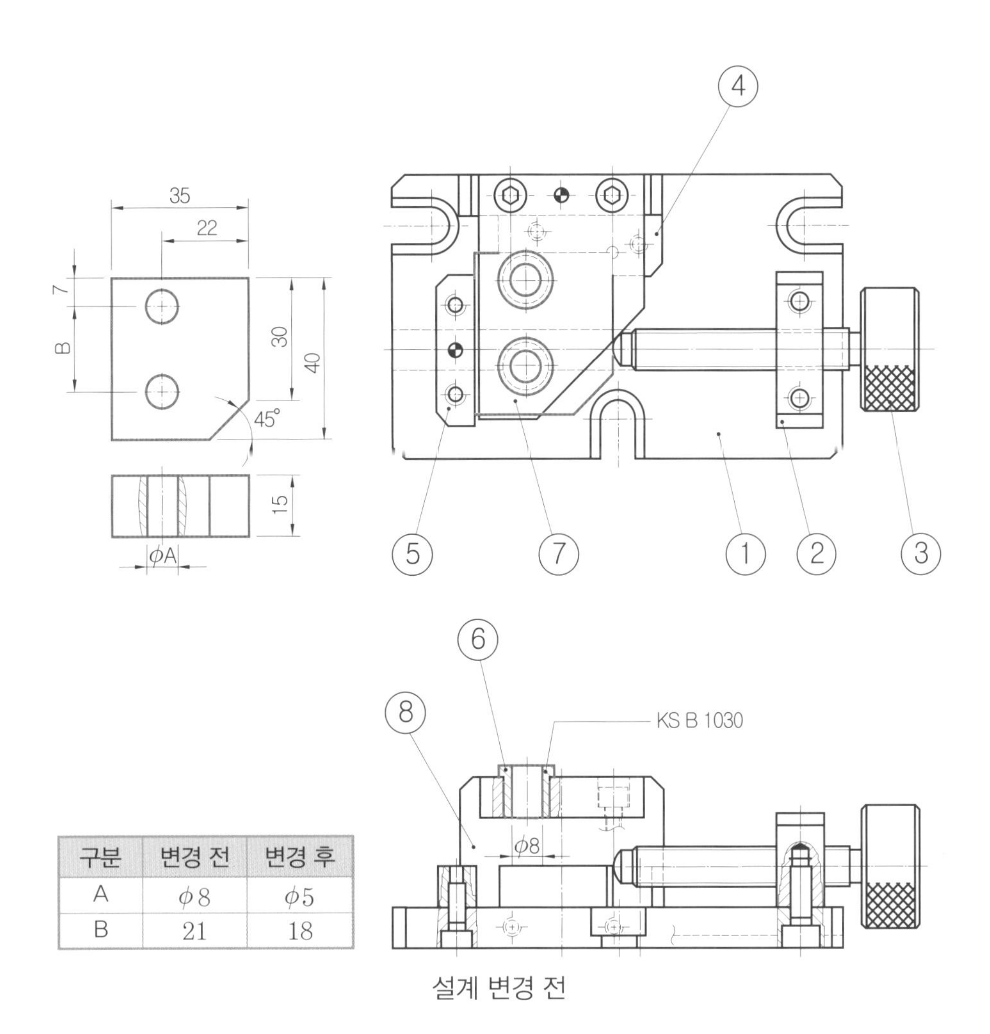

구분	변경 전	변경 후
A	φ8	φ5
B	21	18

설계 변경 전

설계 변경

변경 부품	변경 전	변경 후	비고
고정 부시	φ16, R1, φ8, φ12, 3, 10	φ14, R1, φ5, φ10, 3, 10	• 안지름 변경 • 바깥지름 변경 • 칼라 바깥지름 변경
제품도	35, 22, 7, 21, 30, 40, 45°, 15, φ8	35, 22, 7, 18, 30, 40, 45°, 15, φ5	• 전체 길이 불변 • 전체 폭 불변 • 구멍 크기 변경 • 구멍 위치 치수 변경

(2) 변경 부품의 KS 데이터

다음은 변경 부품의 KS 데이터를 산출한 부분이다.

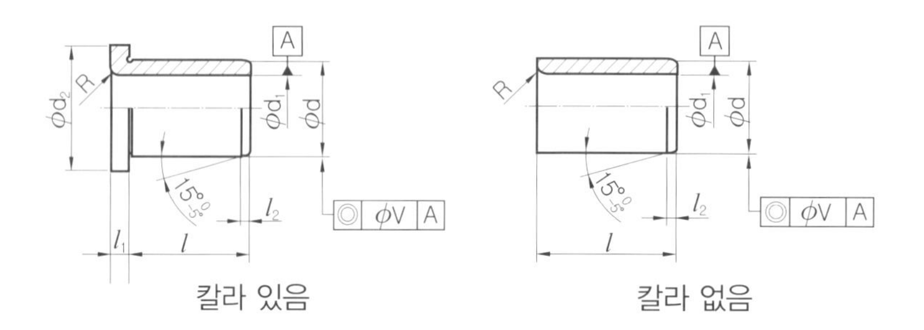

지그용 부시 및 그 부속 부품(고정 부시)

d_1		d		d_2		l	l_1	l_2	R
초과	이하	기준치수	허용차	기준치수	허용차				
2	3	7	p6	11	h13	8 10 12 16	2.5	1.5	0.8
3	4	8	p6	12	h13	8 10 12 16	2.5	1.5	1.0
❷ 4	6	10	p6	14	h13	10 12 16 20	3	1.5	1.0
❶ 6	8	12	p6	16	h13	10 12 16 20	3	1.5	2.0
8	10	15	p6	19	h13	12 16 20 25	3	1.5	2.0

주] ❶은 설계 변경 전의 치수, ❷는 설계 변경 후의 치수이다.

(3) 변경 부품 검토

변경된 부분을 기록해 두고 3D 부품 모델링을 실시하여 2D 부품도에 적용한다.

변경 부품 검토

변경 부품	변경 부분
① 베이스	• 드릴 칩 배출 구멍 위치 : 21 ⇒ 18
⑥ 고정 부시	• 안지름 : $\phi 8 \Rightarrow \phi 5$ • 바깥지름 : $\phi 12 \Rightarrow \phi 10$ • 칼라 바깥지름 : $\phi 16 \Rightarrow \phi 14$
⑦ 상부 플레이트	• 고정 부시 조립 구멍 위치 치수 : 21 ⇒ 18 • 고정 부시 조립 구멍 크기 : $\phi 12 \Rightarrow \phi 10$

(4) 설계 변경 후 2D 조립도

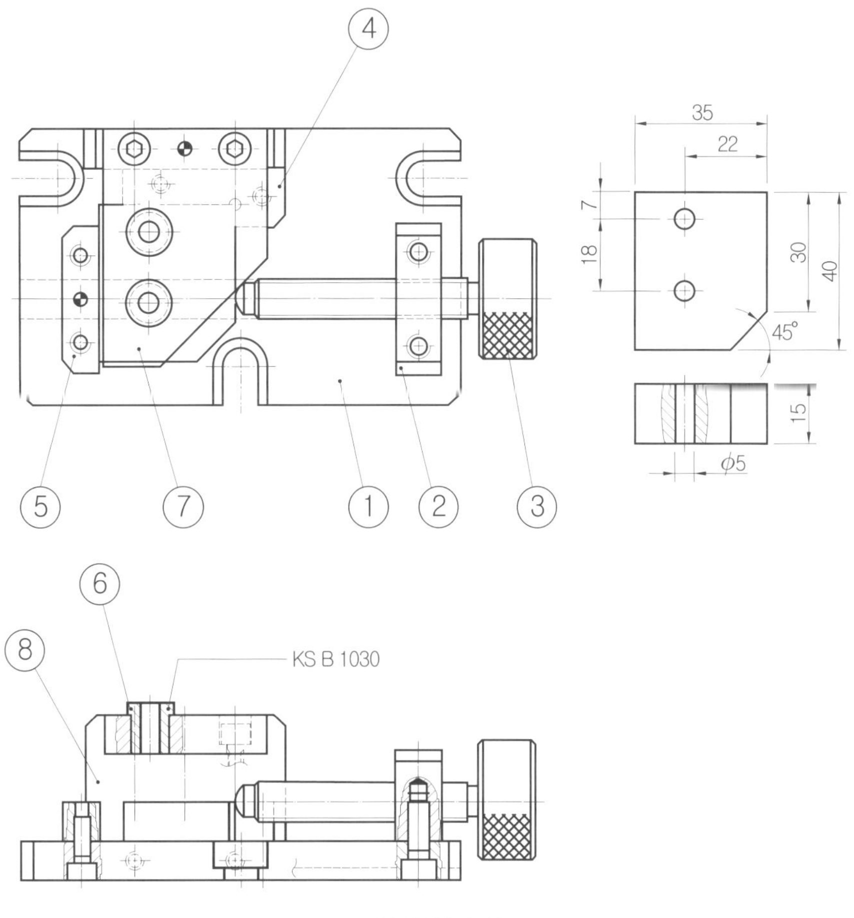

설계 변경 후

(5) 설계 변경 후 2D 부품 도면

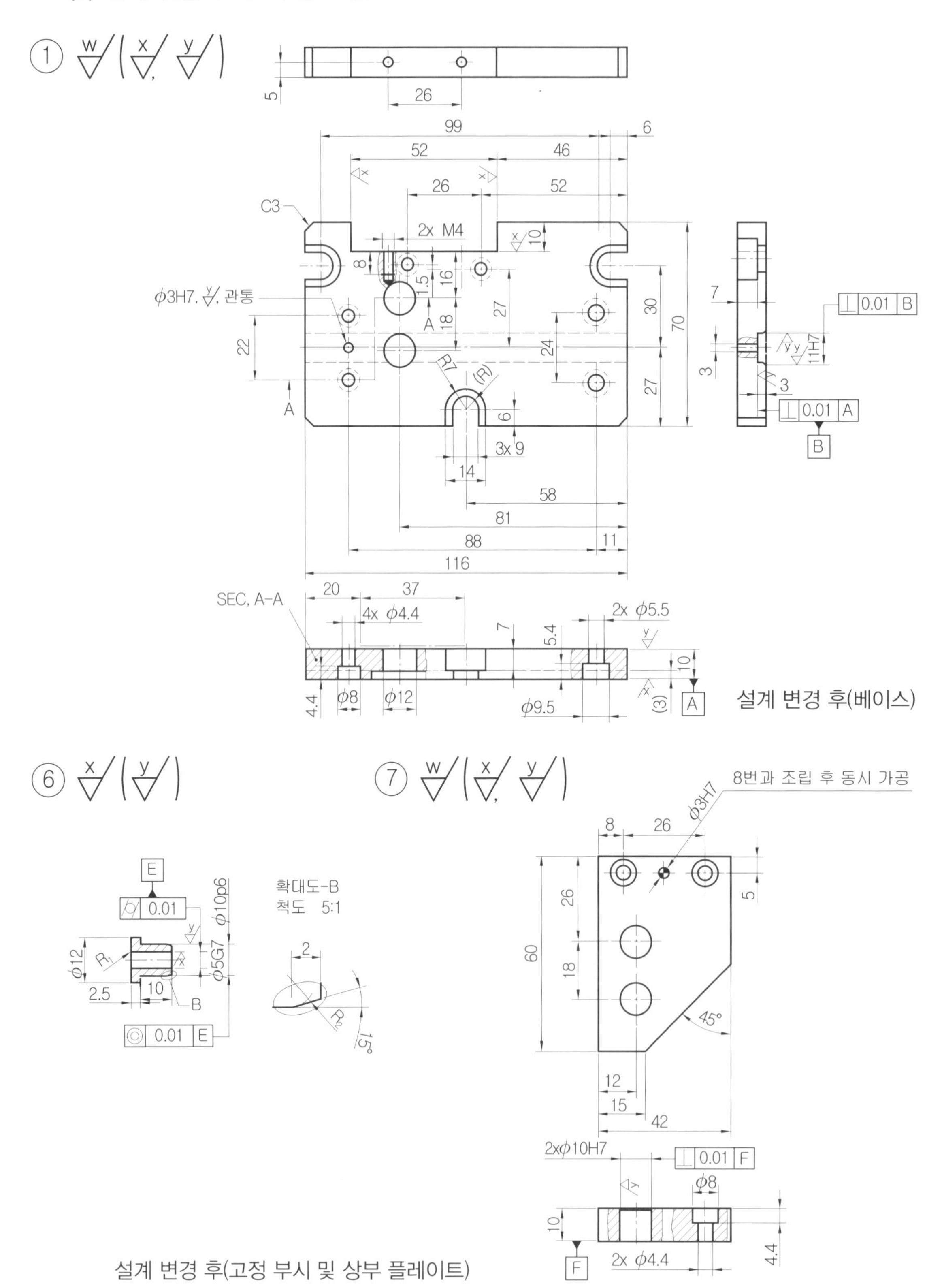

3 공압 실린더

(1) 설계 변경

❖ **설계 변경 조건**

❶ 품번 ①의 가 안지름을 φ30에서 φ26으로 변경하시오.
(단, 제시된 과제의 기입된 치수를 유지하여 수정 부위를 최소화하시오.)

❷ 품번 ②의 나 오링부 규격을 P24에서 P22로 변경하시오.
(단, 제시된 과제의 기입된 치수를 유지하여 수정 부위를 최소화하시오.)

❸ 품번 ②의 다부 오링의 중심 위치는 불변이다.

❹ 설계 변경과 관련된 모든 부품을 설계 변경한다.

❺ 설계 변경 부위를 최소화하여 설계하되 지시되지 않은 설계 변경은 수험자가 적절히 판단하여 작성한다.

설계 변경 조건은 공압 실린더의 안지름 크기의 변경이다. 이에 따라 오링의 규격이 바뀌므로 먼저 운동용 오링의 KS 데이터를 산출한다. 특히 오링의 간격은 변하지 않으므로 크기 변화에 따른 관련 부품의 치수 변화를 잘 살펴보아야 한다.

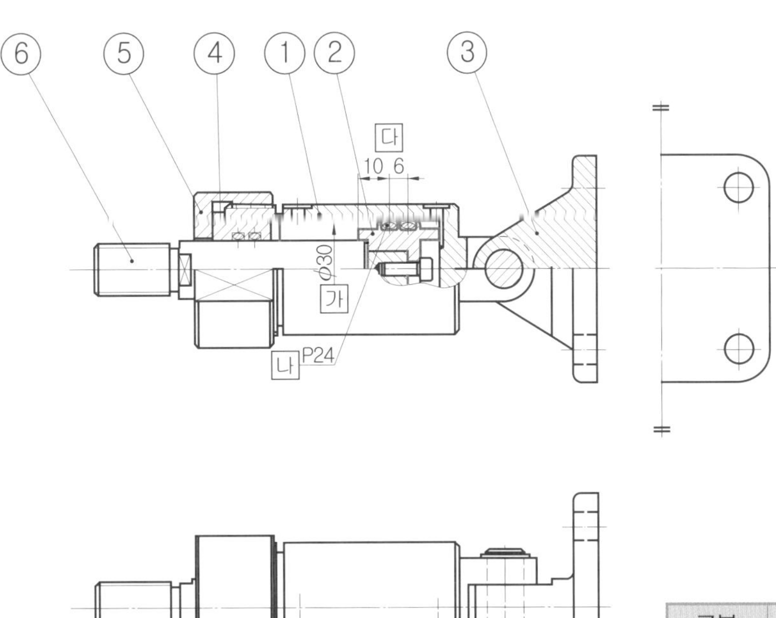

구분	변경 전	변경 후
가	φ30	φ26
나	P24	P22

설계 변경 전

설계 변경

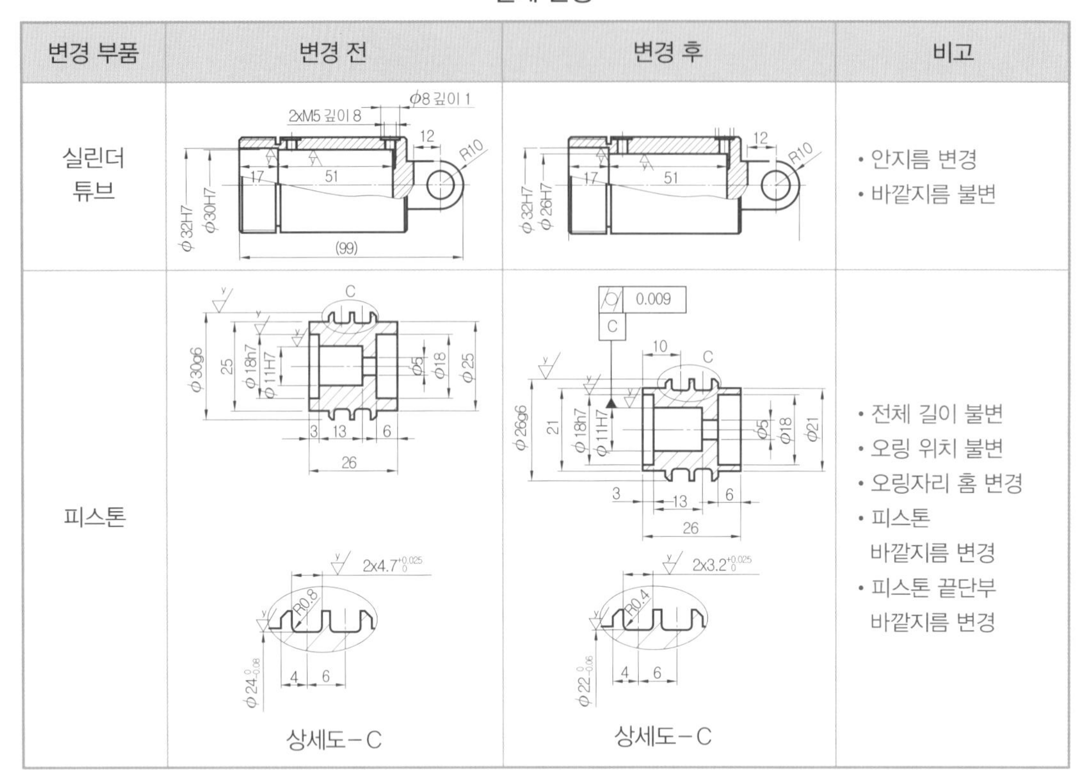

변경 부품	변경 전	변경 후	비고
실린더 튜브			• 안지름 변경 • 바깥지름 불변
피스톤	상세도-C	상세도-C	• 전체 길이 불변 • 오링 위치 불변 • 오링자리 홈 변경 • 피스톤 바깥지름 변경 • 피스톤 끝단부 바깥지름 변경

(2) 변경 부품의 KS 데이터

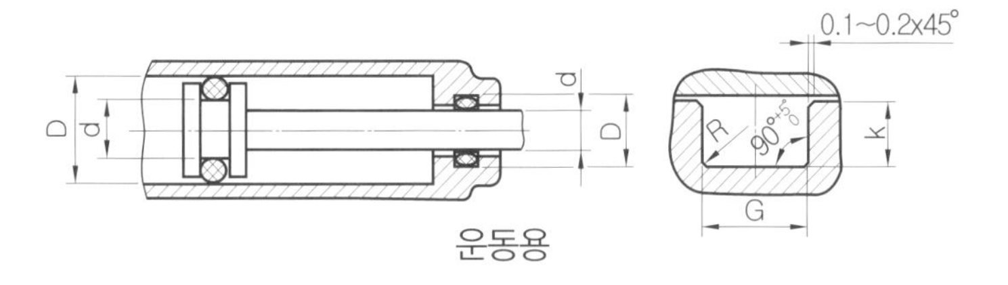

운동용

O링(원통면)

O링의 호칭 번호	d	d의 끼워 맞춤	D	D의 끼워 맞춤	G +0.25 0	R (최대)
P21	21	0 −0.06	25	+0.06 0	3.2	0.4
❷ P22	22	0 −0.06	26	+0.06 0	3.2	0.4
P22A	22	0 −0.08	28	0 +0.08	4.7	0.8
P22.4	22.4	0 −0.08	28.4	0 +0.08	4.7	0.8
❶ P24	24	0 −0.08	30	0 +0.08	4.7	0.8

주] ❶은 설계 변경 전의 치수, ❷는 설계 변경 후의 치수이다.

(3) 변경 부품 검토

변경 부분을 기록해 두고 3D 부품 모델링을 실시하여 2D 부품도에 적용한다.

변경 부품 검토

변경 부품	변경 부분
① 실린더 튜브	• 튜브 안지름 : ϕ30 ⇒ ϕ26
② 피스톤	• 피스톤 바깥지름 : ϕ30 ⇒ ϕ26 • 고정 부시 조립 구멍 크기 : ϕ12 ⇒ ϕ10 • 오링자리 홈 폭 : 4.7 ⇒ 3.2 • 오링자리 홈 공차 : −0.08 ⇒ −0.06 • 오링자리 홈 코너 반지름 : R0.8 ⇒ R0.4 • 끝단부 바깥지름 : ϕ25 ⇒ ϕ21

(4) 설계 변경 후 2D 조립도

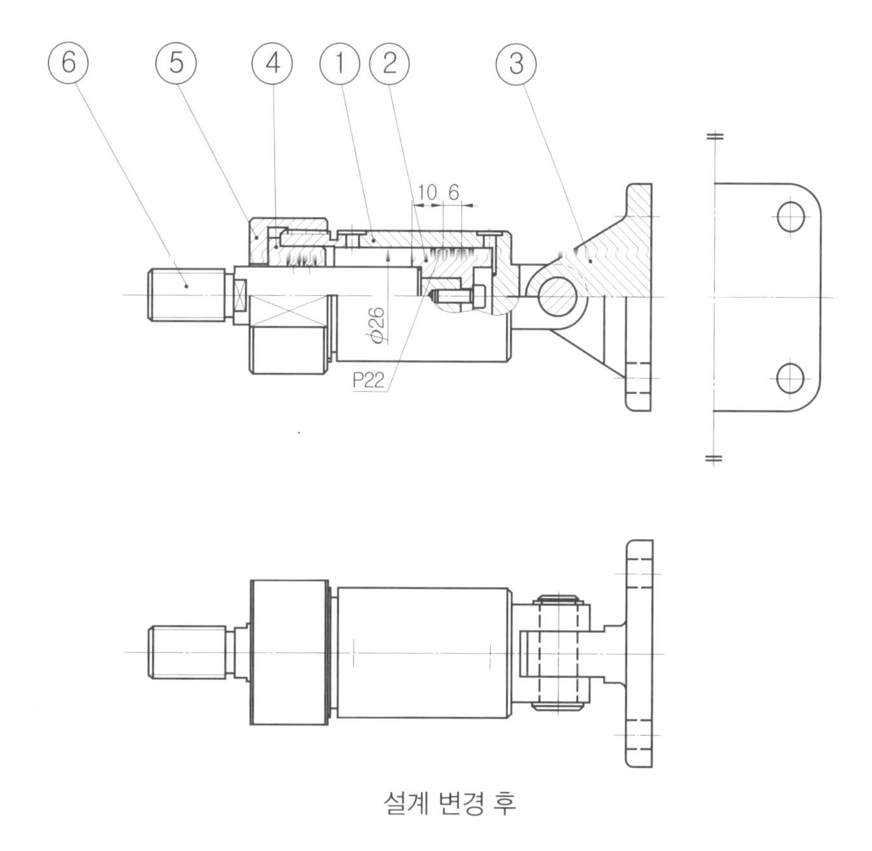

설계 변경 후

(5) 설계 변경 후 2D 부품 도면

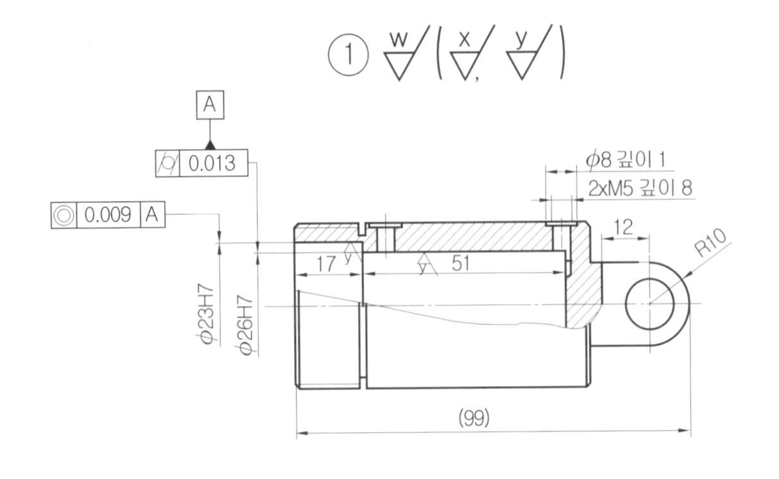

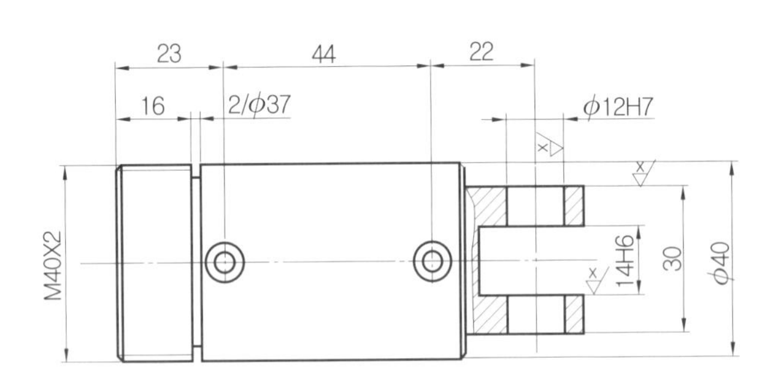

설계 변경 후(실린더 튜브)

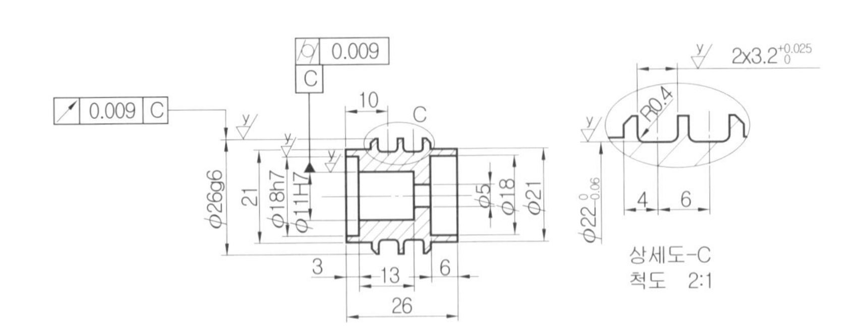

설계 변경 후(피스톤)

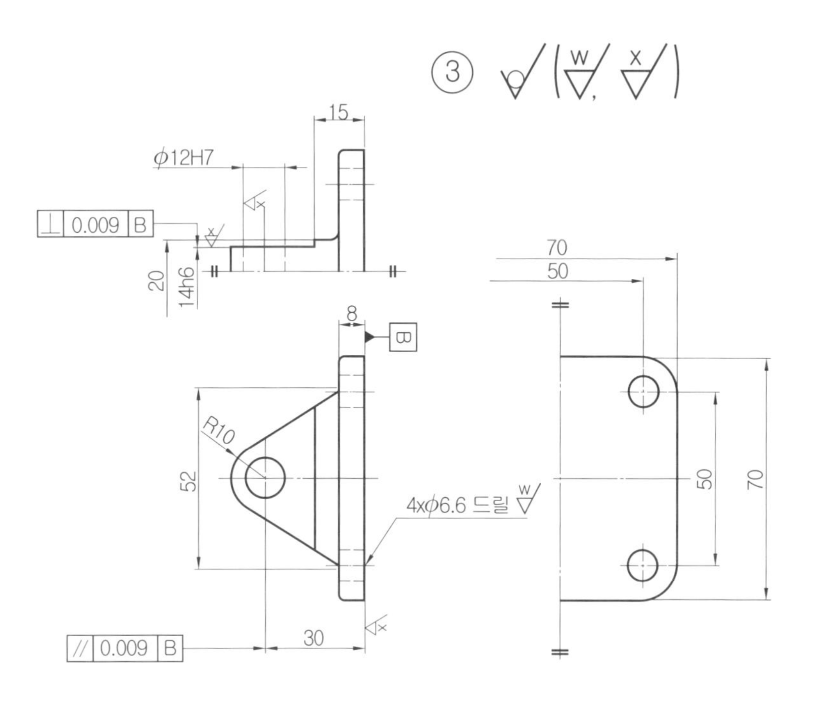

설계 변경 후(Y마운틴 브래킷)

공압 실린더 과제

설계 변경 요구조건에서 실린더 전 · 후진 행정거리(stroke)가 다르게 주어질 수 있다. 이때는 품번 ① 실린더 튜브와 품번 ⑥ 피스톤 로드 길이가 변화하는 행정거리만큼 달라짐에 유의한다.

5 직무능력 평가하기

1 작업장 평가

<table>
<tr><td>단원명</td><td colspan="7">Chapter 2. 3D 형상 모델링 작업 준비하기</td></tr>
<tr><td rowspan="2">평가시기</td><td rowspan="2">(　　)주차</td><td>학습자</td><td></td><td rowspan="2">총배점</td><td rowspan="2" colspan="3">100점</td></tr>
<tr><td>평가자</td><td></td></tr>
<tr><td>능력단위</td><td colspan="7">3D 형상 모델링 작업</td></tr>
<tr><td>능력요소</td><td colspan="7">3D 형상 모델링 작업 준비하기(LM1501020113_16v3.1)</td></tr>
<tr><td rowspan="2">순번</td><td rowspan="2" colspan="4">수행준거 / 평가항목</td><td colspan="3">성취수준</td></tr>
<tr><td>상</td><td>중</td><td>하</td></tr>
<tr><td rowspan="2">1</td><td colspan="4">1.1 명령어를 이용하여 3D CAD 프로그램을 사용자 환경에 맞도록 설정할 수 있다.</td><td rowspan="2">25</td><td rowspan="2">20</td><td rowspan="2">10</td></tr>
<tr><td colspan="4">3D CAD 프로그램의 옵션에서 시스템 옵션과 문서 속성 환경설정 능력</td></tr>
<tr><td>[문항 1]</td><td colspan="7">SolidWorks의 옵션에서 Zoom(확대) 방향을 바꿔 보시오.</td></tr>
<tr><td rowspan="2">2</td><td colspan="4">1.2 3D 형상 모델링에 필요한 부가 설명을 설정할 수 있다.</td><td rowspan="2">25</td><td rowspan="2">20</td><td rowspan="2">10</td></tr>
<tr><td colspan="4">3D CAD 프로그램 부품 모델링 사용 환경(단위, 디스플레이 등) 설정 수행 능력</td></tr>
<tr><td>[문항 2]</td><td colspan="7">SolidWorks의 사용자 정의에서 8개의 마우스 제스처를 설정하고 각 표준뷰를 사용해 보시오.</td></tr>
<tr><td>[문항 3]</td><td colspan="7">SolidWorks에서 제2의 등각투상(남서뷰)을 설정하고 뷰를 저장해 보시오.</td></tr>
<tr><td rowspan="2">3</td><td colspan="4">1.3 작업환경에 적합한 템플릿을 제작하여 도면의 형식을 균일화시킬 수 있다.</td><td rowspan="2">25</td><td rowspan="2">20</td><td rowspan="2">10</td></tr>
<tr><td colspan="4">AutoCAD 명령어를 이용하여 A2양식을 요구조건에 적합하게 설정하는 능력</td></tr>
<tr><td>[문항 4]</td><td colspan="7">AutoCAD에서 수험용 A2 도면양식으로 레이어, 치수, 문자 등을 설정하고 PDF파일로 1:1 출력해 보시오.</td></tr>
<tr><td rowspan="2">4</td><td colspan="4">자율 평가</td><td rowspan="2">25</td><td rowspan="2">20</td><td rowspan="2">10</td></tr>
<tr><td colspan="4">설계 변경 부품에 대한 수행 능력</td></tr>
<tr><td>[문항 5]</td><td colspan="7">본 교재에서 동력전달장치 품번 ④ 기어에서 모듈(M) 2, 잇수(Z) 43에서 모듈(M) 2.5, 잇수(Z) 30으로 변경하여 요목표를 그리시오.</td></tr>
<tr><td>[문항 6]</td><td colspan="7">품번 ④ 기어에서 키의 크기를 6×6×16에서 5×5×16으로 바꾸고 부품도를 그리시오.</td></tr>
<tr><td>총점</td><td colspan="7"></td></tr>
</table>

2 서술형 평가

단원명	Chapter 2. 3D 형상 모델링 작업 준비하기				
평가시기	( )주차	학습자 / 평가자		총배점	100점
능력단위	3D 형상 모델링 작업				
능력요소	3D 형상 모델링 작업 준비하기(LM1501020113_16v3.1)				
순번	수행준거 / 평가항목	성취수준			
		상	중	하	
1	1.1 명령어를 이용하여 3D CAD 프로그램을 사용자 환경에 맞도록 설정할 수 있다. 3D CAD 프로그램의 옵션에서 시스템 옵션과 문서 속성 환경설정 능력	25	20	10	
[문항 1]	선을 바르게 연결하시오. (1) 마우스 제스처 • • ① 휠 버튼 사용 (2) 메뉴 선택 • • ② 마우스 왼쪽 버튼 사용 (3) 뷰 확대 축소 • • ③ 마우스 오른쪽 버튼 사용				
2	1.2 3D 형상 모델링에 필요한 부가 명령을 설정할 수 있다. 3D CAD 프로그램 부품 모델링 사용 환경(단위, 디스플레이) 설정 수행 능력	25	20	10	
[문항 2]	SolidWorks에서 제2의 등각투상(남서 뷰)을 설정하고 새 뷰를 저장하는 방법을 서술하시오. • 명령어(메뉴) : • 방법 :				
[문항 3]	SolidWorks에서 A2 도면양식 작업의 순서가 바른 것은? ( ) ① 시트저장 ⇒ 시트형식 A2 설정 ⇒ 시트형식 편집 ⇒ 레이어 설정 ⇒ 윤곽선 문자 추가 ② 시트형식 A2 설정 ⇒ 시트형식 편집 ⇒ 레이어 설정 ⇒ 윤곽선 문자 추가 ⇒ 시트 저장 ③ 시트형식 A2 설정 ⇒ 레이어 설정 ⇒ 시트형식 편집 ⇒ 윤곽선 문자 추가 ⇒ 시트 저장 ④ 시트형식 A2 설정 ⇒ 윤곽선 문자 추가 ⇒ 시트형식 편집 ⇒ 레이어 설정 ⇒ 시트 저장				

순번	수행준거/평가항목	성취수준		
		상	중	하
3	1.3 작업환경에 적합한 템플릿을 제작하여 도면의 형식을 균일화시킬 수 있다. AutoCAD 명령어를 이용하여 A2 양식을 요구조건에 적합하게 설정하는 능력	25	20	10
[문항 4]	AutoCAD에서 수험용 A2 도면양식을 만들 때 관계없는 설정은? (　　) ① 레이어(LAYER)　② 치수(DDIM) ③ 영역 설정(LIMITS)　④ 블록(BLOCK) 만들기			
4	자율 평가 설계 변경 부품에 대한 수행 능력	25	20	10
[문항 5]	본 교재에서 동력전달장치 품번 ④ 기어에서 모듈(M) 2, 잇수(Z) 43에서 모듈(M) 2.5, 잇수(Z) 30으로 변경하여 요목표를 그리시오.			
[문항 6]	품번 ④ 기어에서 키의 크기를 6×6×16에서 5×5×16으로 바꾸고, 기어 부품도를 프리핸드로 그려 치수 기입을 하시오.			
총점				

스피 기어 요목표	
기어치형	표　준
치　형	보통이
모　듈	
압력각	
잇　수	
피치원 지름	
전체 이높이	
다듬질 방법	
정밀도	5급

〈요목표〉

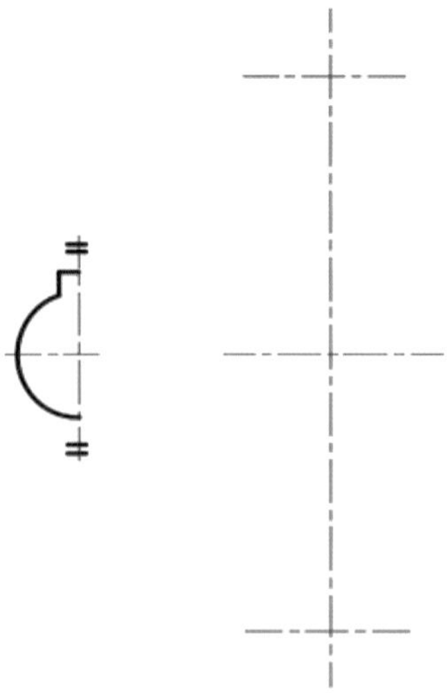

〈기어 부품도〉

3 피드백

직무수행능력 평가를 통해 미달 능력요소에 대하여 피드백 교육을 실시하고 전체적으로 미흡한 사람에게는 향상평가를, 부분적으로 미흡한 사람에게는 심화평가를 실시한다. 습득 정도에 따라 가산점을 부여한다(보통 10점 이내).

4 향상평가 및 심화평가

※ 직무평가 결과 능력요소별 수준 미달자 재평가 후 가산점 부여

<table>
<tr><td>단원명</td><td colspan="7">Chapter 2. 향상 평가 및 심화 평가</td></tr>
<tr><td rowspan="2">평가시기</td><td rowspan="2">(　　)주차</td><td>학습자</td><td></td><td rowspan="2">총배점</td><td colspan="3" rowspan="2">10점</td></tr>
<tr><td>평가자</td><td></td></tr>
<tr><td>능력단위</td><td colspan="7">3D 형상 모델링 작업</td></tr>
<tr><td>능력요소</td><td colspan="7">3D 형상 모델링 작업 준비하기(LM1501020113_16v3.1)</td></tr>
<tr><td rowspan="2">순번</td><td colspan="4" rowspan="2">수행준거 / 평가항목</td><td colspan="3">성취수준</td></tr>
<tr><td>상</td><td>중</td><td>하</td></tr>
<tr><td rowspan="2">1</td><td colspan="4">1.1 명령어를 이용하여 3D CAD 프로그램을 사용자 환경에 맞도록 설정할 수 있다.</td><td rowspan="2">2</td><td rowspan="2">1</td><td rowspan="2">0</td></tr>
<tr><td colspan="4">3D CAD 프로그램의 옵션에서 시스템 옵션과 문서 속성 환경설정 능력</td></tr>
<tr><td>[문항 1]</td><td colspan="7">SolidWorks의 옵션에서 Zoom 확대 방향을 바꿔 보시오.</td></tr>
<tr><td rowspan="2">2</td><td colspan="4">1.2 3D 형상 모델링에 필요한 부가 명령을 설정할 수 있다.</td><td rowspan="2">3</td><td rowspan="2">2</td><td rowspan="2">0</td></tr>
<tr><td colspan="4">3D CAD 프로그램 부품 모델링 사용 환경(단위, 디스플레이 등) 설정 수행 능력</td></tr>
<tr><td>[문항 2]</td><td colspan="7">선 굵기, 색상 도구막대를 화면상에 나타내어 보시오.</td></tr>
<tr><td rowspan="2">3</td><td colspan="4">1.3 작업환경에 적합한 템플릿을 제작하여 도면의 형식을 균일화시킬 수 있다.</td><td rowspan="2">2</td><td rowspan="2">1</td><td rowspan="2">0</td></tr>
<tr><td colspan="4">AutoCAD 명령어를 이용하여 A2 양식을 요구조건에 적합하게 설정하는 능력</td></tr>
<tr><td>[문항 3]</td><td colspan="7">AutoCAD에서 표면 거칠기 기호를 그려 보시오.</td></tr>
<tr><td rowspan="2">4</td><td colspan="4">자율 평가</td><td rowspan="2">3</td><td rowspan="2">2</td><td rowspan="2">0</td></tr>
<tr><td colspan="4">설계 변경 부품에 대한 수행 능력</td></tr>
<tr><td>[문항 4]</td><td colspan="7">V-벨트 풀리에 관한 KS 규격표를 보고 A형 홈의 크기를 서술하시오.</td></tr>
<tr><td>총점</td><td colspan="7"></td></tr>
</table>

3D 형상 모델링

1 동력전달장치

1 본체

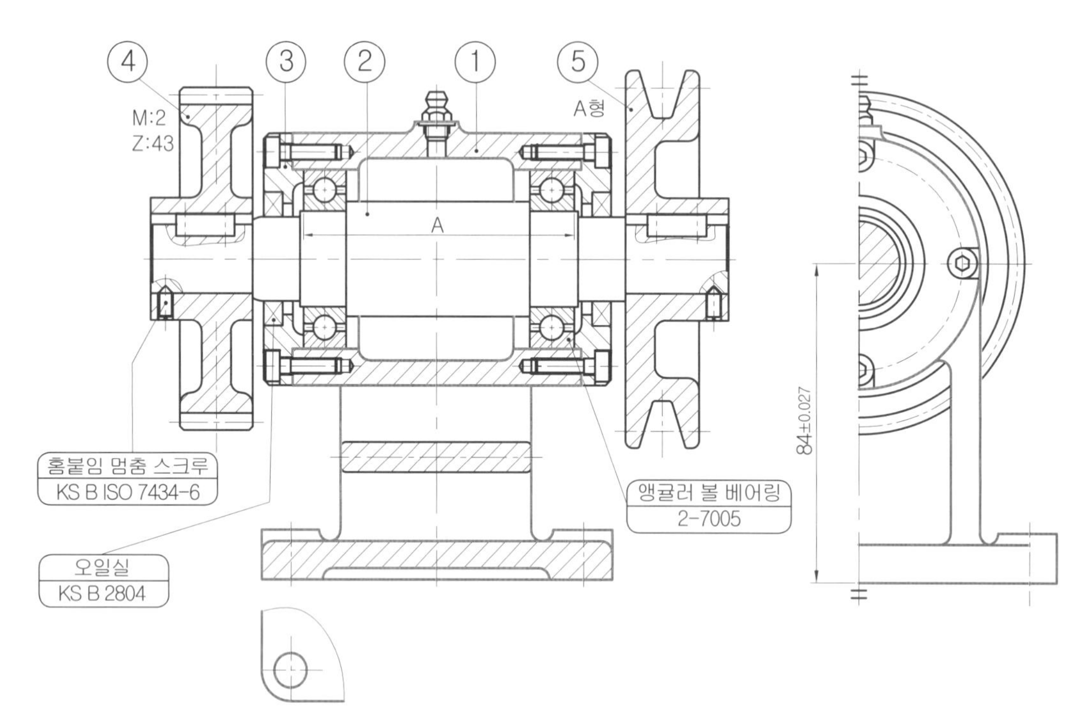

동력전달장치 2D 윤곽도

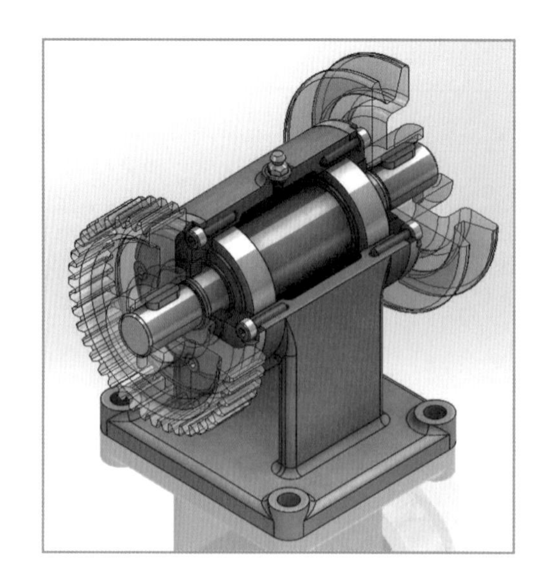

동력전달장치 본체 3D 조립상태도

실기시험에서 출제 빈도가 높은 과제인 동력전달장치의 부품 모델링을 해 보자.

첫 번째로 가장 형상이 복잡하고 크기가 큰 품번 ① 본체를 작업한다. 대체로 동력전달장치 과제들을 보면 모양은 다르지만 기본적인 구조는 비슷하므로 투상도 능력을 쌓는다면 어렵지 않게 해결할 수 있다.

학습자는 1:1 크기로 인쇄되어 있는 Chapter 4. 동력전달장치 1의 2D 조립도를 보고 직접 자로 치수를 실측하며, 표준 기계요소 부품은 KS 데이터에서 필요 치수를 추출하는 능력을 길러야 한다.

편의상 실측이 된 다음과 같은 부품도를 참조하여 모델링을 해 보자.

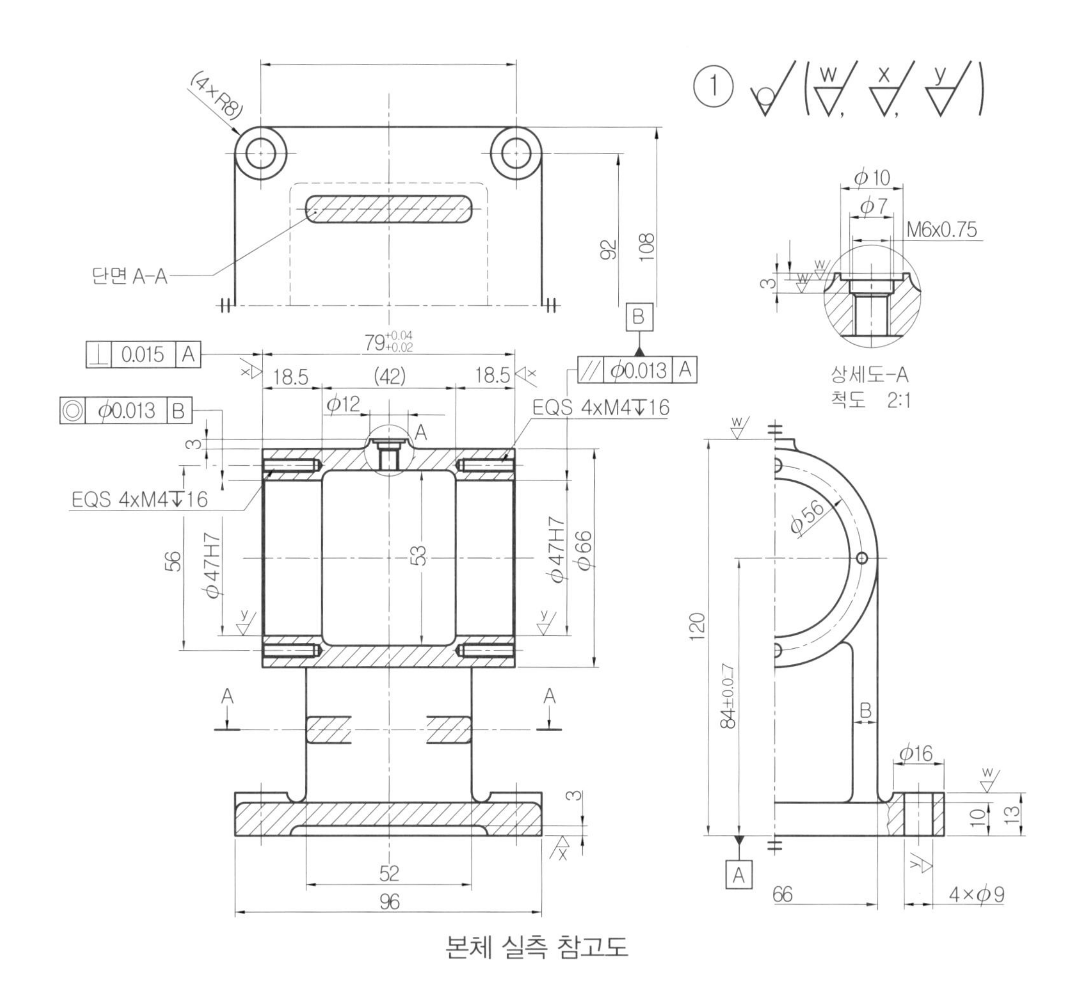

본체 실측 참고도

Key Point

이 단원에서는 모델링 수순을 익히고 작업평면을 설정하며, 스케치에 적절한 구속조건과 치수 기입을 통해 스케치를 완성할 수 있는 응용력을 기르는 것이 중요하다.

(1) 하우징부 회전 피처 생성

1. 새 문서 시작 : [새 문서]를 시작하여 새 파트를 실행한다.

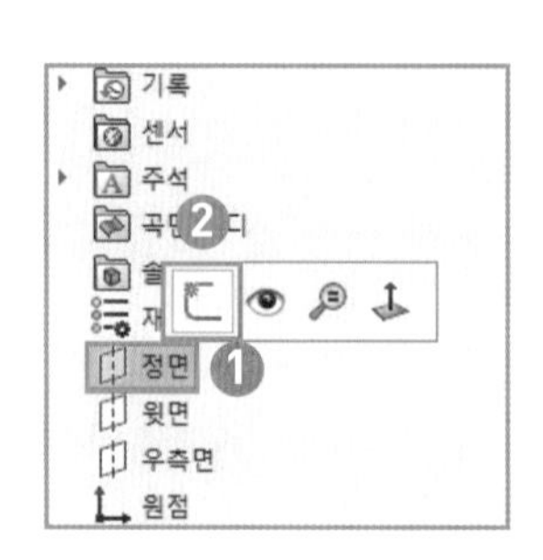

2. 작업평면 설정 : Feature Manager Design Tree에서 [정면]을 클릭하고 상황 도구모음에서 [스케치]를 클릭한다.

3. 베어링 하우징부 스케치
   ❶ Command Manager에서 [스케치] ⇒ [선 도구모음] ⇒ [중심선]을 선택하여 원점을 지나는 수평 중심선을 그린다.
   ❷ 원점을 지나는 수직 중심선을 그린다.
   ❸ [선]을 선택하여 수평선과 수직선을 그린다.
   ❹ [대칭 복사]를 선택하여 그린 선을 대칭 복사한다.
   ❺ [지능형 치수]를 클릭하여 치수를 기입하고 [스케치 종료]를 클릭한다.

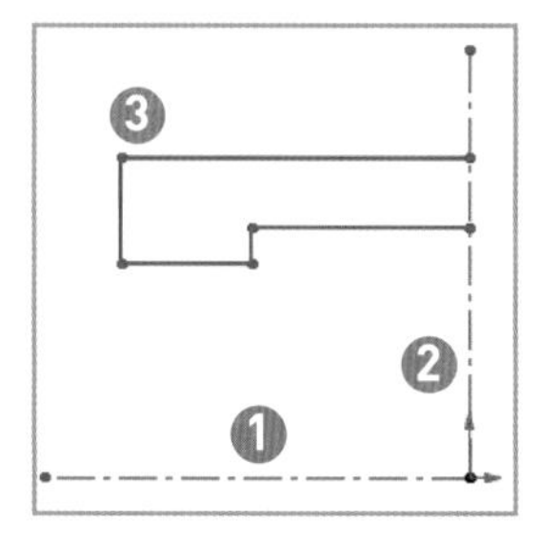

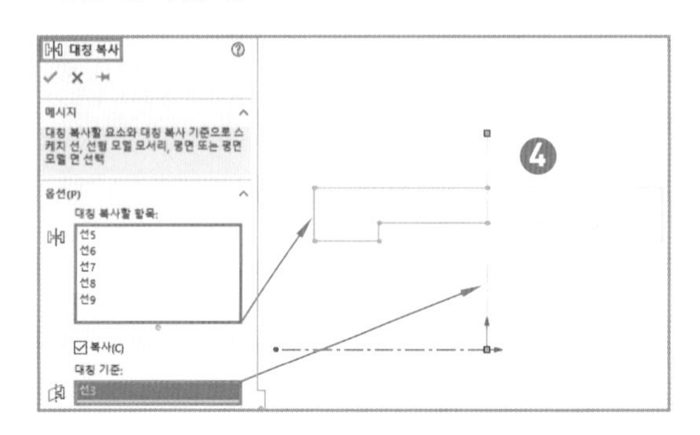

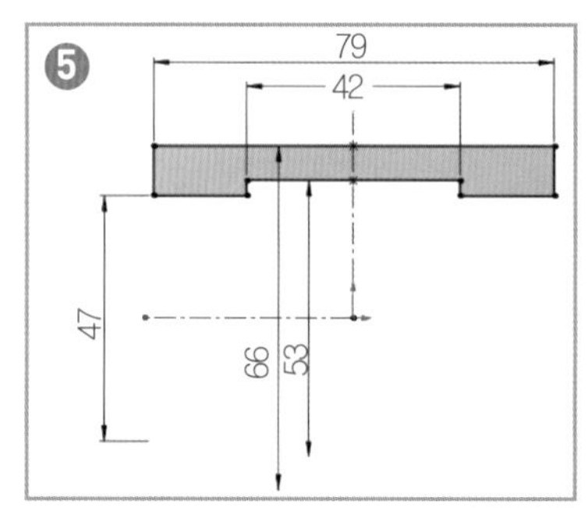

4. 회전 피처 생성 : Command Manager에서 [회전]을 클릭한다. 회전축을 수평 중심선으로 선택하고 [확인] ✓을 클릭하면 기본 피처가 생성된다.

(2) 하단 베이스 부분 돌출

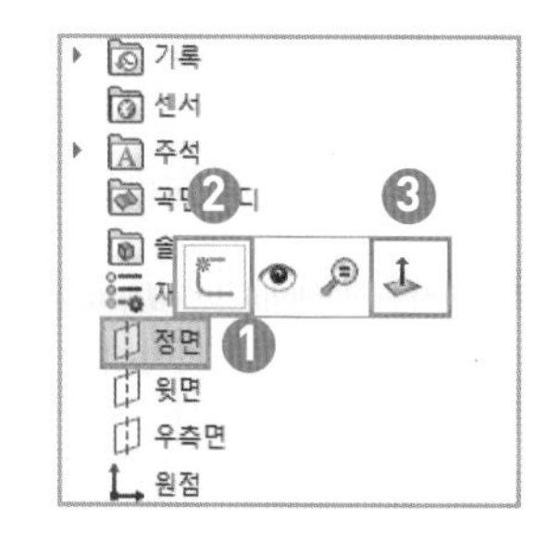

1 작업평면 설정 : Feature Manager Design Tree에서 [정면]을 클릭한 후 상황 도구모음에서 [스케치]를 클릭한다. 다시 [정면]을 클릭하고 상황 도구모음에서 [면에 수직으로 보기]를 클릭한다.

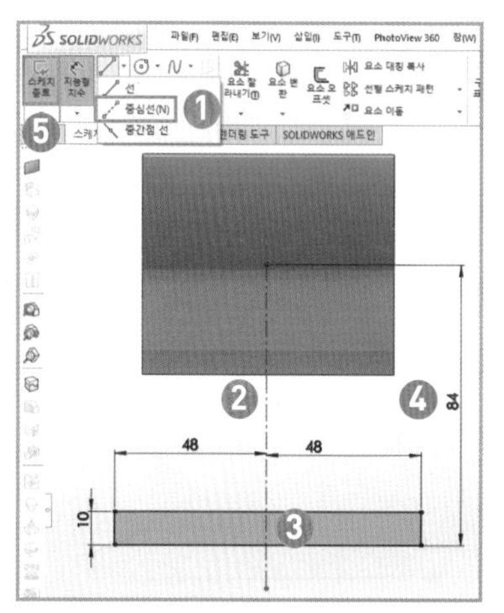

2 베이스부 스케치

❶ Command Manager ⇒ [스케치] ⇒ [선 도구모음] ⇒ [중심선]을 선택한다.

❷ 원점을 지나는 수직 중심선을 그린다.

❸ [직사각형]을 선택하여 그림과 같이 수평선과 수직선을 그린다.

❹ [지능형 치수]를 클릭하여 치수를 기입한다.

❺ [스케치 종료]를 클릭한다.

3 돌출 피처 생성 : Command Manager에서 [보스-돌출]을 클릭하고 방향1에서 [중간 평면]을 선택한 후 치수값으로 [108]을 입력한다. 선택 프로파일에서 [사각형 스케치]를 선택하고 [확인] ✓을 클릭하면 기본 피처가 생성된다.

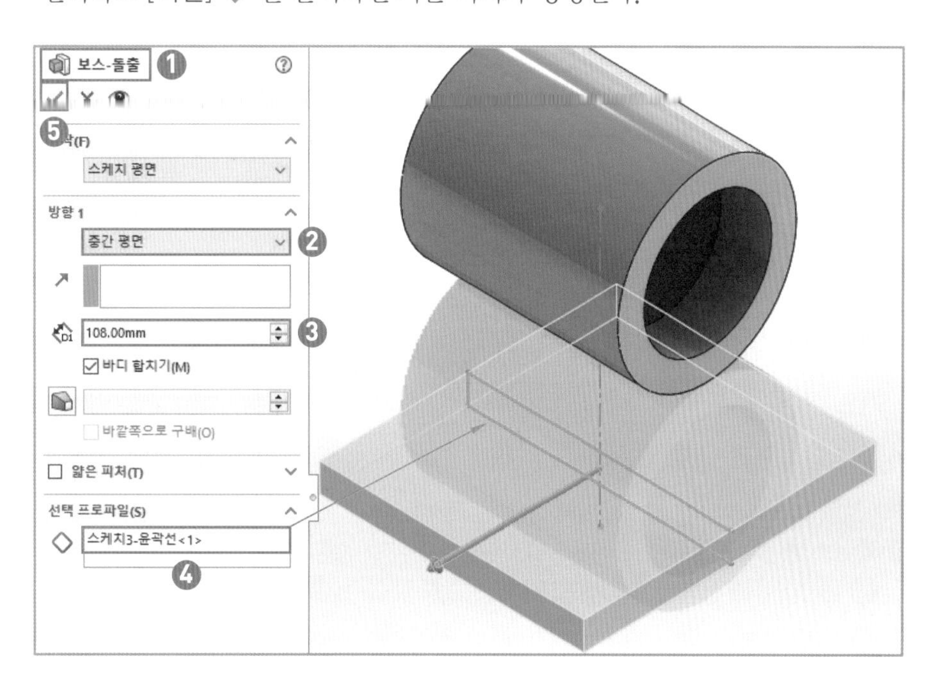

(3) 하우징부와 베이스 연결부 돌출

❶ 작업평면 설정 : Feature Manager Design Tree에서 [회전1]을 선택하고 피처를 숨기기 한다. 다시 윗면을 클릭하여 상황 도구모음에서 [면에 수직으로 보기]를 클릭한 후 상황 도구모음에서 [스케치]를 클릭한다.

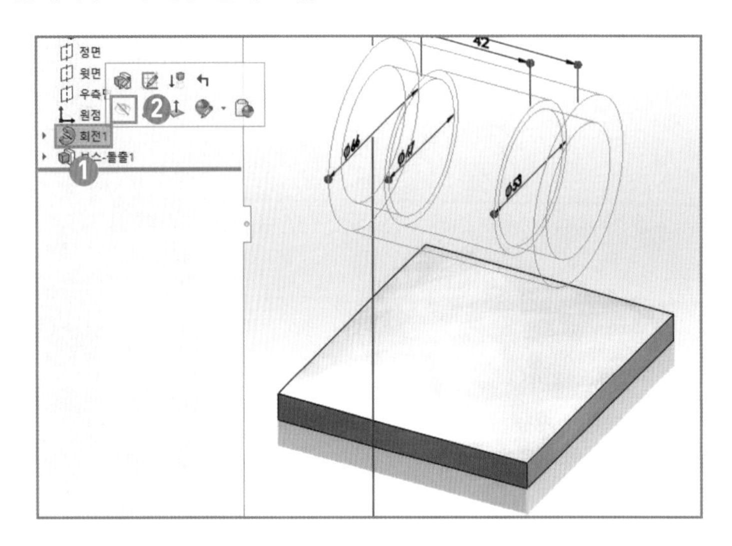

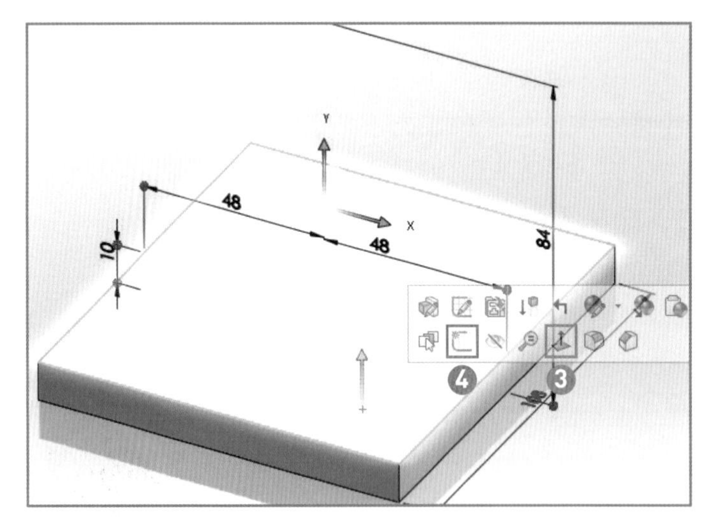

피처를 숨기기 하면 스케치 작업 시 가려지는 부분 때문에 스케치가 방해받지 않게 해준다.

❷ 베이스 윗면 스케치

❶ [중심선]을 선택하여 원점을 지나는 수평 중심선을 그린다.

❷ [직사각형]을 선택하여 그림과 같이 직사각형을 그린다.

❸ [스케치 필렛]을 클릭한다.
❹ 반지름에 [3]을 입력한다.
❺ 사각형의 꼭짓점을 4군데 선택한다.
❻ [확인] ✓을 클릭한다.

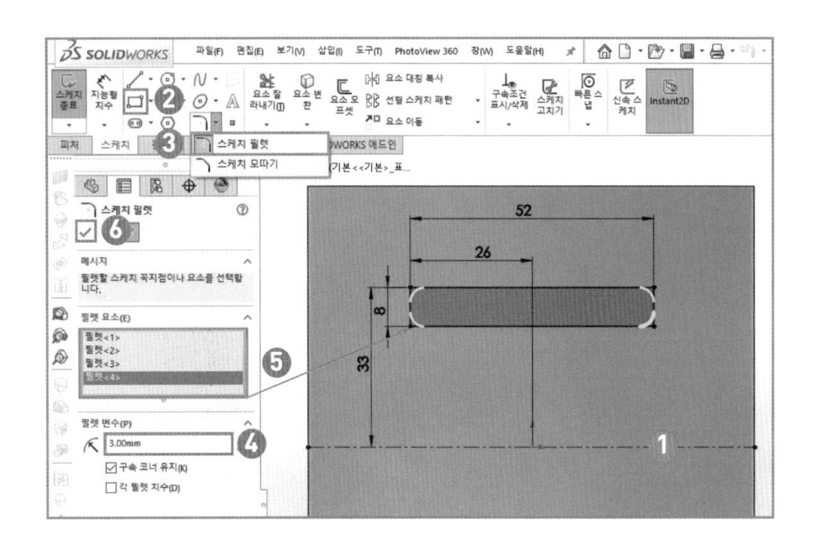

❼ [지능형 지수]를 클릭하여 치수를 기입한다.
❽ [대칭 복사]를 선택하여 전체를 대칭 복사한다.
❾ 대칭 기준은 [수평 중심선]을 선택하고 [스케치 종료]를 클릭한다.

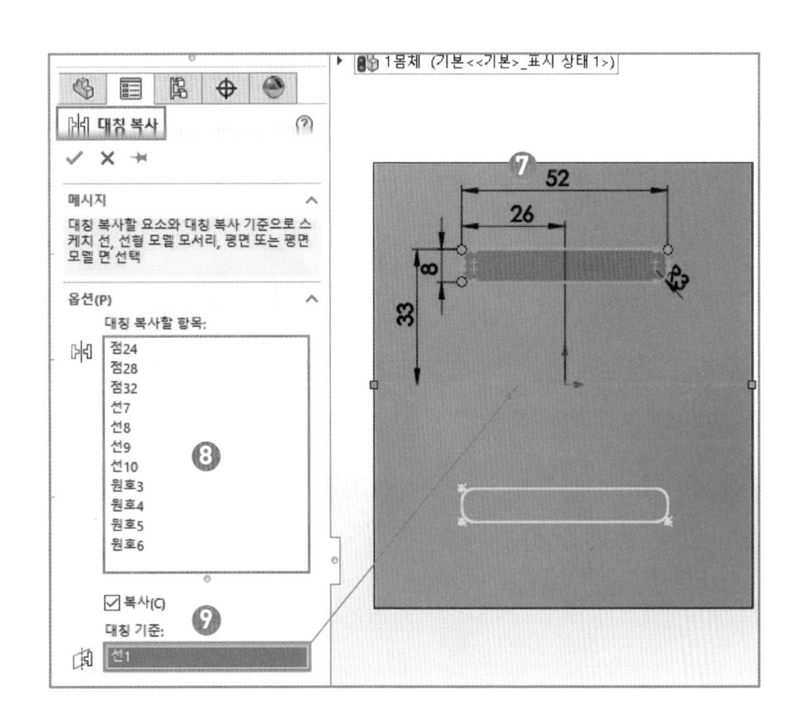

❸ 연결부 돌출 피처 생성

❶ Feature Manager Design Tree에서 [회전1]을 클릭하여 [피처 보이기]를 클릭한다.

❷ Command Manager에서 [보스-돌출]을 클릭한다.

❸ 방향1에서 [다음까지]를 선택한다.

❹ [확인] ✓을 클릭하면 기본 피처가 생성된다.

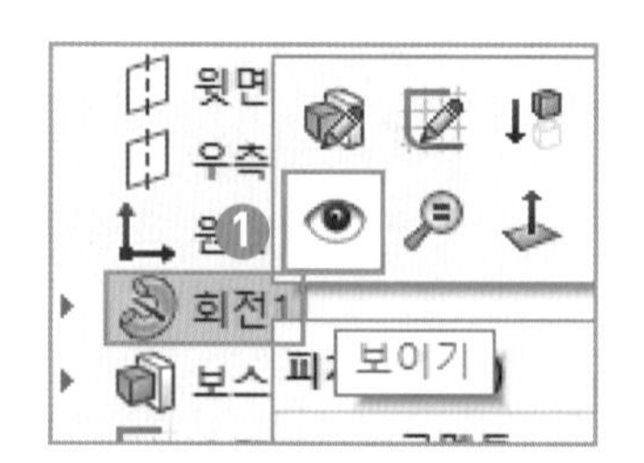

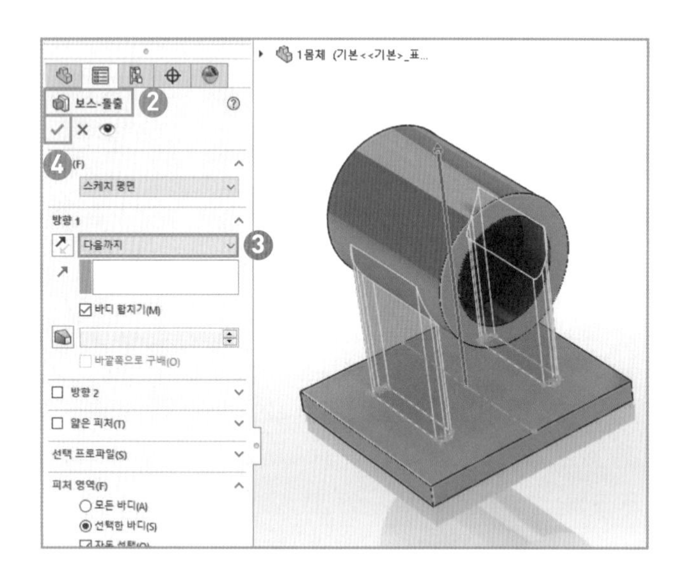

(4) 베이스 필렛

Command Manager에서 [필렛]을 클릭한 후 모서리 4군데를 선택한다. 반지름에 [8]을 입력하고 [확인] ✓을 클릭한다.

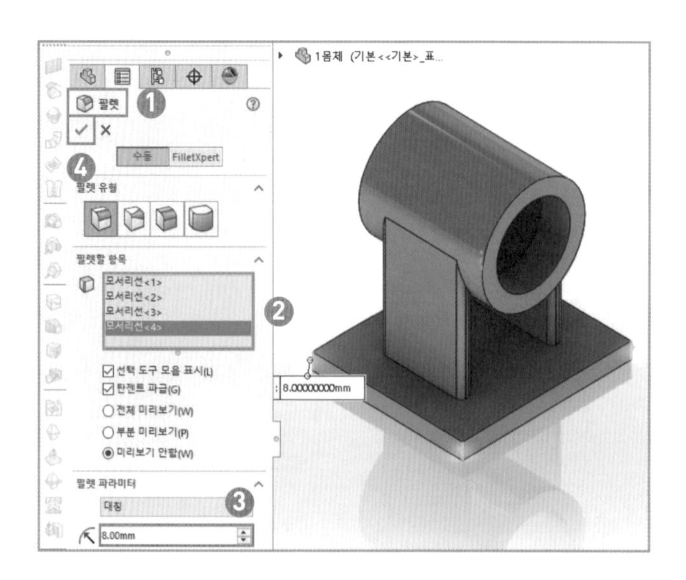

(5) 볼트 자리부 돌출 피처

❶ 베이스 윗면을 클릭한다.

❷ 상황 도구모음에서 [수직으로 보기]를 클릭한다.

❸ 다시 베이스 윗면을 클릭하고 상황 도구모음에서 [스케치]를 클릭한다.

❹ Command Manager에서 [원]을 선택한다.

❺ 필렛부와 크기와 중심이 같은 동일한 원을 4군데 그린 후 [스케치 종료]를 클릭한다.

❻ Command Manager에서 [보스-돌출]을 클릭한다.

❼ 방향1에서 [블라인드 형태]를 선택한다.

❽ 돌출 거리에 [3]을 입력한다.

❾ [확인] ✓을 클릭하면 원기둥 형태의 피처가 생성된다.

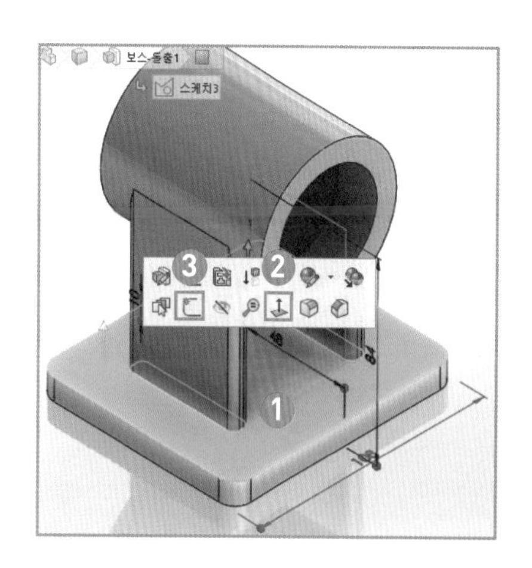

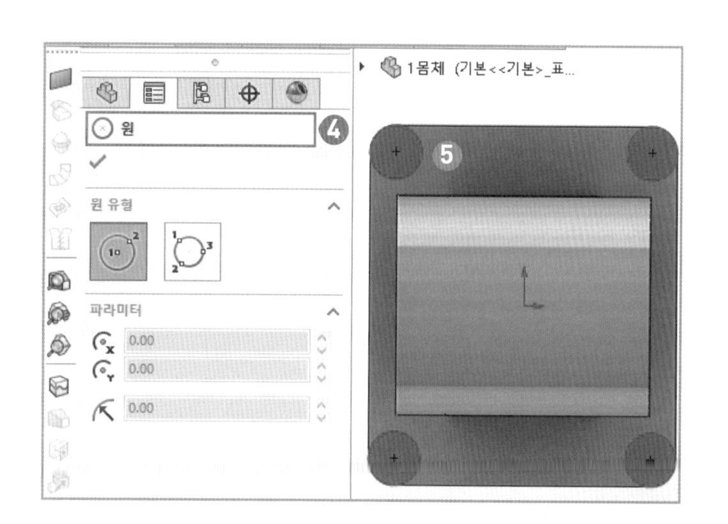

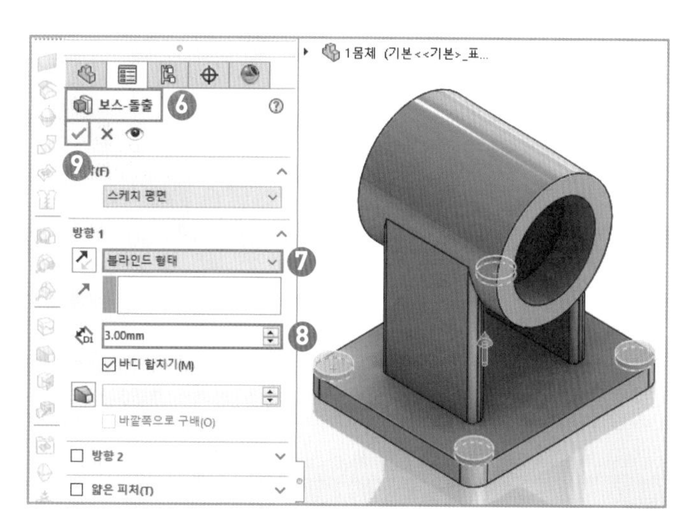

(6) 드릴 구멍 돌출 컷

❶ Command Manager에서 [구멍 가공 마법사(구멍 스팩)]를 선택한다.
❷ 구멍 유형을 선택한다.
❸ 표준 규격을 [KS]로 선택한다.
❹ 크기를 [M8]로 선택한다.
❺ 마침 조건에서 [관통]을 선택한다.
❻ [위치]를 선택한다.

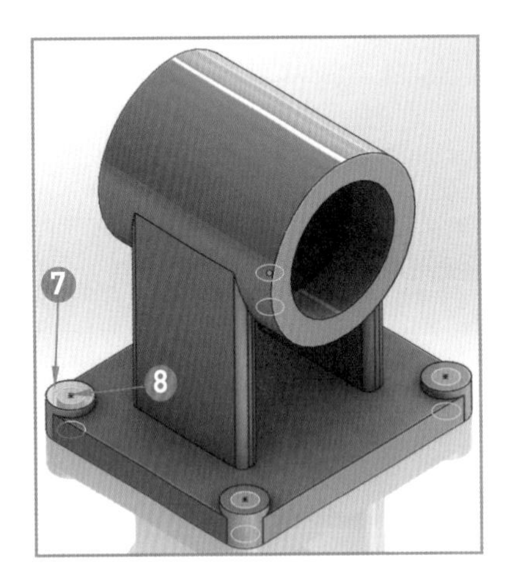

❼ 돌출부 면(원의 내부)을 클릭한다.
❽ 구멍 중심을 원의 중심과 일치하도록 4군데를 클릭한다. [확인] ✓을 클릭하면 드릴 구멍이 생성된다.

(7) 베이스 하면 컷 돌출

1 하면 스케치

❶ 베이스 밑면을 클릭한다.
❷ 상황 도구모음에서 [면에 수직으로 보기]를 클릭한다.
❸ 다시 베이스 윗면을 클릭하고 상황 도구모음에서 [스케치]를 클릭한다.

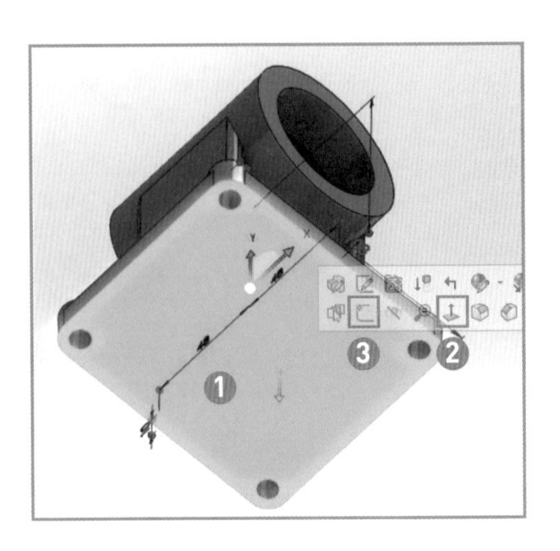

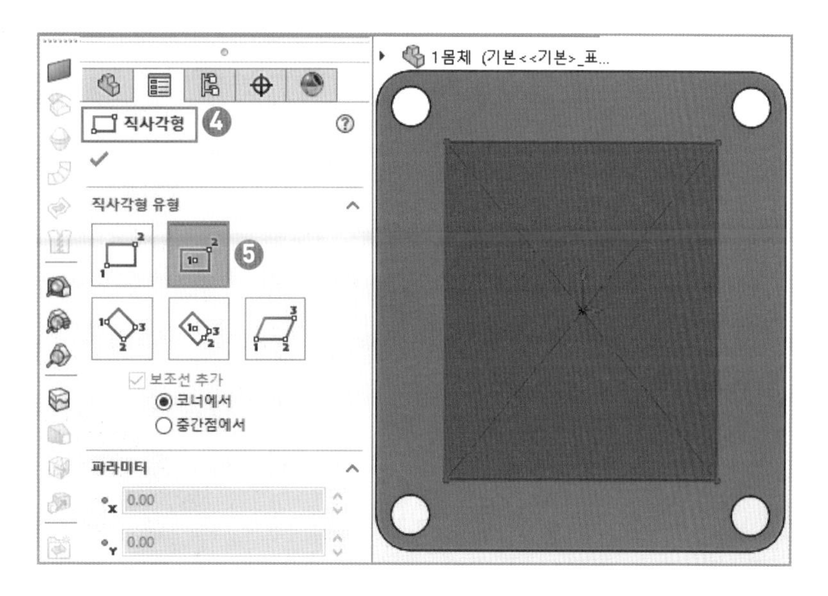

❹ Command Manager에서 [직사각형]을 선택한다.

❺ 직사각형 유형에서 [중심 사각형]을 선택하고, 화면의 원점을 클릭하여 직사각형을 그린다.

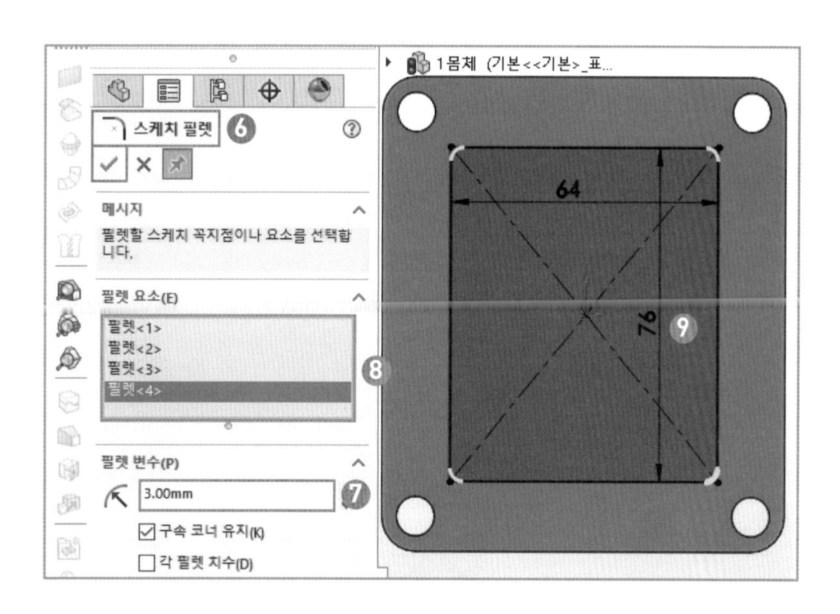

❻ [스케치 필렛]을 클릭한다.

❼ 반지름에 [3]을 입력한다.

❽ 사각형의 꼭짓점 4군데를 선택한 후 [확인] ✓을 클릭한다.

❾ [지능형 치수]를 클릭하여 치수 [64, 76]을 기입하고 [스케치 종료]를 클릭한다.

② 돌출 컷 : Command Manager에서 [컷-돌출]을 클릭하고 방향1에서 [블라인드 형태]를 선택한다. 돌출 거리에 [3]을 입력한 후 [확인] ✓을 클릭하면 안쪽이 오목하게 된다.

(8) 필렛 처리

① 하면 필렛 : Command Manager에서 [필렛]을 클릭하고 필렛할 항목에서 [안쪽 모서리]를 선택한다. 반지름에 [3]을 입력한 후 [확인] ✓을 클릭한다.

2 단면 보기 : 모델링 내부 형상을 보기 위해 화면 중앙 상단의 [단면 보기]를 클릭하고 단면1에서 [정면]을 선택한 후 [확인] ✓을 클릭한다.

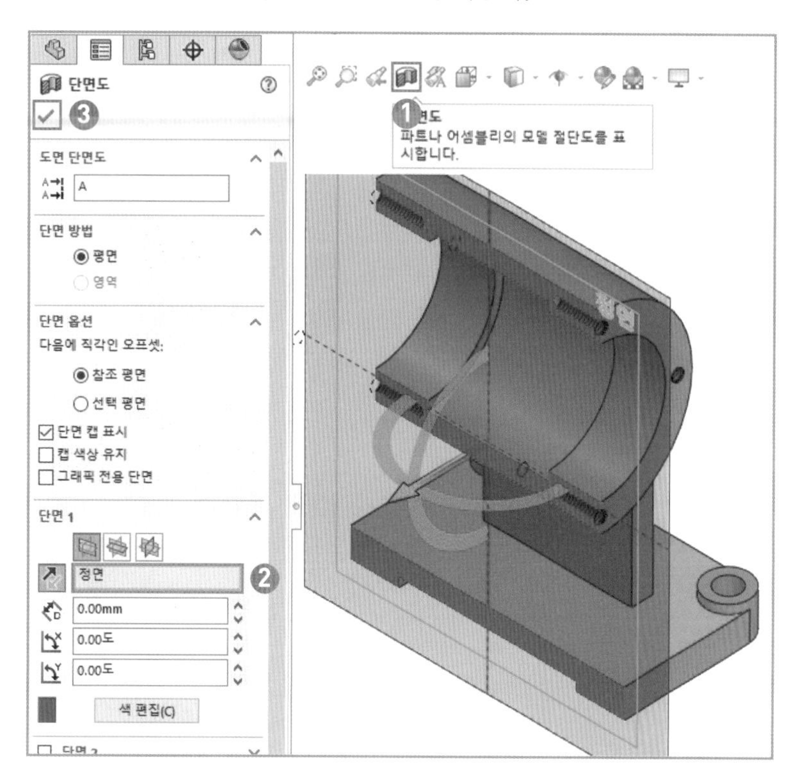

3 내부 구멍 필렛 : Command Manager에서 [필렛]을 클릭하고 필렛할 항목에서 [안쪽 모서리]를 선택한 후 [확인] ✓을 클릭한다. 다시 [단면 보기]를 클릭하여 단면 보기를 해제한다.

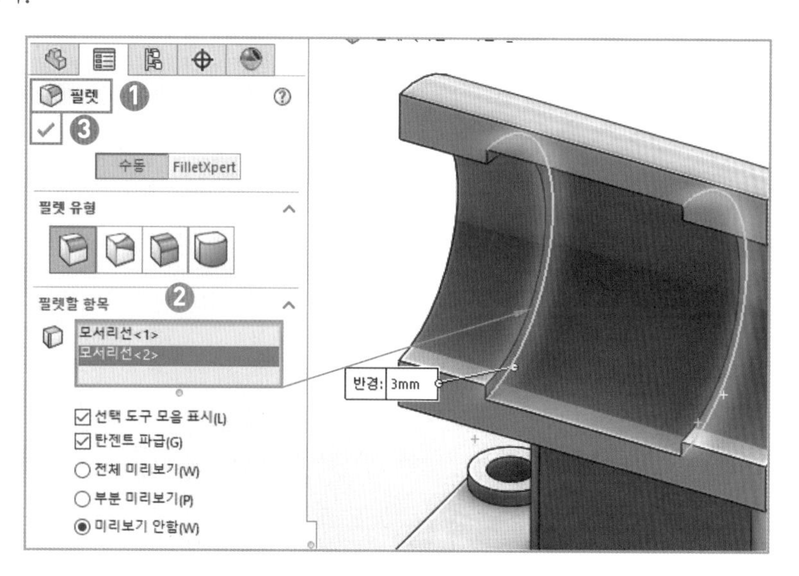

❹ 기타 모서리 필렛 : 나머지 부분도 동일한 방법으로 모서리를 선택하여 필렛 처리를 하고 모델링을 완성한다.

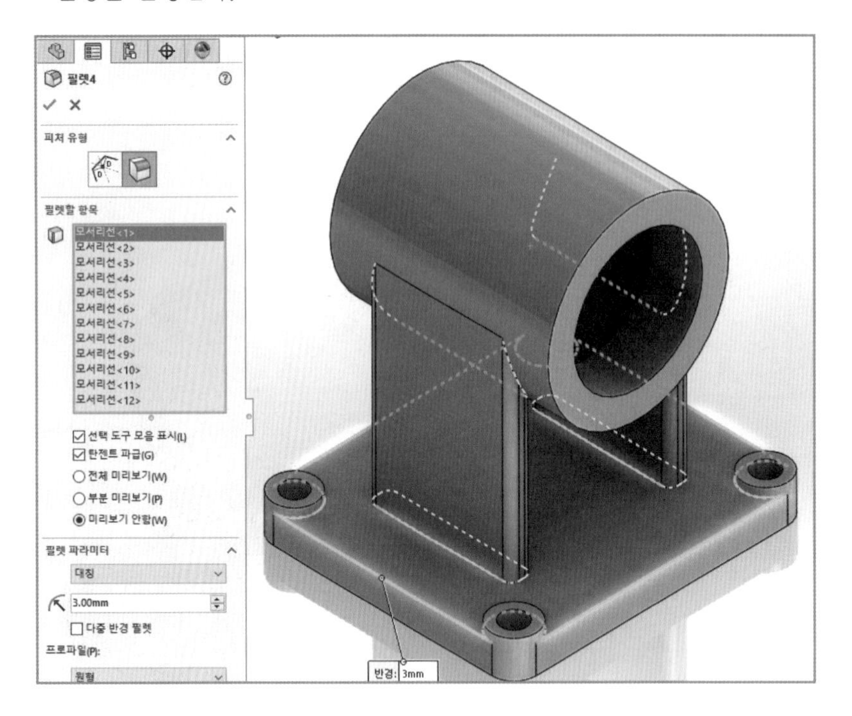

(9) 오일 주입부 나사

❶ 작업평면 설정 : Command Manager에서 [참조 형상]을 클릭하고 [기준면]을 선택한다. 속성 대화상자가 뜨면 제1참조에서 [윗면]을 선택한 후 거리에 [36]을 입력하고 [확인] ✓을 클릭한다.

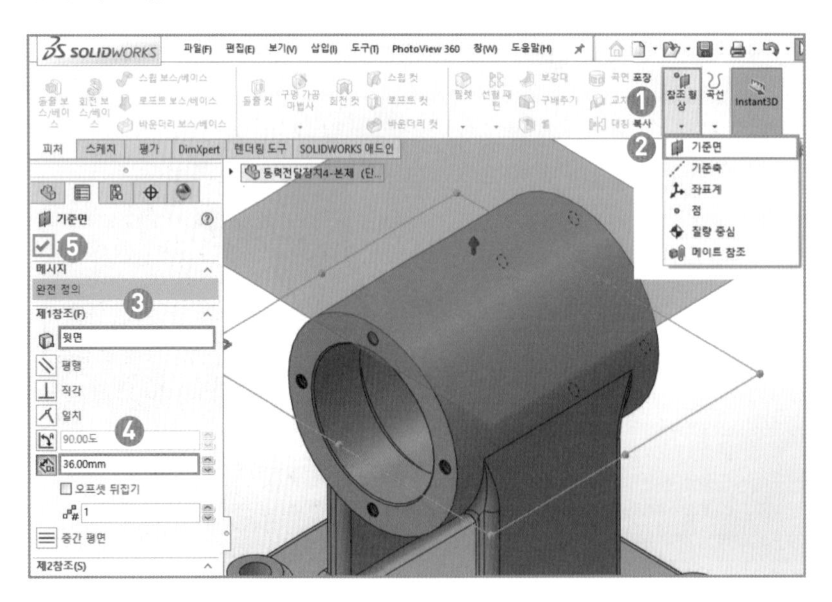

2 작업 평면 스케치 : 앞에서 만든 작업평면에 [스케치]를 클릭하여 원점을 중심으로 원을 그리고, [지능형 치수]를 클릭하여 크기를 ϕ12로 결정한다. [스케치 종료]를 클릭한다.

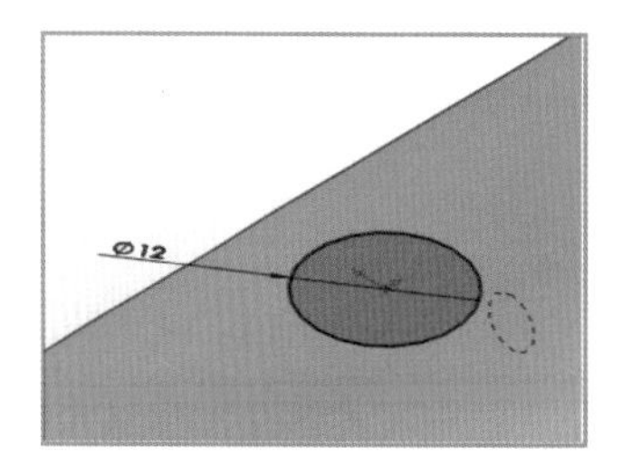

3 오일부 돌출 : Command Manager에서 [보스-돌출]을 클릭하고 방향1에서 [다음까지]를 선택한 후 [확인] ✓을 클릭한다. 원통과 경계부 반지름을 R3 필렛 처리한다.

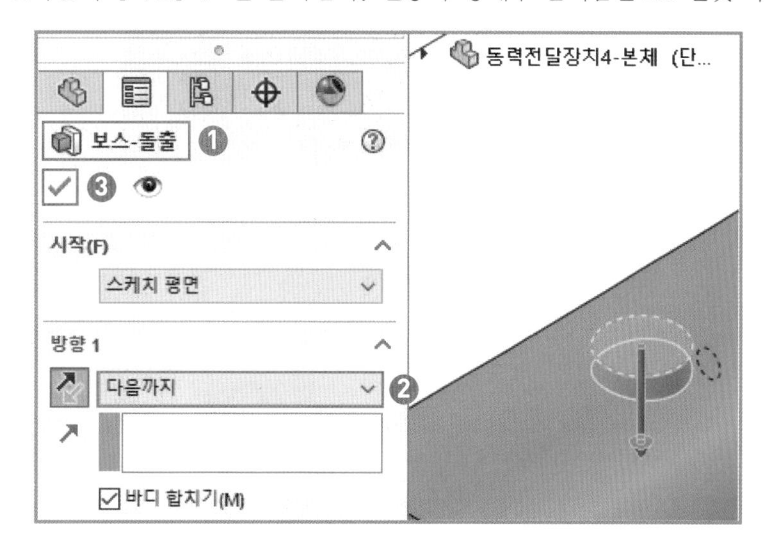

4 오일부 구멍 스케치 : 단면 보기에서 [정면]을 선택한다. Feature Manager Design Tree에서 [정면]을 선택하여 [수직으로 보기]를 선택한 후 [스케치]를 클릭한다. 원점을 통과하는 수직 중심선을 그리고 그림과 같이 스케치를 완성한다.

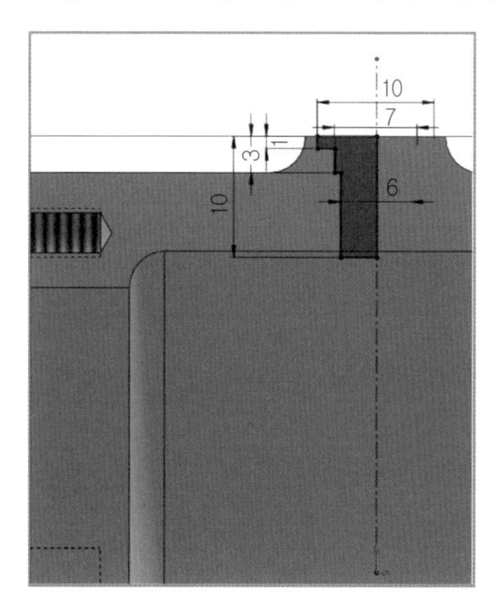

⑤ 오일구멍 회전컷 : Command Manager에서 [컷-회전]을 클릭하고 회전축에서 [수직 중심선]을 선택한다. [확인] ✓을 클릭하면 3단 구멍이 생성된다.

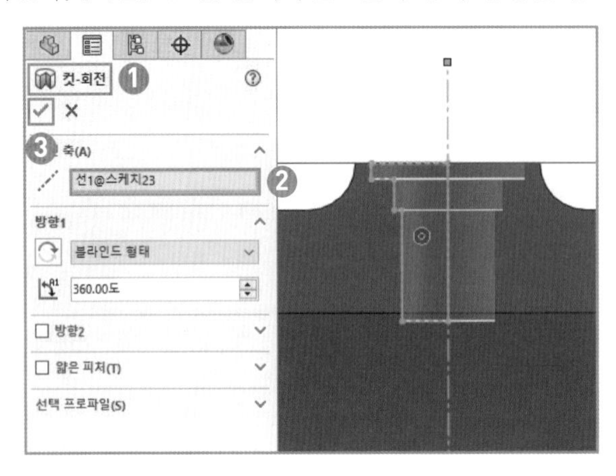

⑥ 평면 숨기기 : 평면 경계선에 커서를 놓고 [마우스 오른쪽 버튼]을 눌러 [숨기기]를 클릭한다. [단면 보기]를 클릭하여 단면 상태를 해제한다.

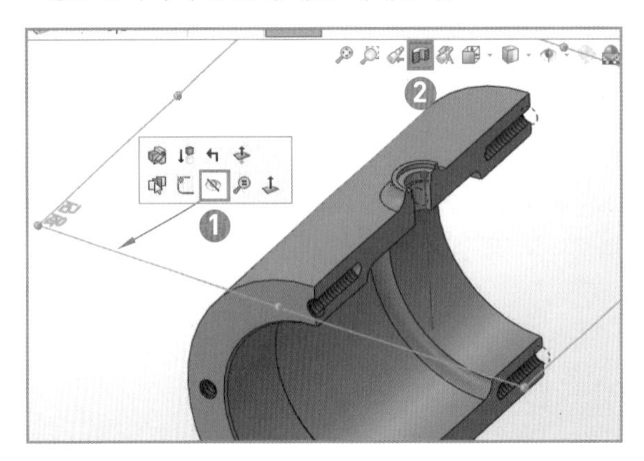

⑦ 암나사부 표현 : 풀다운 메뉴에서 [삽입] ⇒ [주석] ⇒ [나사산 표시]를 클릭한 후 나사산 표시 설정에서 [안쪽 모서리]를 클릭한다. [확인] ✓을 클릭하면 나사 이미지가 표현된다.

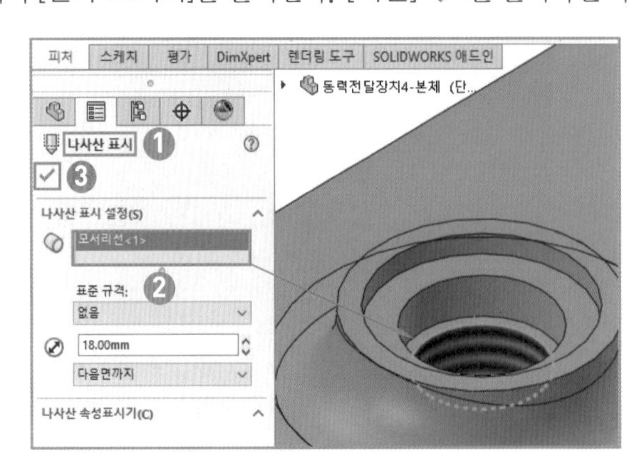

8 질량 계산 * 질량 산출 요구사항이 없으면 이 과정은 생략한다.

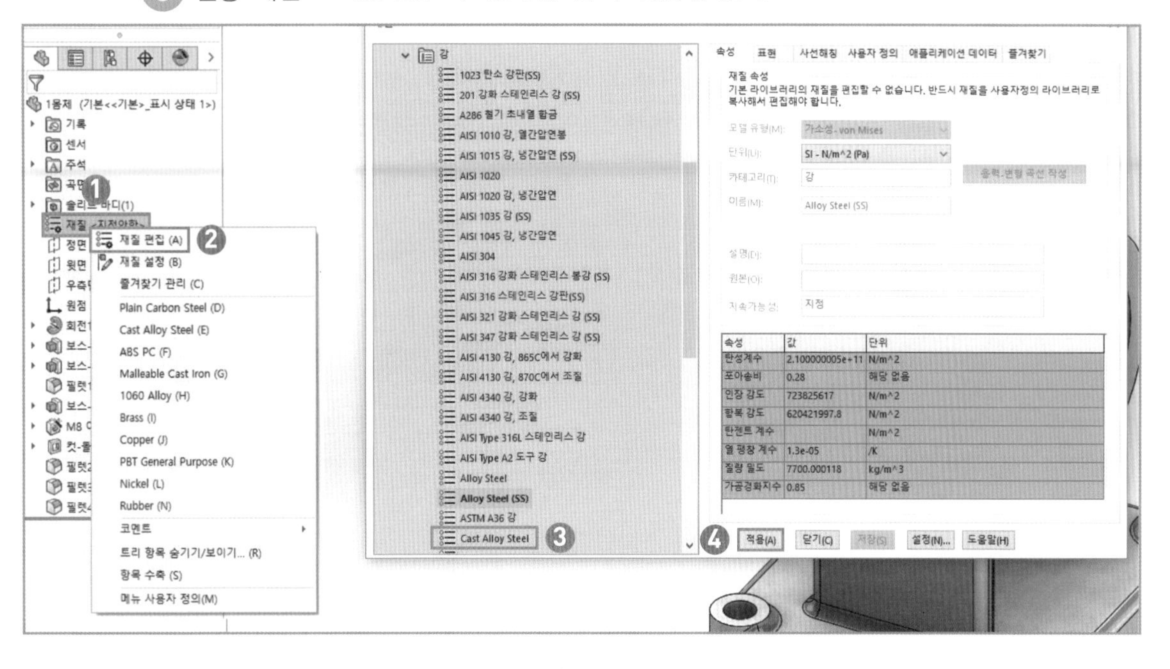

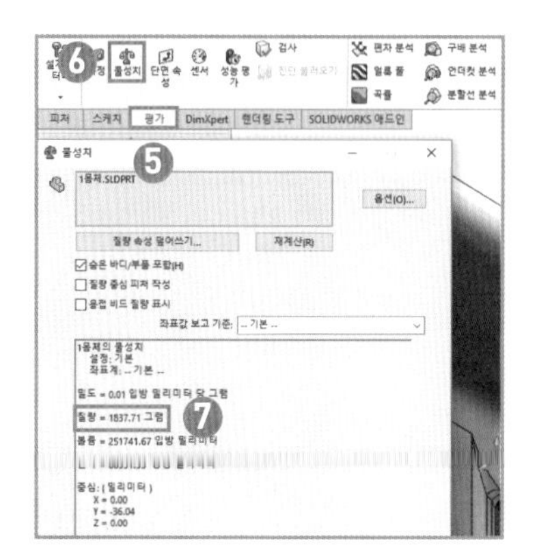

❶ Feature Manager Design Tree에서 [재질<지정안함>]을 선택한다.
❷ [재질 편집]을 클릭한다.
❸ 강의 재질 목록에서 [Cast Alloy Steel]을 선택한다(밀도 7.8).
❹ [적용]을 클릭한다.
❺ [평가]를 클릭한다.
❻ [물성치]를 클릭한다.
❼ 질량을 확인하고 기록해 둔다(1837.71g).

Key Point 질량 산출

기계설계산업기사 실기시험에서 질량을 산출하지 않는 것으로 요구사항이 개정되었다. 하지만 답안의 '비고'에 질량을 기입하더라도 감점 대상은 아니다.

(10) 단면 보기 설정

* 부품의 내부를 볼 수 있도록 단면 설정을 추가하고 단면부 색상을 설정한다.

1 설정 추가

❶ [Configuration Manager]를 클릭한다.
❷ 디자인 트리 상단의 1몸체 설정에서 [마우스 오른쪽] 버튼을 클릭한다.
❸ [설정 추가]를 클릭한다.
❹ 설정명에 [단면도]를 입력한다.
❺ [확인] ✓을 클릭한다.

2 단면 스케치

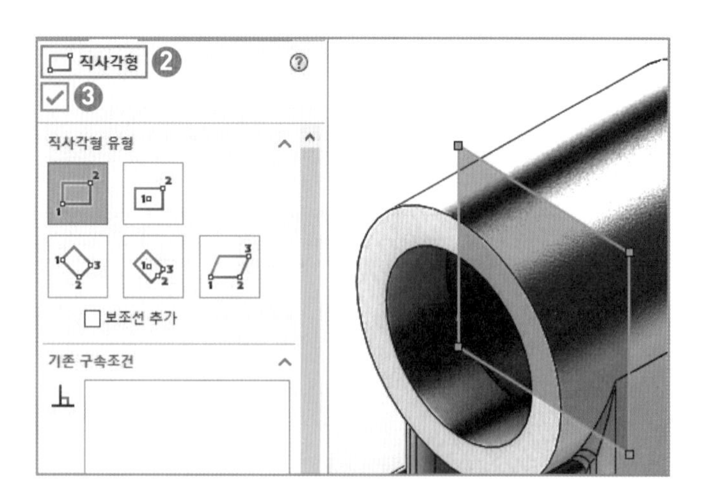

❶ 원통 끝면을 선택하고 [스케치]를 클릭한다.
❷ [직사각형]을 선택하여 그림과 같이 원의 중심에서 시작하여 바깥쪽으로 직사각형을 그린다.
❸ [확인] ✓을 클릭한 후 [스케치 종료]를 클릭한다.

③ 돌출 컷 : [컷-돌출]을 클릭하고 방향1에서 [관통]을 선택한 후 [확인] ✓을 클릭한다.

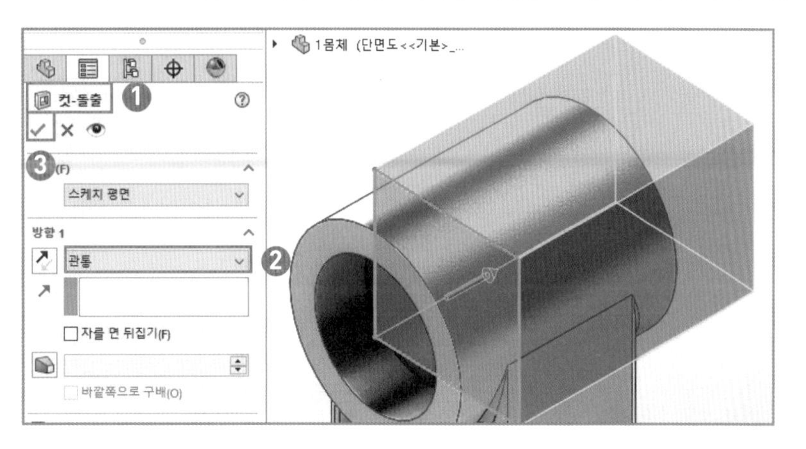

④ 표현 편집

❶ Ctrl 키를 누른 상태에서 단면부 2군데를 클릭한다.
❷ [표현]을 클릭한다.
❸ [면<1>@컷돌출]을 클릭한다.
❹ 색상 목록에서 [표준]을 선택하고 [빨간색]을 클릭한다.
❺ [확인] ✓을 클릭한다.
❻ 동일한 방법으로 파트 전체는 녹색으로, 가공면은 회색으로 처리한다.

[파일] ⇒ [다른 이름으로 저장] ⇒ 1. 본체.sldprt를 입력하고 저장한다.

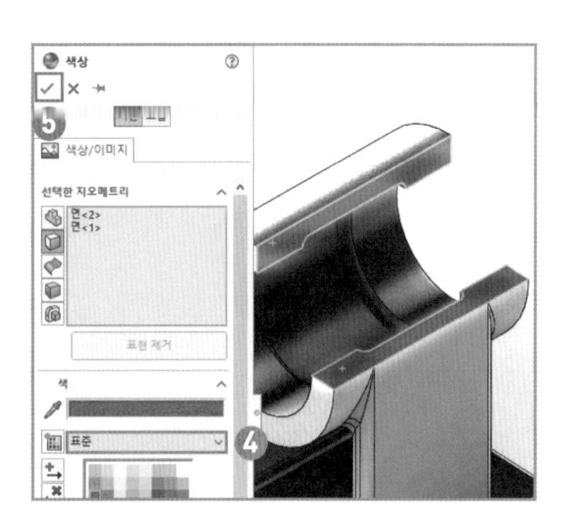

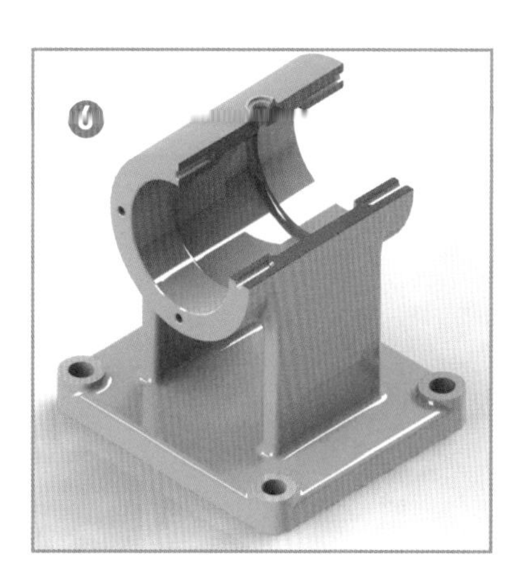

Key Point **단면 보기**

과정형 평가에서는 내부 형상이 잘 나타나도록 단면하지만 일반형 평가에서는 단면하지 않는다.

2 축(샤프트)

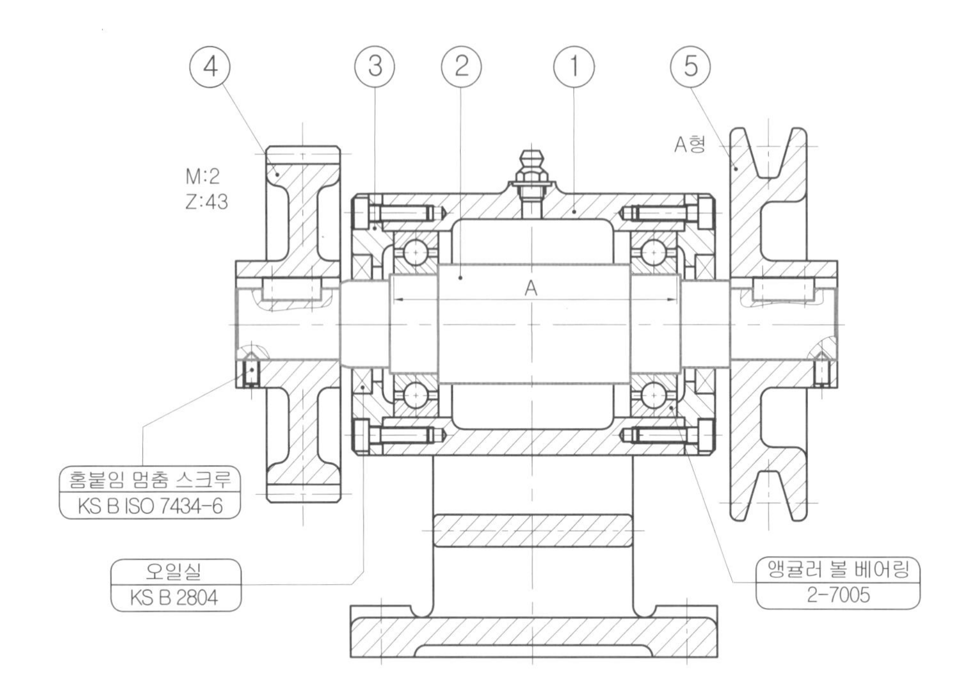

동력전달장치 축 2D 윤곽도

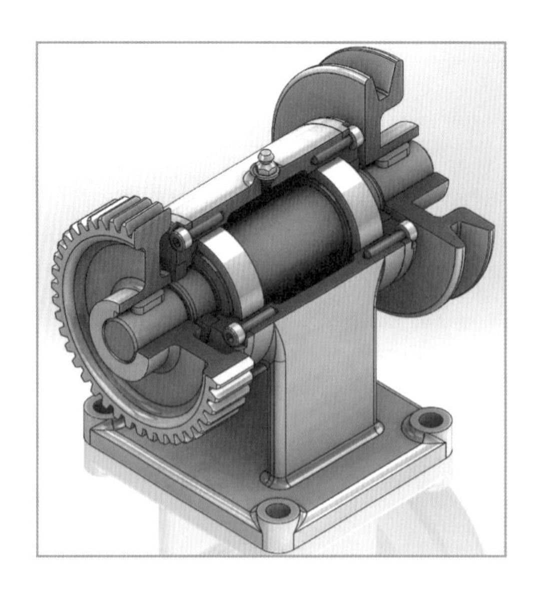

동력전달장치 축 3D 조립상태도

(1) 축에 조립되는 KS 데이터 치수 확인

❶ 키 홈부 치수 및 공차 : 축은 중심축을 기준으로 한쪽 단면만 스케치를 완성하여 360° 회전 피처해서 완성한다. 베어링 끼워 맞춤부는 호칭번호를 찾아 축 바깥지름을 결정하는데, 주어진 과제에서 베어링이 #7005이므로 안지름은 ϕ25가 됨을 알 수 있다.

묻힘 키 홈 부분도 키의 크기를 실측하고, 이것을 토대로 KS 데이터를 참조하여 필요한 치수를 산출한다.

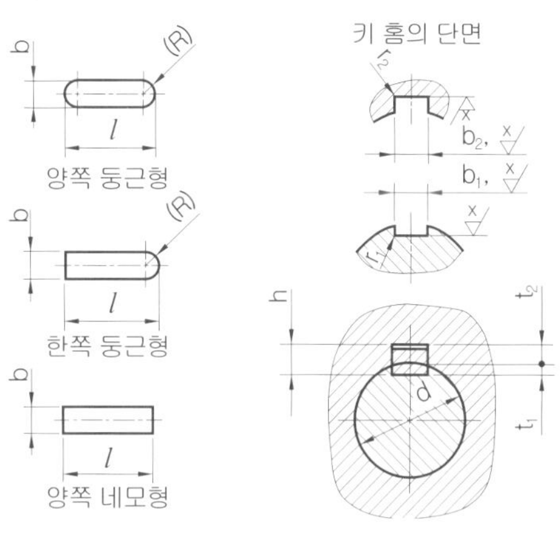

평행 키(키 홈)

b_1, b_2 기준 치수	활동형		보통형		t_1의 기준 치수	t_2의 기준 치수	t_1 및 t_2의 허용차	적용하는 축지름 d (초과~이하)
	b_1 허용차	b_2 허용차	b_1 허용차	b_2 허용차				
4	H9	D10	N9	Js9	2.5	1.8	+0.1 0	10~12
5	H9	D10	N9	Js9	3.0	2.3	+0.1 0	12~17
6	H9	D10	N9	Js9	3.5	2.8	+0.1 0	17~22

❷ 오일실부 치수 : 상세도 C와 같이 치수가 산출된다. 특히 모따기와 라운딩값에 유의하며, 나머지는 품번 ① 본체에서와 같은 방법으로 눈금자로 실측하여 문제지 여백에 별도 기록해 둔다.

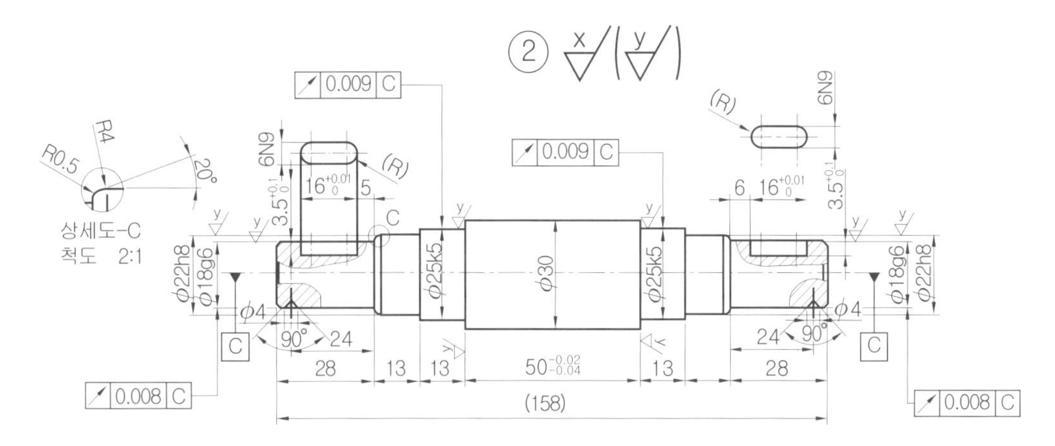

축 실측 참고도

(2) 회전 피처 생성

1 새 문서 시작 : [새 문서]를 시작하여 새 파트를 실행한다.

2 작업평면 설정

❶ Feature Manager Design Tree에서 [정면]을 클릭한다.

❷ 상황 도구모음에서 [스케치]를 클릭한다.

3 설정 추가

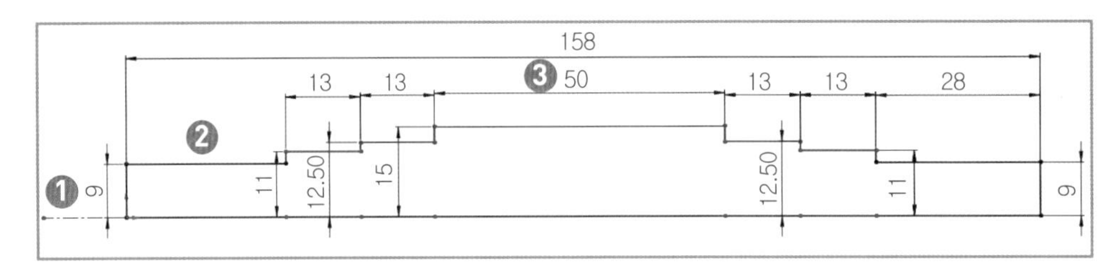

❶ Command Manager에서 [스케치] ⇒ [선 도구모음] ⇒ [중심선]을 선택하고, 원점을 지나는 수평 중심선을 그린다.

❷ [선]을 선택하여 그림과 같이 수평선과 수직선을 그린다.

❸ [지능형 치수]를 클릭하여 치수를 기입하고 [스케치 종료]를 클릭한다.

4 회전 피처 생성

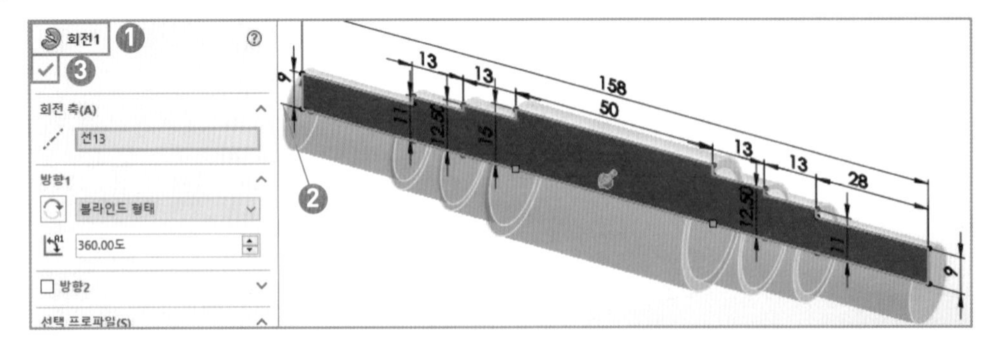

❶ Command Manager에서 [회전1]을 클릭한다.

❷ 회전축에서 [수평 중심선]을 선택한다.

❸ [확인] ✓을 클릭하면 기본 피처가 생성된다.

(3) 키 홈부 컷 돌출

1 작업평면 설정

❶ Feature Manager Design Tree에서 [정면]을 클릭한다.

❷ 상황 도구모음에서 [스케치]를 클릭한다.

❸ 다시 [정면]을 클릭하여 상황 도구모음에서 [면에 수직으로 보기]를 클릭한다.

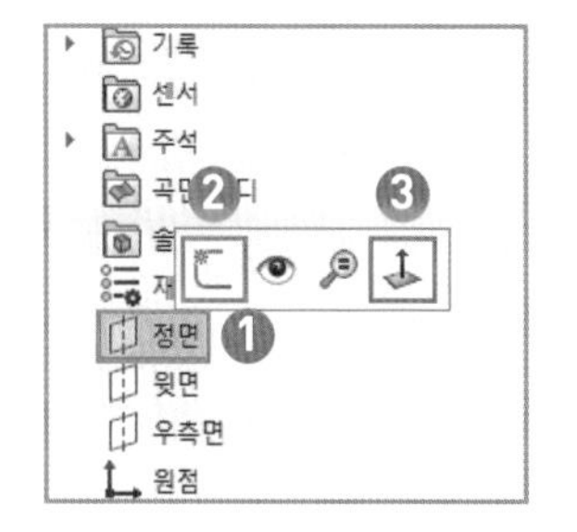

2 키 홈부 스케치

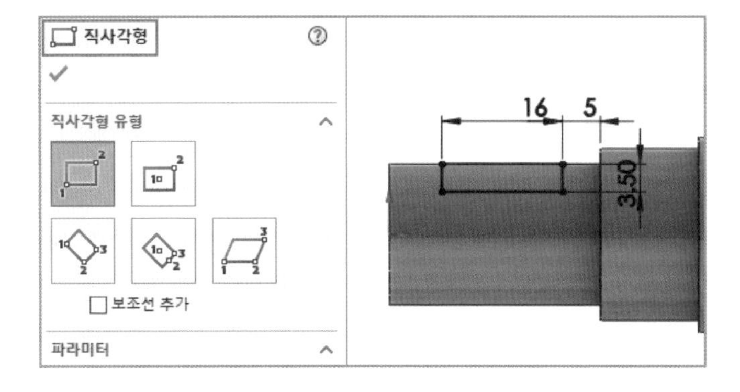

❶ Command Manager에서 [스케치] ⇒ [직사각형]을 선택하여 그림과 같이 수평선과 수직선을 그린다.

❷ [지능형 치수]를 클릭하여 치수를 기입한다. 반대쪽 키 홈도 동일한 방법으로 하고 [스케치 종료]를 클릭한다.

3 돌출 컷 : Command Manager에서 [컷-돌출1]을 클릭하고 방향1에서 [중간 평면]을 선택한다. 돌출 거리에 [6]을 입력하고 [확인] ✓을 클릭하면 안쪽이 잘린다.

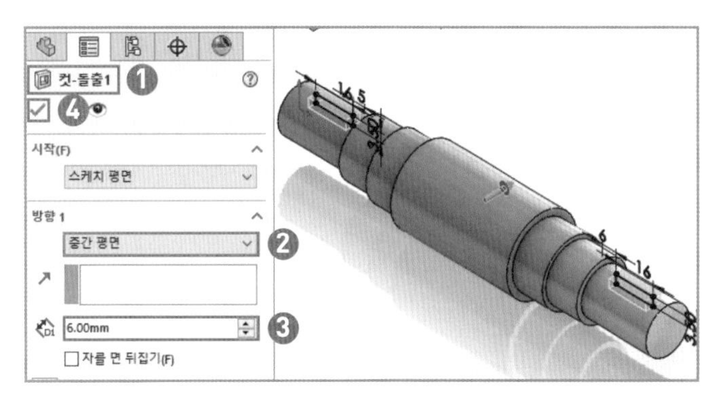

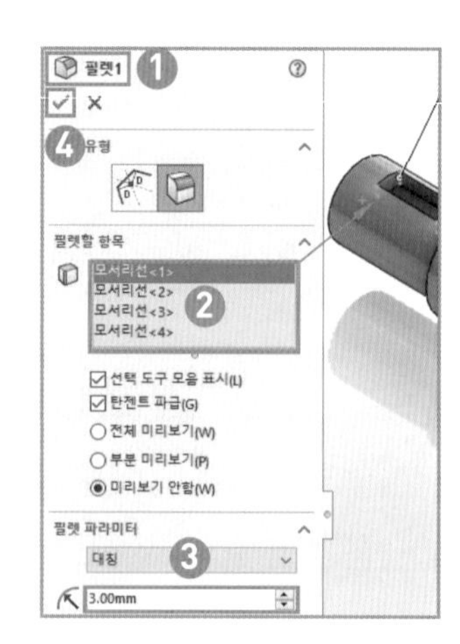

4 키 홈 라운딩

❶ Command Manager에서 [필렛1]을 클릭한다.

❷ 필렛할 항목에서 [안쪽 모서리]를 4군데 선택한다.

❸ 반지름에 [3]을 입력한다.

❹ [확인] ✓을 클릭한다.

(4) 노치부 컷 회전

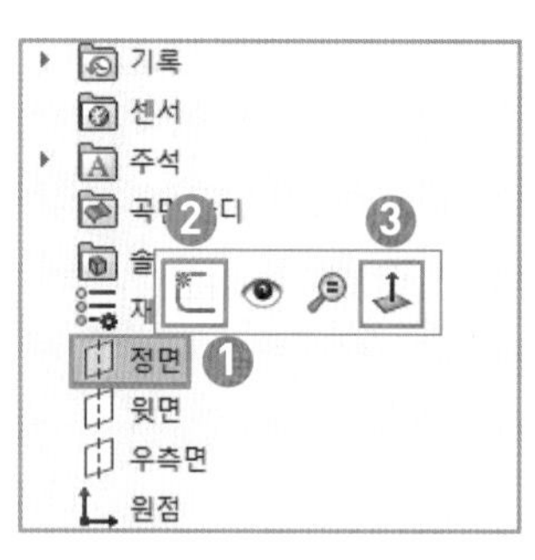

1 작업평면 설정

❶ Feature Manager Design Tree에서 [정면]을 클릭한다.

❷ 상황 도구모음에서 [스케치]를 클릭한다.

❸ 다시 [정면]을 클릭하여 상황 도구모음에서 [면에 수직으로 보기]를 클릭한다.

2 노치부 스케치

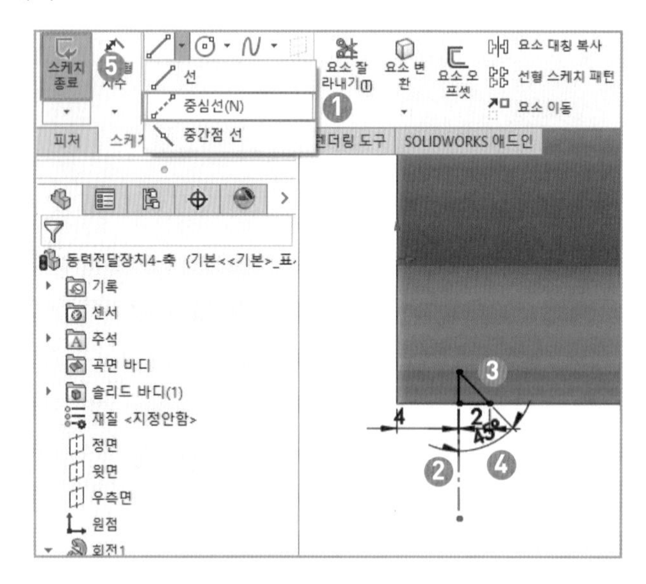

❶ Command Manager에서 [스케치] ⇒ [선 도구모음] ⇒ [중심선]을 선택한다.

❷ 원점을 지나는 수직 중심선을 그린다.

❸ [선]을 선택하여 그림과 같이 선을 그린다.

❹ [지능형 치수]를 클릭하여 치수를 기입한다.

❺ [스케치 종료]를 클릭한다.

❸ 컷 회전 피처

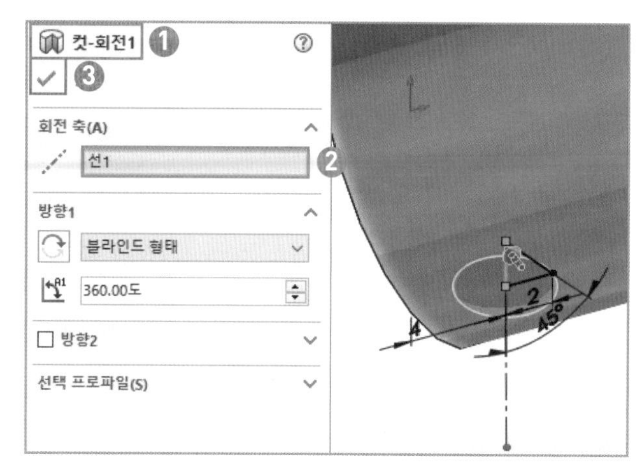

❶ Command Manager에서 [컷-회전1]을 클릭한다.

❷ 회전축에서 수직 중심선을 선택한다.

❸ [확인] ✓을 클릭하면 기본 피처가 생성된다. 반대쪽도 동일한 방법으로 작업한다.

❹ 축 오일실부 모따기

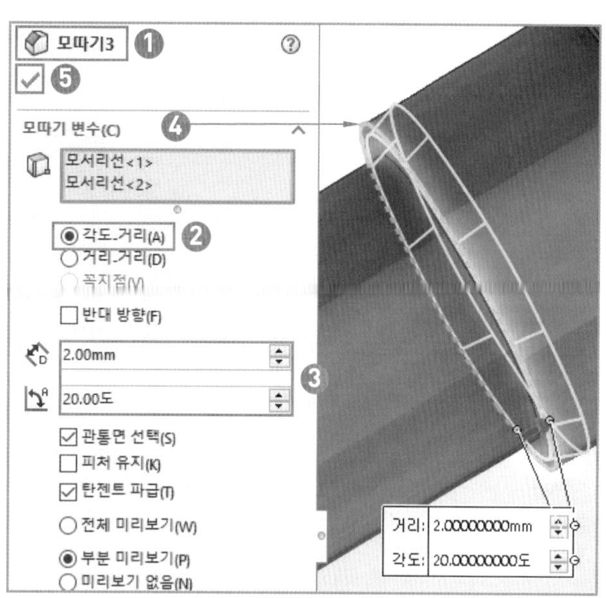

❶ Command Manager에서 [모따기3]을 클릭한다.

❷ [각도-거리]에 체크한다.

❸ 거리에 [2], 각도에 [20]을 입력한다.

❹ 축의 모서리를 클릭한다.

❺ [확인] ✓을 클릭한다. 반대쪽도 동일한 방법으로 작업한다.

5 축 끝단부 모따기

❶ Command Manager에서 [모따기4]를 클릭한다.
❷ [각도-거리]에 체크한다.
❸ 거리에 [1], 각도에 [45]를 입력한다.
❹ 축의 모서리를 클릭한다.
❺ [확인] ✓을 클릭한다.
반대쪽도 동일한 방법으로 작업한다.

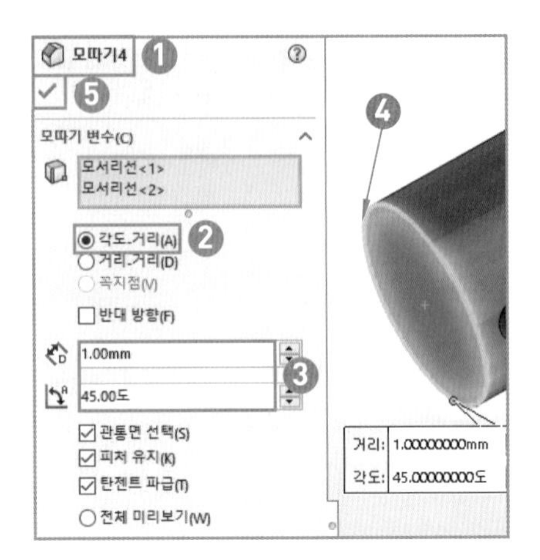

6 질량 계산 * 질량 산출 요구사항이 없으면 이 과정은 생략한다.

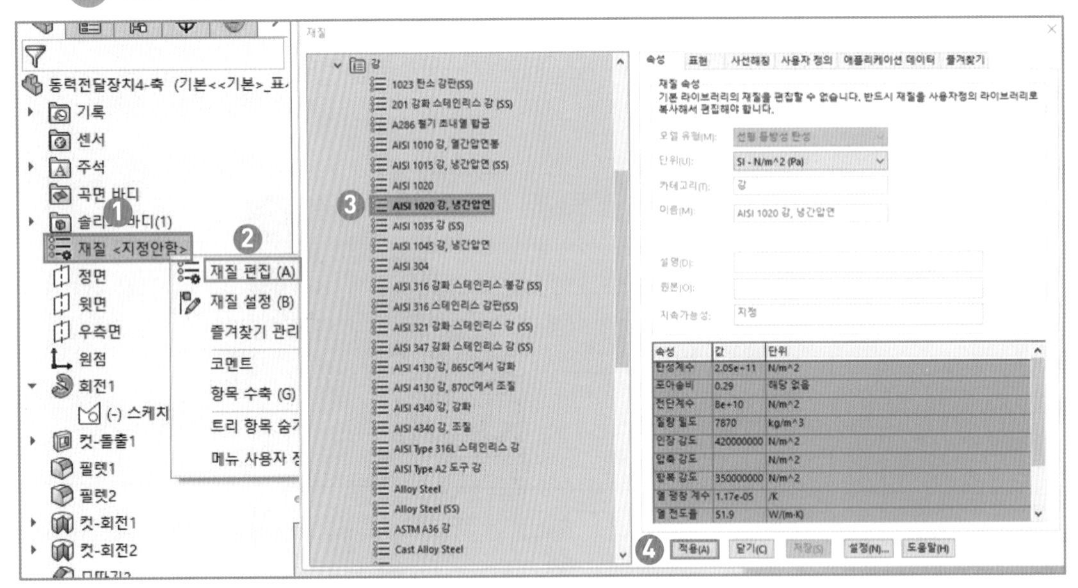

❶ Feature Manager Design Tree에서 [재질〈지정안함〉]을 선택한다.
❷ [재질 편집]을 클릭한다.
❸ 강의 재질 목록에서 [AISI 1020 강, 냉간압연]을 선택한다.
❹ [적용]을 클릭하고 닫는다.

❺ [평가]를 클릭한다.
❻ [물성치]를 클릭한다.
❼ 질량을 확인하고 기록해 둔다(71.48g).

도면 작업 시 부품란에 질량을 기입하는 경우 산출한 질량을 문제지 여백에 기록해 둔다.

❼ 남서 등각뷰 설정 : 품번 ① 본체와 동일한 방법으로 등각2(남서 등각)를 설정한다.

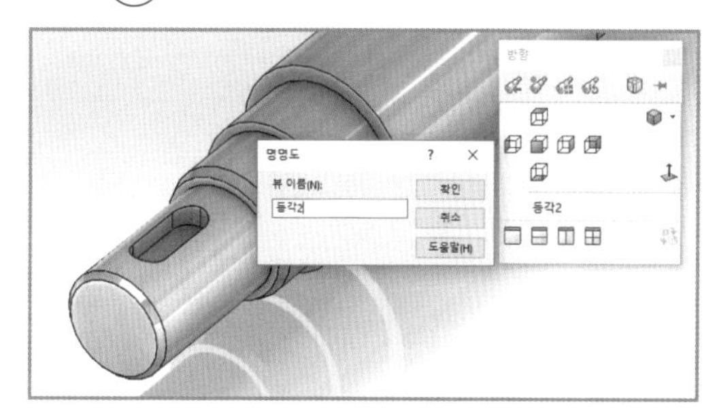

❽ 저장 : [파일] ⇒ [다른 이름으로 저장] ⇒ 2. 축.sldprt를 입력하고 저장한다.

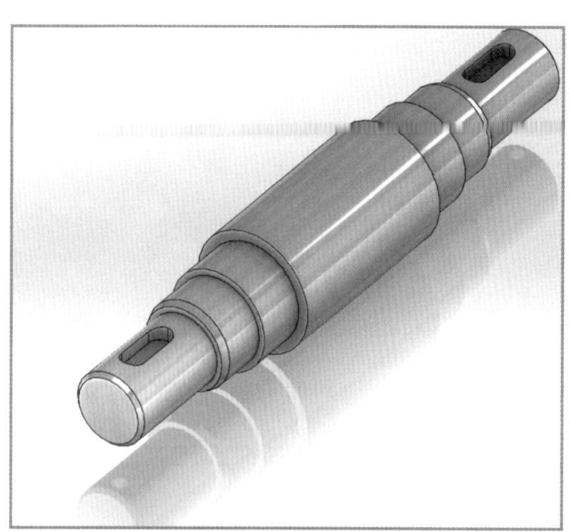

3 베어링 커버

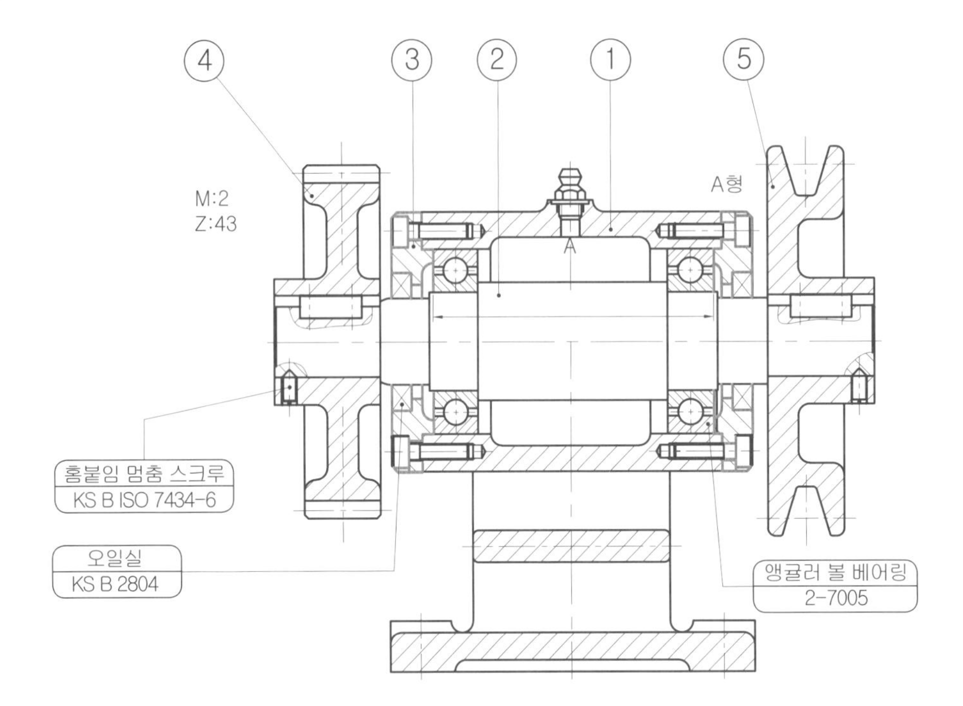

동력전달장치 베어링 커버 2D 윤곽도

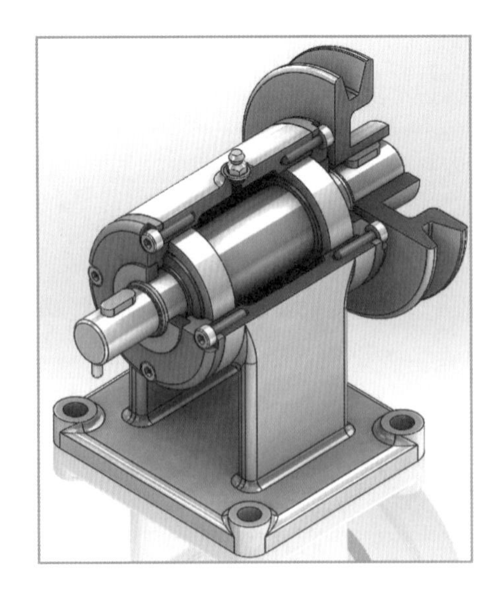

동력전달장치 베어링 커버 3D 조립상태도

(1) 오일실부 KS 데이터 치수 확인

먼저 오일실부 크기를 측정하여 S계열인지 G계열인지 구분한다. 축지름이 ϕ22이고 바깥지름이 ϕ35이므로 구멍부 치수는 상세도 B와 같이 추출할 수 있다. 본체와 조립되는 부분은 베어링 바깥지름과 치수가 같아야 하므로 ϕ47이 되어야 한다.

그 외 형상은 눈금자로 측정하여 크기를 결정하고 모델링 스케치 작업을 한다.

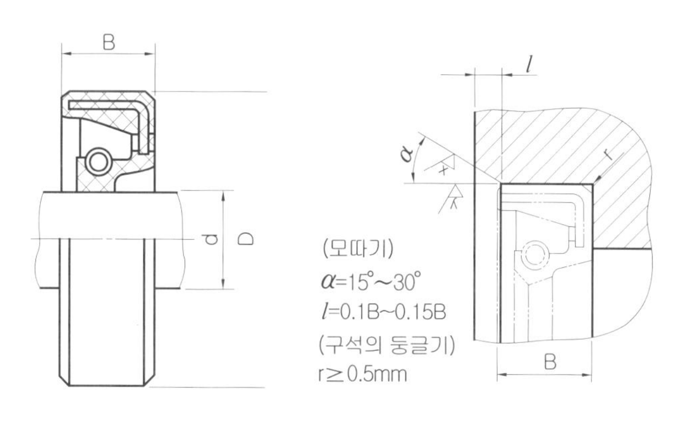

G, GM, GA 계열치수

호칭 안지름 d	D	B
22	35	5
22	38	8

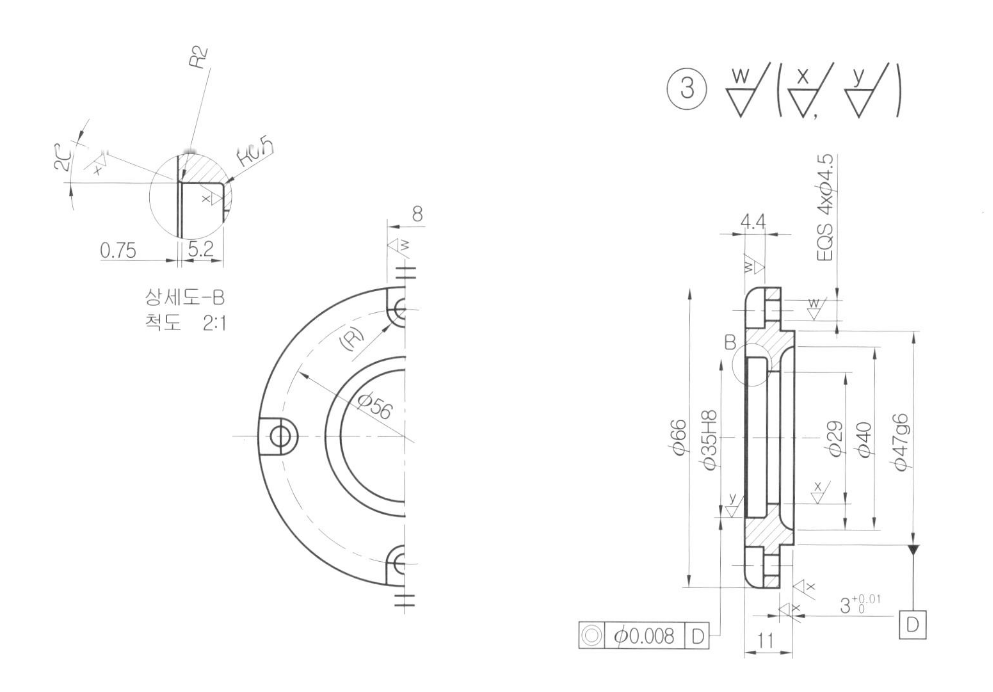

베어링 커버 실측 참고도

(2) 회전 피처 생성

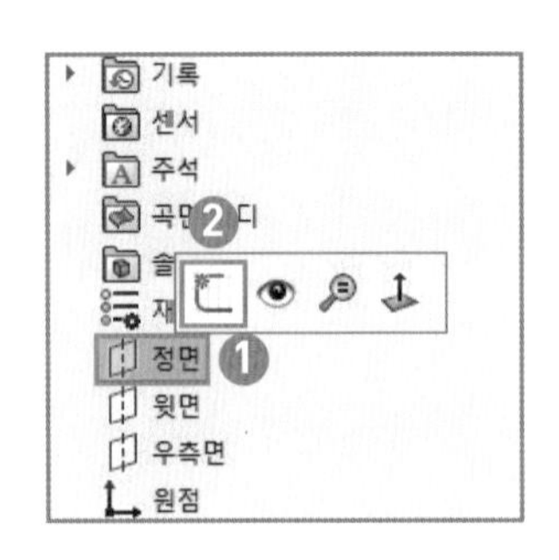

① 새 문서 시작 : [새 문서]를 시작하여 새 파트를 실행한다.

② 작업평면 설정 : Feature Manager Design Tree에서 [정면]을 클릭하고 상황 도구모음에서 [스케치]를 클릭한다.

③ 커버 단면 스케치 : 스케치 도구 툴을 활용하여 그림과 같이 스케치를 작성한다.

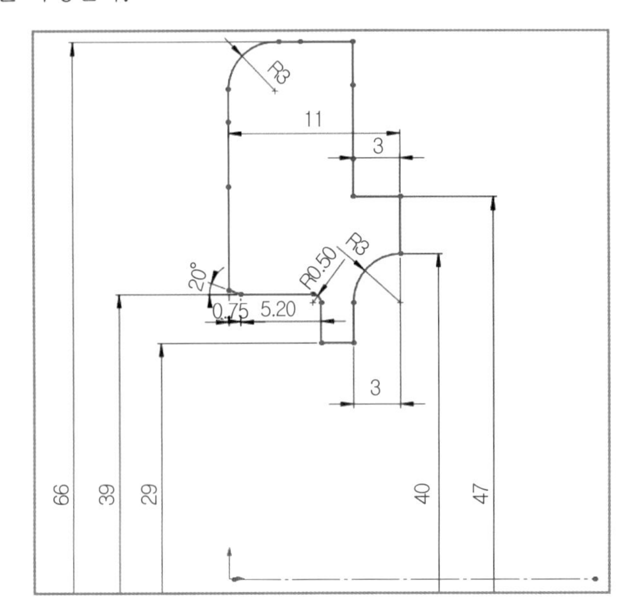

④ 회전 피처 생성 : Command Manager에서 [회전]을 클릭하고 회전축에서 [수평 중심선]을 선택한다. [확인] ✓을 클릭하면 기본 피처가 생성된다.

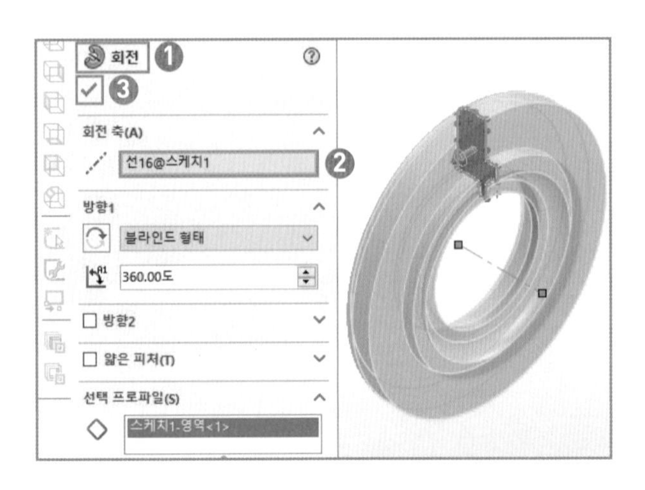

(3) 볼트 취부 컷 돌출

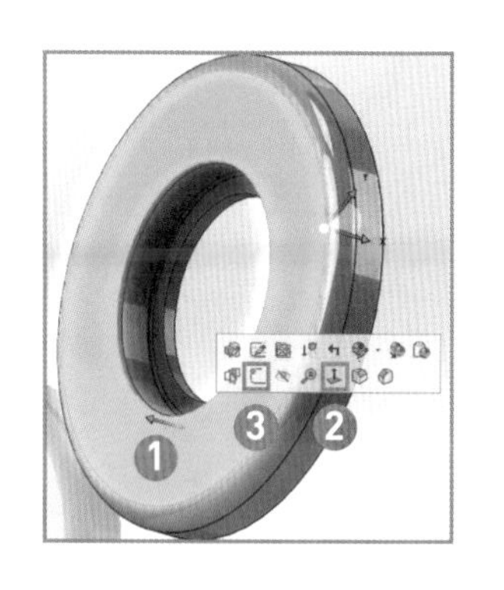

❶ 작업평면 설정 : 베이스 밑면을 클릭하고 상황 도구모음에서 [수직 보기]를 클릭한다. 다시 베이스 윗면을 클릭하고 상황 도구모음에서 [스케치]를 클릭한다.

❷ 키 홈부 스케치 : [중심선]을 선택하여 원점을 지나는 수직 중심선을 그린다. Command Manager에서 [스케치] ⇒ [직선 홈]을 선택하여 그림과 같이 그린다. [지능형 지수]를 클릭하여 치수를 기입하고 스케치를 종료한다.

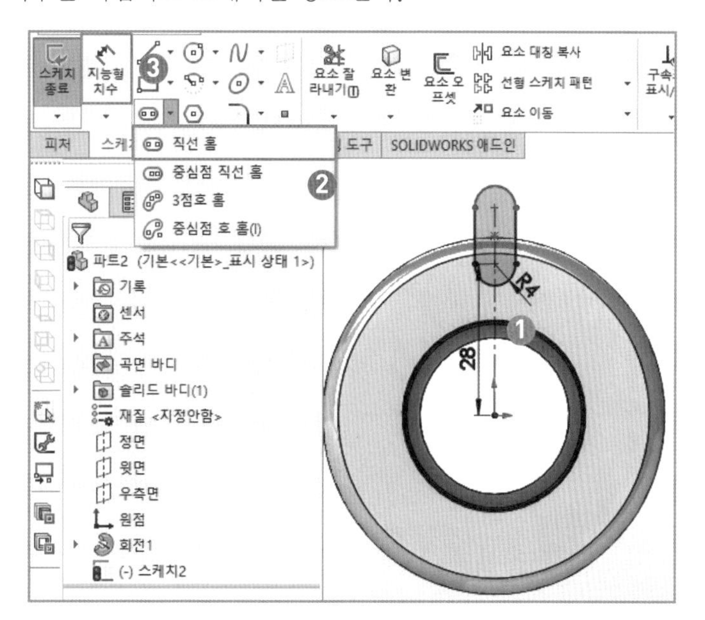

❸ 컷 돌출 : Command Manager에서 [컷-돌출]을 클릭하고 방향1에서 [블라인드 형태]를 선택한다. 돌출 거리에 [4.4]를 입력하고 [확인] ✓을 클릭하면 안쪽이 잘린다.

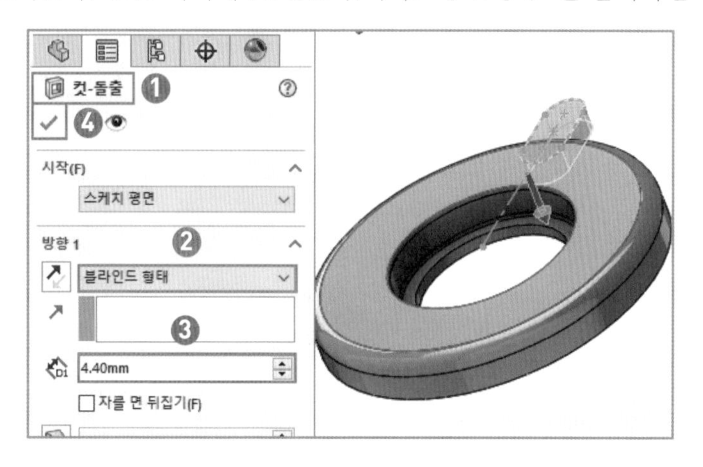

④ 드릴 구멍 컷 돌출

❶ Command Manager에서 [구멍 가공 마법사(구멍 스팩)]를 클릭한다.
❷ 구멍 유형을 선택한다.
❸ 표준 규격을 [KS]로 선택한다.
❹ 크기를 [M4]로 선택한다.
❺ 마침 조건을 [관통]으로 선택한다.
❻ [위치]를 선택한다.
❼ 돌출 컷 윗면을 클릭한다.
❽ 구멍 중심을 원 중심과 동심이 되도록 클릭한다.
❾ [확인] ✓을 클릭하면 드릴 구멍이 생성된다.

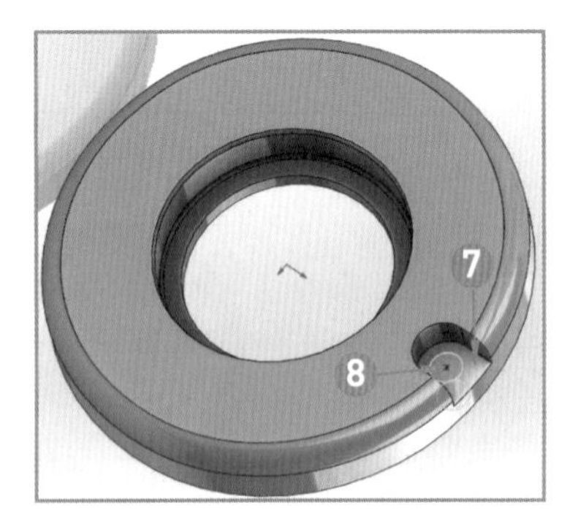

(4) 볼트 취부 원형 패턴

① 원형 패턴

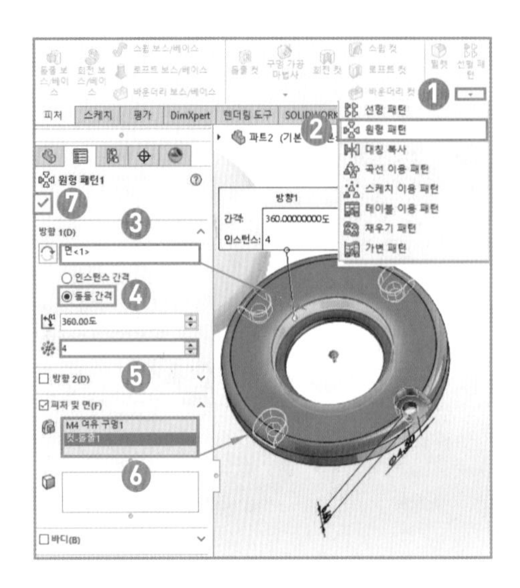

❶ Command Manager에서 선형 패턴의 아래에 있는 [▼]을 클릭하면 패턴 모음도구가 나타난다.
❷ [원형 패턴]을 선택한다.
❸ 방향1에서 [안쪽 원통면]을 클릭한다.
❹ [동등 간격]에 체크한다.
❺ 수량에 [4]를 입력한다.
❻ 피처 및 면에서 [컷-돌출1]과 [M4 여유 구멍1]을 선택한다.
❼ [확인] ✓을 클릭하면 4군데가 회전 복사된다.

2 질량 계산

* 질량 산출 요구사항이 없으면 이 과정은 생략한다.

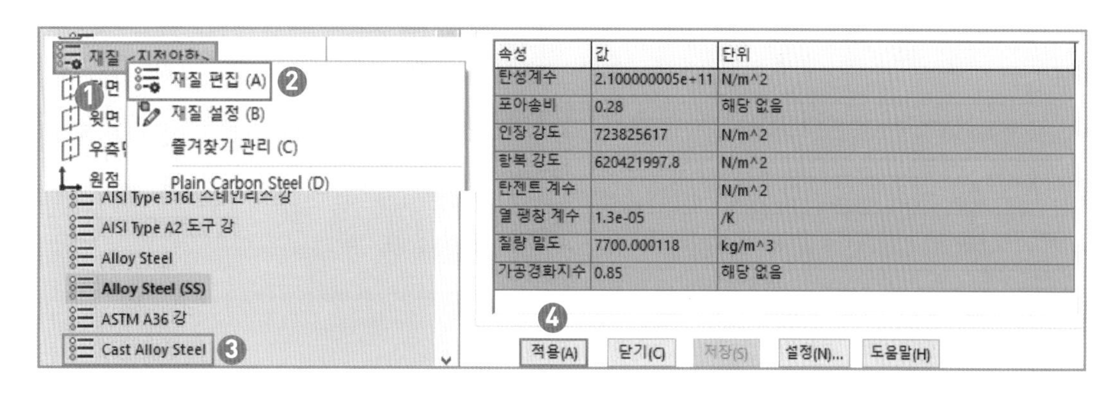

❶ Feature Manager Design Tree에서 [재질 〈지정안함〉]을 선택한다.
❷ [재질 편집]을 클릭한다.
❸ 강의 재질 목록에서 [Cast Alloy Steel]을 선택한다(밀도 7.8).
❹ [적용]을 클릭한다.
❺ [평가]를 클릭한다.
❻ [물성치]를 클릭한다.
❼ 질량을 확인하고 기록해 둔다(148.04g).

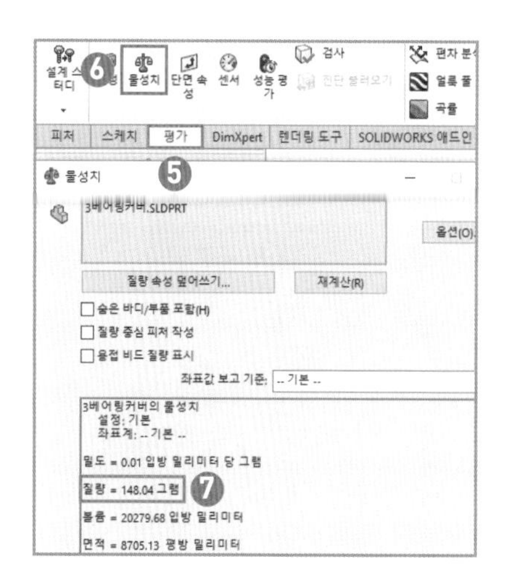

도면 작업 시 부품란에 질량을 기입하는 경우 산출한 질량은 문제지 여백에 기록해 두었다가 기입한다.

(5) 단면 보기 설정 추가

부품의 내부를 볼 수 있도록 단면 설정을 추가하고 단면부 색상을 설정한다.

❶ 설정 추가

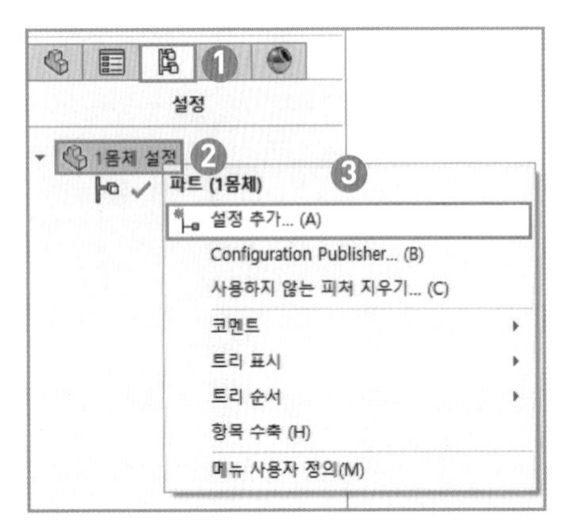

❶ [Configuration Manager]를 클릭한다.
❷ 디자인 트리 상단의 1몸체 설정에서 [마우스 오른쪽 버튼]을 클릭한다.
❸ [설정 추가]를 클릭한다.
❹ 설정명에 [단면도]를 입력한다.
❺ [확인] ✓을 클릭한다.

❷ 단면 스케치 : 원통 끝면을 클릭한다. [직사각형]을 선택하여 그림과 같이 직사각형을 그린다. [확인] ✓을 클릭한 후 스케치를 종료한다.

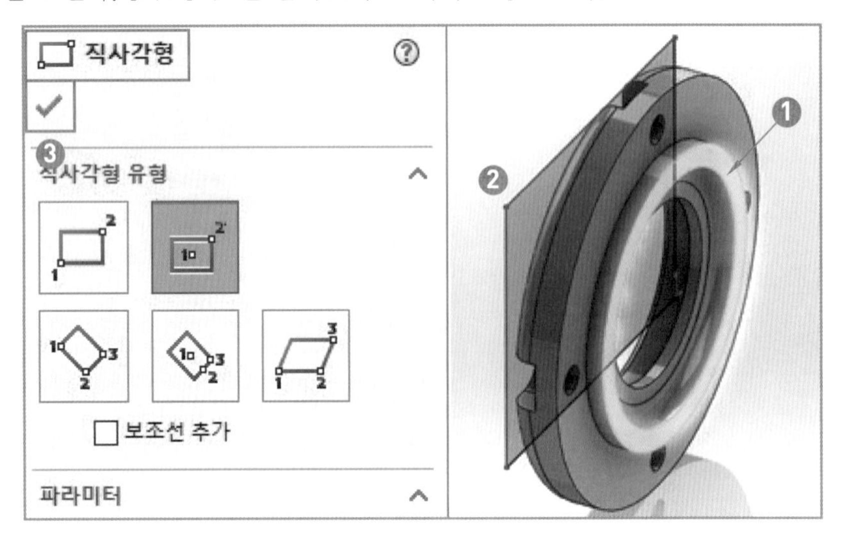

3 돌출 컷 : [컷-돌출]을 클릭하고 방향1에서 [관통]을 선택한 후 [확인] ✓을 클릭한다.

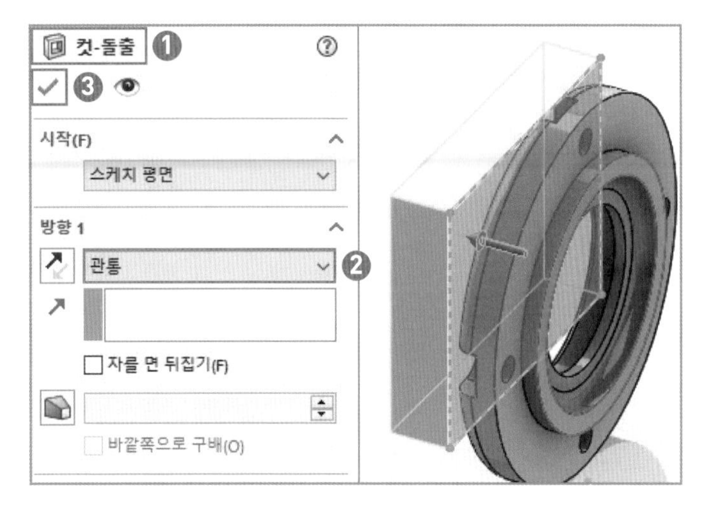

4 표현 편집

❶ Ctrl 키를 누른 상태에서 단면부 2군데를 클릭한다.

❷ [표현]을 클릭한다.

❸ [면〈1〉@컷돌출]을 클릭한다.

❹ 색상 목록에서 [표준]을 선택하고 [빨간색]을 클릭한다.

❺ [확인] ✓을 클릭한다.

❻ 동일한 방법으로 파트 전체는 녹색으로, 가공면은 회색으로 처리한다.

[파일] ⇒ [다른 이름으로 저장] ⇒ 3. 베어링 커버.sldprt를 입력하고 저장한다.

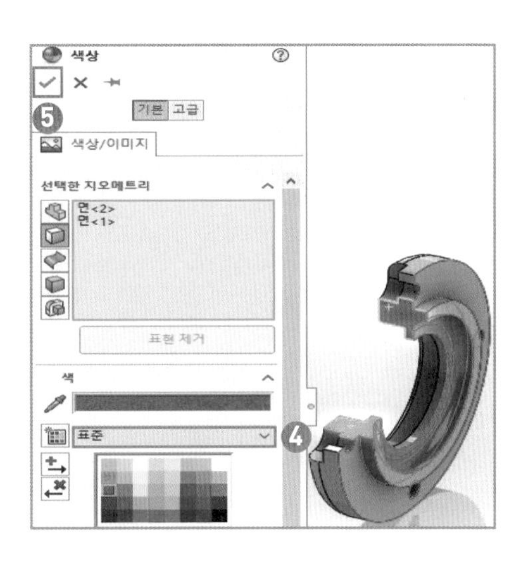

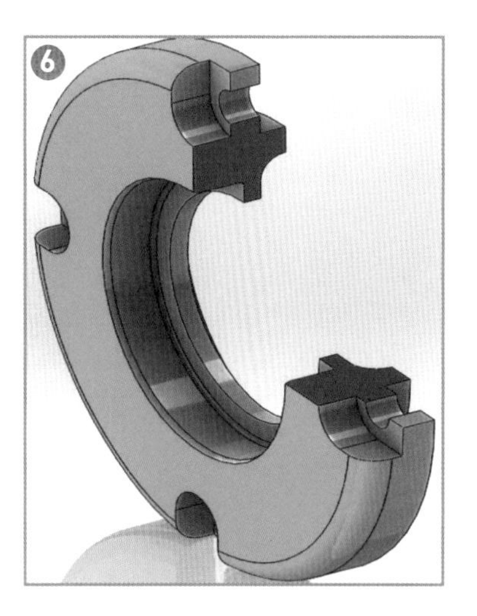

4 V-벨트 풀리

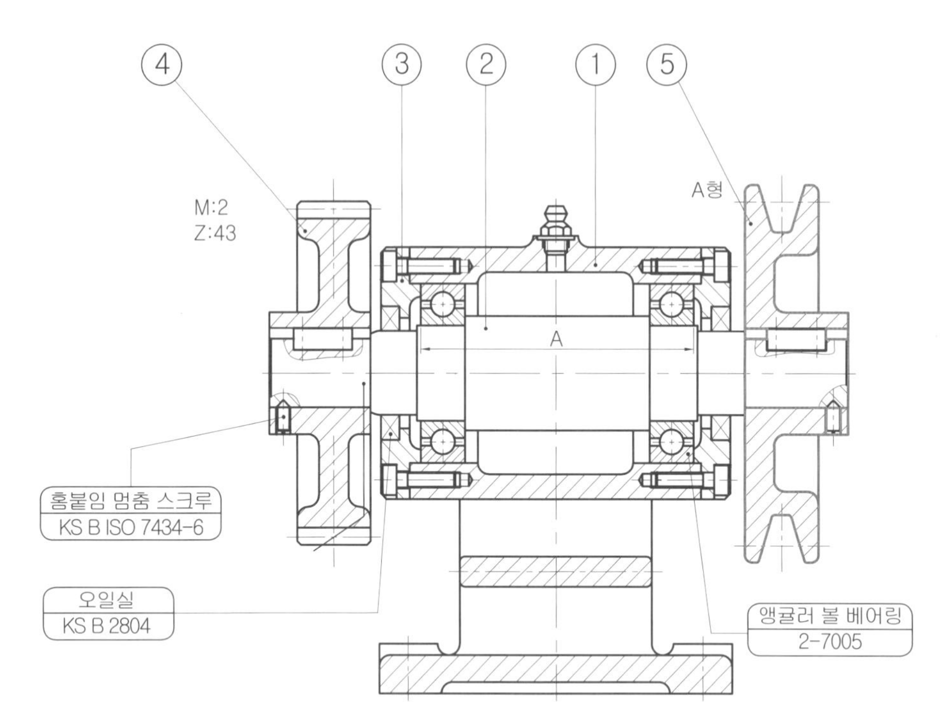

동력전달장치 V-벨트 풀리 2D 윤곽도

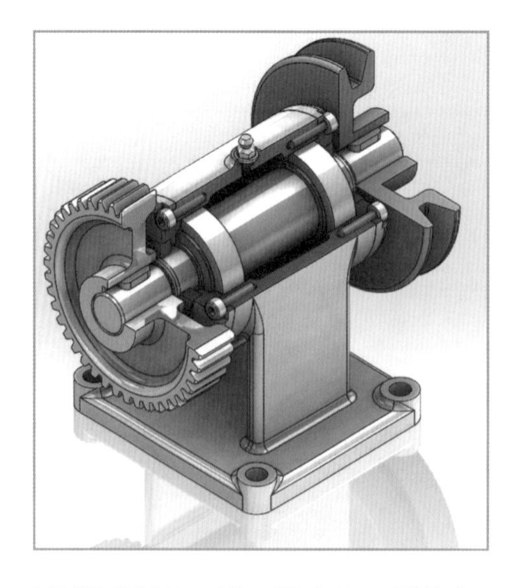

동력전달장치 V-벨트 풀리 3D 조립상태도

(1) V-벨트부 KS 데이터 치수 확인

주어진 과제는 A type으로 설계 변경되었고 호칭지름인 피치원 지름을 측정하면 ϕ90임을 알 수 있다. 이것을 토대로 KS 데이터를 추출하며, 축 구멍의 키 홈 치수는 앞에서 다룬 부품 ②의 축과 치수를 맞춰야 한다.

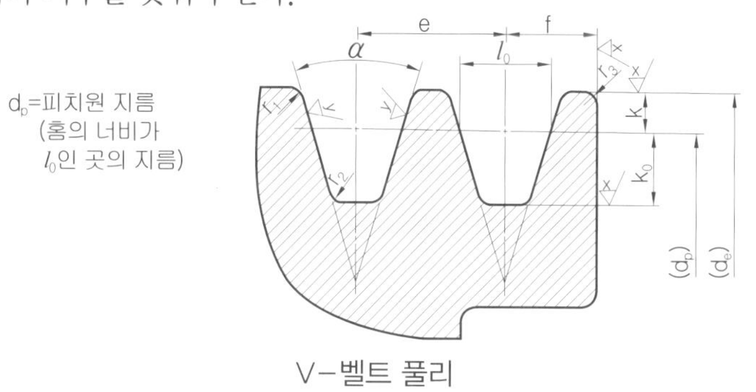

V-벨트 풀리

	V벨트의 형별	α의 허용차(°)	k의 허용차	e의 허용차	f의 허용차
❶	M	±0.5	+0.2 0	–	±1.0
❷	A	±0.5	+0.2 0	±0.4	±1.0

호칭 지름(mm)	바깥지름 d_e 허용차	바깥둘레 흔들림허용값	림 측면 흔들림허용값
75 이상 118 이하	±0.6	0.3	0.3
125 이상 300 이하	±0.8	0.4	0.4

	V벨트의 형별	호칭 지름	α (°)	l_0	k	k_0	e	f	r_1	r_2	r_3
	M	50 이상~71 이하	34	8.0	2.7	6.3	–	9.5	0.2~0.5	0.5~1.0	1~2
❶	M	71 초과~90 이하	36	8.0	2.7	6.3					
	M	90 초과	38	8.0	2.7	6.3					
❷	A	71 이상~100 이하	34	9.2	4.5	8.0	15.0	10.0	0.2~0.5	0.5~1.0	1~2

주] ❶은 설계 변경 전의 치수, ❷는 설계 변경 후의 치수이다.

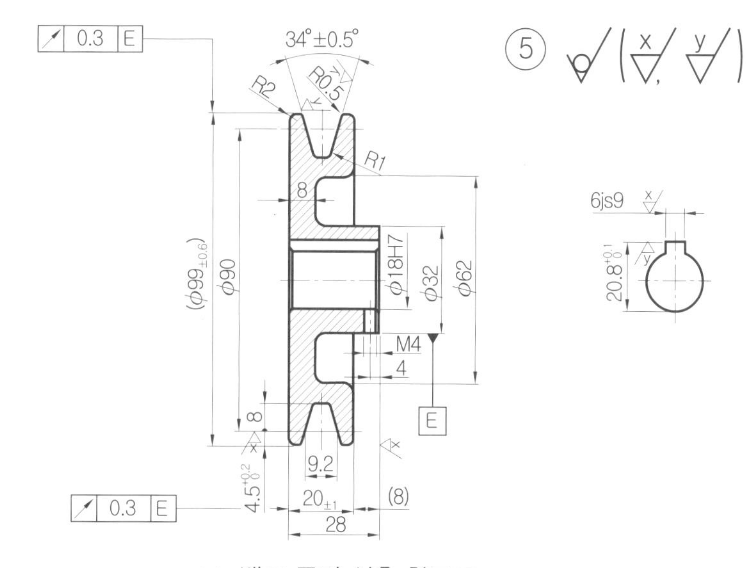

V-벨트 풀리 실측 참고도

(2) 회전 피처 생성

1 새 문서 시작 : [새 문서]를 시작하여 새 파트를 실행한다.

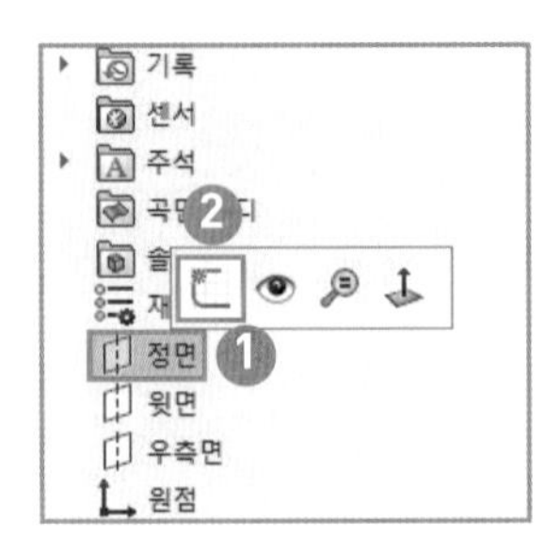

2 작업평면 설정 : Feature Manager Design Tree에서 [정면]을 클릭하고 상황 도구모음에서 [스케치]를 클릭한다.

3 V홈 스케치

❶ [중심선]을 선택하여 원점을 지나는 수직 및 수평 중심선을 그린다.

❷ 사선을 그린다.

❸ 수평 중심선을 그리고 사선과 [일치] 구속조건을 부여한다.

❹ [대칭 복사]를 클릭한다.

❺ 대칭 복사할 항목에서 [선3]과 [선4]를 선택한다.

❻ 대칭 기준에서 [수직 중심선]을 선택한다.

4 단면 스케치 : [선]과 [스케치 필렛]을 이용하여 나머지 형상을 그리고, [지능형 치수]를 클릭하여 치수를 기입한 후 스케치를 완성한다.

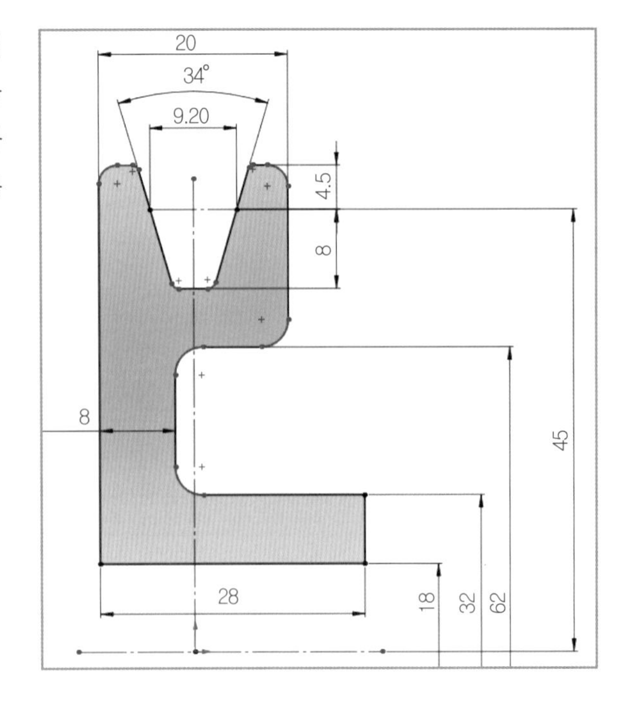

5 회전 피처 생성 : Command Manager에서 [회전]을 클릭하고 회전축에서 [수평 중심선]을 선택한다. [확인] ✓을 클릭하면 기본 피처가 생성된다.

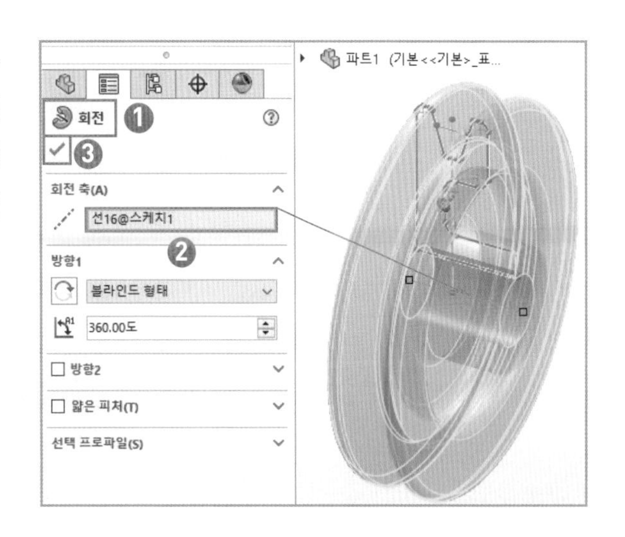

(3) 키 홈부 돌출 컷

1 작업평면 설정

❶ 보스 끝단면을 클릭한다.

❷ 상황 도구모음에서 [면을 수직으로 보기]를 클릭한다.

❸ 다시 베이스 윗면을 클릭하고 상황 도구모음에서 [스케치]를 클릭한다.

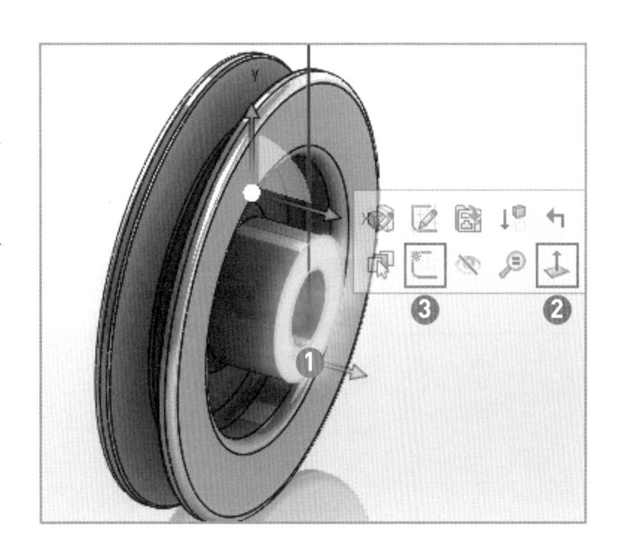

2 키 홈부 스케치

❶ [중심선]을 선택하여 원점을 지나는 수직 중심선을 그린다.

❷ Command Manager에서 [스케치] ⇒ [직사각형]을 선택하여 직사각형을 그리고, 좌우 대칭 구속을 준다.

❸ [지능형 치수]를 클릭하여 치수를 기입하고 스케치를 종료한다.

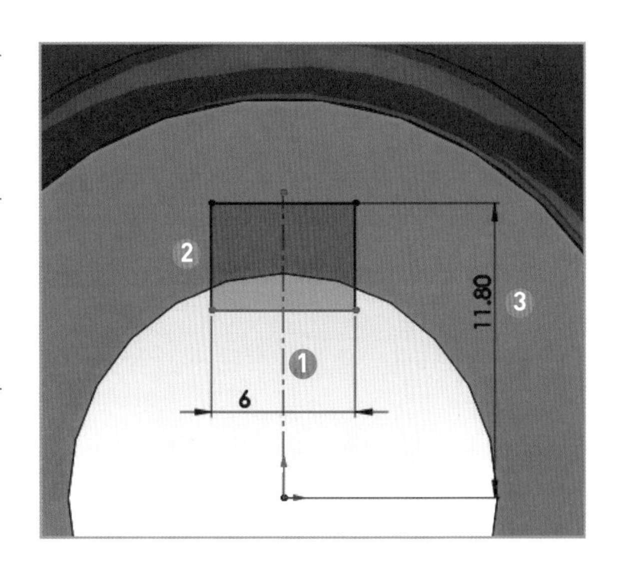

❸ 돌출 컷 : Command Manager에서 [컷-돌출]을 클릭한다. 방향1에서 [관통]을 선택하고 [확인] ✓을 클릭하면 안쪽이 잘린다.

(4) 양 끝단 모따기

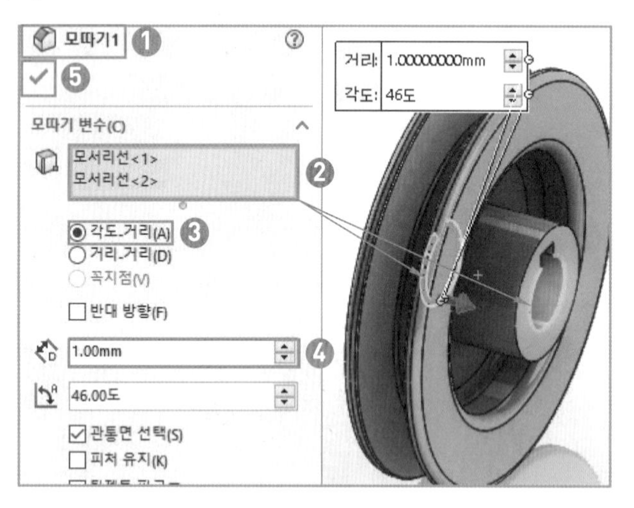

❶ Command Manager에서 [모따기1]을 클릭한다.

❷ 모따기 변수에서 보스 양 끝단 모서리 2군데를 선택한다.

❸ [각도-거리]에 체크한다.

❹ 거리에 [1]을 입력한다.

❺ [확인] ✓을 클릭한다.

(5) 구멍부 나사 탭

1 윗면 스케치 평면

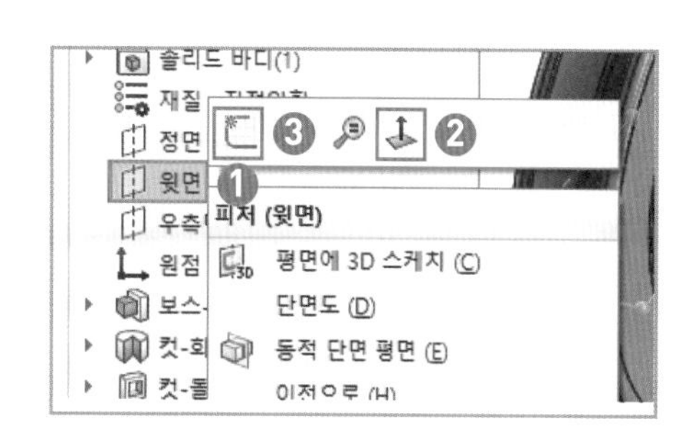

❶ Feature Manager Design Tree에서 [윗면]을 클릭한다.

❷ 상황 도구모음에서 [면에 수직으로 보기]를 클릭한다.

❸ 상황 도구모음에서 [스케치]를 클릭한다.

2 탭 위치 스케치

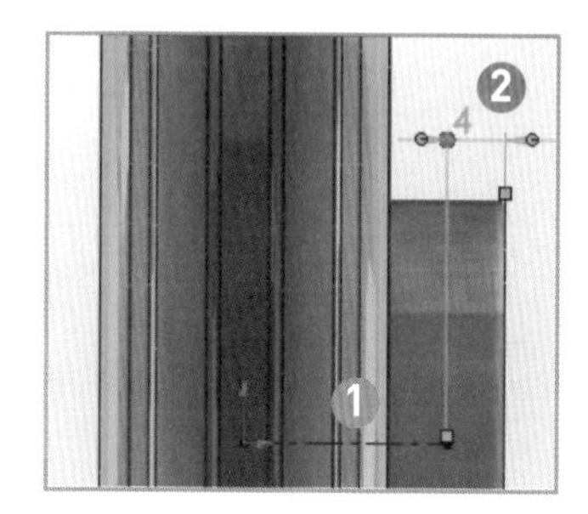

❶ [중심선]을 선택하여 원점을 지나는 수평 중심선과 그 끝점을 지나는 수직 중심선을 그린다.

❷ [지능형 치수]를 클릭하여 치수 [4]를 입력하고, 스케치를 종료한다.

3 구멍 가공 마법사 탭 가공

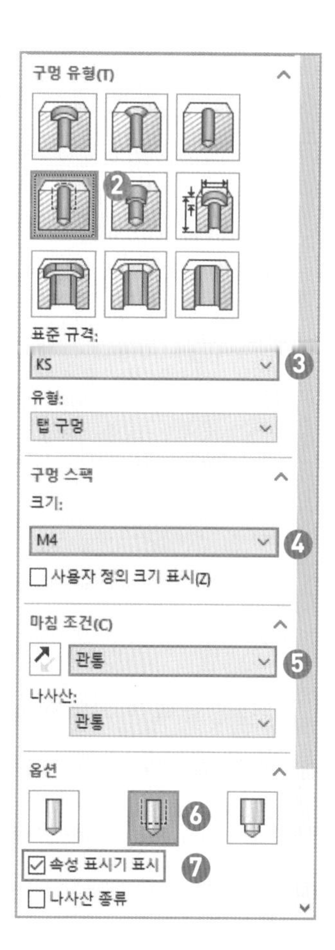

❶ Command Manager에서 [구멍 가공 마법사(구멍 스팩)]를 선택한다.

❷ 구멍 유형을 [직선 탭]으로 선택한다.

❸ 표준 규격을 [KS]로 선택한다.

❹ 크기를 [M4]로 선택한다.

❺ 마침 조건을 [관통]으로 선택한다.

❻ [나사선 표시 그림]을 선택한다.

❼ [속성 표시기 표시]에 체크한다.

❹ 탭 위치 : 속성 대화상자 상단의 [위치]를 클릭한다. 화면에 있는 피처 대화상자를 열고 [윗면]을 클릭한 후 중심선 끝점을 클릭하고 [확인] ✓을 클릭한다.

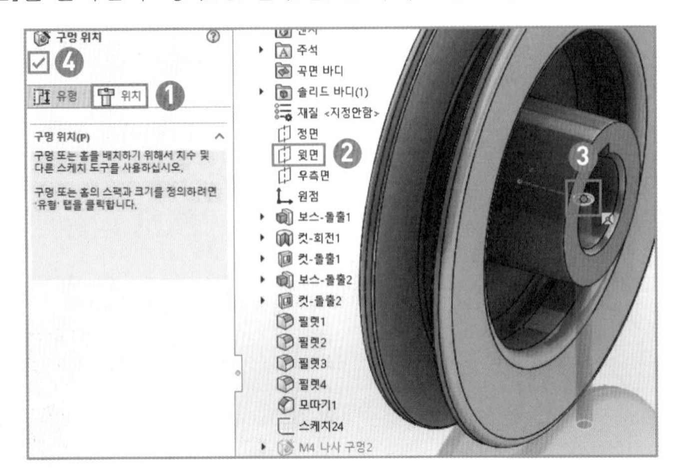

(6) 질량 계산 * 질량 산출 요구사항이 없으면 이 과정은 생략한다.

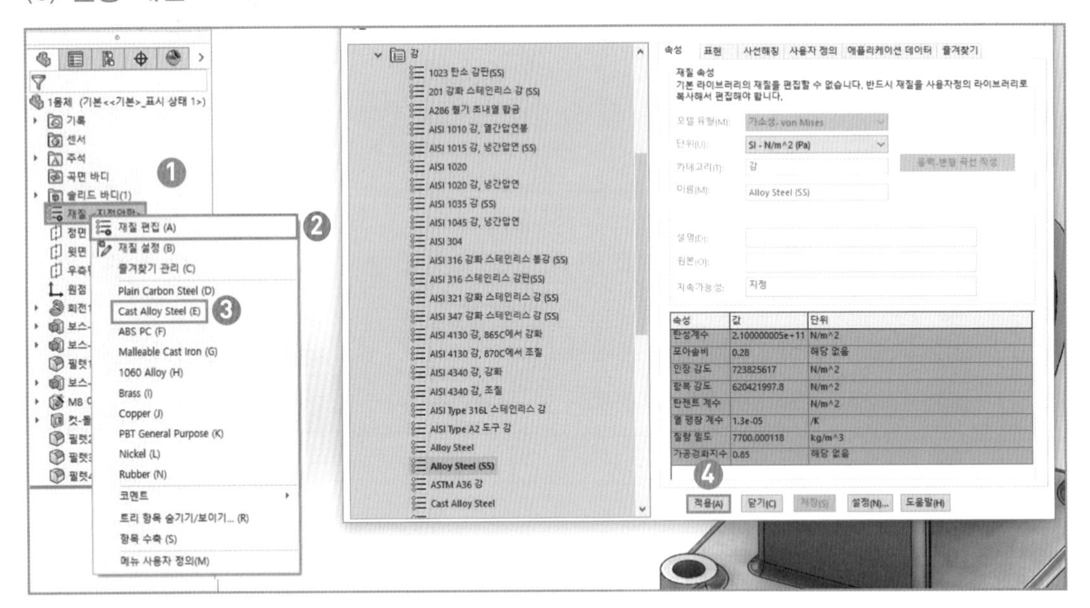

❶ Feature Manager Design Tree에서 [재질〈지정안함〉]을 선택한다.

❷ [재질 편집]을 클릭한다.

❸ 강의 재질 목록에서 [Cast Alloy Steel]을 선택한다(밀도 7.8).

❹ [적용]을 클릭한다.

❺ [평가]를 클릭한다.

❻ [물성치]를 클릭한다.

❼ 질량을 확인하고 기록해 둔다(712.44g).

도면 작업 시 부품란에 질량을 기입하는 경우 산출한 질량을 문제지 여백에 기록해 두었다가 기입한다.

(7) 단면 보기 설정 추가

❶ 설정 추가 : [Configuration Manager]를 클릭하고 디자인 트리 상단의 1몸체 설정에서 [마우스 오른쪽 버튼]을 클릭한다. [설정 추가]를 클릭하고 설정명에 [단면도]를 입력한 후 [확인] ✓을 클릭한다.

❷ 단면 스케치

❶ 원통 끝면을 선택하고 [스케치]를 클릭한다.

❷ [직사각형]을 선택하여 그림과 같이 원의 중심에서 시작하여 바깥쪽으로 직사각형을 그린다.

❸ [확인] ✓을 클릭한 후 스케치를 종료한다.

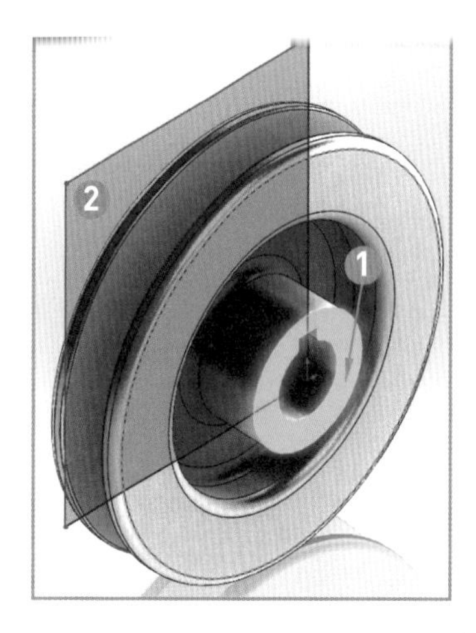

3 돌출 컷 : [컷-돌출2]를 클릭한다. 방향1에서 [관통]을 선택한 후 [확인] ✓을 클릭한다.

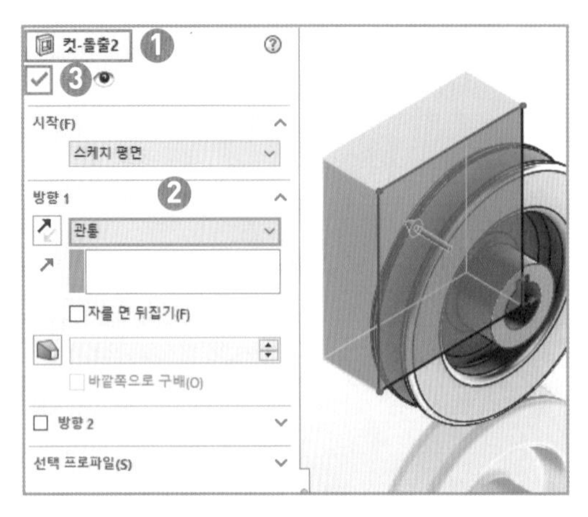

4 표현 편집

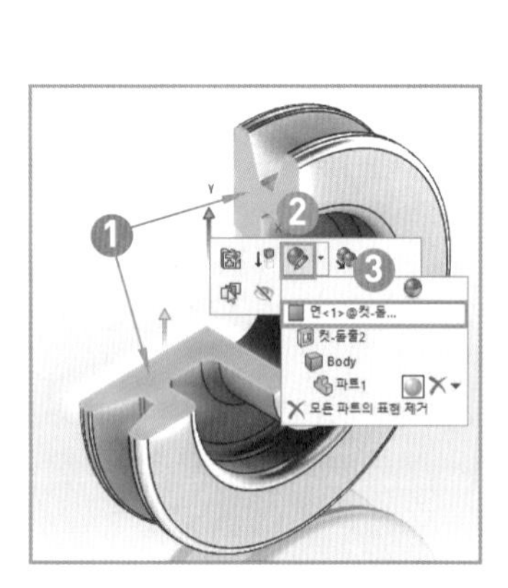

1. Ctrl 키를 누른 상태에서 단면부 두 군데를 클릭한다.
2. [표현]을 클릭한다.
3. [면〈1〉@컷-돌출]을 클릭한다.
4. 색상 목록에서 [표준]을 선택하고 [빨간색]을 클릭한다.
5. [확인] ✓을 클릭한다.
6. 동일한 방법으로 파트 전체는 녹색으로, 가공면은 회색으로 처리한다.

[파일] ⇒ [다른 이름으로 저장] ⇒ 5. V-벨트 풀리.sldprt를 입력하고 저장한다.

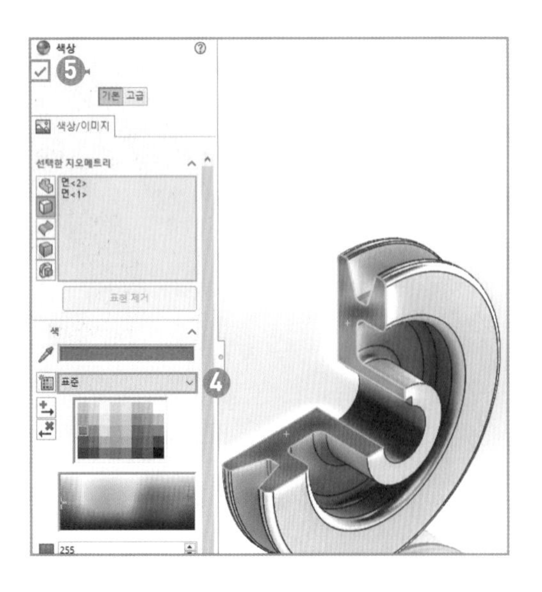

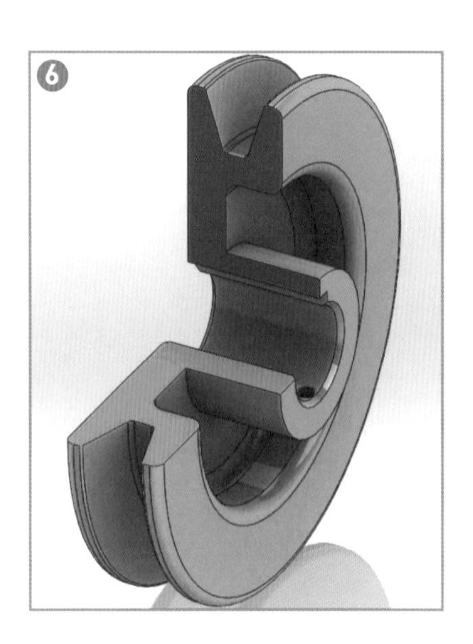

5 3D 부품 등각투상도 작성

(1) 등각 모델뷰 삽입

① A2 도면양식 불러오기 : Chapter 2에서 만든 수험용 도면양식(A2).drwdot를 불러온다.

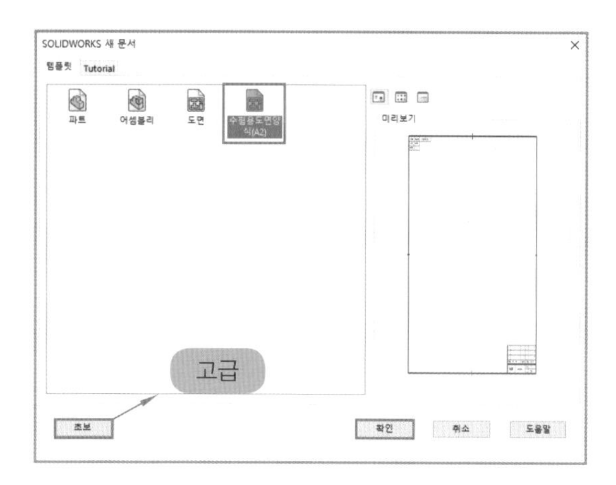

② 품번 ① 본체 모델뷰 삽입

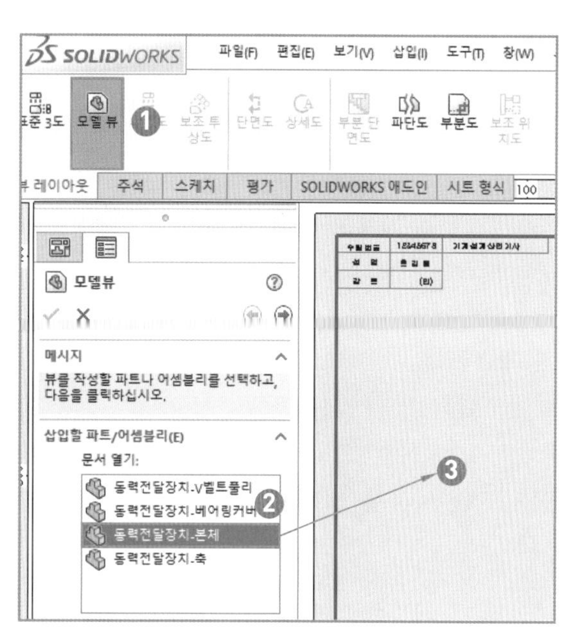

❶ 도면 도구의 [모델뷰]를 클릭한다.

❷ 모델뷰 대화상자에서 현재 열려 있는 부품의 모델링 목록 중 [본체]를 더블 클릭하면 다시 이 뷰에 대한 대화상자가 나온다.

❸ 도면 영역 안으로 끌어온다.

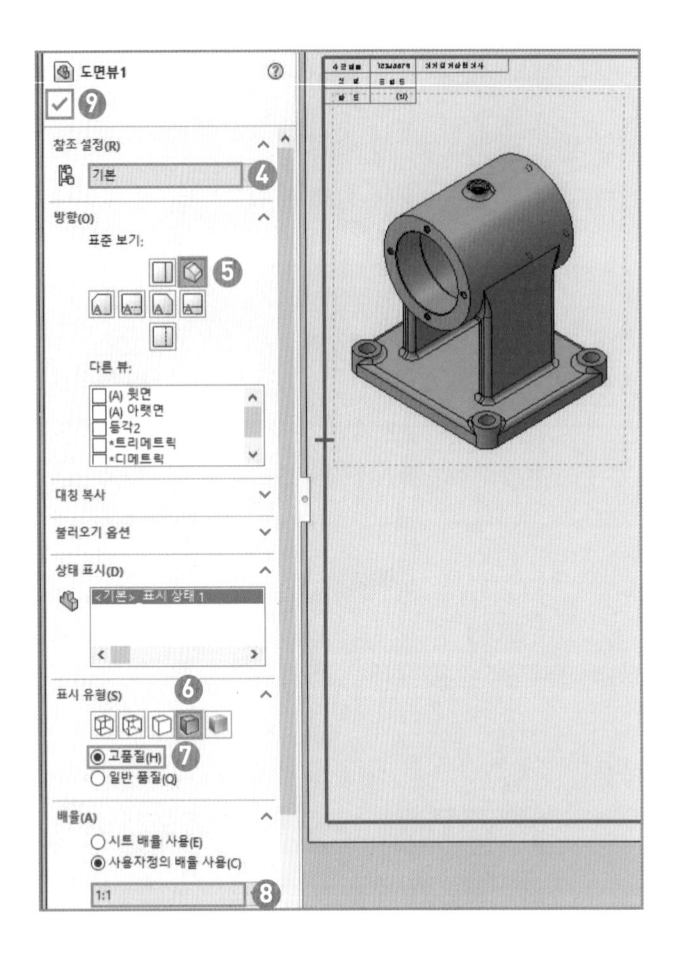

❹ 참조 설정에서 기본, 단면도 중 [기본]을 선택한다.

❺ 표준 보기에서 [등각뷰]를 선택한다.

❻ 표시 유형은 4번째에 있는 [모서리 표시 음영]을 선택한다.

❼ [고품질]에 체크한다.

❽ 배율이 [1:1]로 되어 있는지 확인한다.

* 척도의 조건이 NS이므로 너무 작은 부품일 경우 2 : 1 등으로 확대해도 좋다.

❾ 배치 상태를 고려하여 부품의 위치를 잡고 [확인] ✓을 클릭한다.

단면하지 않으면 내부 형상이 확인되지 않는 단점이 있다. "내부가 잘 보이도록 단면을 취하라"라는 요구사항이 추가된다면 ❹에서 [기본] 대신 [단면]을 선택한다.

③ 품번 ① 본체의 남서 방향 등각 모델뷰 삽입

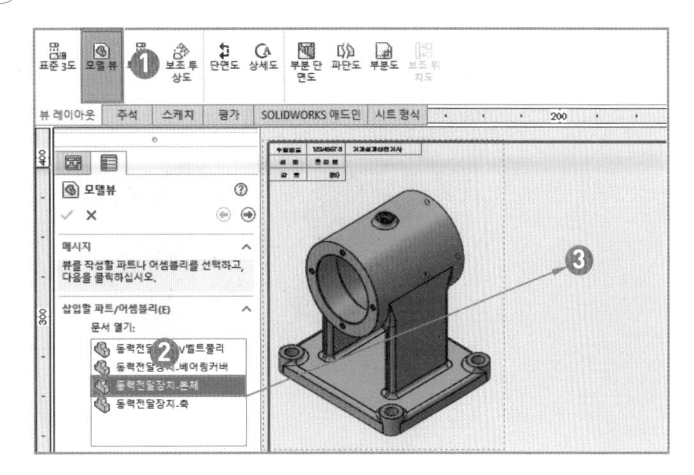

❶ 도면 도구의 [모델뷰]를 클릭한다.

❷ 모델뷰 대화상자에서 현재 열려 있는 부품 모델링 목록 중 [본체]를 더블 클릭하면 다시 이 뷰에 대한 대화상자가 나온다.

❸ [마우스 왼쪽 버튼]을 더블 클릭하여 등각뷰 우측으로 끌어온다.

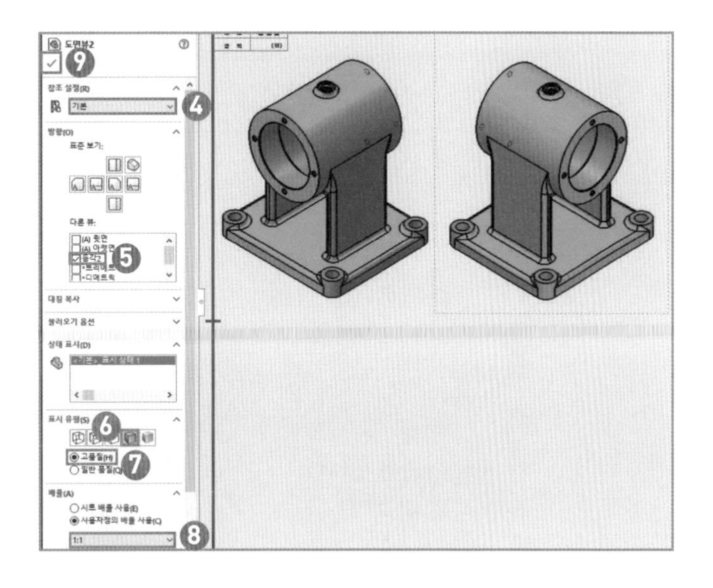

❹ 참조 설정에서 기본, 단면도 중 [기본]을 선택한다.

❺ 표준 보기에서 [등각2]에 체크한다.

❻ 표시 유형은 4번째에 있는 [모서리 표시 음영]을 선택한다.

❼ [고품질]에 체크한다.

❽ 배율이 [1:1]이 되어 있는지 확인한다.

❾ 배치 상태를 고려하여 위치를 조절하고 [확인] ✓을 클릭한다.

4 축, 베어링 커버, V-벨트 풀리의 등각 모델뷰 삽입 : 동일한 방법으로 삽입한다.

* 크기가 큰 본체와 축은 왼쪽에, 기타 부품은 빈 공간에 균형 있게 배치한다.

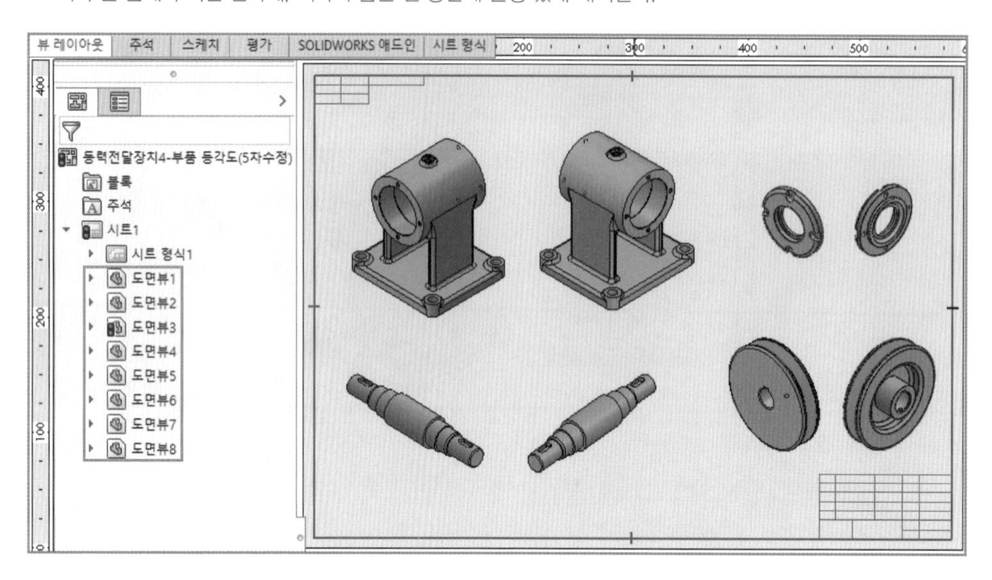

부품 모델링에서 등각뷰 설정을 하지 않았다면 물체의 형상이 잘 표현될 수 있는 방향으로 뷰를 돌려 배치한다. 일반적으로 양 끝 단면이 보이도록 배치하면 무난하다.

(2) 부품 번호 삽입

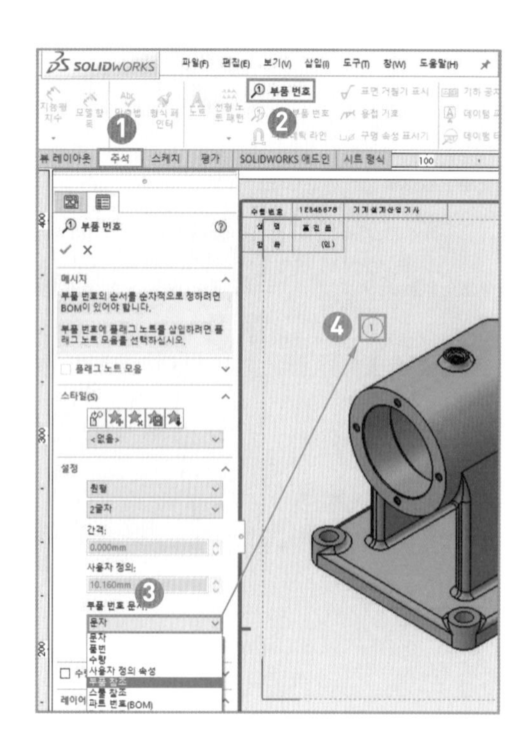

❶ 좌측 상단의 [주석]을 클릭한다.

❷ 도구모음 대화상자에서 [부품 번호] 를 클릭한다.

❸ 부품 번호의 숫자는 도면뷰 삽입 순서에 의하여 자동으로 정해지는데, 배치된 부품과 달라 수정하려면 부품 번호 문자에서 [문자]를 선택한 후 원하는 숫자를 입력한다.

❹ 속성 대화상자의 세팅이 끝난 후 화면으로 커서를 옮기면 부품 번호의 기호가 따라 다니는데, 부품의 중앙 상단에 위치를 정하여 클릭한다.

❺ 나머지 부품도 동일한 방법으로 부품 번호를 삽입한다.

(3) 부품란 및 수험란 작성

❶ 시트 형식 편집 : 화면에 커서를 놓고 [마우스 오른쪽 버튼]을 눌러 [시트 형식 편집] 을 클릭한다. * 삽입된 도면뷰는 나타나지 않고 문자 삽입 등 도면양식의 편집이 가능하게 된다.

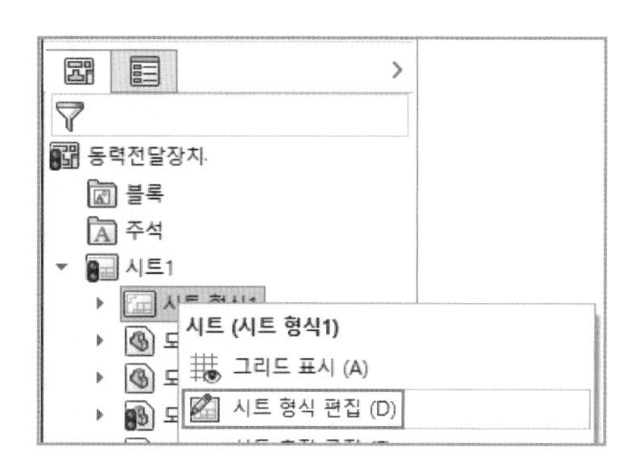

❷ 부품란 입력

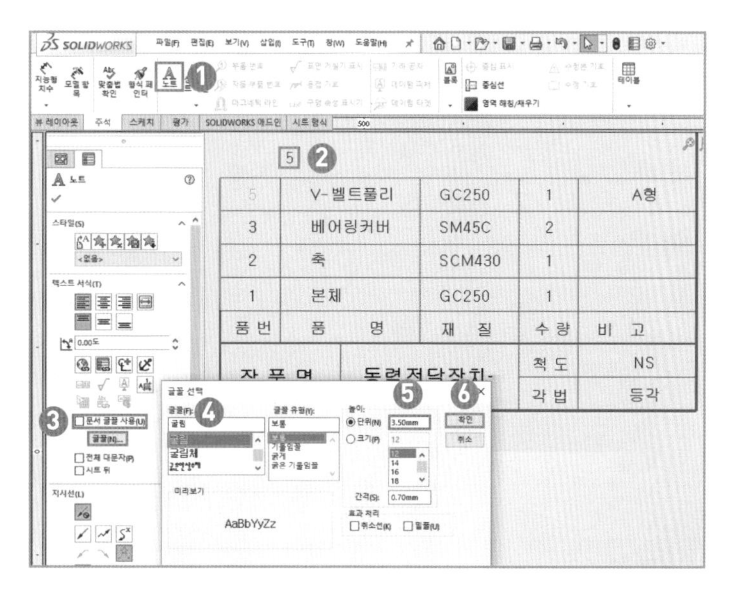

❶ [노트]를 클릭한다.
❷ 화면의 빈 공간을 클릭하여 넣을 문자를 입력한다.
❸ 속성 대화상자에서 [문서 글꼴 사용]의 체크를 해제한 후 [글꼴]을 클릭하면 글꼴 선택 대화상자가 나온다.
❹ 글꼴을 쉽게 찾기 위해 [굴림]이라 입력하면 굴림체 목록이 첫머리에 나타나고 이것을 선택한다.
❺ 높이에서 문자 높이를 [3.5]로 입력한다. 작품명의 높이는 [4.5]로 입력한다.
❻ [확인]을 클릭한다. * 문자 위치가 맞지 않으면 마우스를 드래그 하여 옮긴다.

3 재질 기호 설정

* 다음은 실기시험에서 주어지는 KS 재질 기호이다.

부품별 재질 기호(KS D)

명칭	기호	명칭	기호
회주철품	GC100, GC150, GC200, GC250	탄소 단강품	SF390A, SF440A, SF490A
탄소 주강품	SC360, SC410, SC450, SC480	청동 주물	CAC402
인청동 주물	CAC502A, CAC502B	알루미늄 합금 주물	AC4C, AC5A
침탄용 기계 구조용 탄소 강재	SM9CK, STM15CK, SM20CK	기계 구조용 탄소 강재	SM25C, SM30C, SM35C, SM40C, SM45C
탄소 공구강 강재	STC85, STC90, STC105, STC120	탄소 공구강	SK3
합금 공구강	STS3, STD4	화이트메탈	WM3, WM4
크로뮴 몰리브데넘강	SCM415, SCM430, SCM435	니켈 크로뮴 몰리브데넘강	SNCM415, SNCM431
니켈 크로뮴강	SNC415, SNC631	스프링 강재	SPS6, SPS10
스프링강	SVP9M	스프링용 냉간 압연강재	S55C-CSP
피아노선	PW1	일반 구조용 압연강재	SS330, SS440, SS490
알루미늄 합금 주물	ALDC6, ALDC7	용접 구조용 주강품	SCW410, SCW450
인청동 봉	C5102B	인청동 선	C5102W

자주 출제되는 부품과 간편 적용 부품별 재질 기호

동력전달장치		지그 및 치공구	
본체(바디)	GC250, GC200	베이스	SCM415, SM45C
커버(덮개)	GC250, GC200	플레이트	SCM415, SM45C
축	SM35C, SCM430	드릴부시	SK3, STC105
기어	SC450, SM45C	클램프(조)	STC105
V-벨트 풀리	GC250, SC450	베어링 부시	PBC2C, WM3

* 자주 출제되는 부품은 암기하여 적용하는 것이 바람직하다.

4 수험란 작성 : 도면양식의 수험란에 이름과 수험번호를 입력한다.

* 이곳은 감독위원의 확인을 받는 곳으로 철로 가려지며 채점 대상은 아니다.

수험번호	12345678	기계설계산업기사
성 명	홍 길 동	
감 독	(인)	

5 시트 형식 편집 완료 : 우측 상단의 [시트 형식 편집]을 클릭하여 편집을 종료한다.

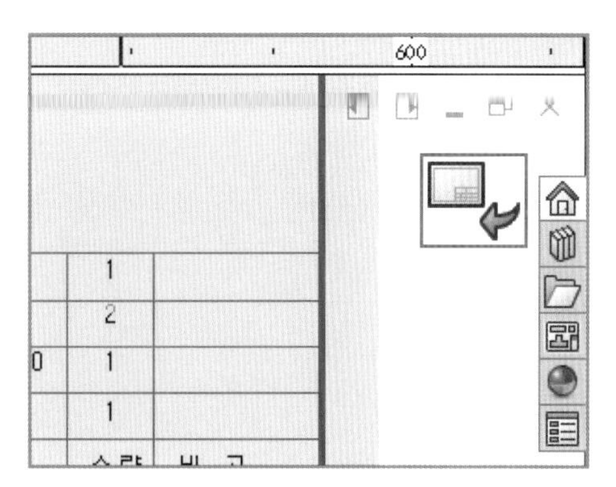

시트 형식 편집을 완료하면 다시 도면뷰 상태로 돌아오며 전체 보기를 하여 문자 상태 등을 검사한다.

(4) 출력 및 인쇄

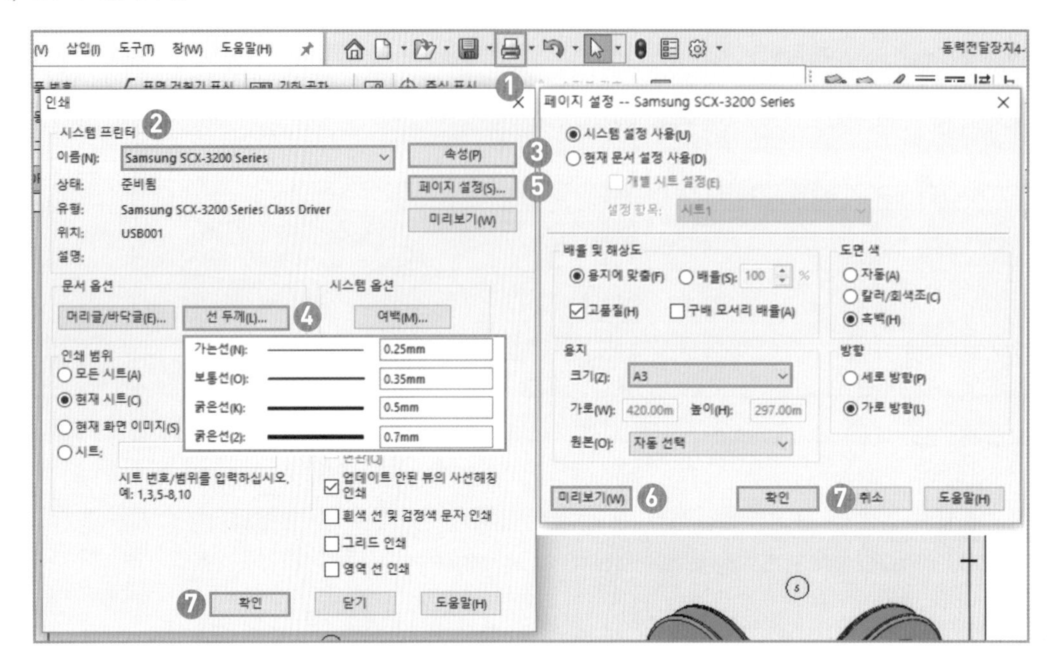

❶ Ctrl + P를 누르거나 🖨를 클릭한다.

❷ 인쇄 속성 대화상자가 나오면 설치된 프린터 기종을 찾아 설정한다.

❸ [속성] ⇒ [고급]을 클릭하고 용지 크기가 A3에 설정되었는지 확인한다.

❹ [선 두께]를 클릭하여 선 굵기를 확인한다.

❺ [페이지 설정]을 클릭하고 [용지에 맞춤]에 체크한다.

❻ 용지 크기가 A3인지 확인한 후 [미리보기]를 클릭하여 확인한다.

❼ 이상이 없으면 [확인]을 클릭하여 출력 도면을 확인한다.

최종 인쇄 상태를 검토한 후 감독위원에게 확인을 받는다. 외부 요인에 의한 인쇄 오류는 재출력이 가능하지만 도면 작업 등의 편집은 할 수 없으므로 제출 전 검도에 주의한다.

다음은 플로터 기종이 컬러지원이 되는 경우와 흑백만 지원되는 경우의 출력 예시이다.

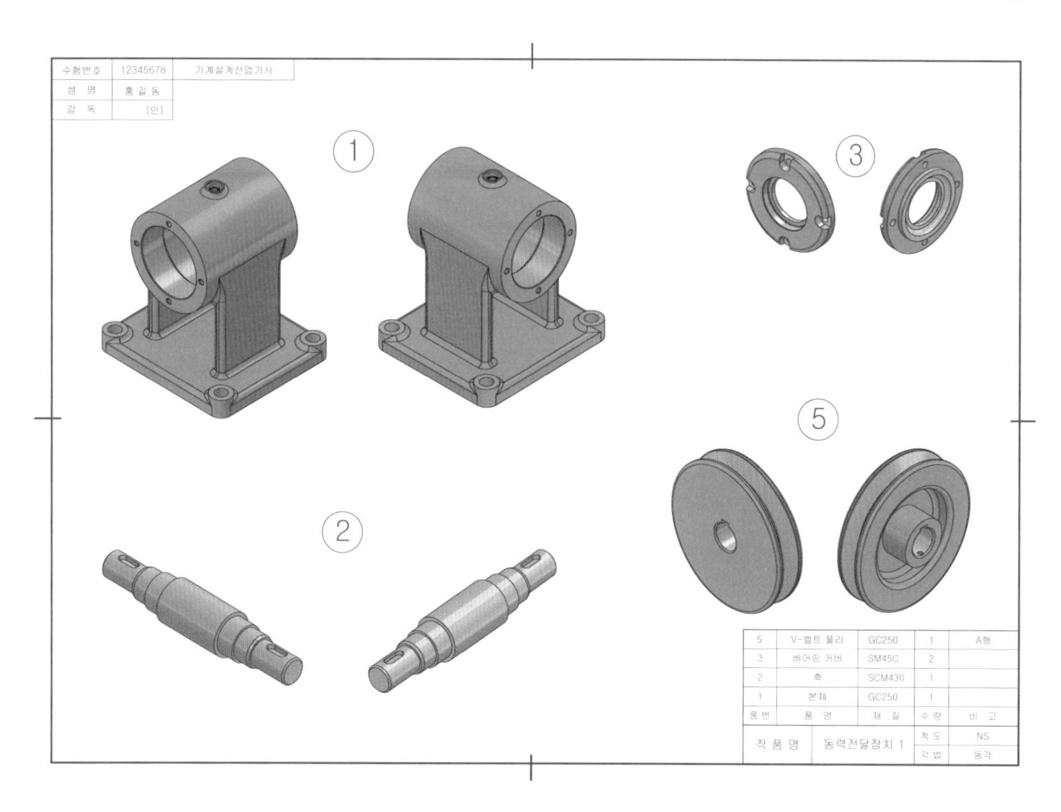

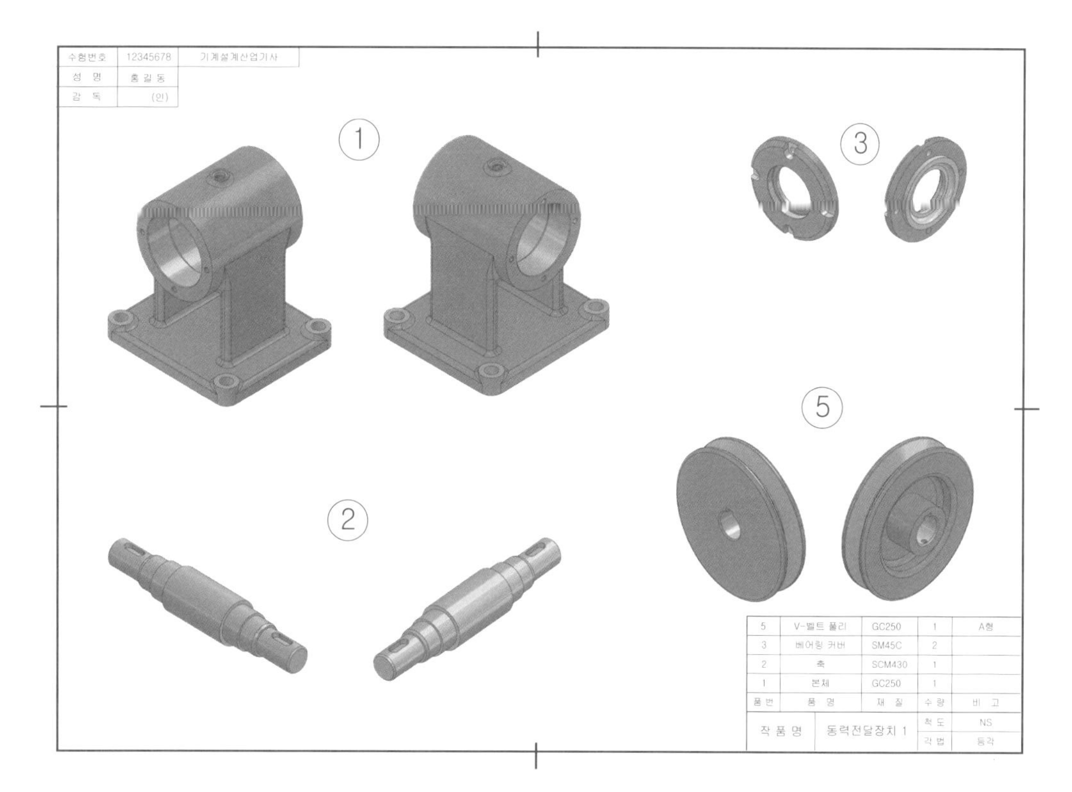

6 2D 부품도 작성

(1) 2D 투상도 추출의 문제점

SolidWorks에서 완성된 부품 모델링에서 도면 모드를 사용하여 투상도를 추출하고 기타 모든 2D 부품도를 작성할 수 있다. 그러나 투상도 추출은 3D 형상을 그대로 표현하기 때문에 KS 제도법에 맞지 않다. 예를 들어 주물(GC)로 만든 본체의 경우 라운딩 부분에서 필요 이상의 모서리 선들이 많이 그려져 도면 해독에 방해가 되며, 기어의 경우에도 치형 표현이 KS 제도법에 맞지 않다.

이러한 문제점을 해결하기 위해 SolidWorks에서 투상도를 추출하여 DWG 파일로 변환하고, AutoCAD에서 수정 및 마무리 작업을 하여 도면의 품질을 높이는 방법에 대하여 알아보자.

비교 부품	3D CAD 프로그램으로 추출된 상태	KS 제도법에 의한 투상도
주조 부품	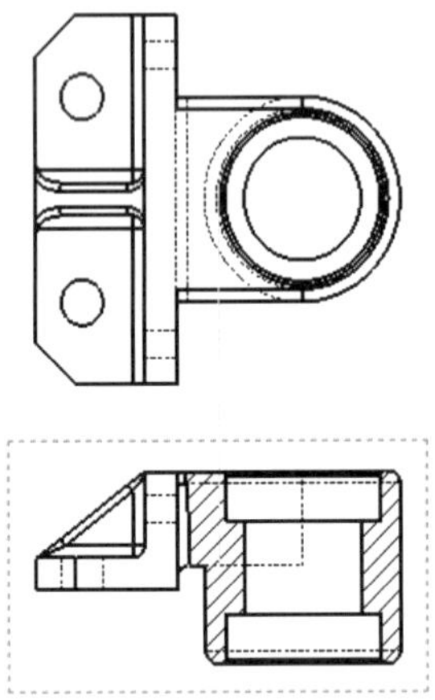	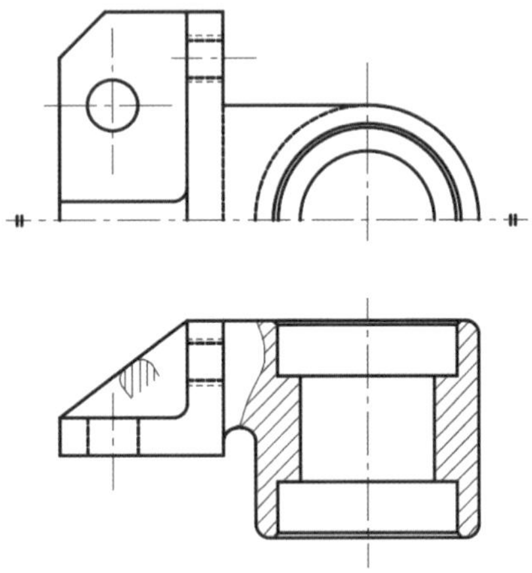
기어	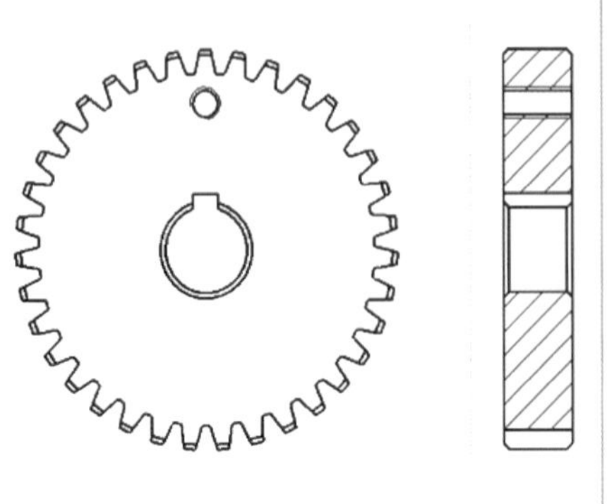	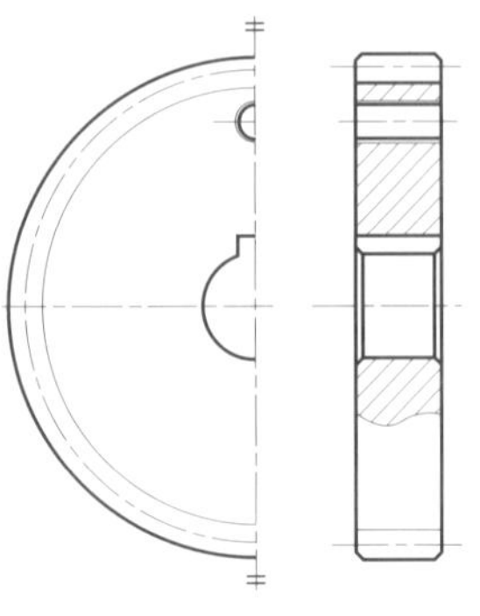

(2) 2D 투상도 추출

❶ 도면 모드 시작 : 새 문서에서 [도면]을 클릭하고 [확인]을 클릭한다.

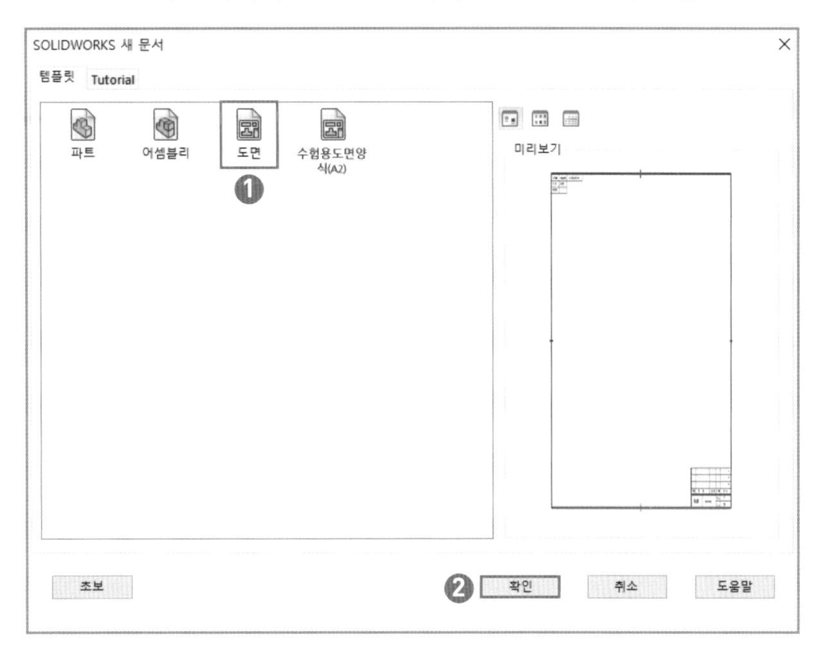

❷ A2 도면 설정 : 시트 형식/크기 대화상자가 나오면 [사용자 정의 시트 크기]에 체크하고 가로에 [594], 세로에 [420]을 입력한 후 [확인]을 클릭한다.

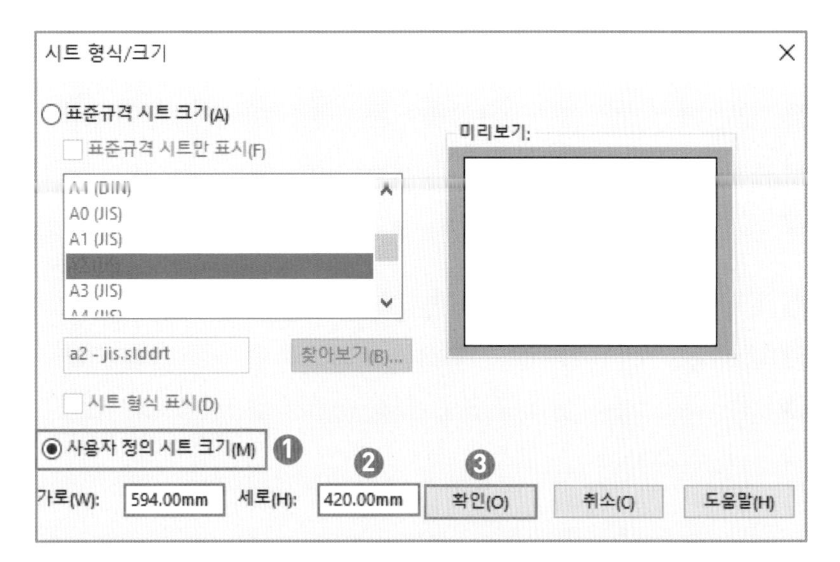

시트에 A3 윤곽이 보이는 경우 시트 형식/편집을 다시 들어갔다가 나오면 된다.

(3) 본체 투상도

1 정면도 추출

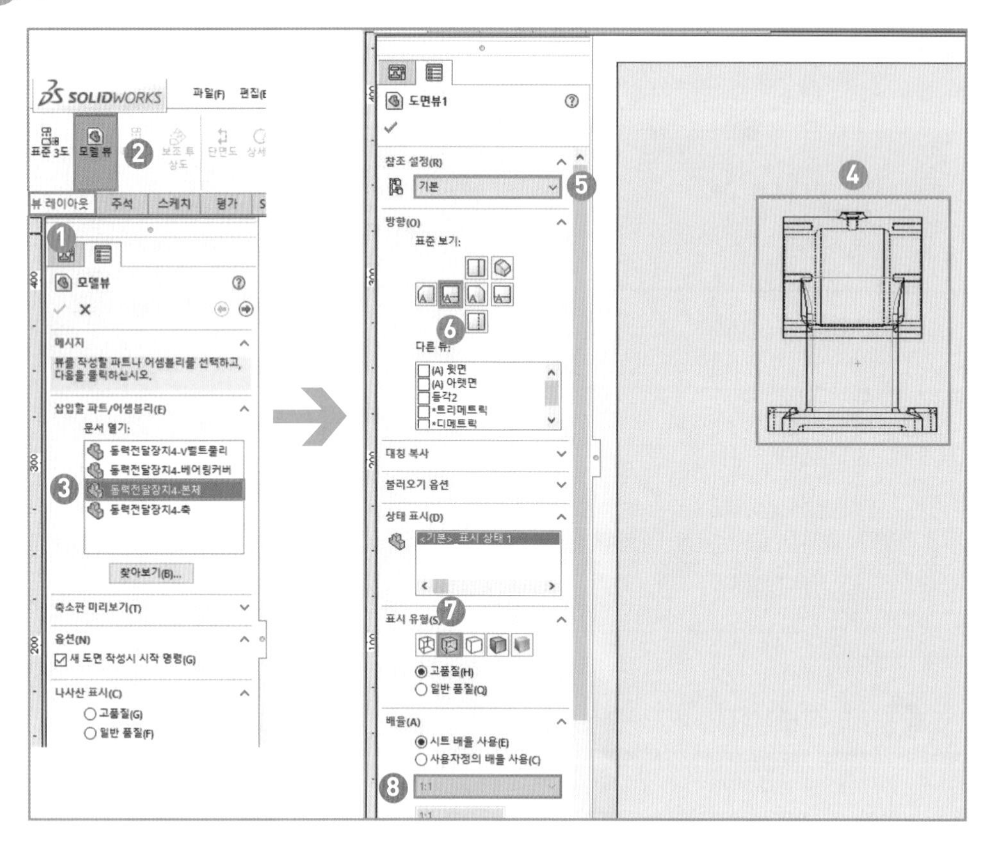

❶ 좌측 상단의 [뷰 레이아웃]을 클릭한다.

❷ 도구 메뉴에서 [모델뷰]를 클릭한다.

❸ 속성 대화상자의 문서 열기에는 현재 열려 있는 파트 모델링 목록이 나오는데, 이때 [본체]를 더블 클릭한다.

❹ 도면 시트에 위치를 지정하여 클릭하면 도면뷰1 속성 대화상자가 나타난다.

❺ 참조 설정에서 [기본]을 선택한다.

❻ 표준 보기에서 그림과 같은 뷰가 될 수 있도록 [좌측뷰]를 선택한다.

❼ 표시 유형에서 [은선 표시]를 선택한다.

❽ 배율이 [1:1]인지 확인하고, [1:1]이 아니면 [사용자 정의 배율 사용]에 체크하여 [1:1]로 맞춘다.

만약 ❸에서 목록에 없다면 하단의 [찾아보기]에서 파일의 위치를 찾아서 열면 된다.

❷ 평면도 및 우측면도 추출

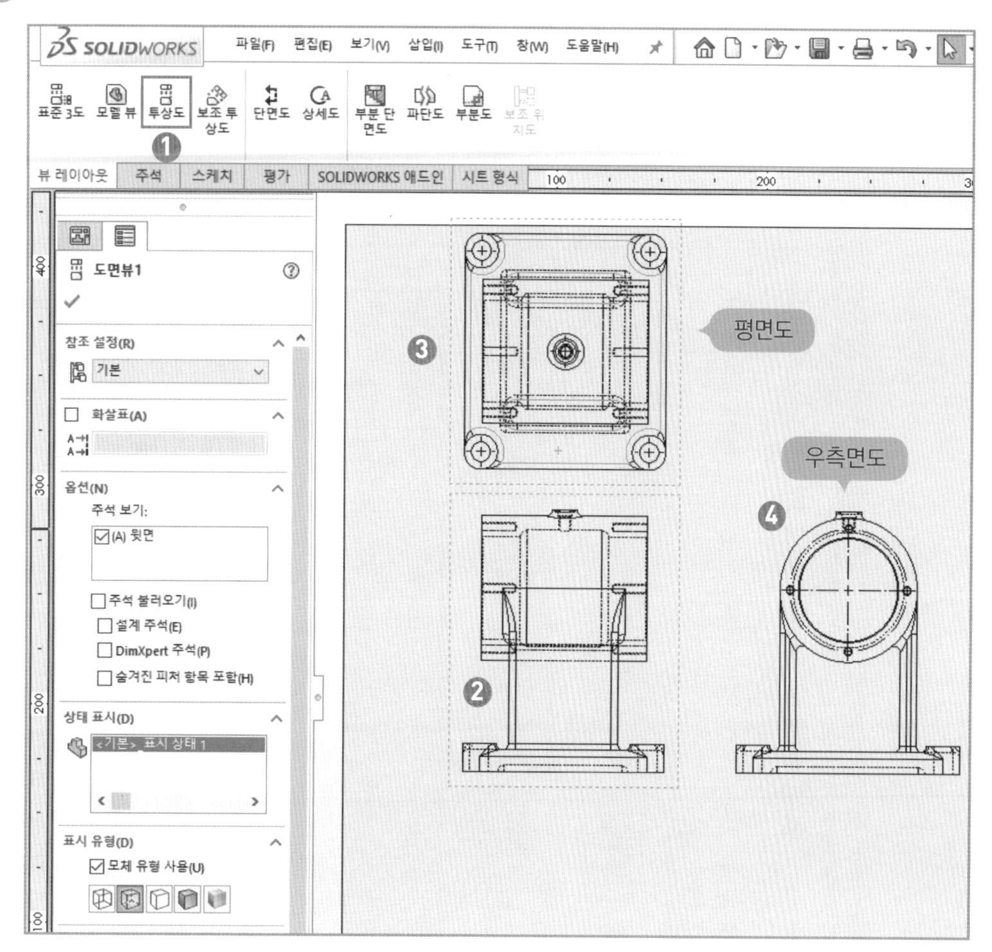

➊ 도구 메뉴에서 [투상도]를 클릭한다.

➋ 화면에 있는 [도면뷰1]을 클릭한다. 이제 도면뷰1을 기준으로 여러 투상도를 만들 수 있다.

➌ 도면뷰1의 위쪽에 [마우스 오른쪽 버튼]을 클릭하여 평면도를 배치한다.

➍ 다시 도면뷰1의 오른쪽에 [마우스 오른쪽 버튼]을 클릭하여 우측면도를 배치한다.

도면뷰를 마우스로 끌면 평면도, 우측면도가 항상 따라다니며, 직각 배치가 유지된다.

3 Chapter 3D 형상 모델링

3 정면도 및 단면도 취하기

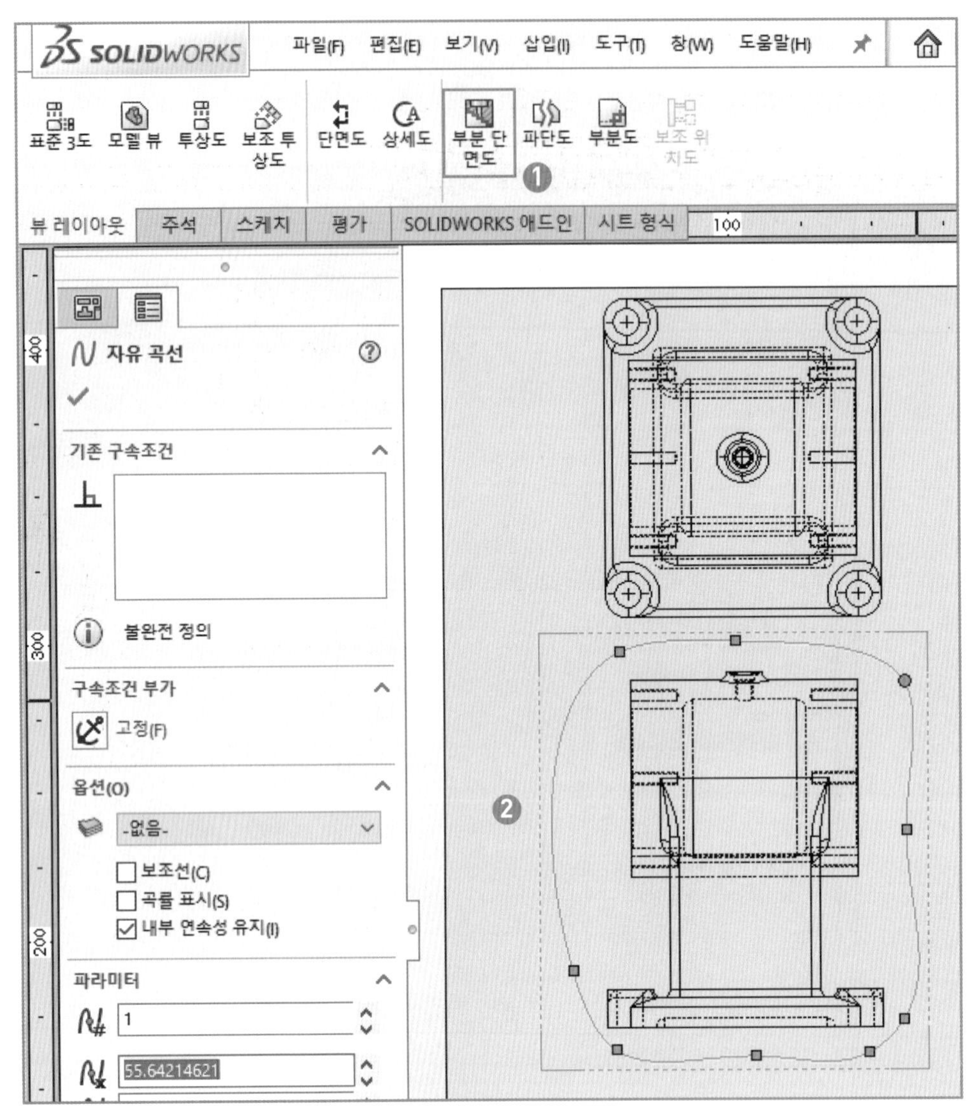

❶ 도구 메뉴에서 [부분 단면도]를 클릭하면 마우스 포인트 모양이 [자유 곡선( )]으로 바뀐다.

❷ 정면도(도면뷰1)에서 조정점을 여러 번 찍어 투상도가 완전히 포함되도록 윤곽을 그린다. * 반드시 시작점과 끝점을 같게 하며, 겹치거나 끊어짐이 없도록 주의한다.

자유곡선을 그릴 때 시작점과 끝점이 열리거나 교차되면 오류 메시지가 나온다.

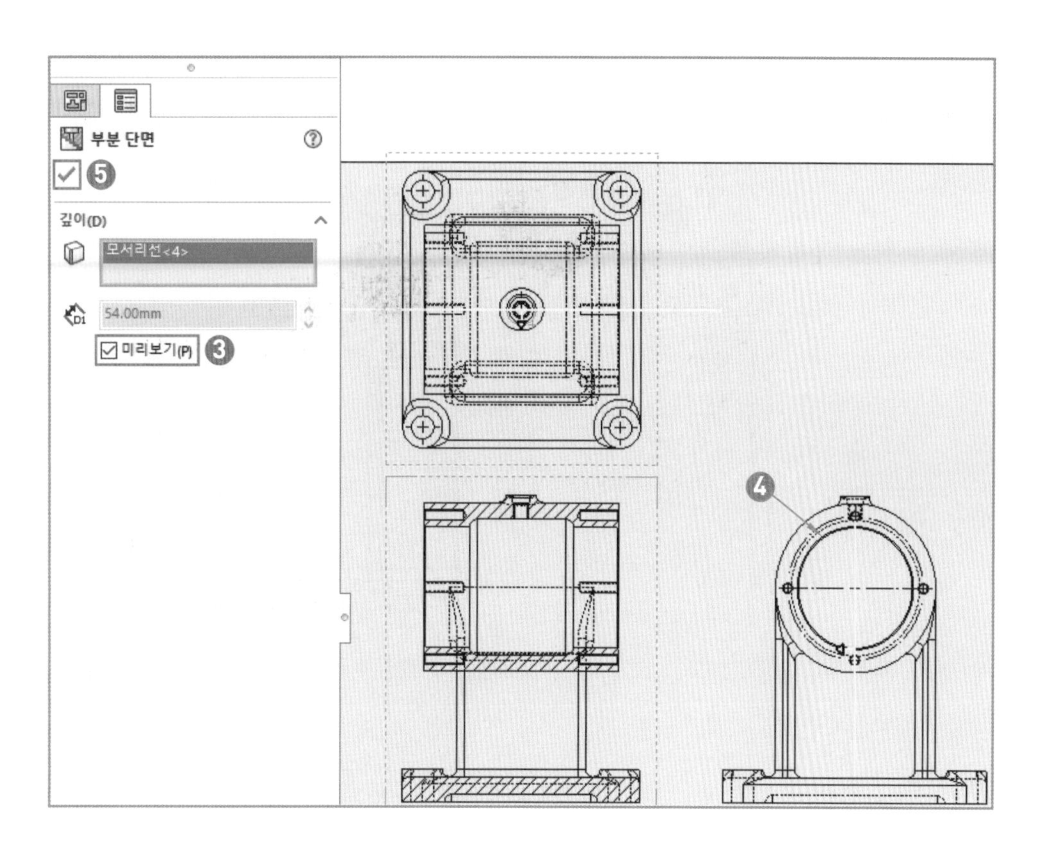

❸ 부분 단면 속성 대화상자가 나오면 [미리보기]에 체크한다. 그러면 단면할 위치가 노란선으로 나타난다.

❹ 우측면도에서 임의의 원을 클릭하면 단면의 위치가 원의 중심으로 이동한다.

❺ [확인] ✓을 클릭한다.

자유곡선( ) 스케치

자유곡선 스케치를 할 경우, 그려진 윤곽 영역이 도면뷰의 투상선과 겹칠 때 윤곽선을 클릭하면 조정점이 나타나는데, 이것을 끌어 단면 모양을 조절한다.

④ 중심선 그리기

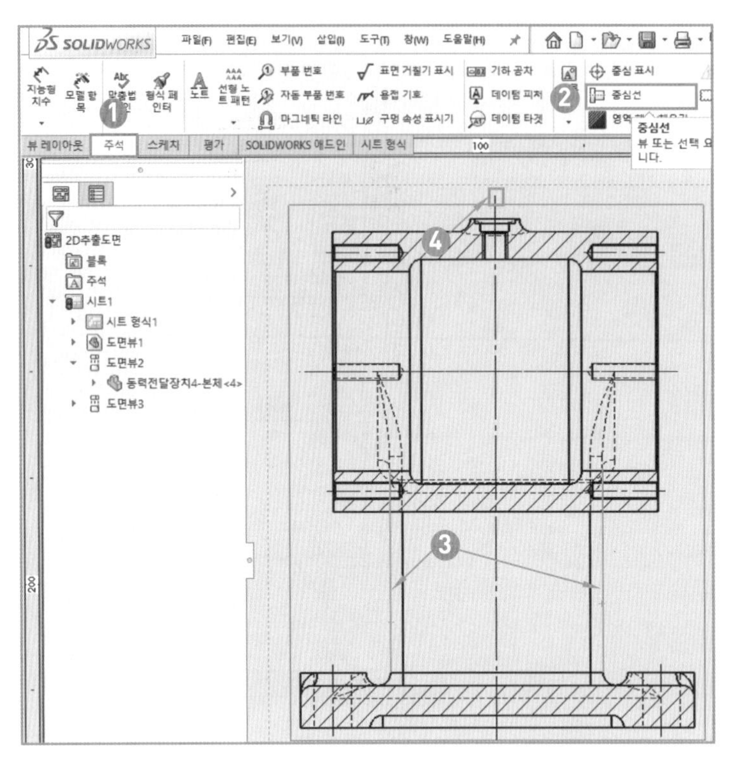

❶ [주석]을 클릭한다.

❷ [중심선]을 클릭한다.

❸ 대칭 관계에 있는 두 모서리를 선택하면 중심선이 생성된다. 동일한 방법으로 암나사도 안지름 윤곽선을 2군데 선택한다.

❹ 중심선의 끝점을 끌면서 연장시켜 길이를 조정한다.

❺ [확인] ✓을 클릭한다.

Key Point **중심선 그리기**

가장 많이 놓치는 작업이 중심선 그리기이며, 이는 투상선 누락으로 인한 감점 요인이 된다. 반드시 물체의 대칭이 되는 곳, 즉 구멍의 중심 위치에 중심선이 있어야 한다.

❺ 우측면도의 부분 단면도

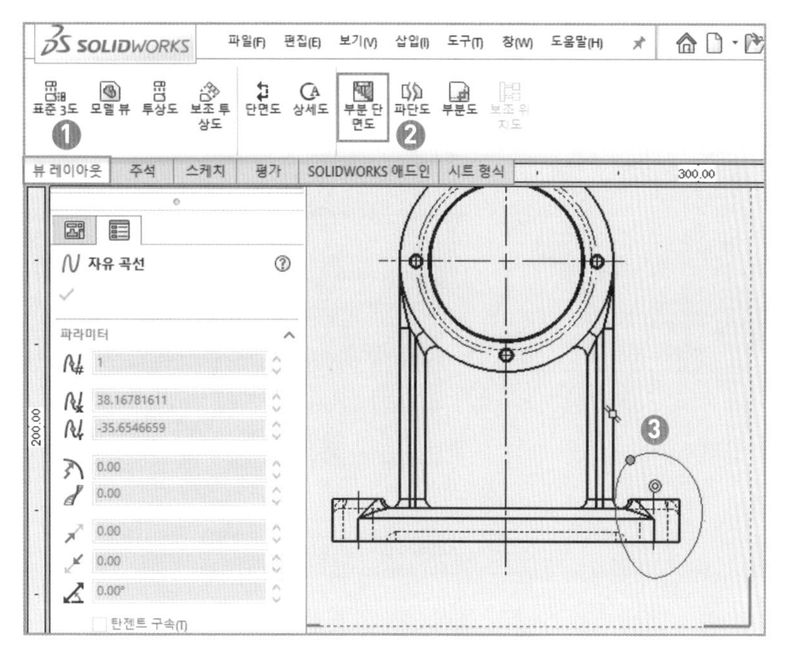

❶ 좌측 상단의 [뷰 레이아웃]을 클릭한다.
❷ 도구 메뉴에서 [부분 단면도]를 클릭한다.
❸ 드릴 구멍 부분을 자유 곡선( ) 스케치한다.

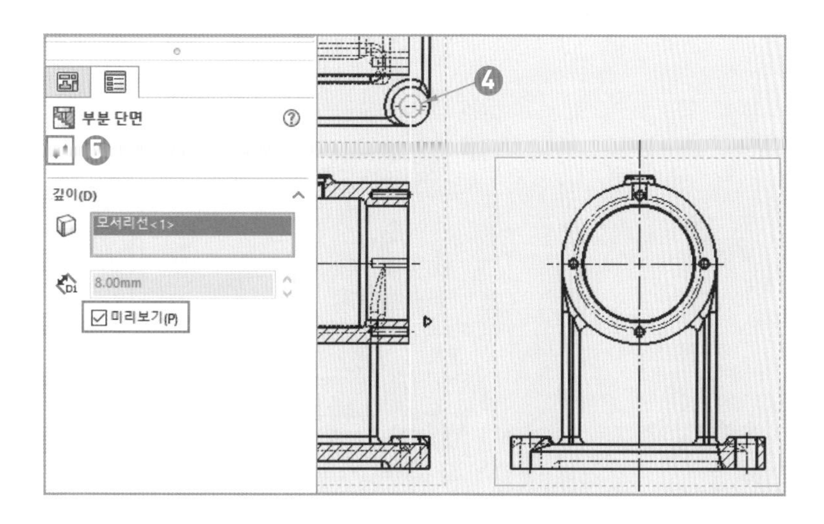

❹ [미리보기]에 체크한 후 평면도의 드릴 원을 클릭하면 단면의 위치가 중심으로 이동한다.
❺ [확인] ✓을 클릭한다.

6 평면도의 단면도 : 동일한 방법으로 부분 단면을 한다. 단면 깊이로 선택할 만한 모서리가 없으므로 치수를 [100]으로 입력한다.

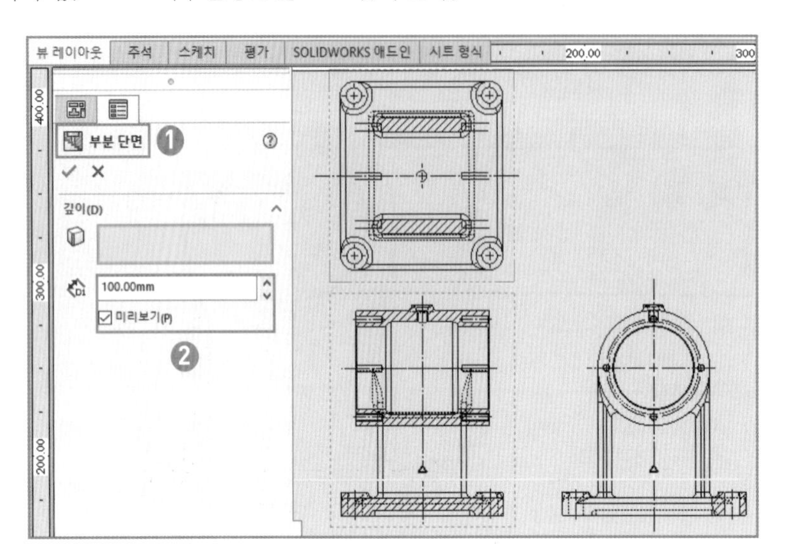

7 평면도의 좌우대칭 부분의 안쪽 삭제

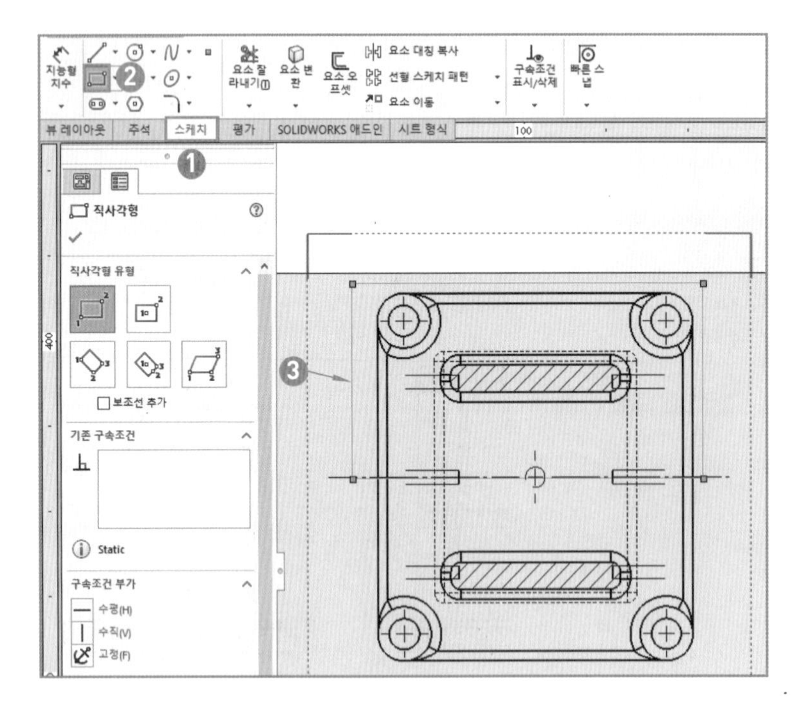

❶ [스케치]를 클릭한다.

❷ [코너 직사각형 그리기]를 선택한다.

❸ 수평 중심선에 일치하도록 투상도에서 남길 부분을 그린다.

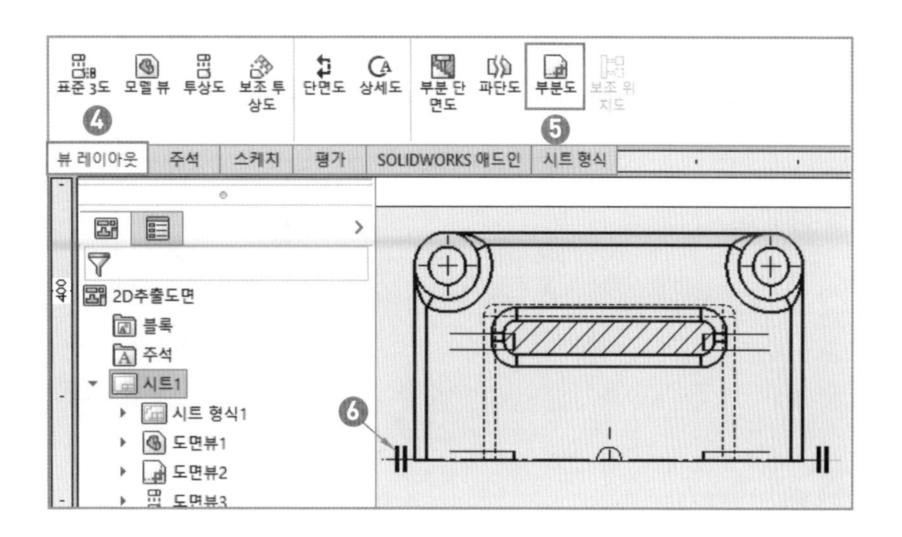

❹ 좌측 상단의 [뷰 레이아웃]을 클릭한다.

❺ [부분도]를 클릭한다. * 바로 실행이 되어 편집을 할 수 없으므로 신중해야 한다.

❻ 스케치의 [선 그리기]로 수평 중심선 끝단에 대칭 표시선을 그린다. 동일한 방법으로 우측면도를 작업한다.

8 은선 가리기

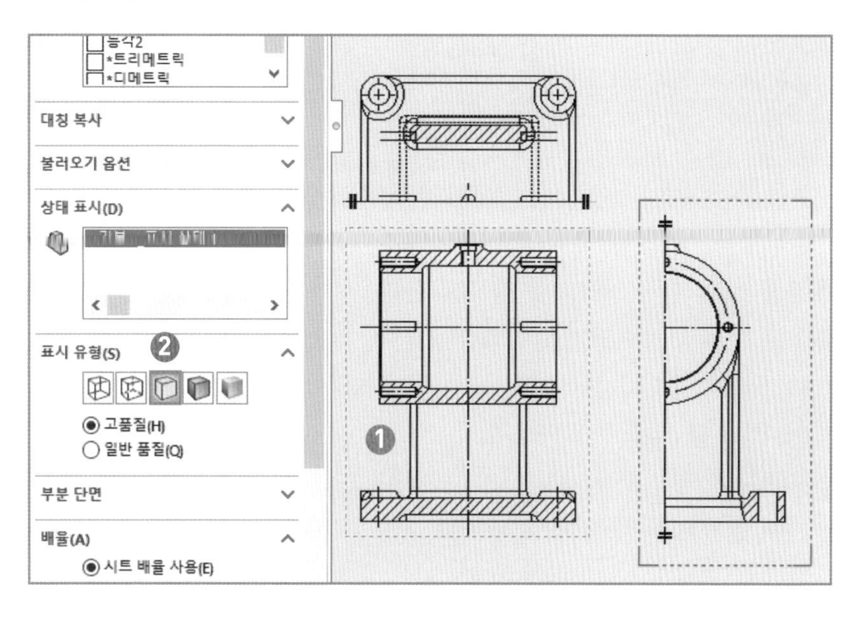

❶ 정면도를 클릭하면 속성 대화상자가 나온다.

❷ 표시 유형에서 [은선 가리기]를 선택하면 은선이 나타나지 않고 단면이 취한 곳은 외형선으로 해칭되어 표현된다. * 평면도는 은선 표시를 유지한다.

(4) 축 투상도

1 정면도 추출

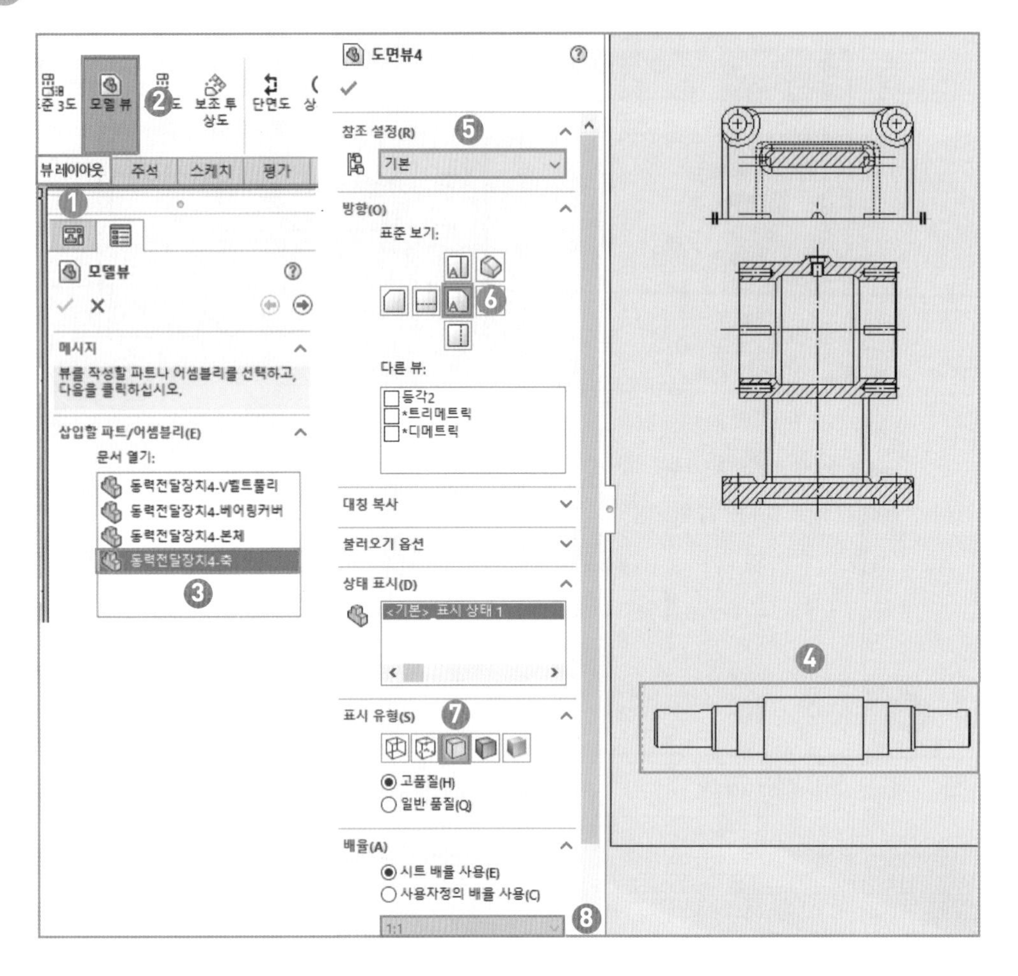

❶ 좌측 상단의 [뷰 레이아웃]을 클릭한다.

❷ 도구 메뉴에서 [모델뷰]를 클릭한다.

❸ 속성 대화상자의 문서 열기에는 현재 열려 있는 파트 모델링 목록이 나오는데 이때 [축]을 더블 클릭한다.

❹ 도면 시트에 위치를 지정한 후 클릭하면 도면뷰4의 속성 대화상자가 나온다.

❺ 참조 설정에서 [기본]을 선택한다.

❻ 표준 보기에서 [정면뷰]를 선택한다.

❼ 표시 유형에서 [은선 표시]를 선택한다.

❽ 배율이 [1:1]인지 확인한다.

② 평면도 추출

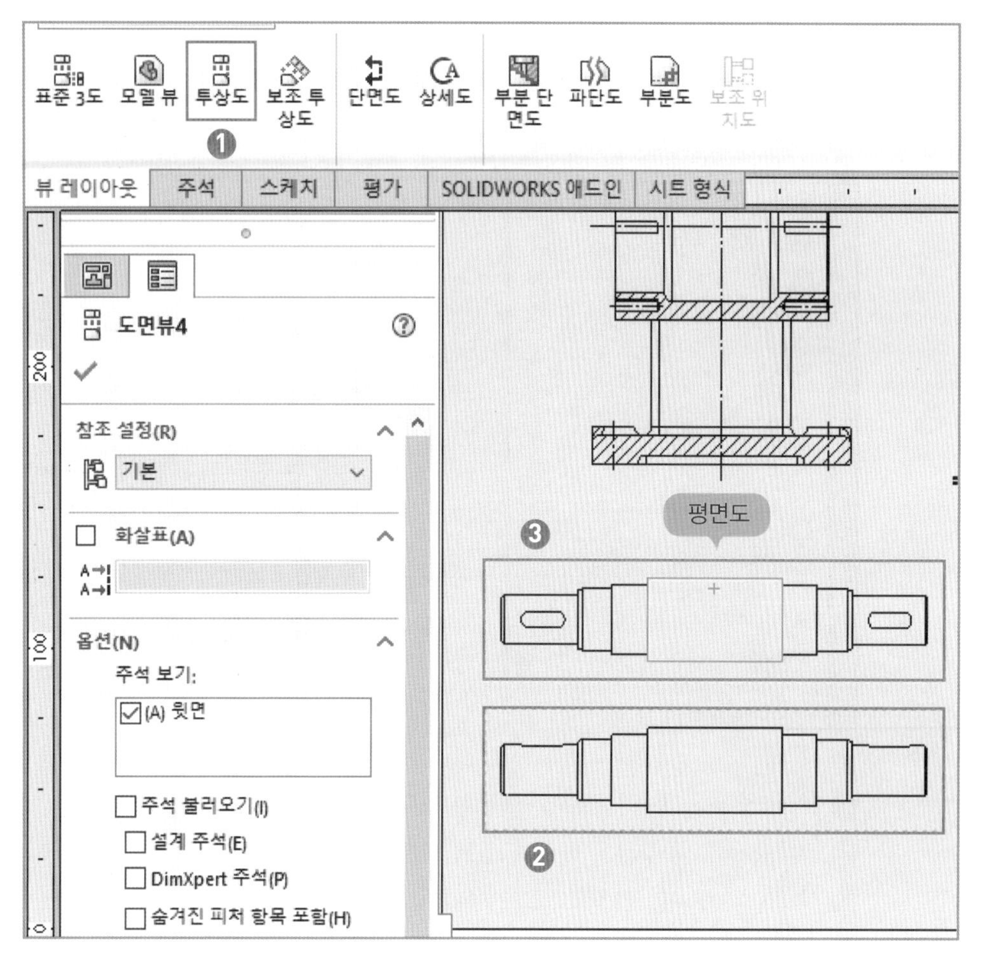

❶ 도구 메뉴에서 [투상도]를 클릭한다.

❷ 화면에 있는 [도면뷰4]를 클릭한다. 이제 도면뷰4를 기준으로 여러 투상도를 만들 수 있다.

❸ 도면뷰4의 위쪽에 [마우스 오른쪽 버튼]을 클릭하여 평면도를 배치한다.

축의 경우 키 홈부의 특이 형상만 없다면 평면도가 불필요하므로 정면도(기준뷰)의 키 홈부가 상단에 배치되어야 한다.

③ 상세도 배치

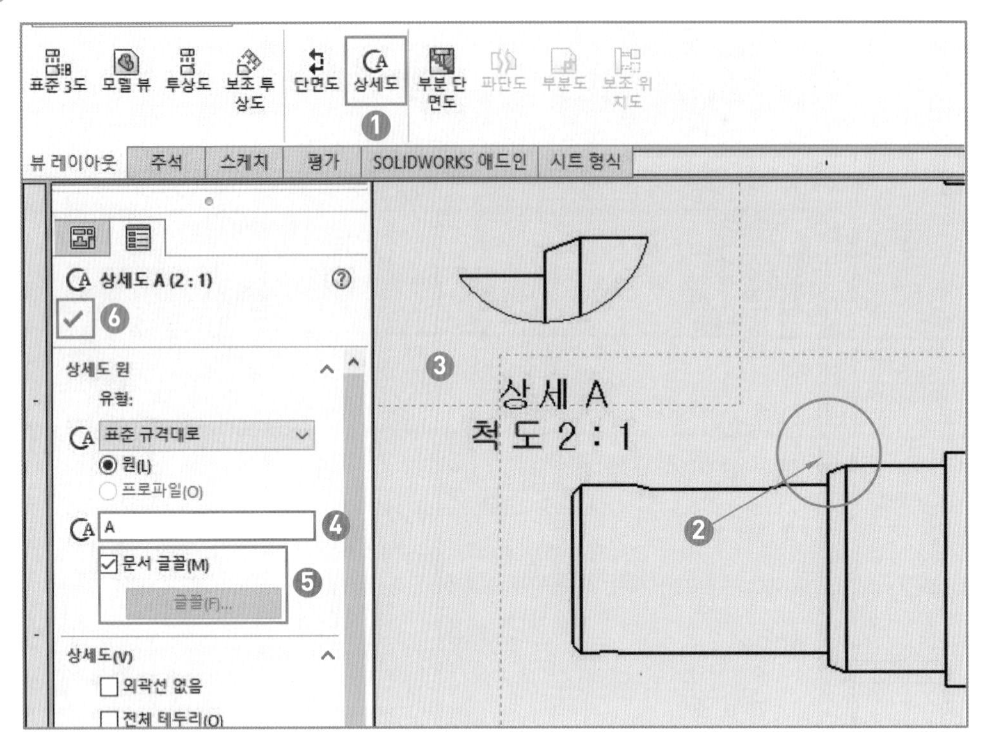

❶ 도구 메뉴에서 [상세도]를 클릭한다.
❷ 상세도를 그릴 부분을 클릭하고 원 그리기로 영역을 지정한다.
❸ 상세도를 배치할 위치로 드래그 한다.
❹ 상세도 이름을 넣을 문자를 입력한다.
❺ [문서 글꼴]의 체크를 해제한 후 [글꼴]을 눌러 [굴림체]를 선택한다.
❻ [확인] ✓을 클릭한다.

상세도 배치

상세도는 작고 특이한 부분을 확대하여 투상 형태와 공차 및 치수를 기입한다. 이때 상세도는 비교하기 쉽도록 주투상도의 근처에 배치한다.

④ 키 부분도 만들기

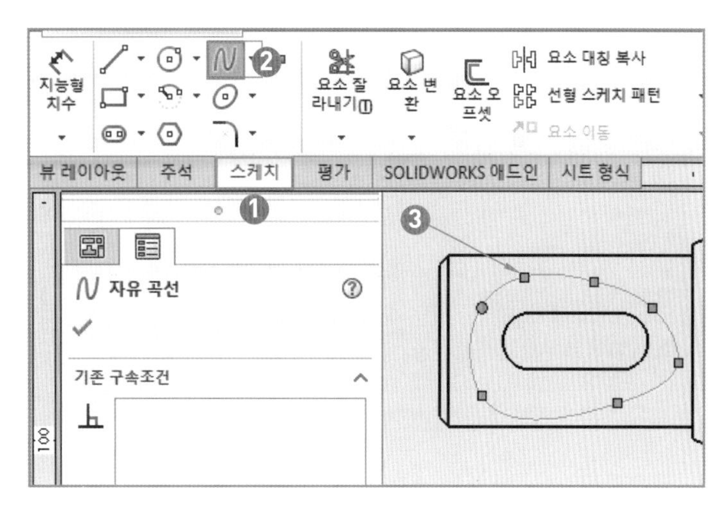

❶ 축 평면도에서 키 부분만 남기고 나머지 부분은 숨긴 후 [스케치]를 클릭한다.

❷ [자유 곡선]을 클릭한다.

❸ 키 부분 2군데에 남길 부분을 그린다.

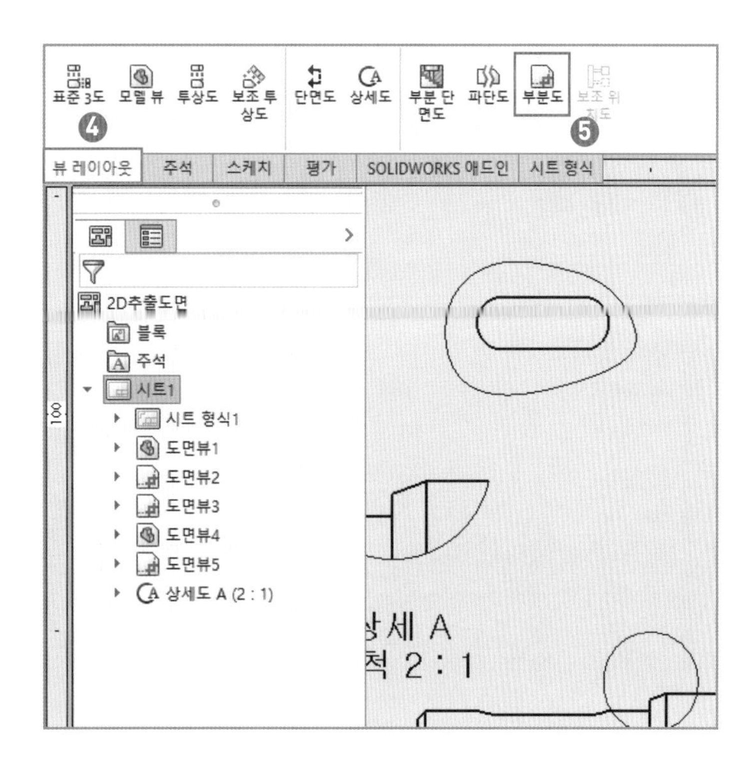

❹ 좌측 상단의 [뷰 레이아웃]을 클릭한다.

❺ 도구 메뉴에서 [부분도]를 클릭한다.

5 중심선 그리기

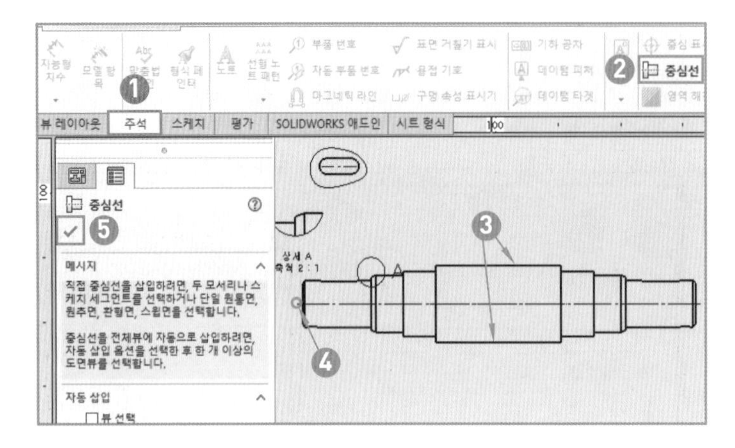

❶ [주석]을 클릭한다.

❷ [중심선]을 클릭한다.

❸ 대칭 관계에 있는 두 모서리를 선택하면 중심선이 생성된다.

❹ 중심선의 끝점을 끌면서 연장시켜 길이를 조정한다.

❺ [확인] ✓을 클릭한다.

6 정면도의 부분 단면도

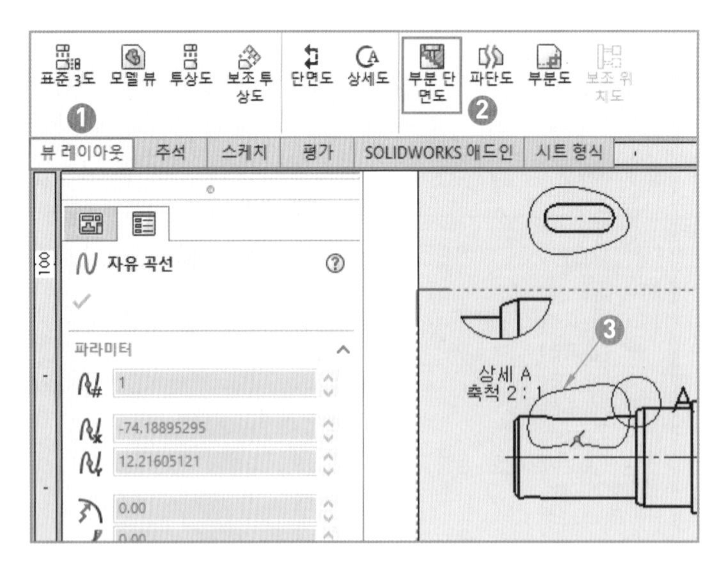

❶ 좌측 상단의 [뷰 레이아웃]을 클릭한다.

❷ 도구 메뉴에서 [부분 단면도]를 클릭한다.

❸ 키 홈 부분을 자유 곡선( ) 스케치한다.

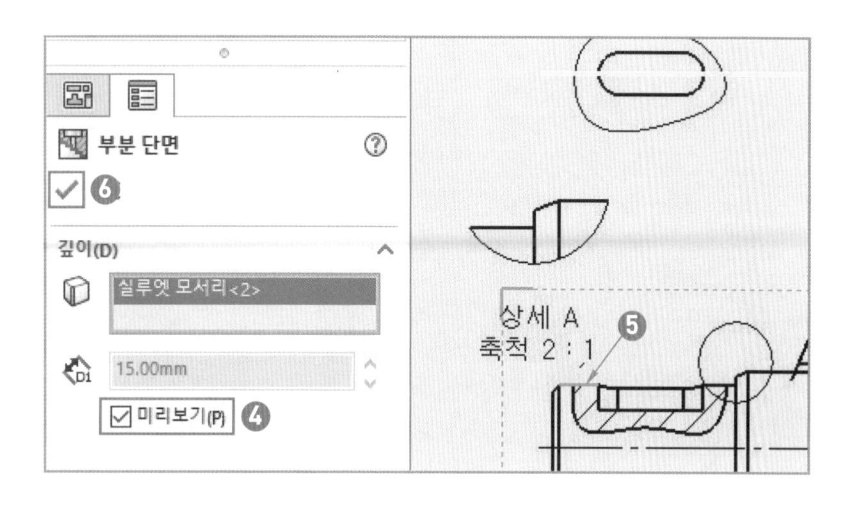

❹ [미리보기]에 체크한다.

❺ 축의 상단 모서리를 클릭하면 단면의 위치가 중심으로 이동한다.

❻ [확인] ✓을 클릭한다. 반대쪽도 동일한 방법으로 작업한다.

(5) 베어링 커버 및 V-벨트 풀리 투상도

품번 ③ 베어링 커버, 품번 ⑤ V-벨트 풀리 투상도도 동일한 방법으로 추출한다.

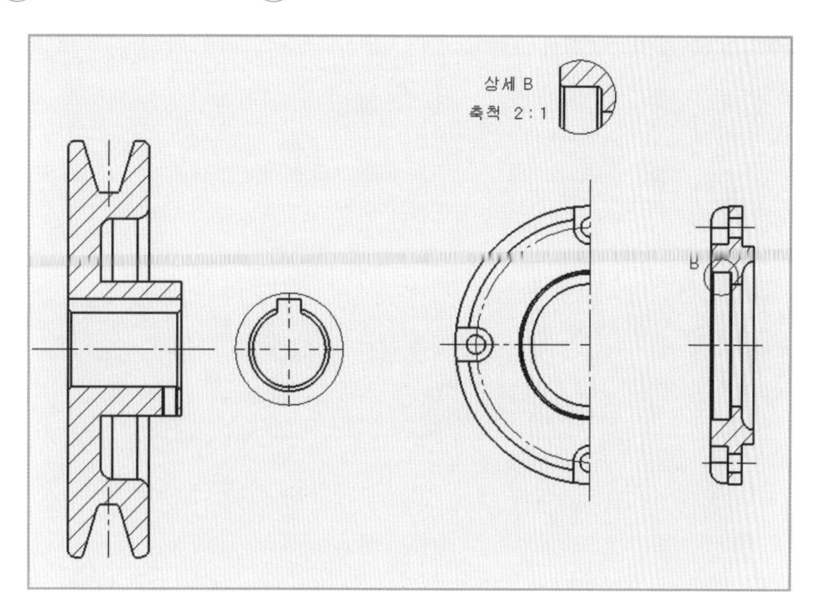

일부 투상선이나 중심선이 의도하는 대로 작업이 되지 않는 경우, AutoCAD에서 추가하거나 삭제 및 편집할 수 있다.

(6) DWG 파일 형태로 변환하기

추출한 2D 투상도를 AutoCAD의 파일 형식인 DWG 파일로 변환해 보자.

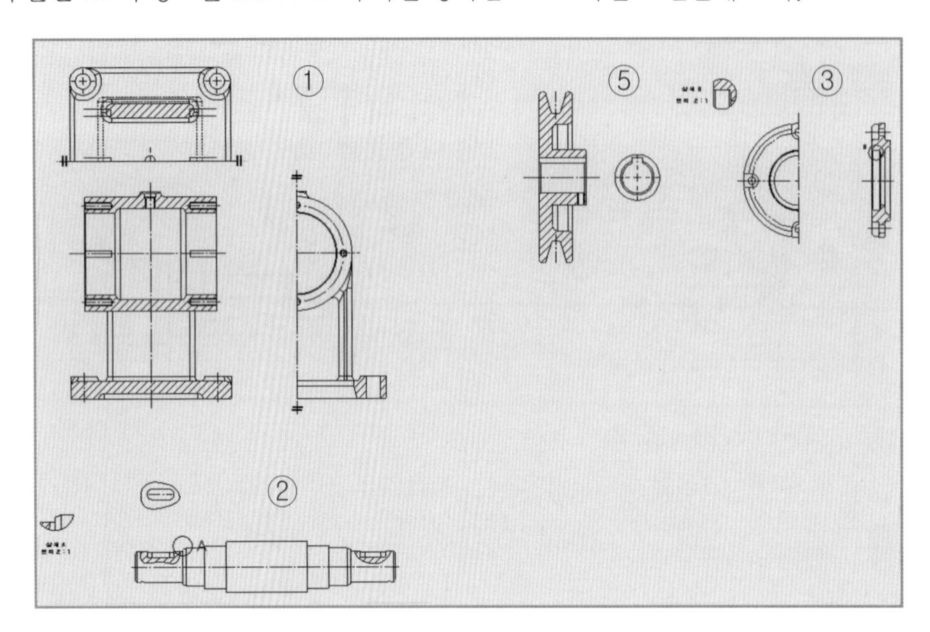

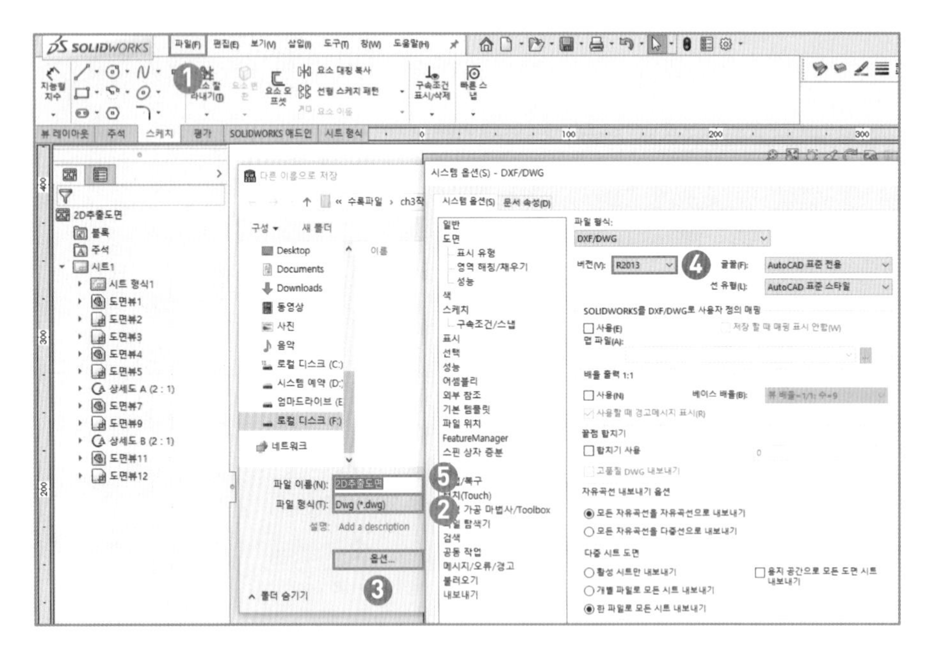

❶ 풀다운 메뉴의 [파일] ⇒ [다른 이름으로 저장]을 클릭한다.

❷ 속성 대화상자에서 파일 형식을 Dwg(*.dwg)로 선택한다.

❸ [옵션]을 클릭한다.

❹ 버전에서 현재 설치된 것과 가장 가까운 버전을 선택하고 [확인]을 클릭한다.

❺ 파일 이름에 2D추출도면과 같이 식별 가능한 이름을 입력하고 [확인]을 클릭한다.

(7) AutoCAD에서 파일 열기

① AutoCAD에서 추출한 DWG 파일 열기

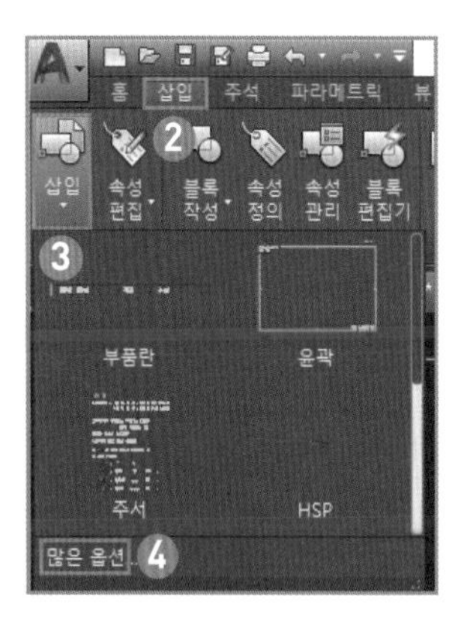

❶ Chapter 2에서 만들어 놓은 A2도면양식.dwg를 AutoCAD에서 연다.

❷ 풀다운 메뉴에서 [삽입]을 클릭한다.

❸ 도구 대화상자에서 [삽입]을 클릭한다.

❹ 하단의 [많은 옵션]을 클릭한다.

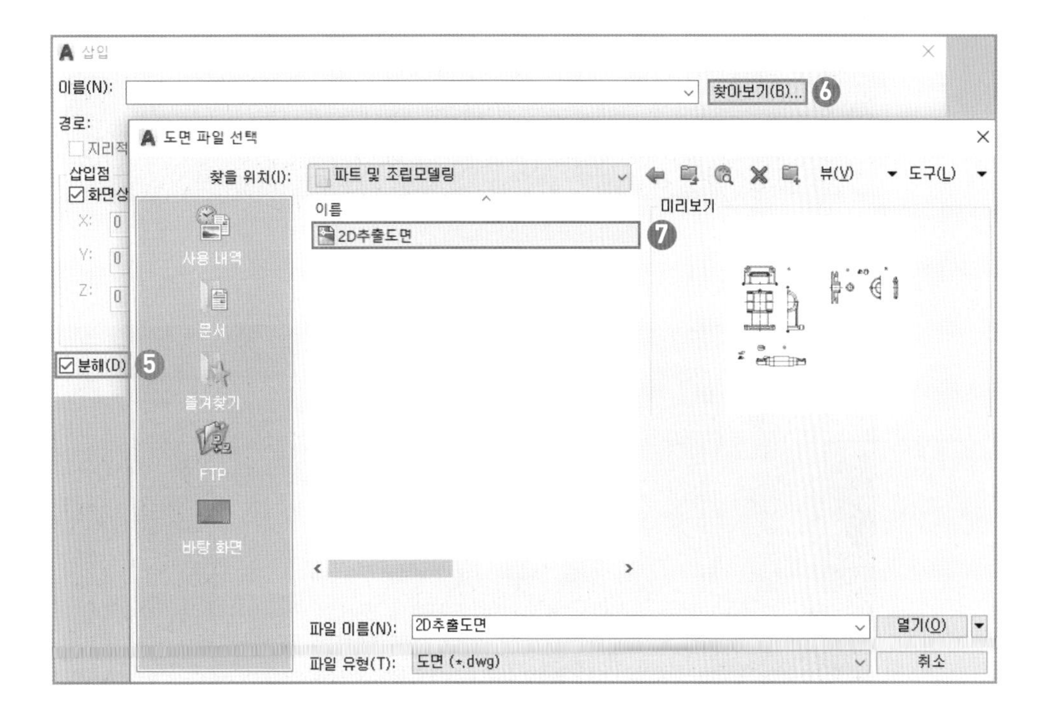

❺ 삽입 대화상자가 나오면 [분해]에 체크한다.

* 분해에 체크하지 않으면 삽입되는 객체가 하나의 그룹이 된다.

❻ [찾아보기]를 클릭한다.

❼ SolidWorks에서 변환하여 저장한 2D추출도면.dwg를 연다.

SolidWorks에서 변환하여 저장한 파일을 열고 도면의 내부에 삽입하였을 때 자연스럽지 않을 경우 [Move]로 위치를 조절하여 자연스럽게 배치한다.

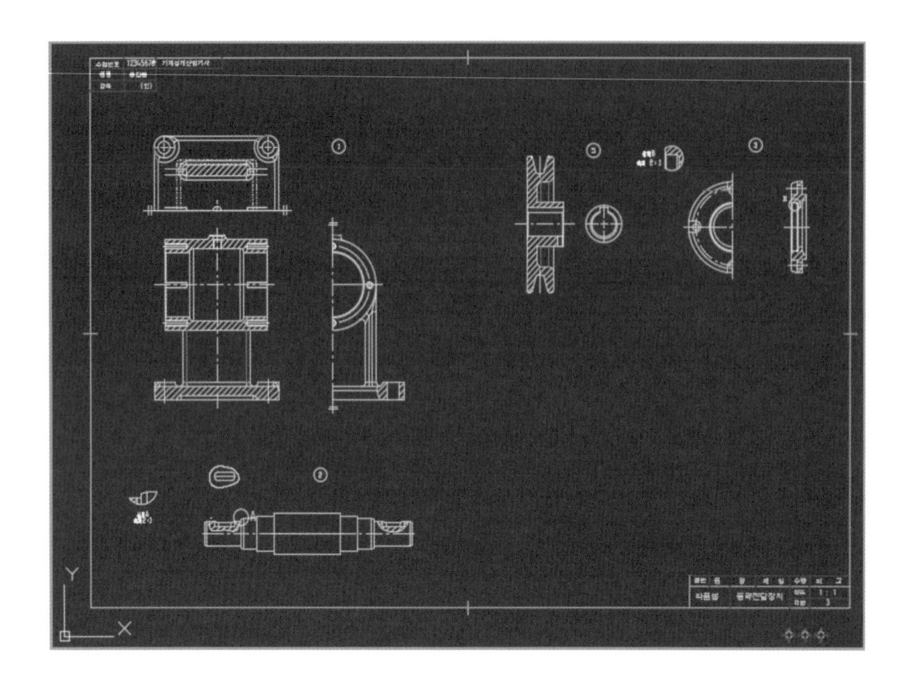

2 레이어별 분류 작업

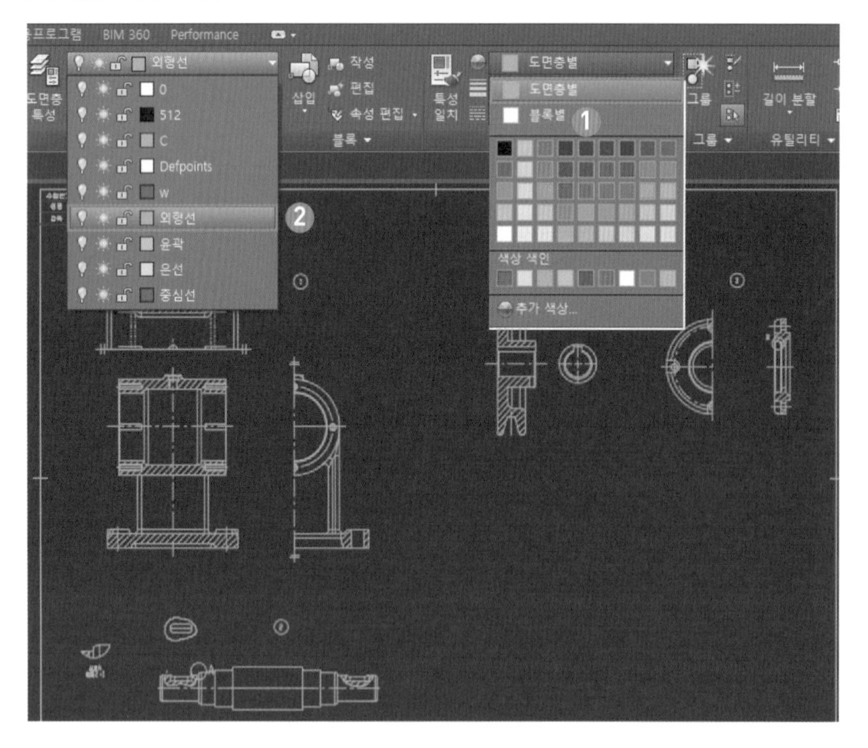

❶ 삽입한 객체를 모두 선택하고 색상 속성 대화상자에서 [도면층별]을 선택한다.

❷ 레이어 속성 대화상자에서 [외형선] 레이어를 클릭하여 초록색으로 바꾼다.

* 도면층에 설정된 값과 같이 색상이 초록색으로 바뀐 것을 확인한다.

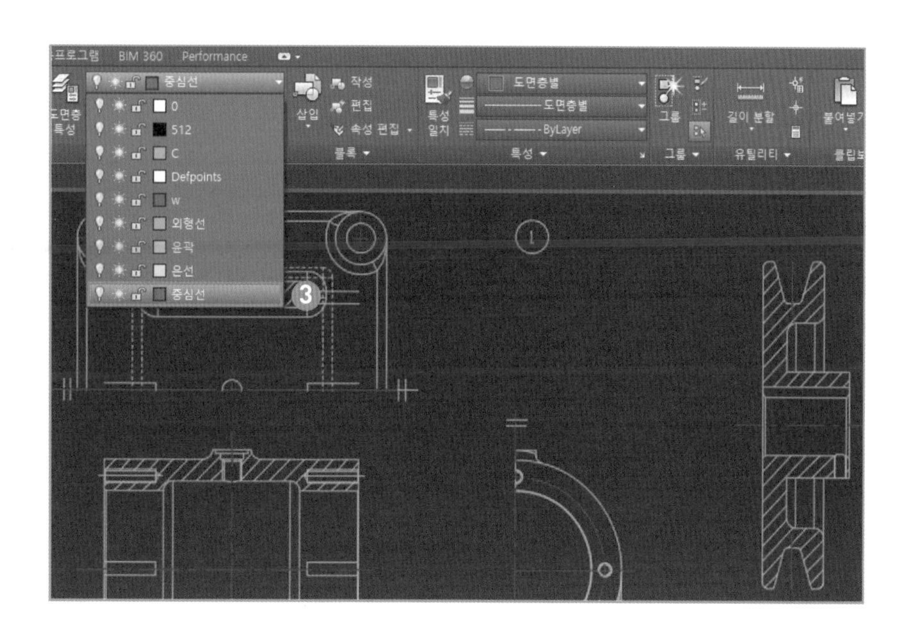

❸ [중심선] 레이어를 클릭하여 객체 수량이 적은 중심선을 개별 선택하고 **빨간색**으로 바꾼다.

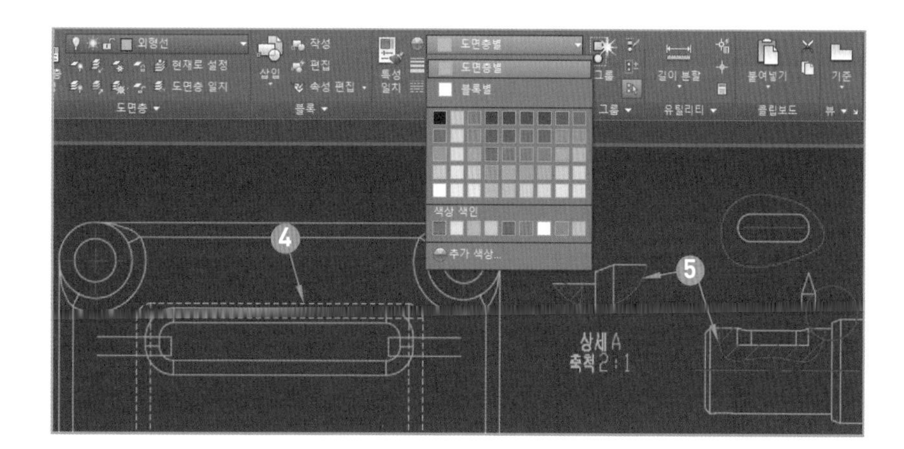

❹ 품번 ①의 부품 평면도의 은선들을 선택하고 은선 레이어를 클릭하여 노란색으로 바꾼다.

❺ 해칭선, 파단선, 상세도 영역선을 선택하여 색상 속성 대화상자의 [**빨간색**] 또는 [흰색]을 클릭한다.

③ 불필요한 투상선 삭제 : 3D 모델링으로부터 2D 투상도를 추출하는 과정에서 필요 이상의 투상선은 도면 해독에 방해가 되므로 삭제하고, 해칭 등 빠진 부분은 추가한다.

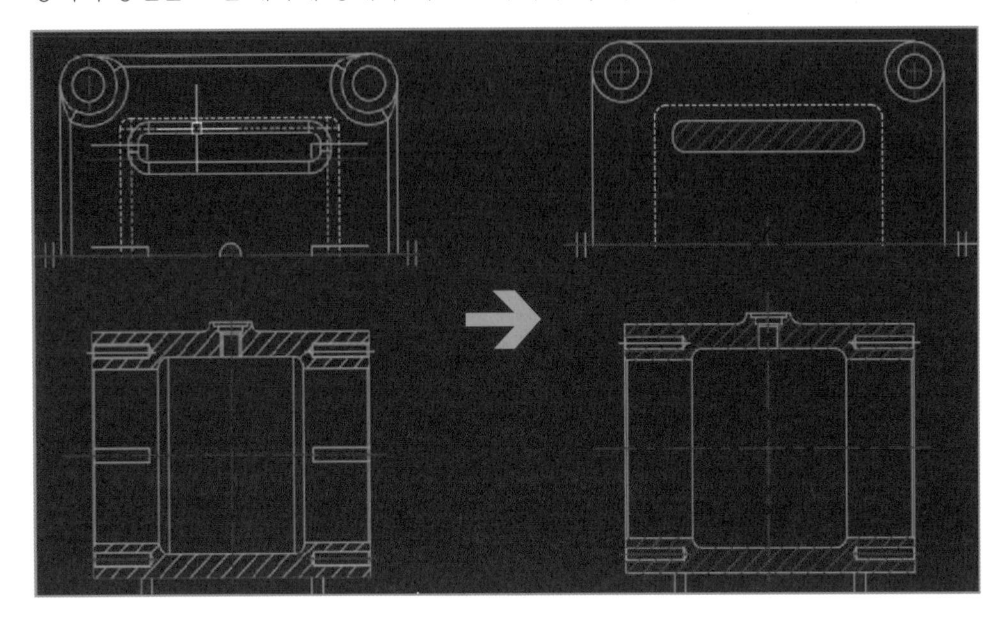

(8) 품번 ① 본체 부품도 완성

❶ 주요 치수 기입하기 : 중심거리, 끼워 맞춤 치수, 정밀 공차, 전체 길이는 채점과 관련된 중요한 부분이므로 이 부분의 치수를 중점적으로 기입한다. 중복 치수가 있는 경우 반드시 (　)를 한다.

레이디얼 베어링과 하우징 구멍의 끼워 맞춤

조건			구멍의 종류와 등 급	적용 보기	
분할 하우징	내륜 회전 하중	모든 종류의 하중	H7	외륜은 쉽게 이동된다.	일반 베어링의 장치, 철도차량 베어링 상자
		보통 및 작은 하중	H7		전동장치
		축을 통해 열전도가 있을 때	G7		건조 실린더

❶ 기준면에서 회전축 중심까지의 거리는 정밀 공차를 부여한다.

❷ 베어링 바깥지름과 끼워 맞춤이 되는 부분으로, 공차 등급은 하중의 조건 등에 따라 다르지만 경하중 동력전달장치의 경우 위 표를 참고한다.

❸ 이 부분 치수는 베어링의 간격 치수로, 베어링 측면에 유격을 주어야 하므로 반드시 기준 치수보다 공차 영역이 큰 + 공차를 준다.

❹ 본체의 전체 높이 치수는 소재의 크기를 결정하는 데 필요한 치수이다.

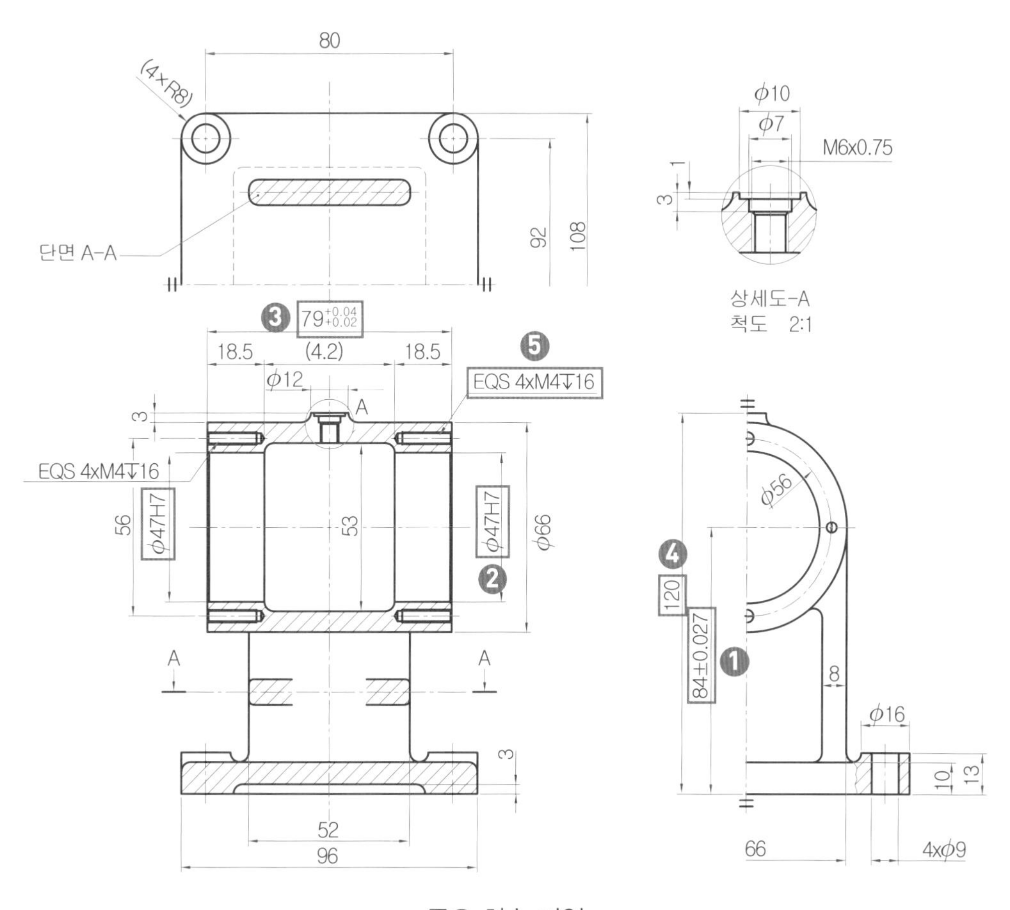

주요 치수 기입

❺ 탭 치수와 카운터 보어는 미터나사 탭 가공 치수로 기입 방법이 개정되었다. 구멍 기호 ⌴, 깊이 기호 ↧가 특수문자이므로 방법 A가 어려우면 방법 B로 나타내어도 무방하다.

탭 치수와 카운터 보어

구 분	개정 전 지시 방법	개정 후 지시 방법
탭 치수	4−M4 깊이 16 등간격	EQS 4×M4↧16
카운터 보어	4−ϕ4.5 드릴 ϕ8 C−Bore 깊이 4.4	4×ϕ4.5⌴ϕ8↧4.4

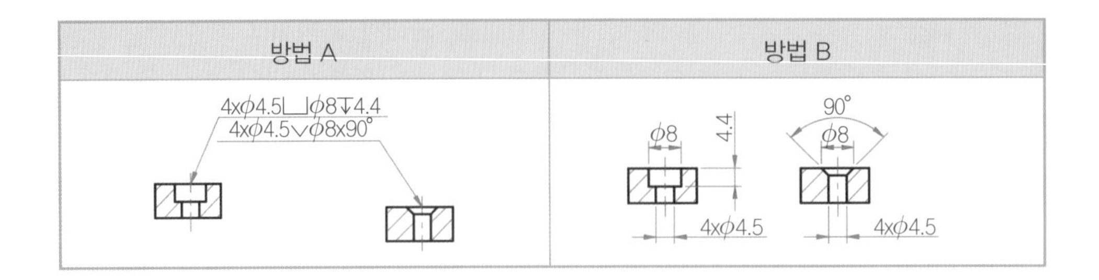

❷ 기하 공차 기입

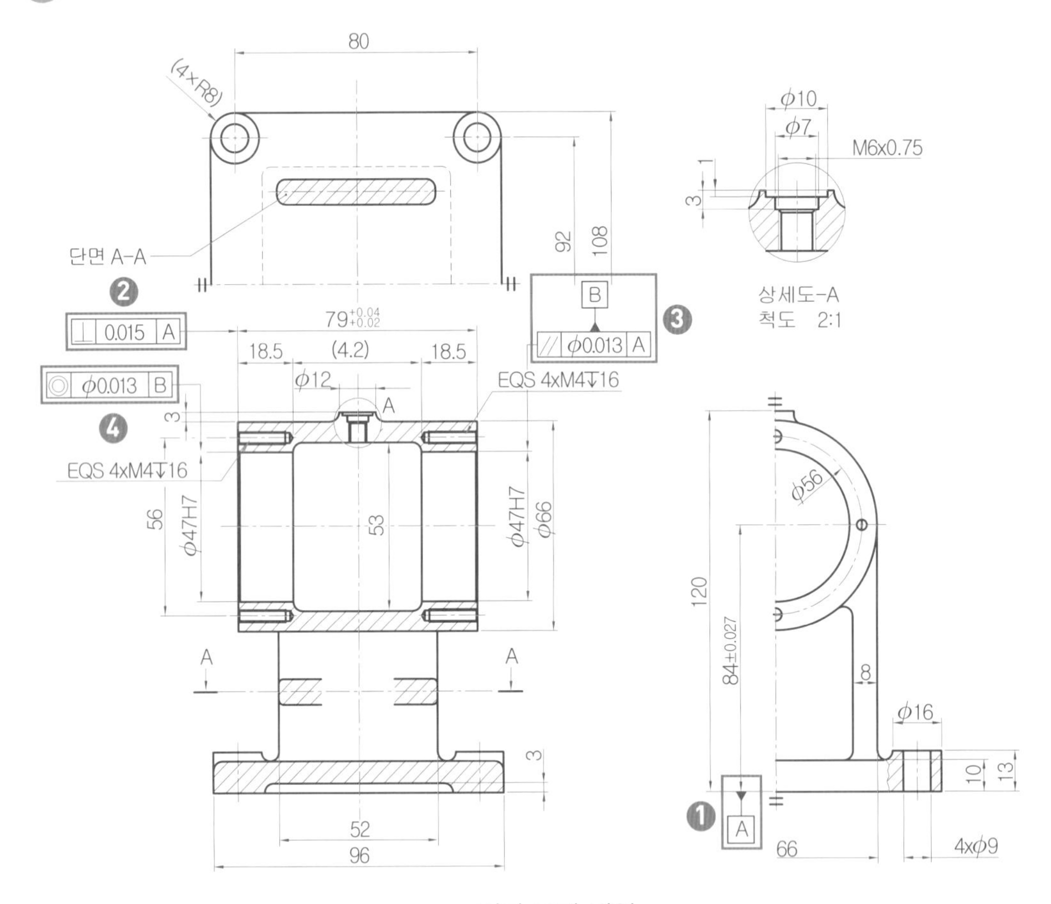

기하 공차 기입

❶ 기준이 되는 데이텀 위치를 결정한다. 일반적으로 현 부품이 부착되는 면이 어디인지 결정하고, 그 면을 데이텀으로 설정한다.

❷ 베어링이 원활한 회전이 되도록 단면에 직각도를 준다.

❸ 베어링을 끼우는 구멍에 평행도를 주고 2차 데이텀을 설정한다.

❹ 반대쪽 베어링을 끼우는 곳과 동심이 되어야 하므로 이곳에 동심(동축)도를 준다.

③ 표면 거칠기 기입

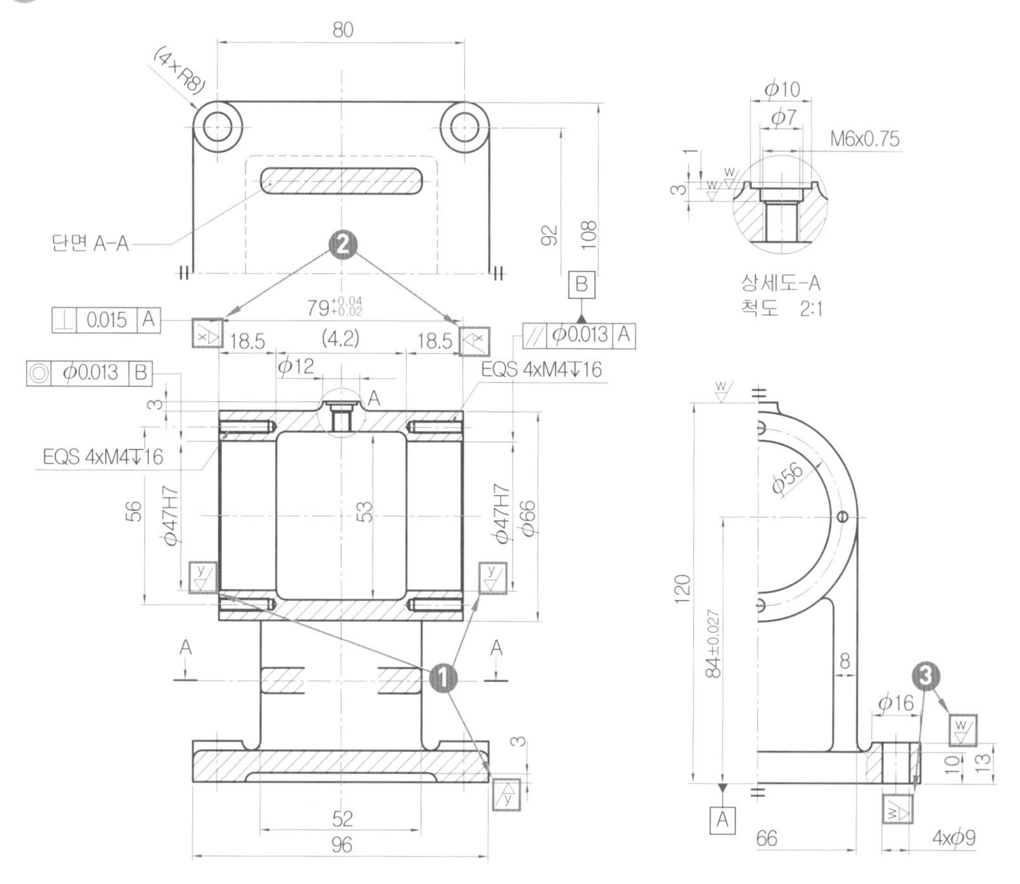

표면 거칠기 기입

❶ 데이텀면, 끼워 맞춤 부분은 y▽을 준다.
❷ 면과 면이 단순 조립되는 고정면에는 x▽을 준다.
❸ 기능과 무관하지만 미관상 가공을 한 면과 드릴 구멍은 w▽을 준다.
❹ 주물 상태의 가공하지 않는 부분은 ◇으로 기입하지 않는다.

④ 일반 주서 기입 : 품번과 거칠기값 또는 특수 가공 내용 등을 표기한다. 문자 크기는 3.5mm로, 원의 크기는 φ12로, 거칠기 기호는 부품 속에 표기되지 않는 ◇를 대표로 하며, 거칠기 정도가 낮은 순으로 괄호 안에 넣는다.

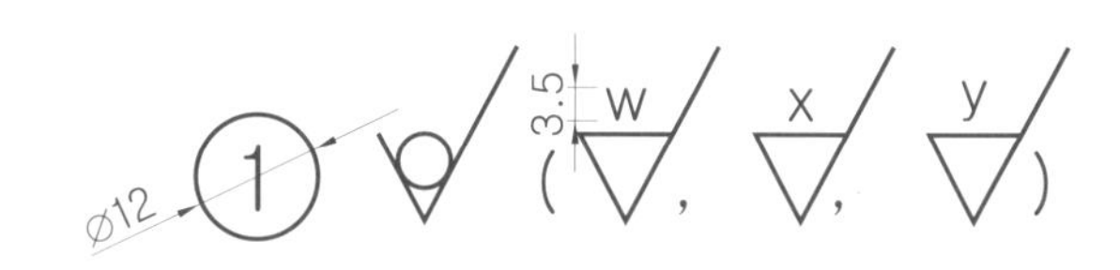

(9) 품번 ② 축 부품도 완성

1 주요 치수 기입

❶ 키 홈부의 치수를 살펴보면 평행 키의 크기가 6×6이므로 KS 데이터에서 축 쪽의 b_1과 t_1 치수를 적용한다.

❷ 경하중이 작용할 경우 베어링 안지름 접촉부는 헐거운 끼워 맞춤을 적용하여 ϕ25k5를 준다.

❸ 오일실의 규격이 G22이므로 ϕ22h8로 결정한다.

❹ 기어 및 V 벨트 끼워 맞춤부는 헐거운 끼워 맞춤을 적용하여 ϕ18g6으로 결정한다.

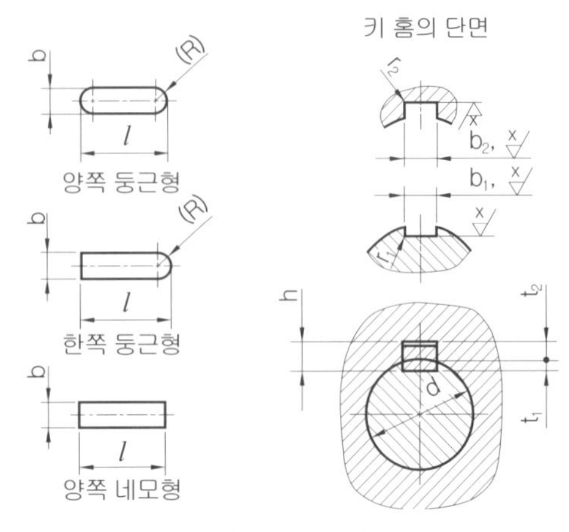

평행 키(키 홈)

❺ 오일실 끝단부 모서리는 상세도를 그리고 각도와 라운드(R)값을 준다.

❻ 베어링 간격을 결정하는 치수로 베어링 유격을 고려하여 - 공차를 준다.

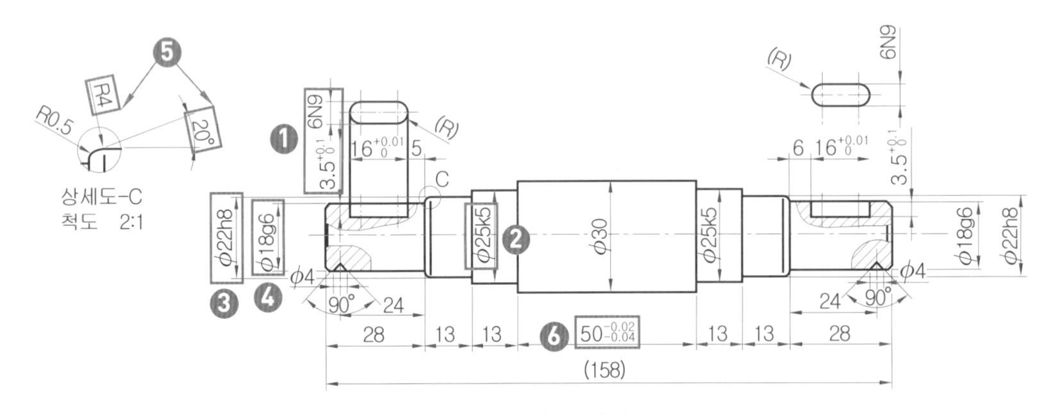

주요 치수 기입

b_1, b_2 기준 치수	활동형		보통형		t_1의 기준 치수	t_2의 기준 치수	t_1 및 t_2의 허용차	적용하는 축지름 d (초과~이하)
	b_1 허용차	b_2 허용차	b_1 허용차	b_2 허용차				
4	H9	D10	N9	Js9	2.5	1.8	+0.1 0	10~12
5	H9	D10	N9	Js9	3.0	2.3	+0.1 0	12~17
6	H9	D10	N9	Js9	3.5	2.8	+0.1 0	17~22

❷ 기하 공차 기입

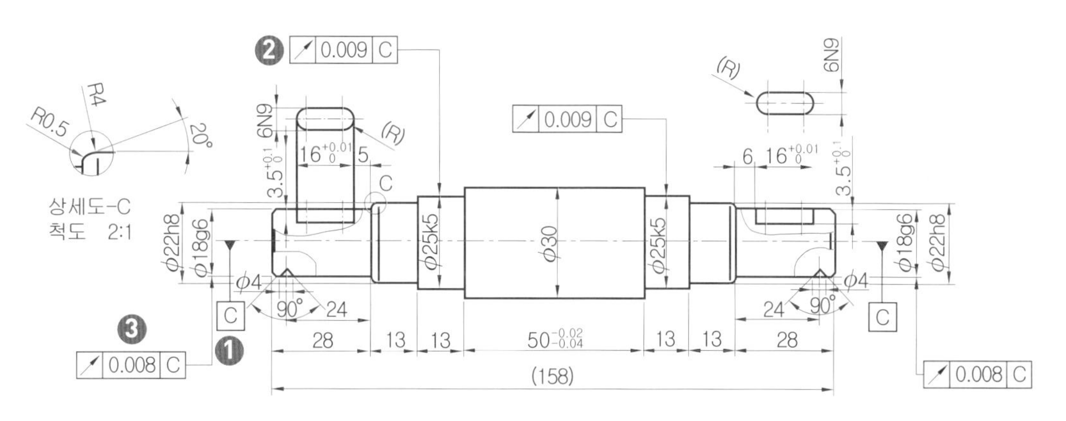

기하 공차 기입

❶ 먼저 기준이 되는 데이텀의 위치부터 정하는데, 축선상의 양쪽 2군데의 데이텀을 결정한다.

❷ 베어링과 끼워 맞춤부 치수에 흔들림 공차를 준다.

❸ 오일실과 끼워 맞춤부 치수에도 흔들림 공차를 준다.

❸ 표면 거칠기 기입

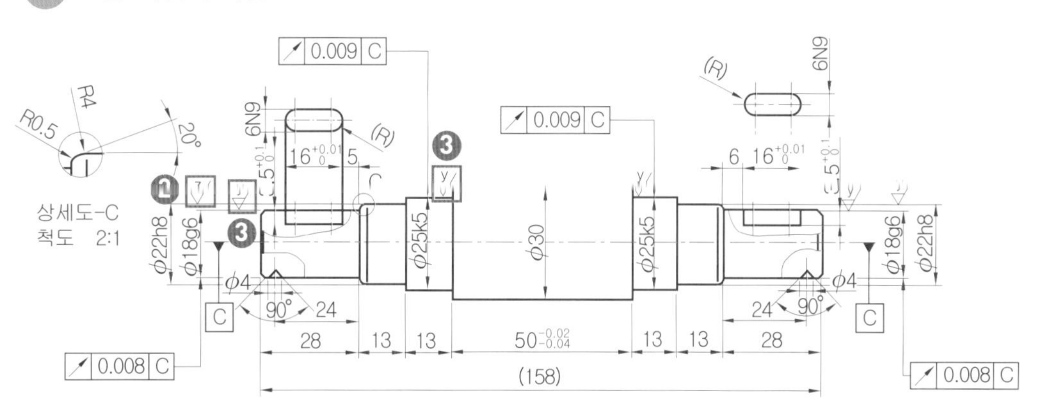

표면 거칠기 기입

❶ 전체적으로 기계 가공을 하므로 $\stackrel{x}{\triangledown}$이 기본이다.

❷ 오일실과 끼워 맞춤부는 고속회전 마찰이 발생하므로 고정도의 $\stackrel{z}{\triangledown}$을 준다.

❸ 끼워 맞춤부는 $\stackrel{y}{\triangledown}$을 준다.

(10) 품번 ③ 베어링 커버 부품도 완성

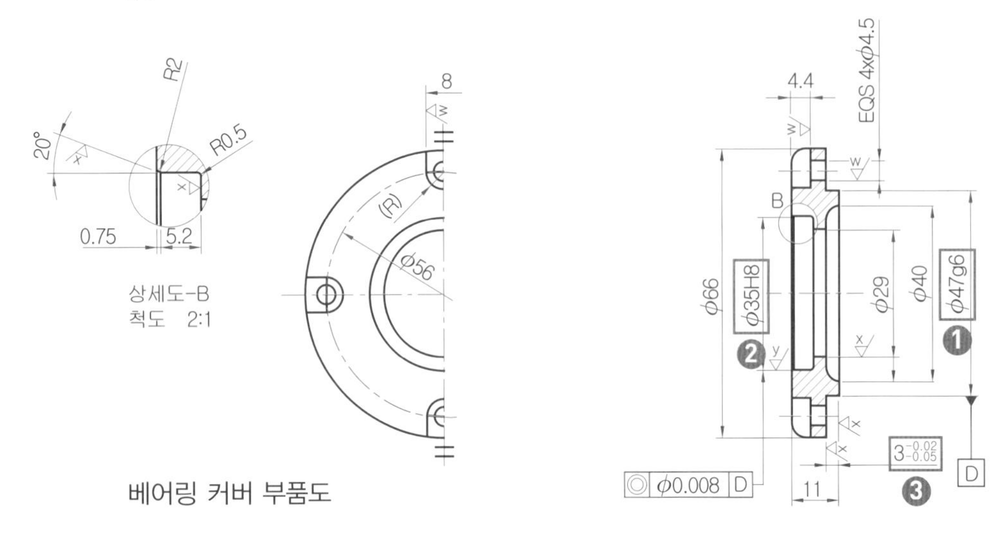

베어링 커버 부품도

❶ 본체와 조립부에 헐거운 끼워 맞춤을 적용하여 ϕ47g6을 준다.

❷ 오일실 규격이 G22이므로 바깥지름이 ϕ35이고, 폭이 5이므로 ϕ35H8을 준다.

❸ 원활한 회전을 하려면 베어링 유격이 필요하므로 – 공차를 적용한다.

(11) 품번 ⑤ V-벨트 풀리 부품도 완성

1 주요 치수 기입

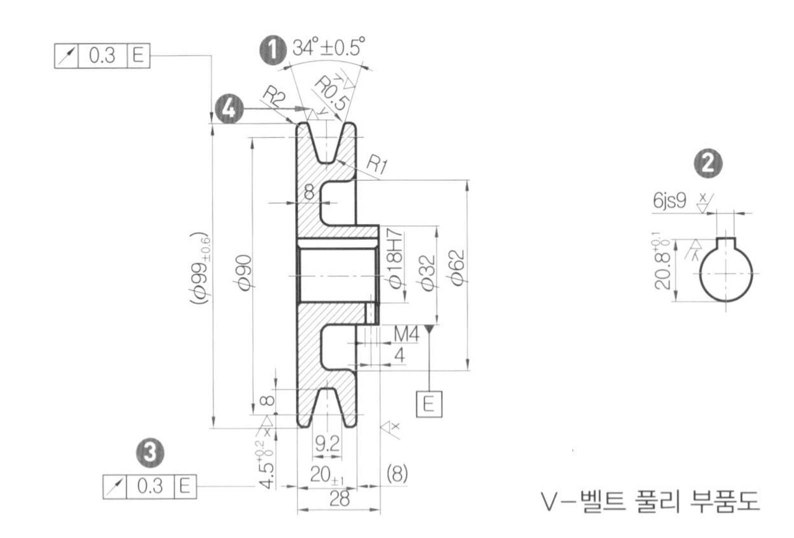

V-벨트 풀리 부품도

❶ V 벨트가 A형이므로 KS 데이터에서 치수와 공차를 추출한다.

❷ 키의 크기가 6×6이므로 KS 데이터에서 키 홈부 b_2와 t_2 치수를 적용한다.

❸ 데이텀은 축 구멍으로 결정하고 KS 데이터에 따른 흔들림 공차를 적용한다.

❹ 주요 표면 거칠기 부분은 V 벨트 홈과 축 구멍이며 y/▽을 준다.

d_p=피치원 지름
(홈의 너비가
l_0인 곳의 지름)

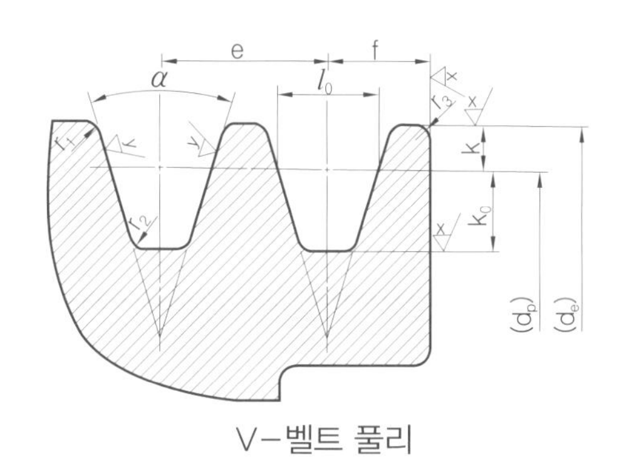

V-벨트 풀리

V벨트의 형별	α의 허용차(°)	k의 허용차	e의 허용차	f의 허용차
M	±0.5	+0.2 0	–	±1.0
A	±0.5	+0.2 0	±0.4	±1.0

호칭 지름(mm)	바깥지름 d_e 허용차	바깥둘레 흔들림허용값	림 측면 흔들림허용값
75 이상 118 이하	±0.6	0.3	0.3
125 이상 300 이하	±0.8	0.4	0.4

V벨트의 형별	호칭 지름	α(°)	L_0	K	K_0	e	f	r_1	r_2	r_3
M	70 이상~71 이하 71 초과~90 이하 90 초과	34 36 38	8.0	2.7	6.3	–	9.5	0.2 ~0.5	0.5 ~1.0	1~2
A	71 이상~100 이하 100 초과~125 이하 125 초과	34 36 38	9.2	2.7	8.0	15.0	10.0	0.2 ~0.5	0.5 ~1.0	1~2

(12) 주서란 기입

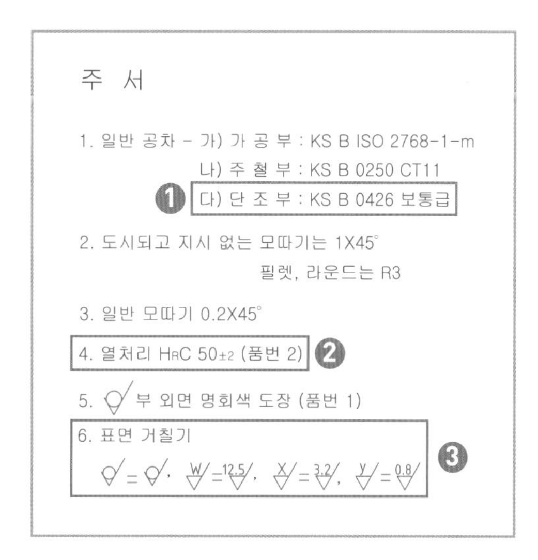

주 서

1. 일반 공차 - 가) 가 공 부 : KS B ISO 2768-1-m
   나) 주 철 부 : KS B 0250 CT11
   ❶ 다) 단 조 부 : KS B 0426 보통급
2. 도시되고 지시 없는 모따기는 1X45°
   필렛, 라운드는 R3
3. 일반 모따기 0.2X45°
4. 열처리 HRC 50±2 (품번 2) ❷
5. (다듬질 기호) 부 외면 명회색 도장 (품번 1)
6. 표면 거칠기 ❸
   (기호) = (기호), W = 12.5, X = 3.2, Y = 0.8

❶ 부품란에 주강(SC) 재질이 없는 경우 해당하는 내용은 삭제한다.

❷ 특수 가공 처리는 반드시 기입해야 할 사항으로 열처리에 대한 것이 많다. 반드시 해당

품번을 확인하고 기입해야 하며, 부품에 열처리가 가능한 재질을 부여한다.

❸ 표면 거칠기는 자세히 기입하면 좋지만 문자와 산술(중심선) 평균 거칠기 비교값만 간단히 기입한다.

(13) 2D 부품도 저장 및 출력

❶ 2D 부품도 저장 : 수험란과 부품란을 작성하고 누락이 있는지 완성된 도면을 부여받은 비번호 폴더에 저장한다(예 xx2D.dwg).

* 도면 내의 부품 번호와 같은지, 균등 배치가 되었는지, 불필요한 객체가 남아 있는지 검도한다.

❷ 플롯 출력

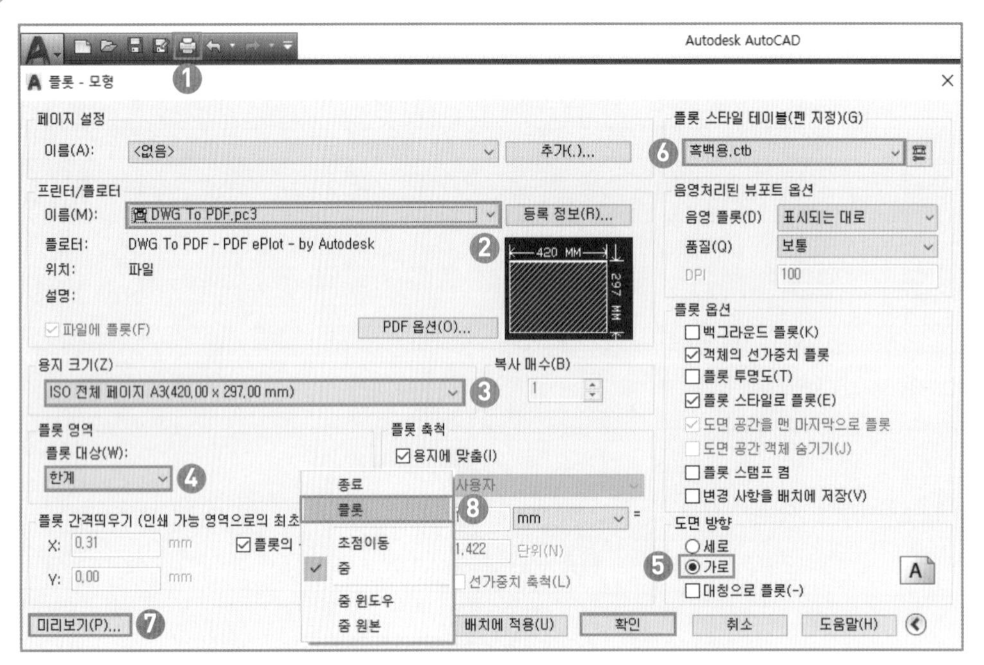

❶ Ctrl +P를 누르거나 🖨를 클릭한다.

❷ 설정 대화상자가 나오면 [플로터 기종]을 선택한다.

❸ 용지 크기에서 [A3(420×297)]를 선택한다.

❹ 플롯 영역은 양식에서 LIMITS 설정하였으므로 [한계]를 선택한다.

❺ 도면 방향은 [가로]에 체크한다.

❻ 플롯 스타일 테이블(펜 지정)은 검은색으로 선의 종류별 굵기가 설정된 ctb 파일을 만든 것으로 선택한다(흑백용.ctb).

❼ [미리보기]를 클릭하여 배치 상태와 선 굵기 상태 등을 검사한다.

❽ 이상이 없으면 [마우스 오른쪽 버튼]을 클릭하여 팝업 메뉴에서 [플롯]을 선택한다.

③ 플롯 스타일 설정 방법(흑백용)

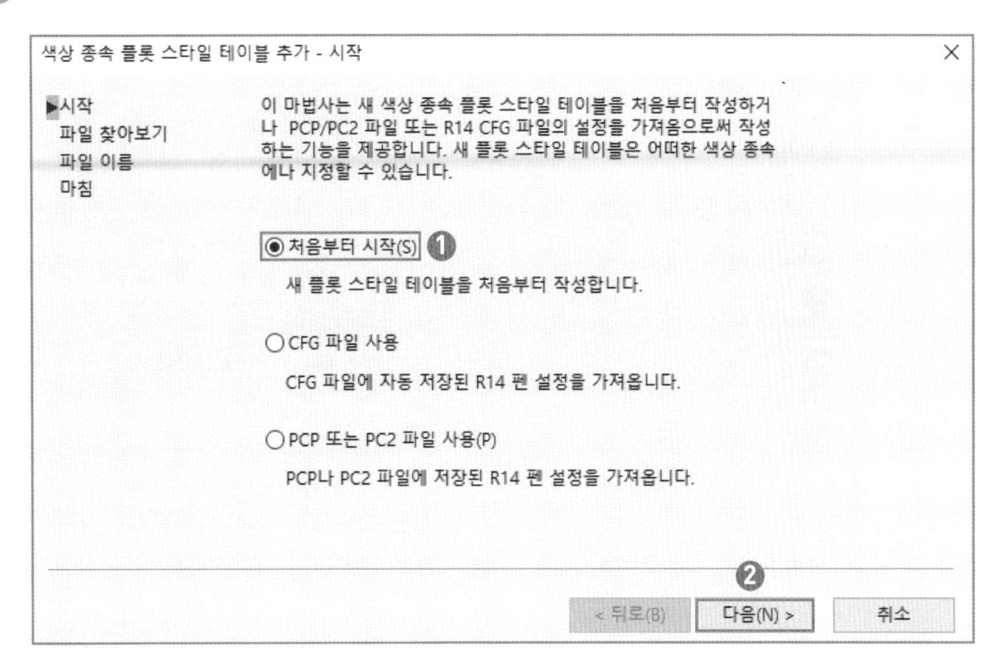

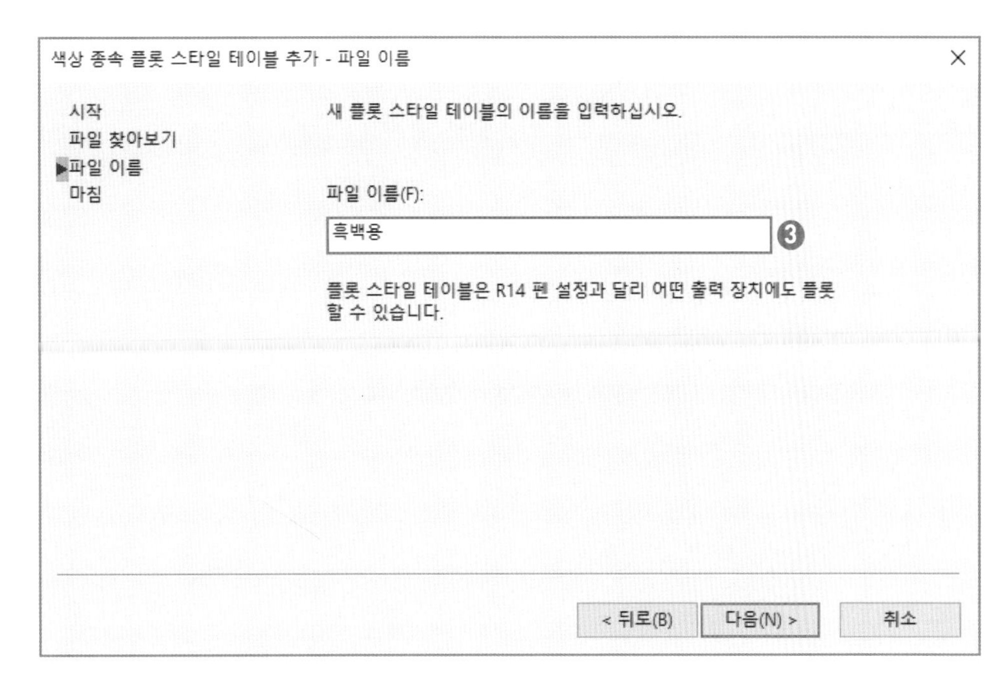

❶ 앞의 설정 대화상자의 플롯 스타일 테이블(펜 지정)에서 [새로 만들기]를 선택한 후 [처음부터 시작]에 체크한다.

❷ 하단의 [다음]을 클릭한다.

❸ 파일 이름에 흑백용을 입력하고 [다음]을 클릭한다.

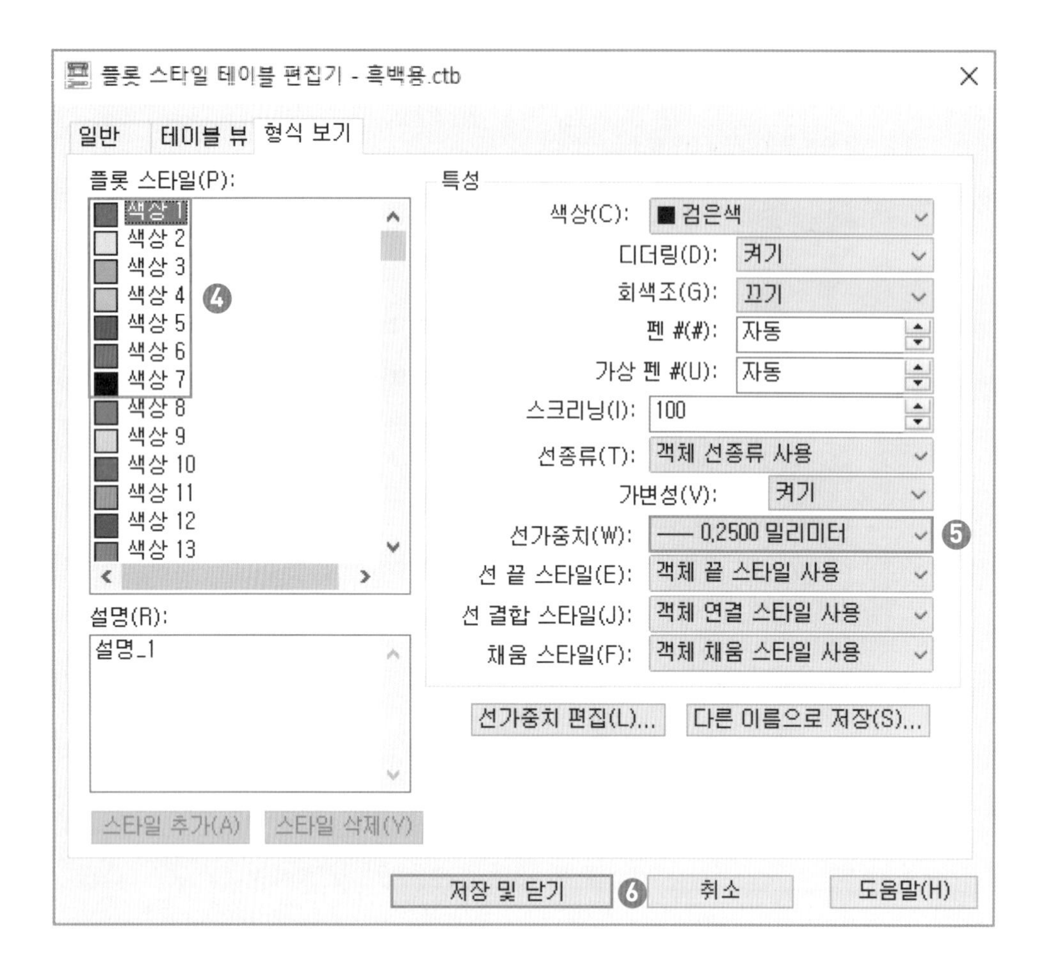

❹ 색상1부터 색상7까지 [검은색]으로 설정한다.

❺ 선가중치에서 빨간색은 [0.25], 노란색은 [0.35], 초록색 및 하늘색은 [0.5], 파란색은 [0.7]로 설정한다.

❻ [저장 및 닫기] ⇒ [마침]을 클릭하여 설정을 완료한다.

색상별 선가중치 설정은 프로그램에서 출력을 용이하게 하기 위한 설정이므로 문자, 숫자, 기호의 크기, 선 굵기는 적절하게 지정하면 된다.

7 직무능력평가

■ 교과목 목표 및 성취도

<table>
<tr><td>단원명</td><td colspan="7">Chapter 3. 3D 형상 모델링 작업하기</td></tr>
<tr><td rowspan="2">평가시기</td><td rowspan="2">(　　)주차</td><td>학습자</td><td></td><td rowspan="2">총배점</td><td colspan="3" rowspan="2">100점</td></tr>
<tr><td>평가자</td><td></td></tr>
<tr><td>능력단위</td><td colspan="7">3D 형상 모델링 작업</td></tr>
<tr><td>능력요소</td><td colspan="7">3D 형상 모델링 작업하기(LM1501020113_16v3.2)</td></tr>
<tr><td rowspan="2">순 번</td><td colspan="4" rowspan="2">수행준거 / 평가항목</td><td colspan="3">성취수준</td></tr>
<tr><td>상</td><td>중</td><td>하</td></tr>
<tr><td rowspan="2">1</td><td colspan="4">2.1 KS 및 ISO 관련 규격을 준수하여 형상을 모델링 할 수 있다.
2.2 스케치 도구를 이용하여 디자인을 형상화할 수 있다.</td><td rowspan="2">25</td><td rowspan="2">20</td><td rowspan="2">10</td></tr>
<tr><td colspan="4">3D CAD 프로그램의 옵션에서 시스템 옵션과 문서 속성 환경설정 능력</td></tr>
<tr><td>[문항 1]</td><td colspan="7">주어진 동력전달장치(2D 조립도)를 실측하면서 품번 ① 본체를 모델링 하시오.</td></tr>
<tr><td rowspan="2">2</td><td colspan="4">2.3 디자인에 치수를 기입하여 치수에 맞게 형상을 수정할 수 있다.
2.4 기하학적 형상을 구속하여 원하는 형상을 유지시키거나 선택되는 요소에 다양한 구속조건을 설정할 수 있다.</td><td rowspan="2">25</td><td rowspan="2">20</td><td rowspan="2">10</td></tr>
<tr><td colspan="4">3D CAD 프로그램 부품 모델링 사용환경(단위, 디스플레이) 설정 수행 능력</td></tr>
<tr><td>[문항 2]</td><td colspan="7">베어링을 #7005에서 #6905로 바꾸어 스케치 수정하시오.</td></tr>
<tr><td>[문항 3]</td><td colspan="7">품번 ⑤ V－벨트 풀리 스케치에서 필요한 구속조건 보기를 나타내시오.</td></tr>
<tr><td rowspan="2">3</td><td colspan="4">2.5 특징 형상 설계를 이용하여 요구되는 3D 형상 모델링을 완성할 수 있다.
2.6 연관 복사기능을 이용하여 원하는 형상으로 편집하고 변환할 수 있다.</td><td rowspan="2">25</td><td rowspan="2">20</td><td rowspan="2">10</td></tr>
<tr><td colspan="4">AutoCAD 명령어를 이용하여 A2 양식을 요구조건에 적합하게 설정하는 능력</td></tr>
<tr><td>[문항 4]</td><td colspan="7">주어진 동력전달장치(2D 조립도)에서 품번 ② 축을 모델링 하시오.</td></tr>
<tr><td rowspan="2">4</td><td colspan="4">2.7 요구되는 형상과 비교, 검토하여 오류를 확인하고 발견되는 오류를 즉시 수정할 수 있다.</td><td rowspan="2">25</td><td rowspan="2">20</td><td rowspan="2">10</td></tr>
<tr><td colspan="4">설계 변경 부품에 대한 수행 능력</td></tr>
<tr><td>[문항 5]</td><td colspan="7">주어진 동력전달장치(2D 조립도)에서 품번 ② 축의 키를 6×6에서 5×5로 변경 시 모델링 형상 및 치수 오류를 찾아 수정하시오.</td></tr>
<tr><td>총점</td><td colspan="7"></td></tr>
</table>

■ 서술형 평가

<table>
<tr><td>단원명</td><td colspan="7">Chapter 3. 3D 형상 모델링 작업하기</td></tr>
<tr><td rowspan="2">평가시기</td><td rowspan="2">(　　)주차</td><td>학습자</td><td></td><td rowspan="2">총배점</td><td colspan="3" rowspan="2">100점</td></tr>
<tr><td>평가자</td><td></td></tr>
<tr><td>능력단위</td><td colspan="7">3D 형상 모델링 작업</td></tr>
<tr><td>능력요소</td><td colspan="7">3D 형상 모델링 작업하기(LM1501020113_16v3.2)</td></tr>
<tr><td rowspan="2">순 번</td><td colspan="4" rowspan="2">수행준거 / 평가항목</td><td colspan="3">성취수준</td></tr>
<tr><td>상</td><td>중</td><td>하</td></tr>
<tr><td rowspan="2">1</td><td colspan="4">2.1 KS 및 ISO 관련 규격을 준수하여 형상을 모델링 할 수 있다.
2.2 스케치 도구를 이용하여 디자인을 형상화할 수 있다.</td><td rowspan="2">25</td><td rowspan="2">20</td><td rowspan="2">10</td></tr>
<tr><td colspan="4">3D CAD 프로그램의 옵션에서 시스템 옵션과 문서 속성환경 설정 능력</td></tr>
<tr><td>[문항 1]</td><td colspan="7">다음은 3D 구현 방법이다. 연관성에 맞게 선을 올바르게 연결하시오.
(1) 스케치 불필요 • 　　　　• ① 보스 돌출
(2) 직육면체 구현 • 　　　　• ② 필렛
(3) 암나사(탭) 구현 • 　　　　• ③ 구멍 가공 마법사</td></tr>
<tr><td rowspan="2">2</td><td colspan="4">2.3 디자인에 치수를 기입하여 치수에 맞게 형상을 수정할 수 있다.
2.4 기하학적 형상을 구속하여 원하는 형상을 유지시키거나 선택되는 요소에 다양한 구속조건을 설정할 수 있다.</td><td rowspan="2">25</td><td rowspan="2">20</td><td rowspan="2">10</td></tr>
<tr><td colspan="4">3D CAD 프로그램 부품 모델링 사용 환경(단위, 디스플레이) 설정 수행 능력</td></tr>
<tr><td>[문항 2]</td><td colspan="7">품번 ⑤ V－벨트 풀리 홈 부분 스케치 작업에 필요한 다음 구속조건을 준 이유를 서술하시오.
• 대칭 :

• 일치 :</td></tr>
<tr><td>[문항 3]</td><td colspan="7">구멍 가공 마법사 작업 설정 순서가 옳은 것은? (　　)
① 구멍 유형 선택 ⇒ 크기 설정 ⇒ 마침 조건 ⇒ 위치 설정
② 구멍 유형 선택 ⇒ 크기 설정 ⇒ 위치 설정 ⇒ 마침 조건
③ 구멍 유형 선택 ⇒ 마침 조건 ⇒ 크기 설정 ⇒ 위치 설정
④ 크기 설정 ⇒ 구멍 유형 선택 ⇒ 마침 조건 ⇒ 위치 설정</td></tr>
</table>

순 번	수행준거/평가항목	성취수준		
		상	중	하
3	2.5 특징 형상 설계를 이용하여 요구되는 3D 형상 모델링을 완성할 수 있다. 2.6 연관 복사기능을 이용하여 원하는 형상으로 편집하고 변환할 수 있다. AutoCAD 명령어를 이용하여 A2 양식을 요구조건에 적합하도록 설정하는 능력	25	20	10
[문항 4]	동력전달장치(2D 조립도)에서 품번 ② 축의 모델링 작업 시 불필요한 작업은? (　) ① 스윕 보스　② 회전 보스 ③ 돌출 컷　④ 모따기			
4	2.7 요구되는 형상과 비교, 검토하여 오류를 확인하고 발견되는 오류를 즉시 수정할 수 있다. 설계 변경에 부품에 대한 수행 능력	25	20	10
[문항 5]	품번 ③ 베어링 커버의 3D 구현(피처) 순서를 간략 설명하시오.			
총점				

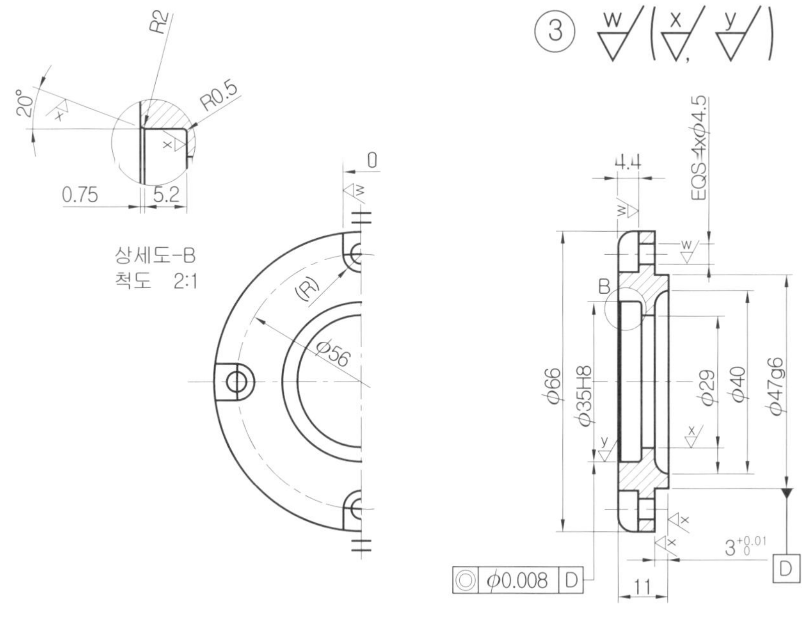

■ 피드백

직무수행능력 평가를 통해 평가자는 미달 능력요소에 대하여 피드백 교육을 실시한다. 전체적으로 미흡한 자에게는 향상평가를, 부분적으로 미흡한 자에게는 심화평가를 실시하며 습득 정도에 따라 가산점을 부여한다(보통 10점 이내).

■ 향상평가 및 심화평가

※ 직무능력평가 결과 능력요소별 수준 미달자 재평가 후 가산점 부여

<table>
<tr><td>단원명</td><td colspan="7">Chapter 3. 향상평가 및 심화평가</td></tr>
<tr><td rowspan="2">평가시기</td><td rowspan="2">(　　)주차</td><td>학습자</td><td></td><td rowspan="2">총배점</td><td colspan="3" rowspan="2">10점</td></tr>
<tr><td>평가자</td><td></td></tr>
<tr><td>능력단위</td><td colspan="7">3D 형상 모델링 작업</td></tr>
<tr><td>능력요소</td><td colspan="7">3D 형상 모델링 작업하기(LM1501020113_16v3.2)</td></tr>
<tr><td rowspan="2">순 번</td><td colspan="4" rowspan="2">수행준거 / 평가항목</td><td colspan="3">성취수준</td></tr>
<tr><td>상</td><td>중</td><td>하</td></tr>
<tr><td rowspan="2">1</td><td colspan="4">2.1 KS 및 ISO 관련 규격을 준수하여 형상을 모델링 할 수 있다.
2.2 스케치 도구를 이용하여 디자인을 형상화할 수 있다.</td><td rowspan="2">2</td><td rowspan="2">1</td><td rowspan="2">0</td></tr>
<tr><td colspan="4">3D CAD 프로그램의 옵션에서 시스템 옵션과 문서 속성 환경설정 능력</td></tr>
<tr><td>[문항 1]</td><td colspan="7">품번 ② 축의 키를 6×6에서 5×5로 변경하여 모델링을 수정하시오.</td></tr>
<tr><td rowspan="2">2</td><td colspan="4">2.3 디자인에 치수를 기입하여 치수에 맞게 형상을 수정할 수 있다.
2.4 기하학적 형상을 구속하여 원하는 형상을 유지시키거나 선택되는 요소에 다양한 구속조건을 설정할 수 있다.</td><td rowspan="2">3</td><td rowspan="2">2</td><td rowspan="2">0</td></tr>
<tr><td colspan="4">3D CAD 프로그램 부품 모델링 사용환경(단위, 디스플레이) 설정 수행능력</td></tr>
<tr><td>[문항 2]</td><td colspan="7">일반적으로 사용되는 구속조건 3가지만 설명하시오.</td></tr>
<tr><td rowspan="2">3</td><td colspan="4">2.5 특징 형상 설계를 이용하여 요구되는 3D 형상 모델링을 완성할 수 있다.
2.6 연관 복사 기능을 이용하여 원하는 형상으로 편집하고 변환할 수 있다.</td><td rowspan="2">2</td><td rowspan="2">1</td><td rowspan="2">0</td></tr>
<tr><td colspan="4">AutoCAD 명령어를 이용하여 A2 양식을 요구조건에 적합하게 설정하는 능력</td></tr>
<tr><td>[문항 3]</td><td colspan="7">품번 ① 본체의 가공부 색상을 노란색으로 표현하시오.</td></tr>
<tr><td rowspan="2">4</td><td colspan="4">2.7 요구되는 형상과 비교, 검토하여 오류를 확인하고 발견되는 오류를 즉시 수정할 수 있다.</td><td rowspan="2">3</td><td rowspan="2">2</td><td rowspan="2">0</td></tr>
<tr><td colspan="4">설계 변경 부품에 대한 수행 능력</td></tr>
<tr><td>[문항 4]</td><td colspan="7">품번 ③ 베어링 커버의 드릴 구멍을 4개소에서 6개소로 수정해 보시오.</td></tr>
<tr><td>총점</td><td colspan="7"></td></tr>
</table>

2 드릴지그

1 베이스

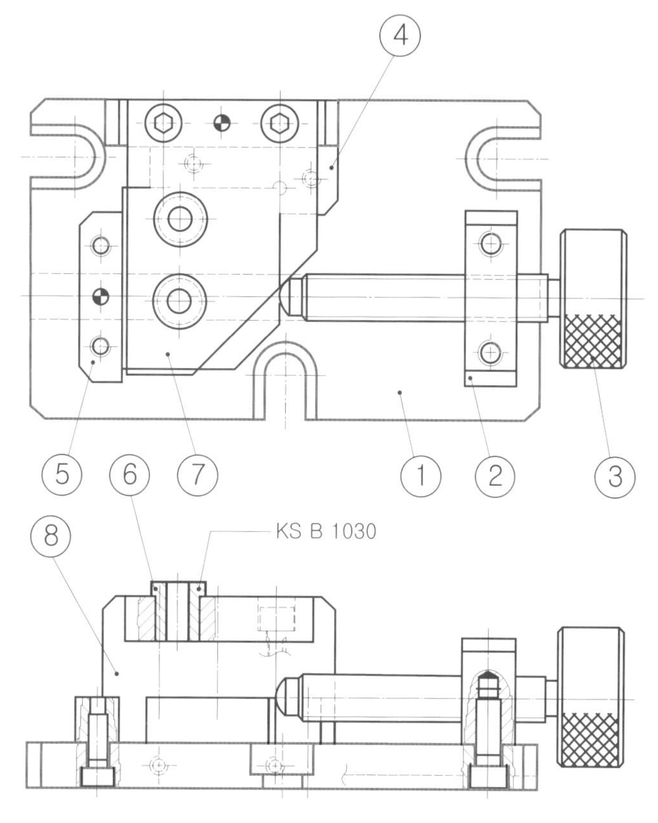

드릴지그 베이스 2D 조립도

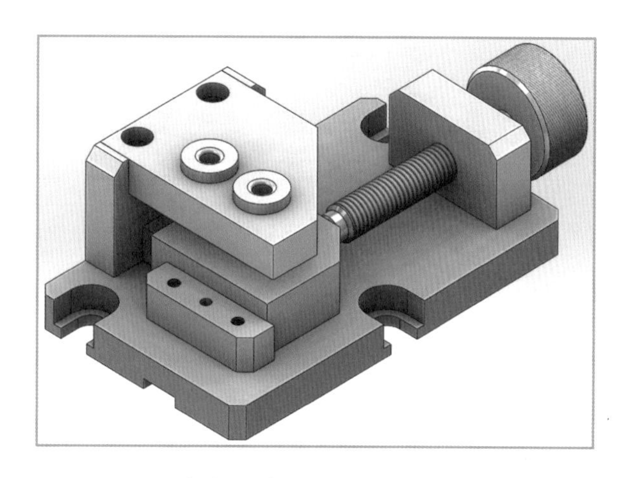

드릴지그 베이스 3D 조립상태도

치공구 과제는 주로 플레이트를 가공하므로 형상에는 어려움이 없지만 기능이 분석되지 않으면 끼워 맞춤 치수나 기하 공차를 어느 곳에 적용해야 하는지 판단하기 어렵다.

품번 ①의 베이스처럼 부착되는 부품이 많으면 구멍부 가공 치수가 많고 누락되는 치수가 있을 수 있으므로 검도에 많은 시간이 필요하다.

지금까지 학습한 동력전달장치를 모델링 할 수 있는 능력이면 드릴지그의 모델링도 어렵지 않으므로 작업과정의 순서를 알려주는 방식으로 전개하겠다.

다음 그림은 품번 ① 베이스의 실측 참고도이다. Chapter 4. 드릴지그의 2D 조립도를 보고 직접 자로 치수를 실측해야 하며, 표준 기계요소 부품은 KS 데이터에서 필요 치수를 추출하는 능력을 길러야 한다.

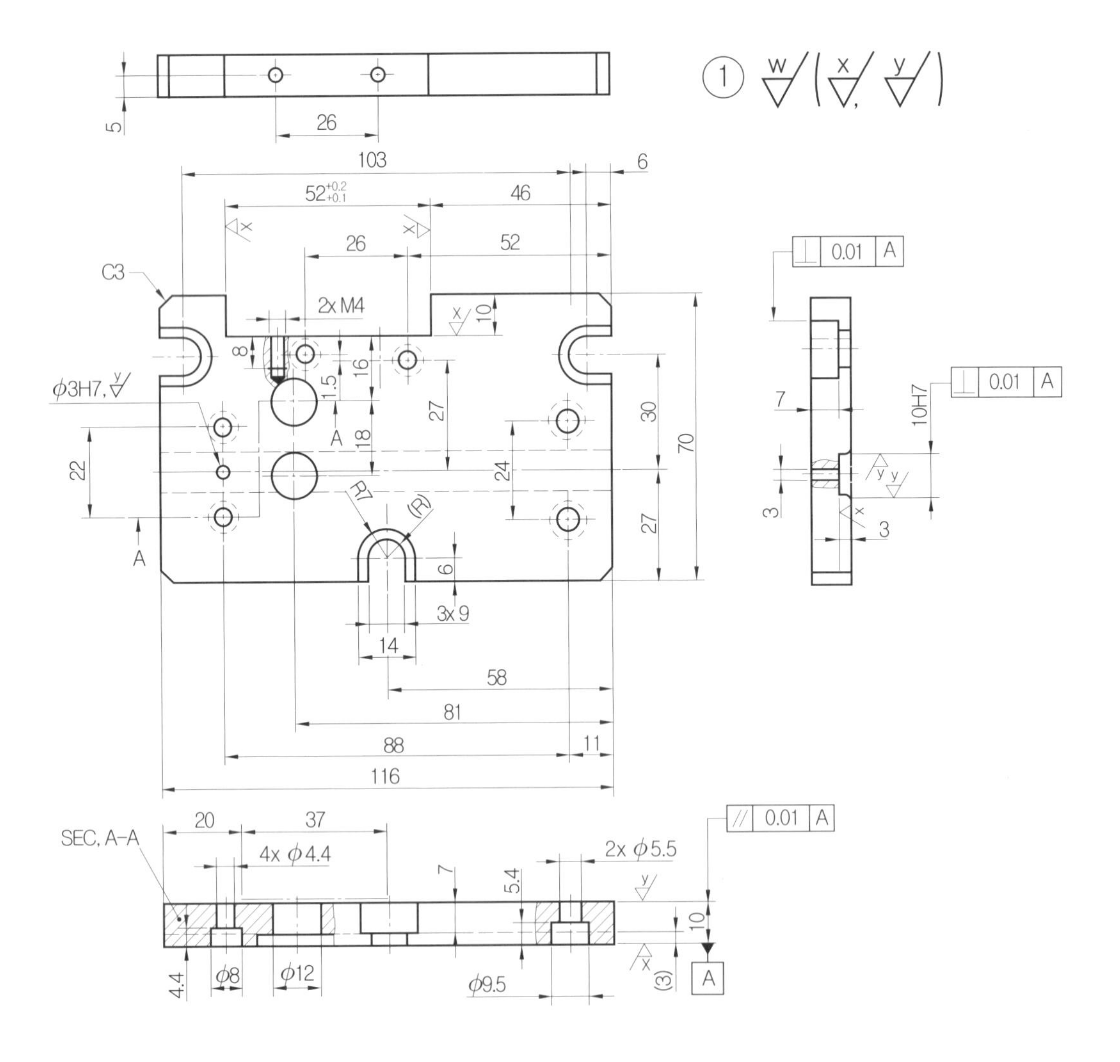

드릴지그 베이스 실측 참고도

(1) 베이스 돌출 보스

1. 새 문서 시작 : [새 문서]를 시작하여 새 파트를 실행한다.

2. 작업 평면 설정 : Feature Manager Design Tree에서 [윗면]을 클릭하고 [스케치 평면]을 설정하여 스케치를 완성한다.

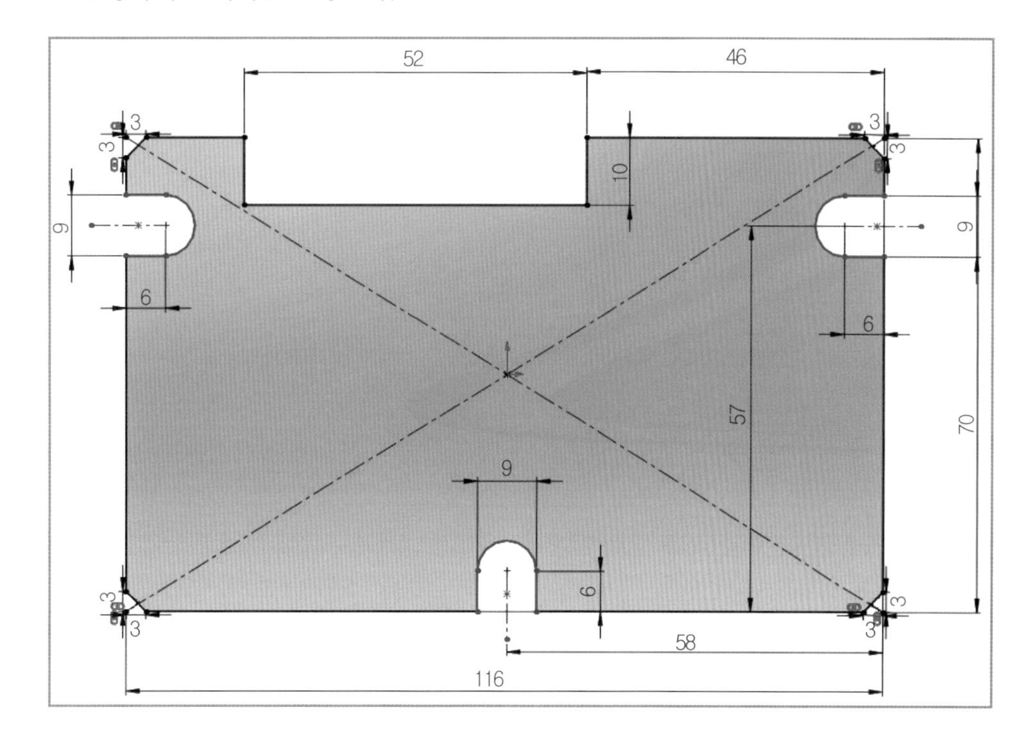

3. 돌출 보스 : 속성 대화상자에서 방향1은 [블라인드 형태]를, 돌출거리는 [10]을 입력한다.

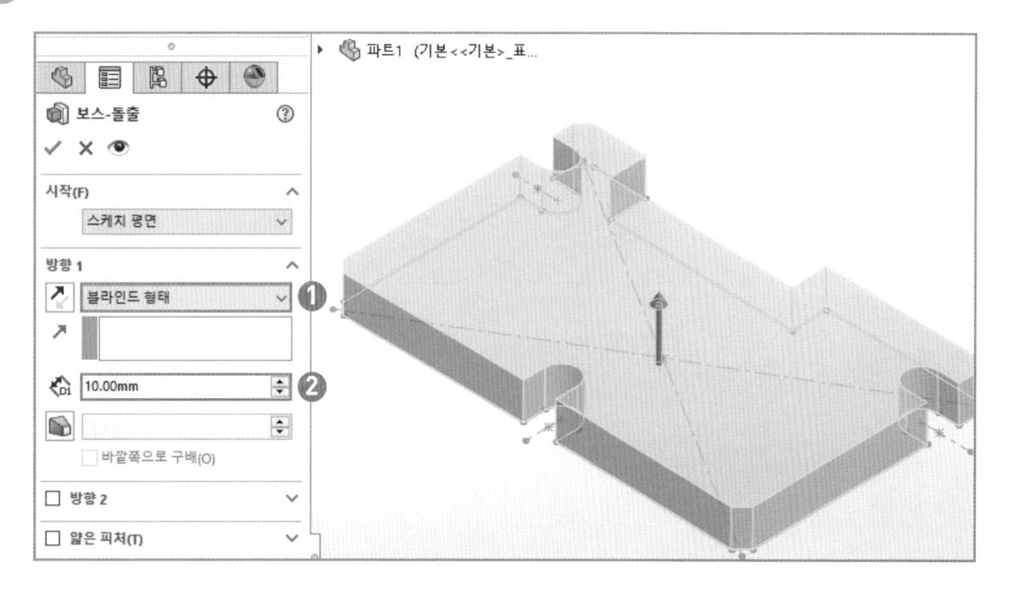

(2) U홈 2단 가공

1 스케치 : 상면을 클릭하여 스케치 작업을 한다.

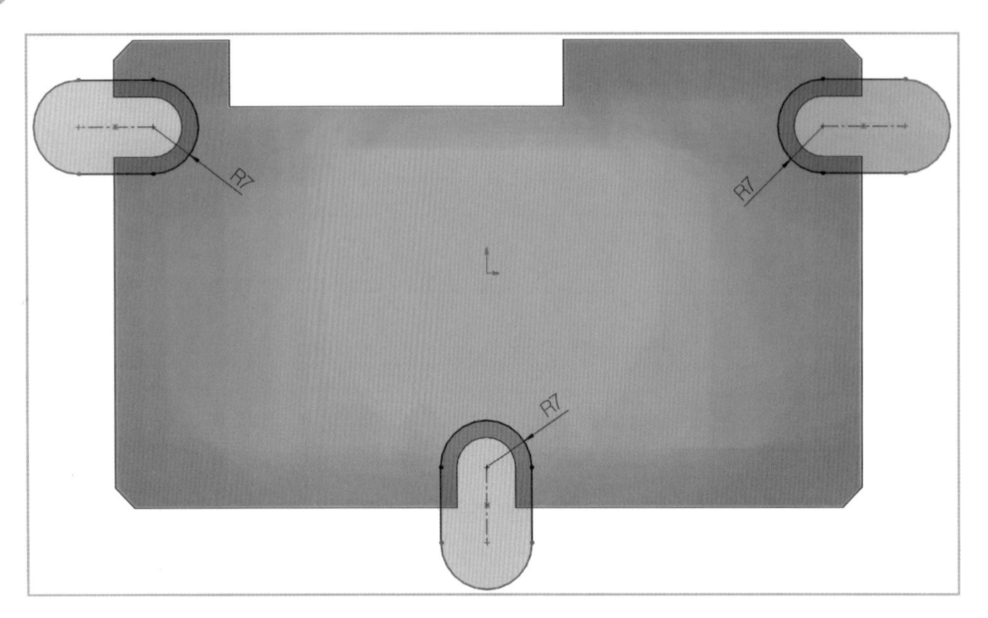

2 돌출 컷 : 거리는 [7]을 입력한다.

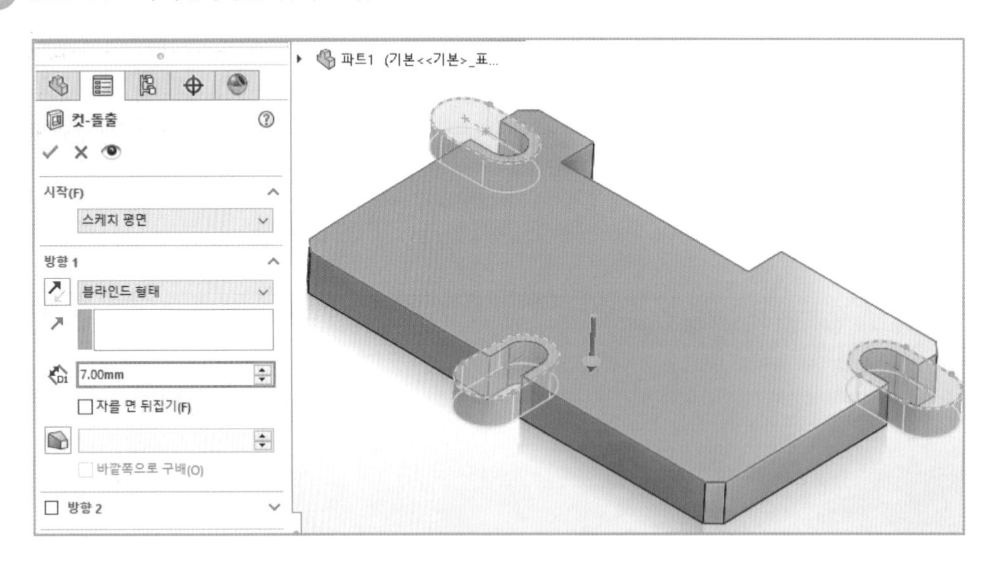

지그(Jig) 부품 모델링은 형상이 단순하여 어려움이 없으나 연결되는 상대 부품과의 조립관계를 잘 살펴 구멍의 위치, 개소, 크기 등을 확인하고 빠트리지 않도록 유의한다.

(3) 절삭유 배출 구멍 및 핀 구멍 돌출 컷

1 스케치 : 상면을 클릭하여 스케치 작업을 한다.

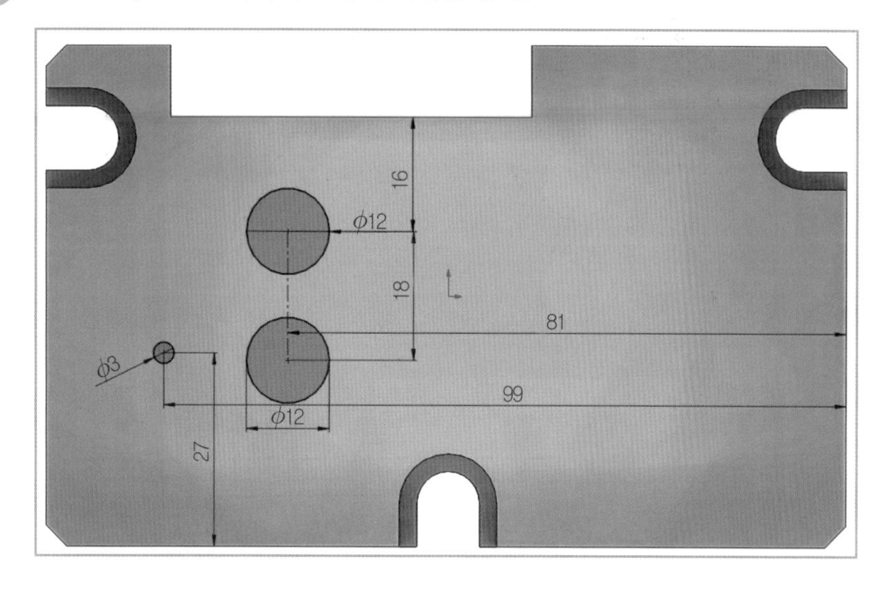

2 돌출 컷 : 방향1은 [관통]을 선택한다.

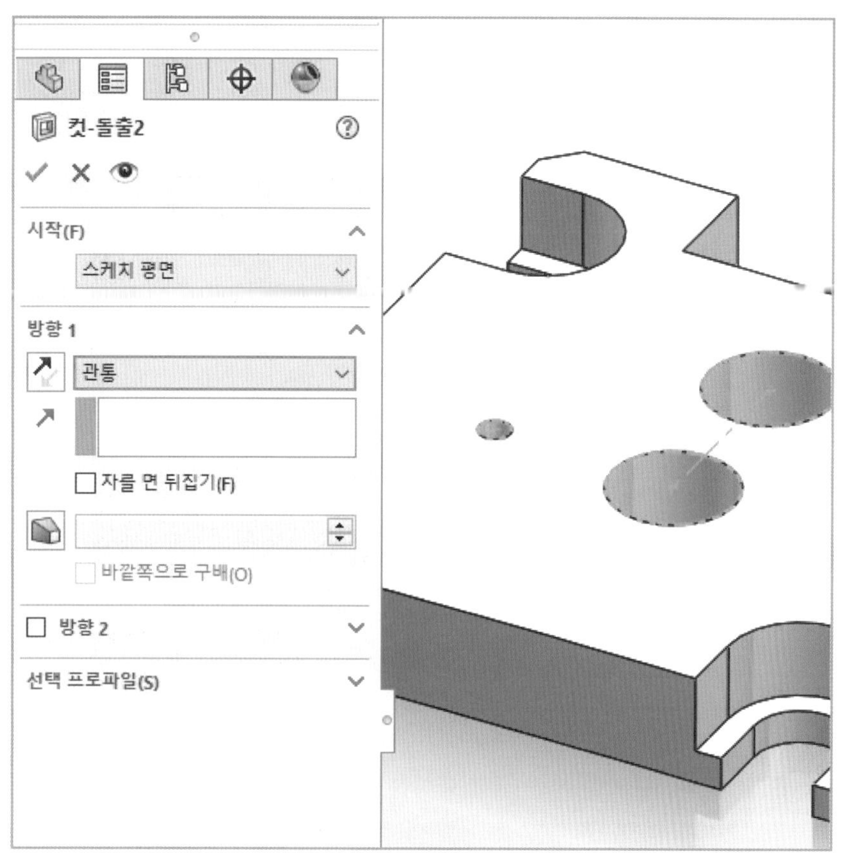

(4) M4 볼트 취부 카운터 보어

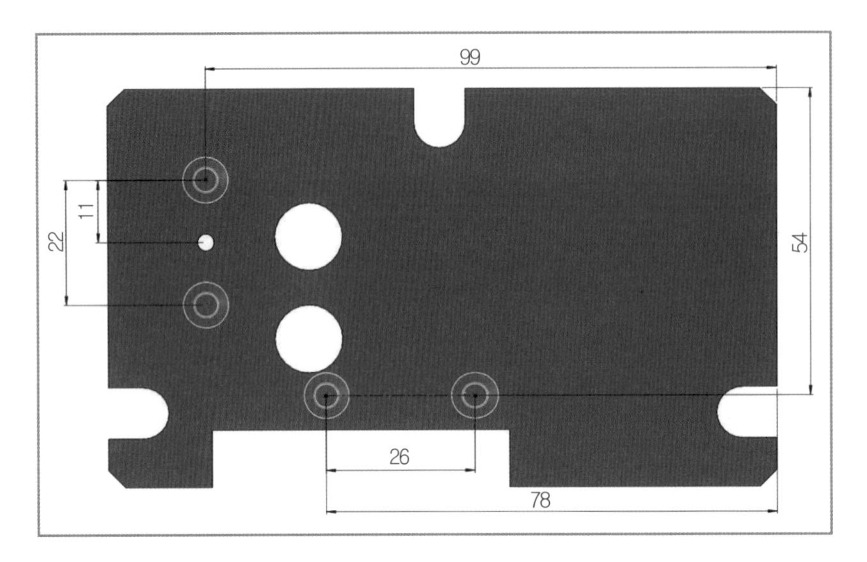

❶ Command Manager에서 [구멍 가공 마법사]를 클릭하고 구멍 유형은 [카운터 보어]를, 크기는 [M4]를 선택한다.

❷ 위치는 [바닥면을 수직으로 보기]하여 위와 같이 치수를 결정한다.

(5) M5 볼트 취부 카운터 보어

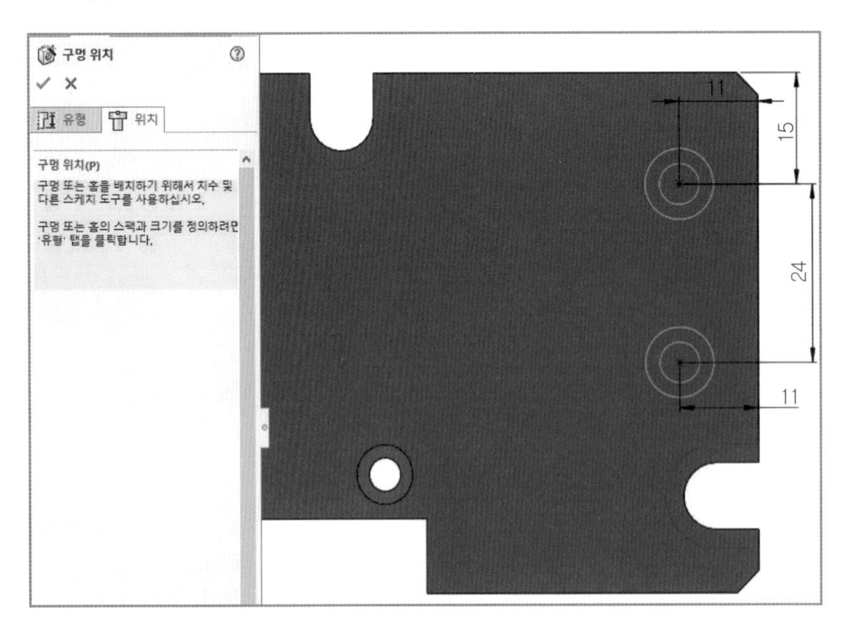

❶ [구멍 가공 마법사]를 클릭하고 구멍 유형은 [카운터 보어]를, 크기는 [M5]를 선택한다.

❷ 위치는 [바닥면을 수직으로 보기]하여 위와 같이 치수를 결정한다.

(6) M4 탭 구멍

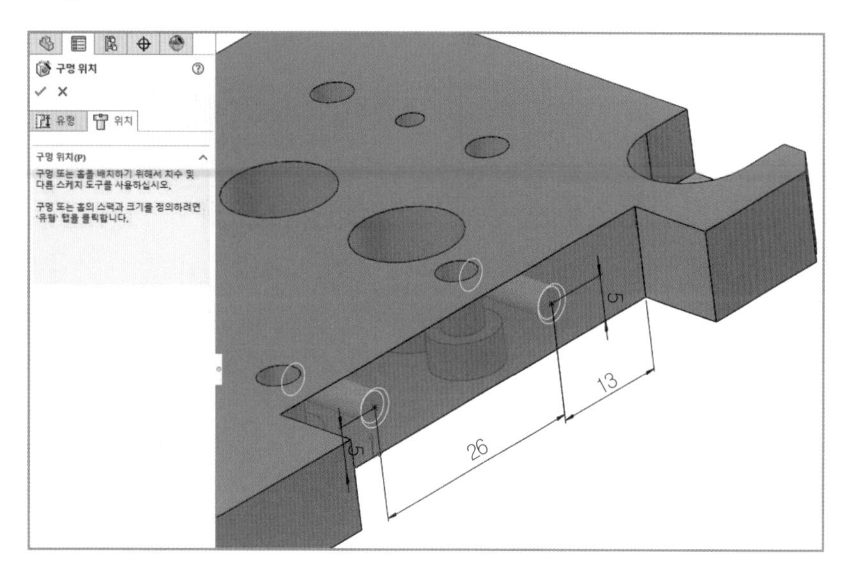

❶ [구멍 가공 마법사]를 클릭하고 구멍 유형은 [직선 탭]을, 크기는 [M4]를, 마침 조건은 [블라인드 형태]를 선택한다.

❷ 위치는 [절단 안쪽 측면]을 클릭하여 위와 같이 치수를 결정한다.

(7) 나사산 표현

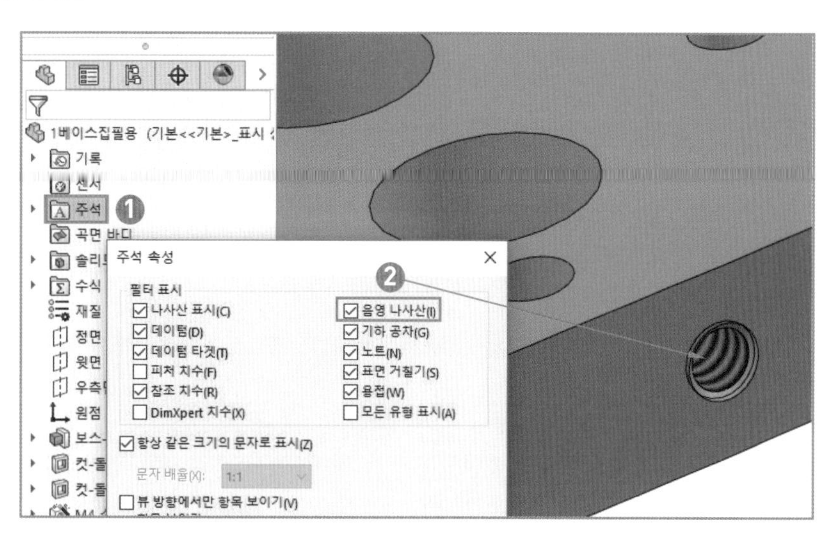

❶ Feature Manager Design Tree에서 [주석]을 클릭하고 [마우스 오른쪽 버튼]을 클릭하여 세부사항을 선택한다.

❷ [음영 나사산]에 체크하면 나사산의 효과가 표현된다.

(8) 하면 돌출 컷

우측면에 그림과 같이 스케치 작업을 하고, 방향1에서 [관통]을 선택한다.

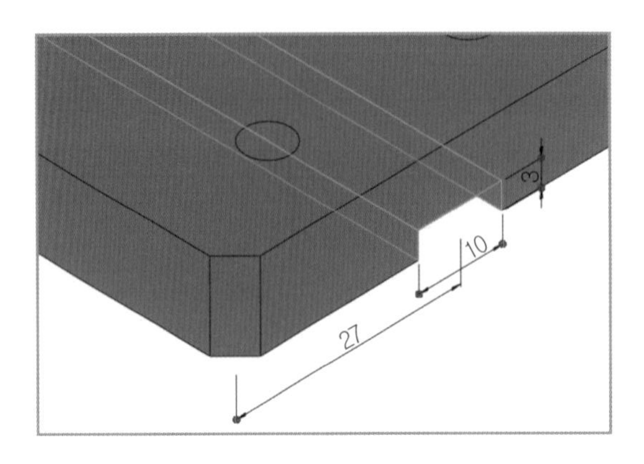

(9) 모따기

[모따기1]을 클릭하고 모따기 할 항목에서 [양쪽 모서리]를 선택한다. 모따기 파라미터에서 크기를 [1]로 입력하고 [확인] ✓을 클릭한다.

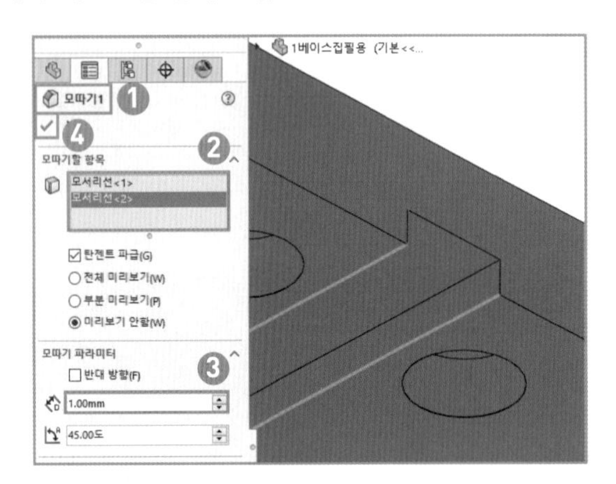

(10) 파트 저장

풀다운 메뉴에서 [파일] ⇒ [다른 이름으로 저장] ⇒ 1. 베이스.sldprt를 입력하고 저장한다.

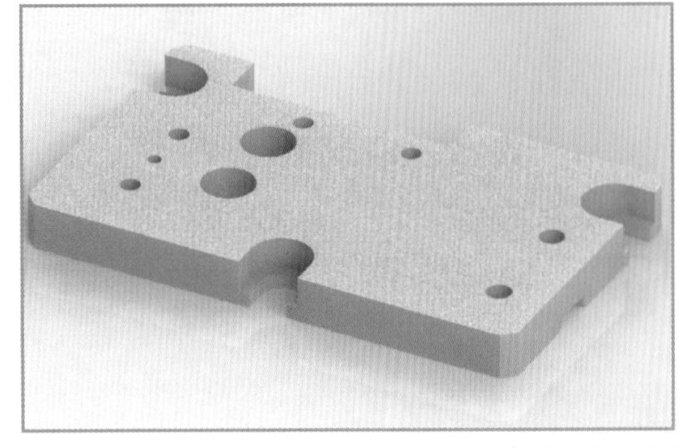
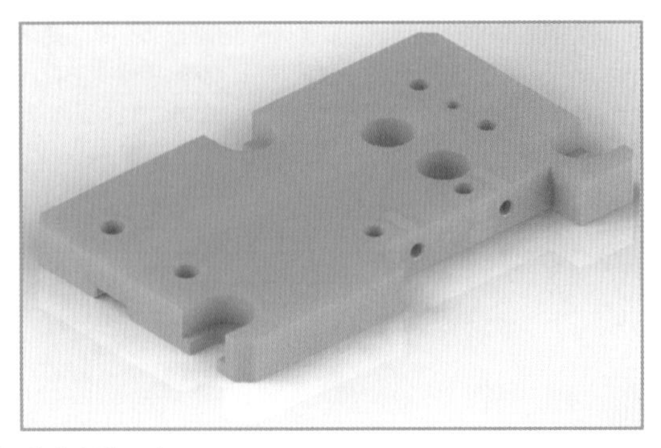

* 완성된 모델링을 렌더링 한 모습

2 리드 나사

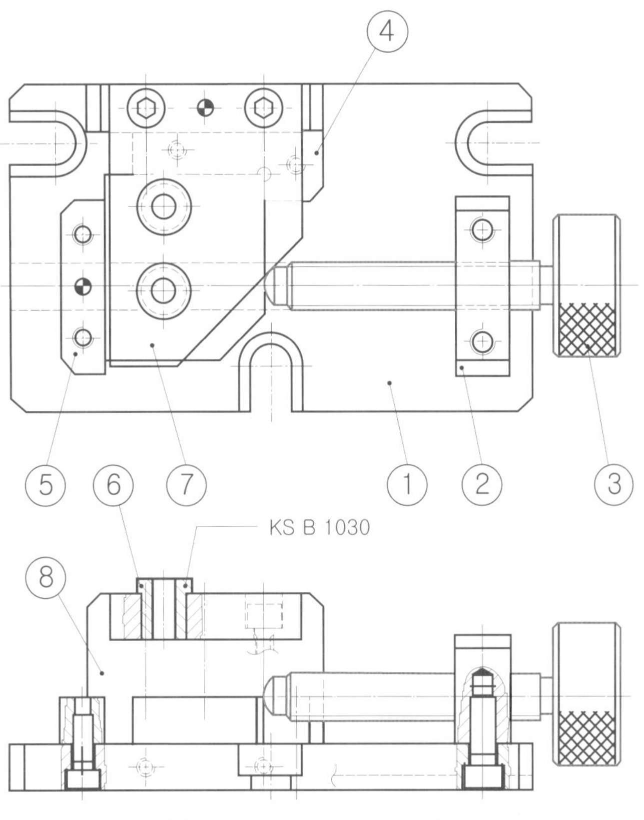

드릴지그 리드 나사 2D 윤곽도

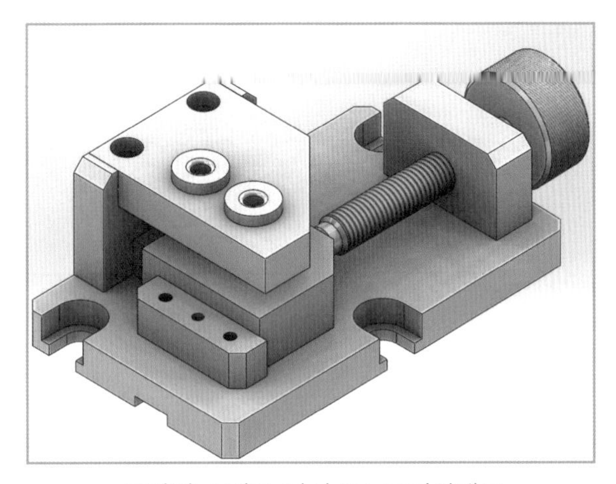

드릴지그 리드 나사 3D 조립상태도

다음 그림은 품번 ③ 리드 나사의 실측 참고도이다. 이 부품은 수나사부와 널링부에 이미지를 부착한 표현 효과를 주는 것이 핵심 포인트이다.

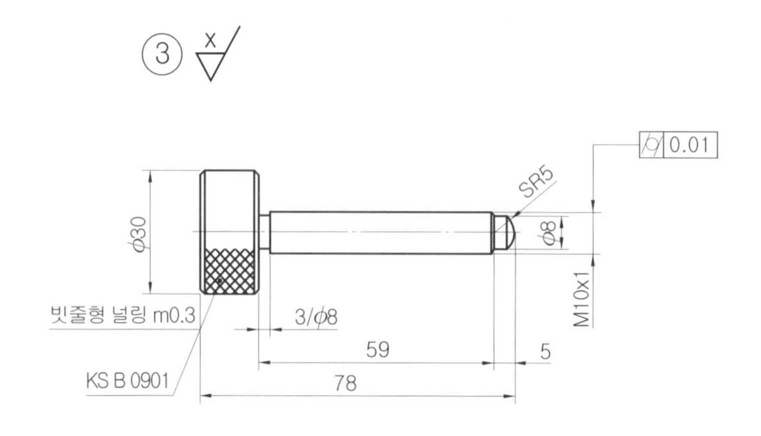

드릴지그 리드 나사의 실측 참고도

(1) 전체 회전 보스

1 새 문서 시작 : [새 문서]를 시작하여 새 파트를 실행한다.

2 작업평면 설정 : Feature Manager Design Tree에서 [정면]을 클릭하고 [스케치 평면]을 설정한 후 스케치를 완성한다.

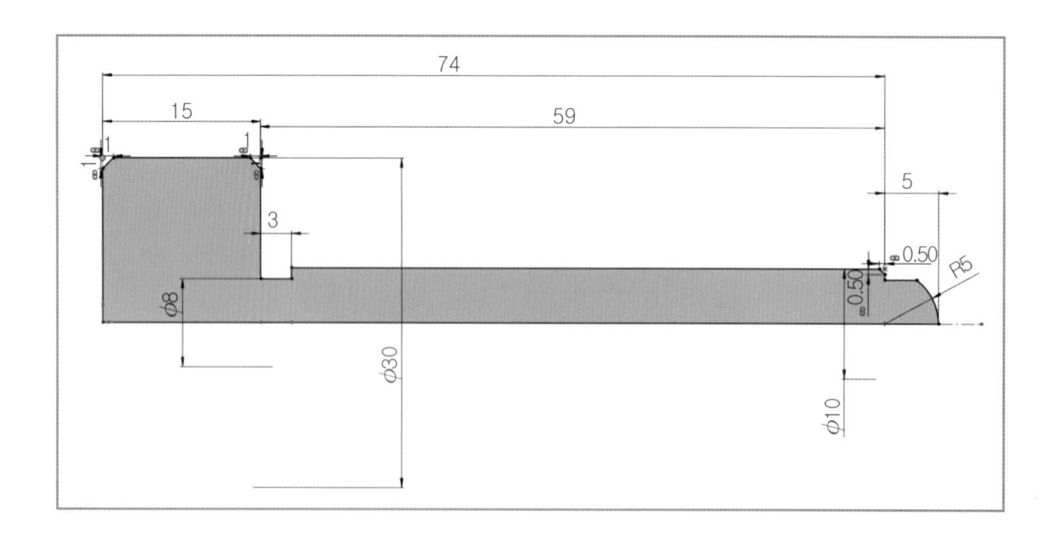

3 회전 보스 : 회전축은 수평 중심선으로 360° 회전시켜 모델링을 완성한다.

(2) 나사산 표현

❶ 나사산 효과 : Feature Manager Design Tree에서 [주석]을 클릭하고, [마우스 오른쪽 버튼]을 클릭하여 세부사항을 선택한다. [음영 나사산]에 체크하고 [확인]을 클릭한다.

❷ 나사산 이미지 표현 : 풀다운 메뉴에서 [삽입] ⇒ [주석] ⇒ [나사산 표시]를 클릭한 후 [원형 모서리]를 선택하면 원통부에 나사 이미지가 표현된다.

* 나사선 곡선과 삼각형 2개의 스케치 작업을 한 후 스윕 컷을 하는 방법도 있지만, 비교적 작은 나사부에서는 위와 같은 방법이 좋다.

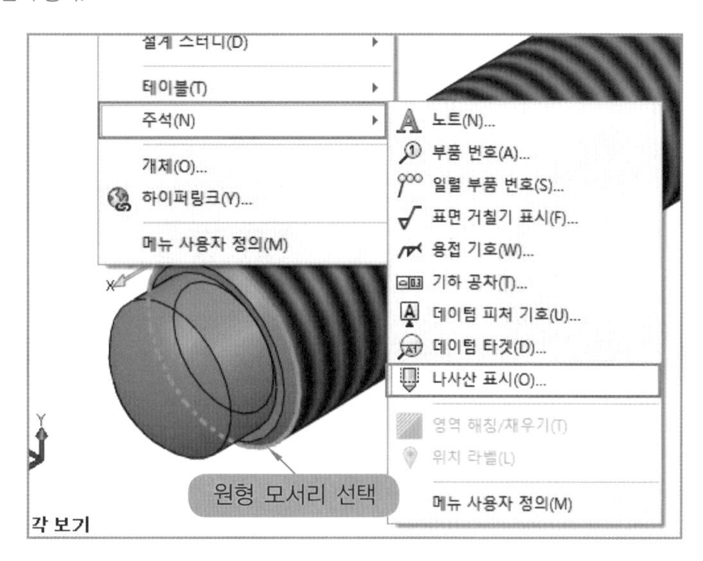

(3) 널링부 표현

① 표현 편집 : 원통면을 클릭하고 [표현]을 선택한 후 [면〈1〉@회전1]을 클릭한다.

② 이미지 파일 선택 : 표현 속성 대화상자에서 [찾아보기]를 클릭하여 [knurl 이미지 파일]을 선택하고 [확인] ✓을 클릭한다. 이미지 위치는 다음과 같다.

> C:/Program Files/SOLIDWORKS Corp/SOLIDWORKS(2)
> /data/Images/textures/metal/machined/knurl.jpg

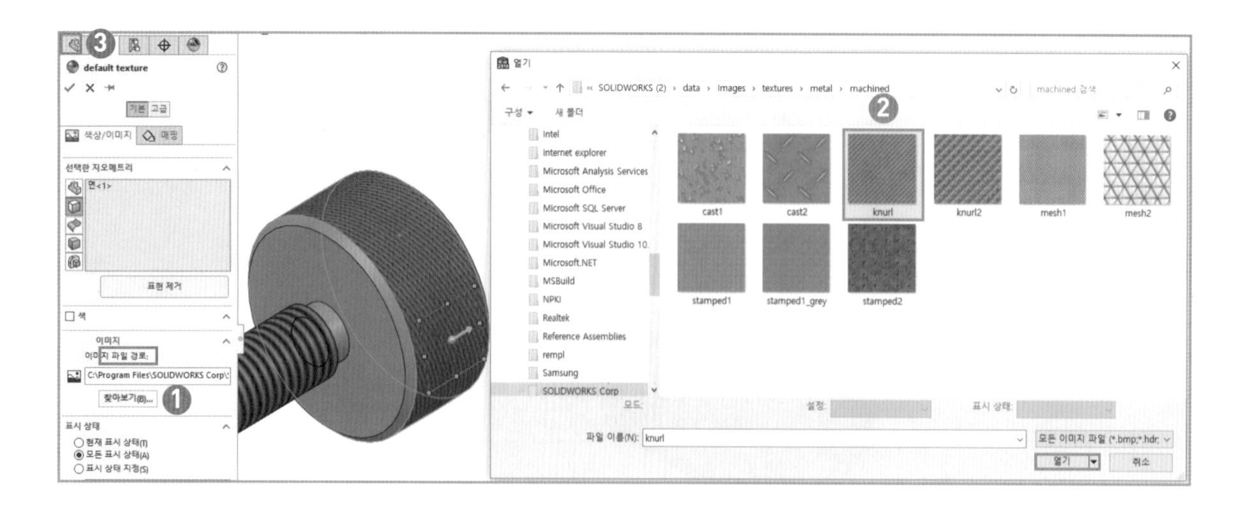

❸ 이미지 크기 조절 : 미리보기 대화상자에 나타난 크기 조절창을 마우스 왼쪽 버튼으로 끌면서 이미지 크기를 조절한다.

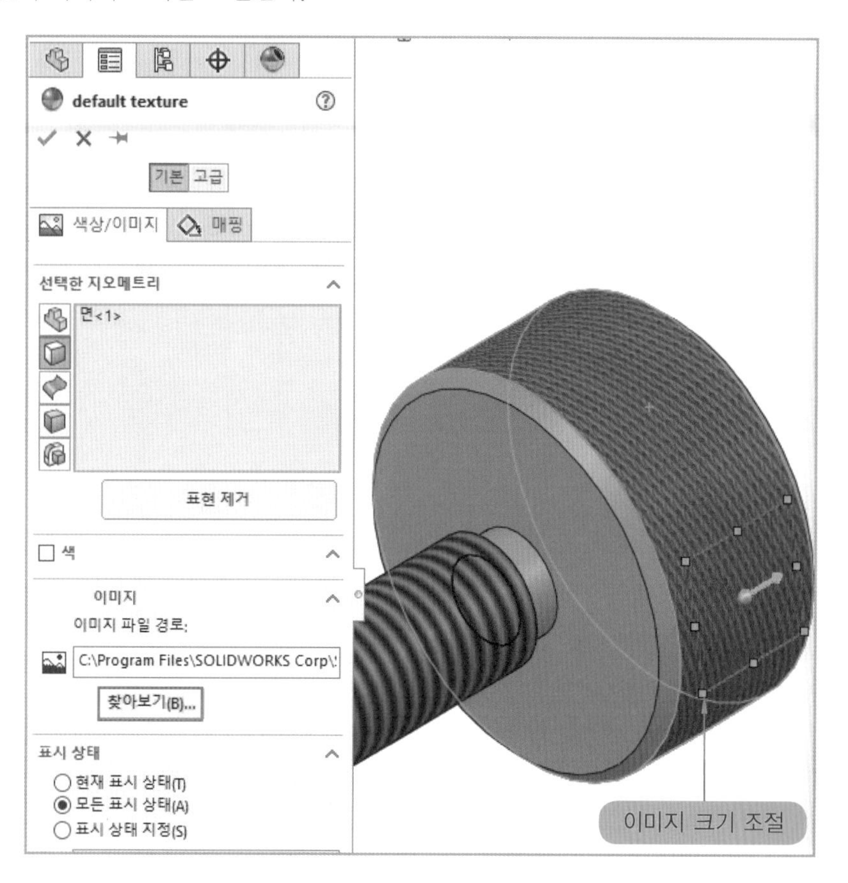

이미지 파일을 쉽게 찾아 삽입하는 방법

❶ 찾아보기 대화상자에서 "C:/Program Files/"까지는 찾아 들어간다.

❷ 우측 상단의 찾기 입력창에서 knurl이라 입력하고 ENTER 키를 클릭하면 검색이 시작된다.

❸ knurl의 이미지 파일을 더블 클릭하면 삽입된다.

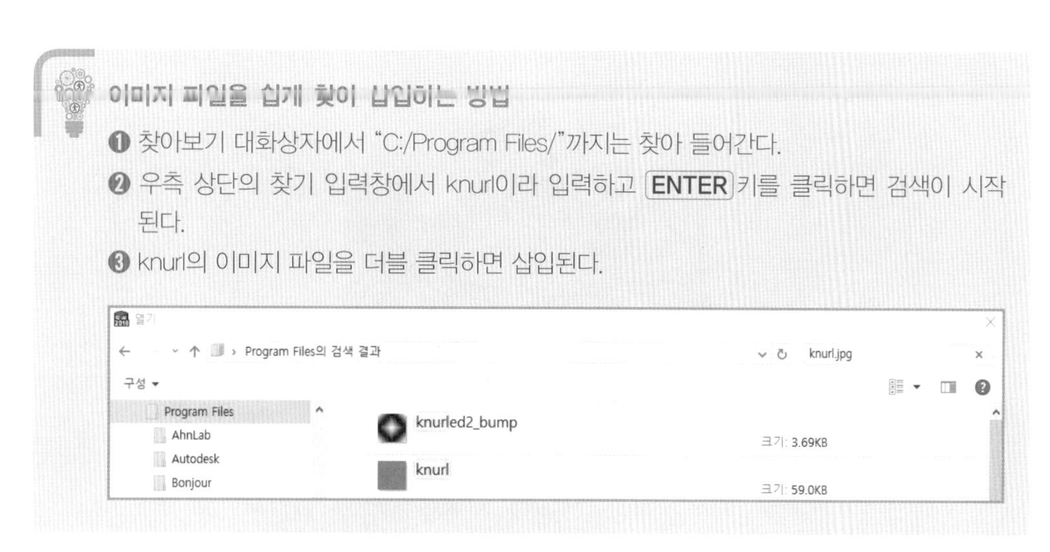

3 기타 부품(블록, 고정 드릴부시, 상부 플레이트)

(1) 블록

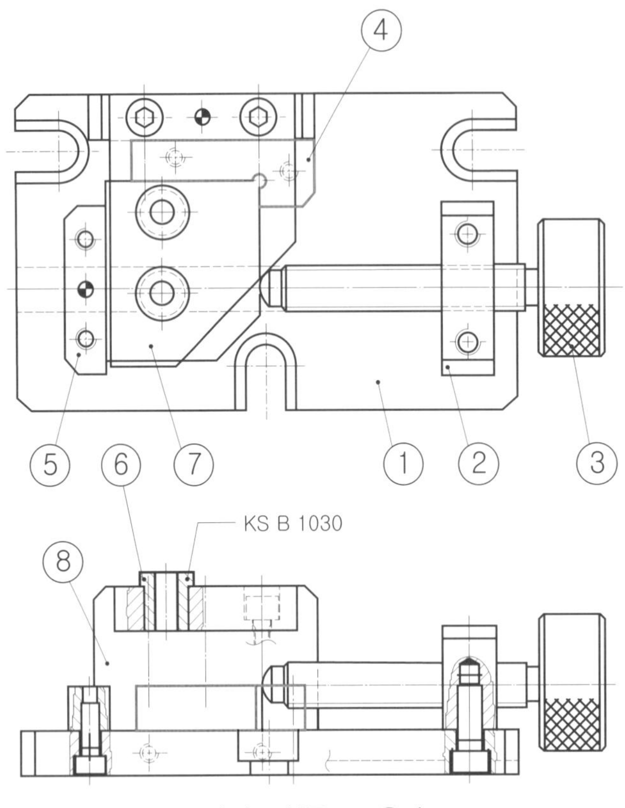

드릴지그 블록 2D 윤곽도

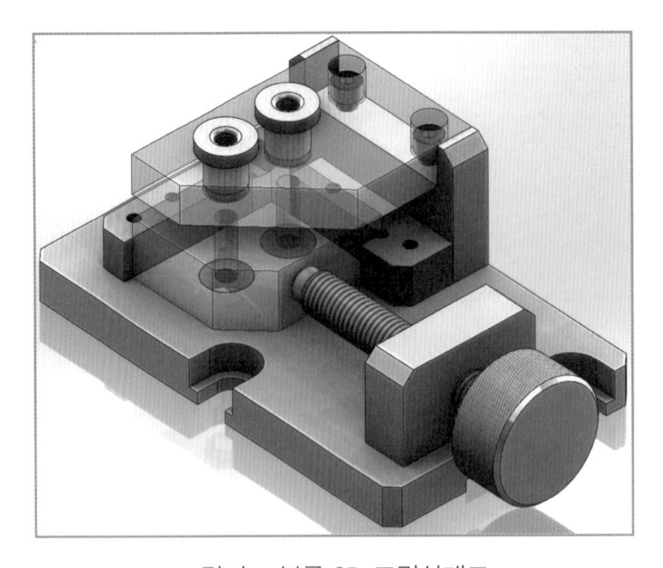

드릴지그 블록 3D 조립상태도

(2) 고정 드릴부시

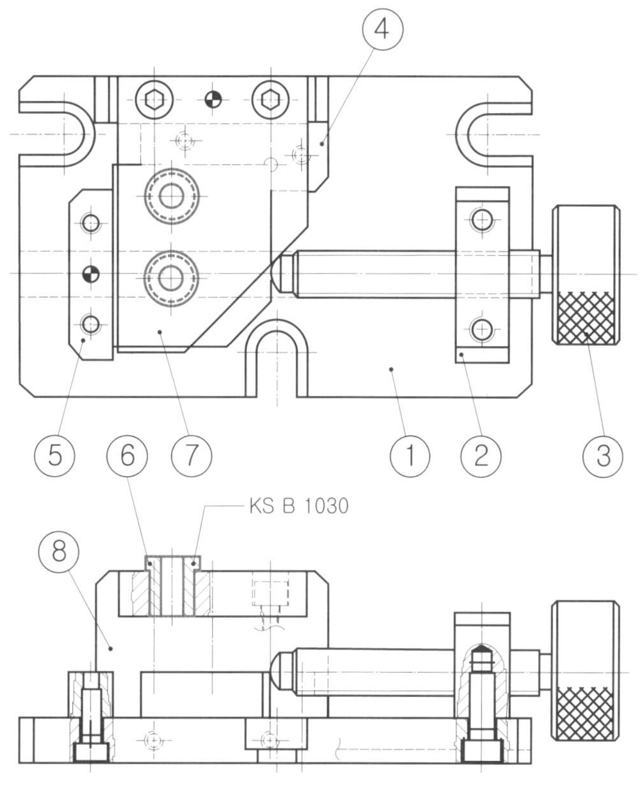

드릴지그 고정 드릴부시 2D 윤곽도

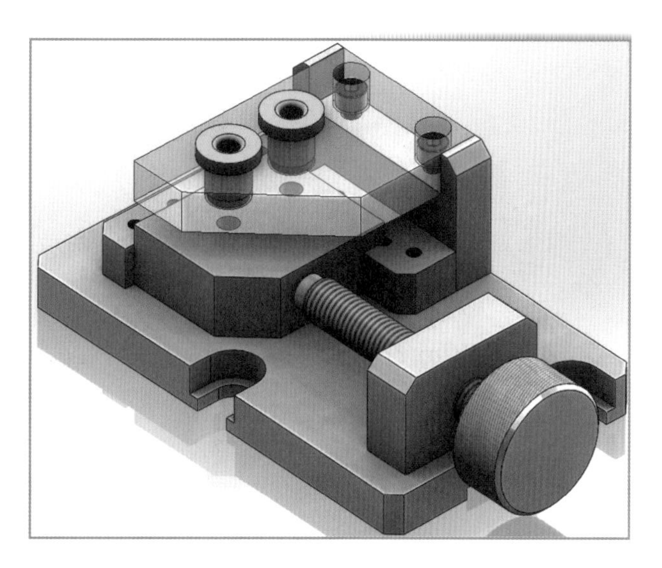

드릴지그 고정 드릴부시 3D 조립상태도

(3) 상부 플레이트

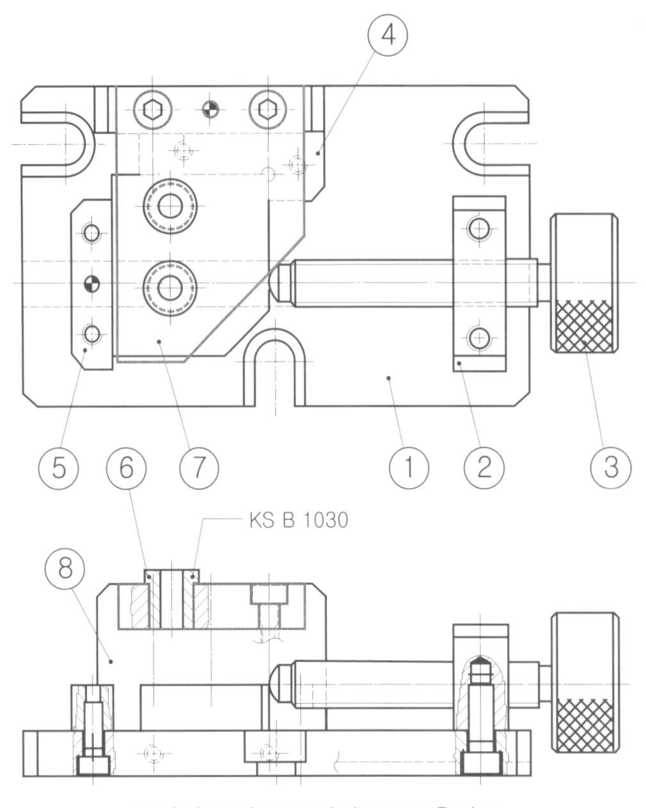

드릴지그 상부 플레이트 2D 윤곽도

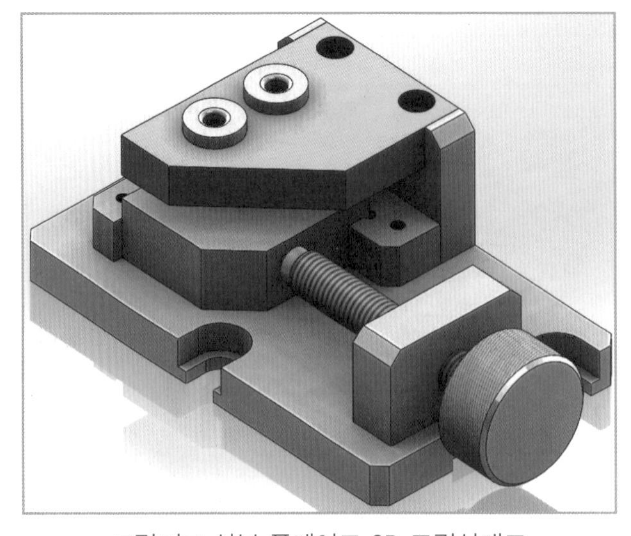

드릴지그 상부 플레이트 3D 조립상태도

다음 그림은 품번 ④ 블록, ⑥ 고정 드릴부시, ⑦ 상부 플레이트의 실측 참고도이다. 다음 그림을 참고하여 실측하면서 모델링 및 2D 투상도를 추출하는 능력을 배양해 보자.

④

⑦ 8번과 조립 후 동시 가공

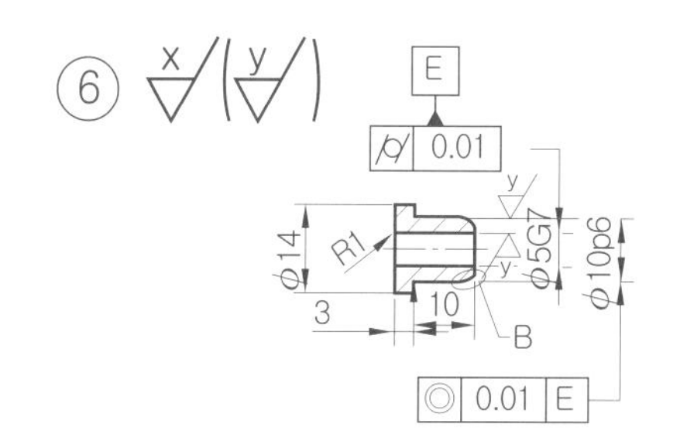

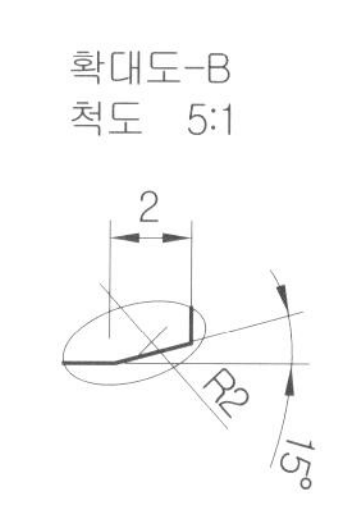

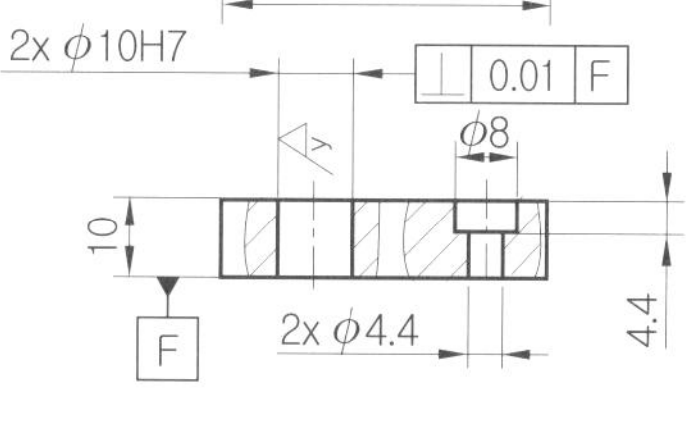

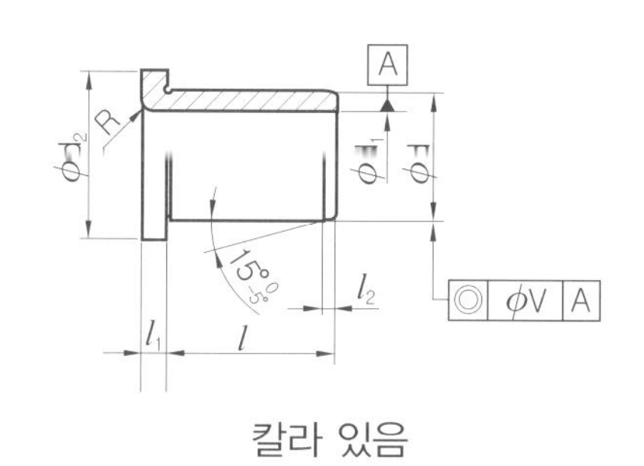

칼라 있음

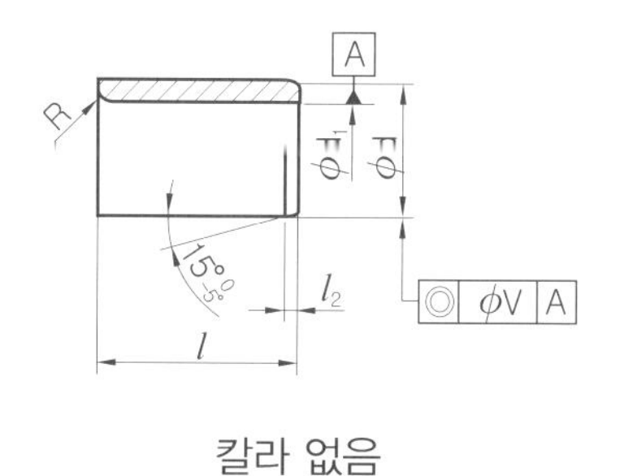

칼라 없음

d_1		d		d_2		l	l_1	l_2	R
초과	이하	기준치수	허용차	기준치수	허용차				
4	6	10	p6	14	h13	10 12 16 20	3	1.5	1.0
6	8	12	p6	16	h13	10 12 16 20	3	1.5	2.0
8	10	15	p6	19	h13	12 16 20 25	3	1.5	2.0

예상과제
및 모범답안

과제 1	작 품 명 ∣ 동력전달장치 1	자격종목 ∣ 기계설계산업기사	척 도 ∣ 1 : 1

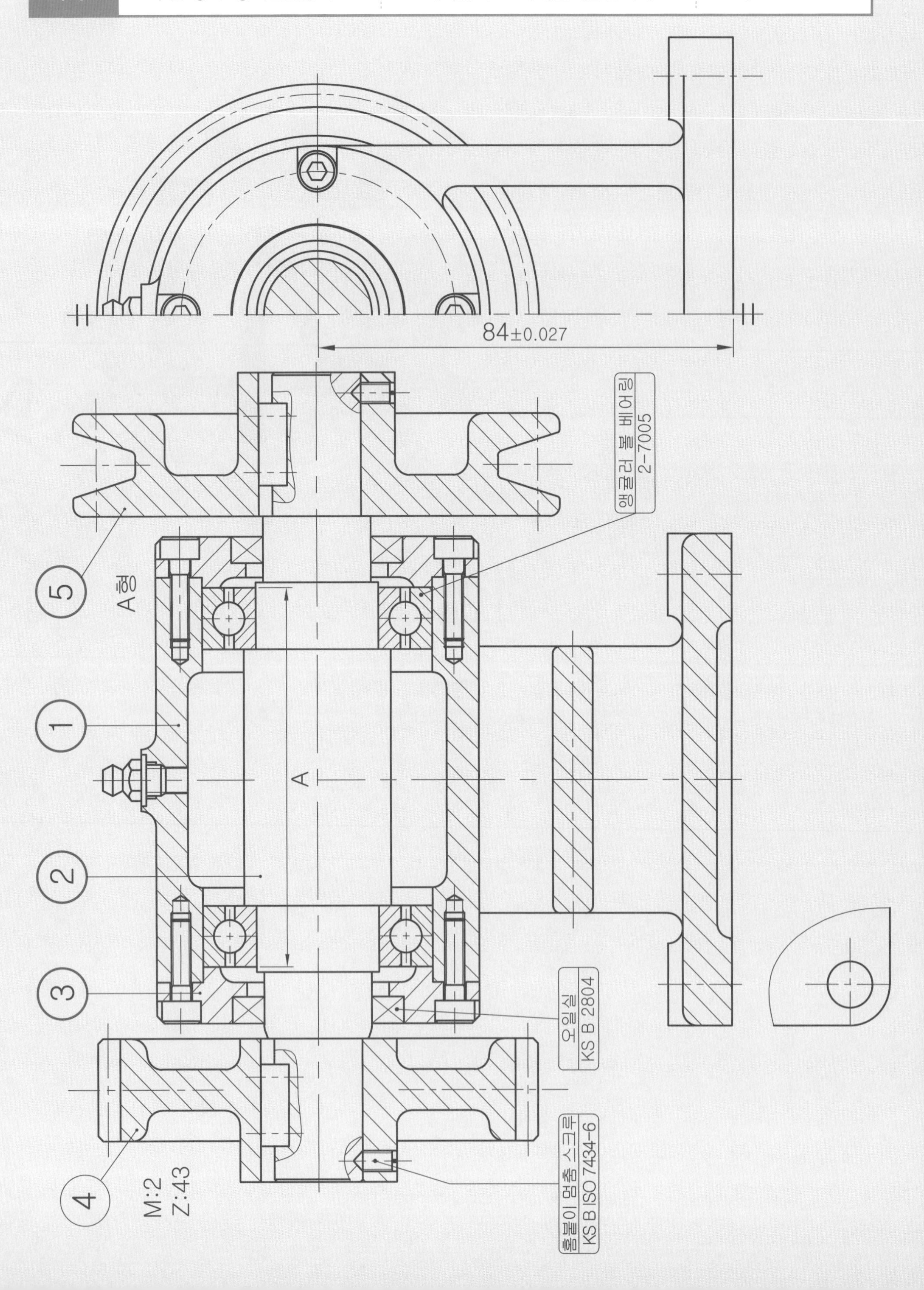

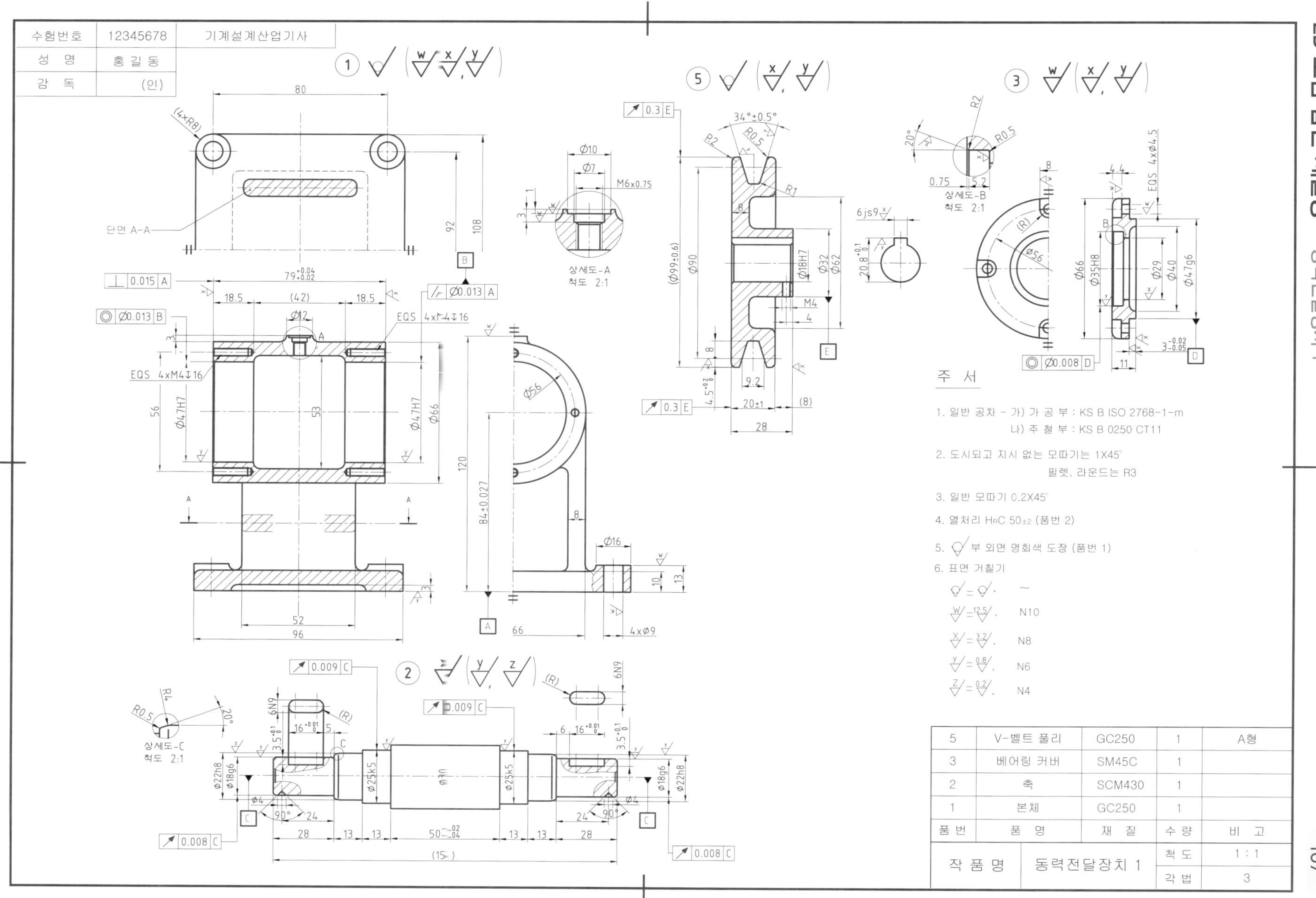
수험번호 12345678 기계설계산업기사
성 명 홍길동
감 독 (인)
단면 A-A
상세도-A 척도 2:1
상세도-B 척도 2:1
상세도-C 척도 2:1
주 서
1. 일반 공차 - 가) 가 공 부 : KS B ISO 2768-1-m
나) 주 철 부 : KS B 0250 CT11
2. 도시되고 지시 없는 모따기는 1X45°
필렛, 라운드는 R3
3. 일반 모따기 0.2X45°
4. 열처리 HRC 50±2 (품번 2)
5. 부 외면 명회색 도장 (품번 1)
6. 표면 거칠기
N10
N8
N6
N4
5 V-벨트 풀리 GC250 1 A형
3 베어링 커버 SM45C 1
2 축 SCM430 1
1 본체 GC250 1
품번 품명 재질 수량 비고
작품명 동력전달장치 1
척도 1:1
각법 3

3D 모범 답안 제출용 – 동력전달장치 1

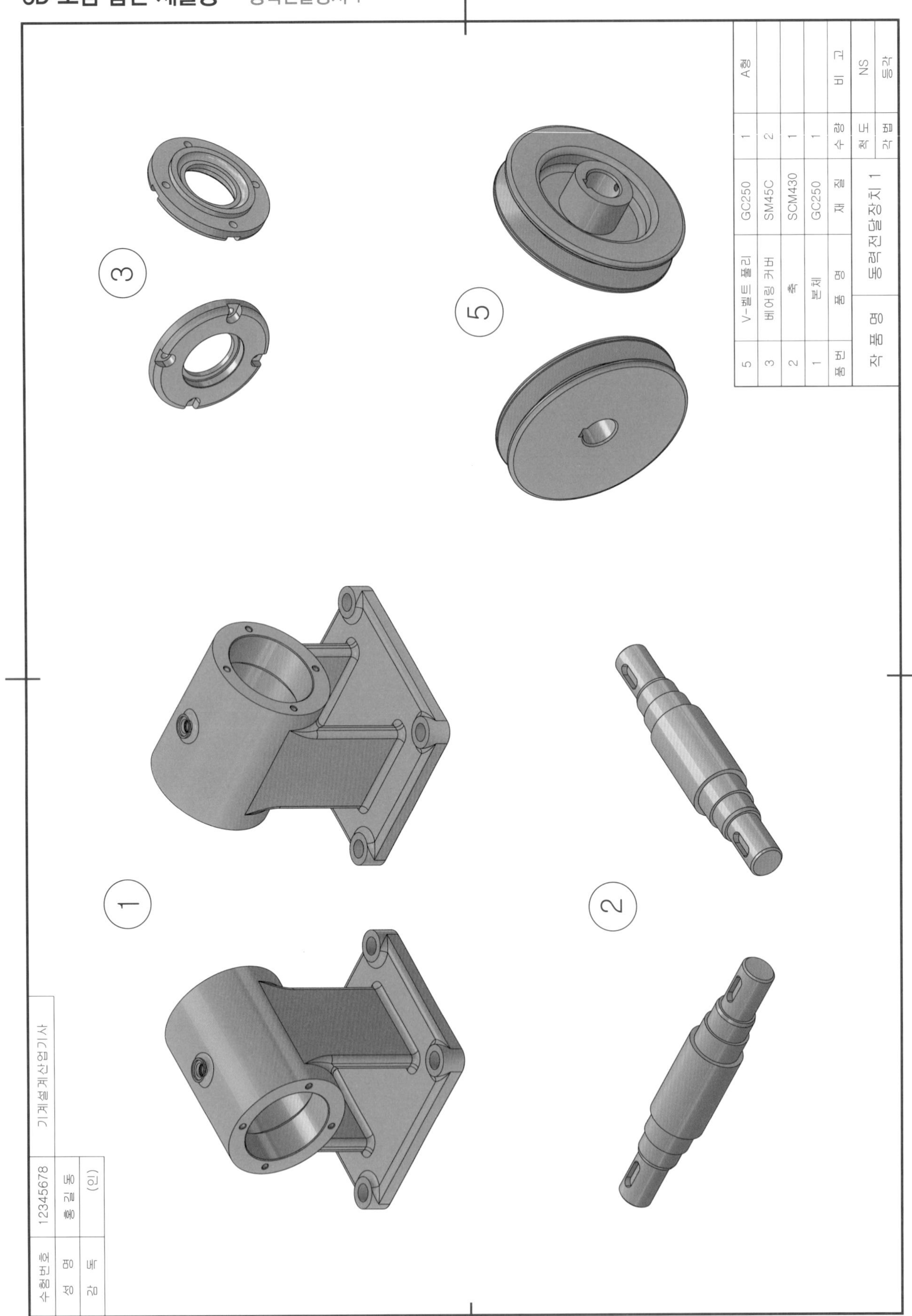

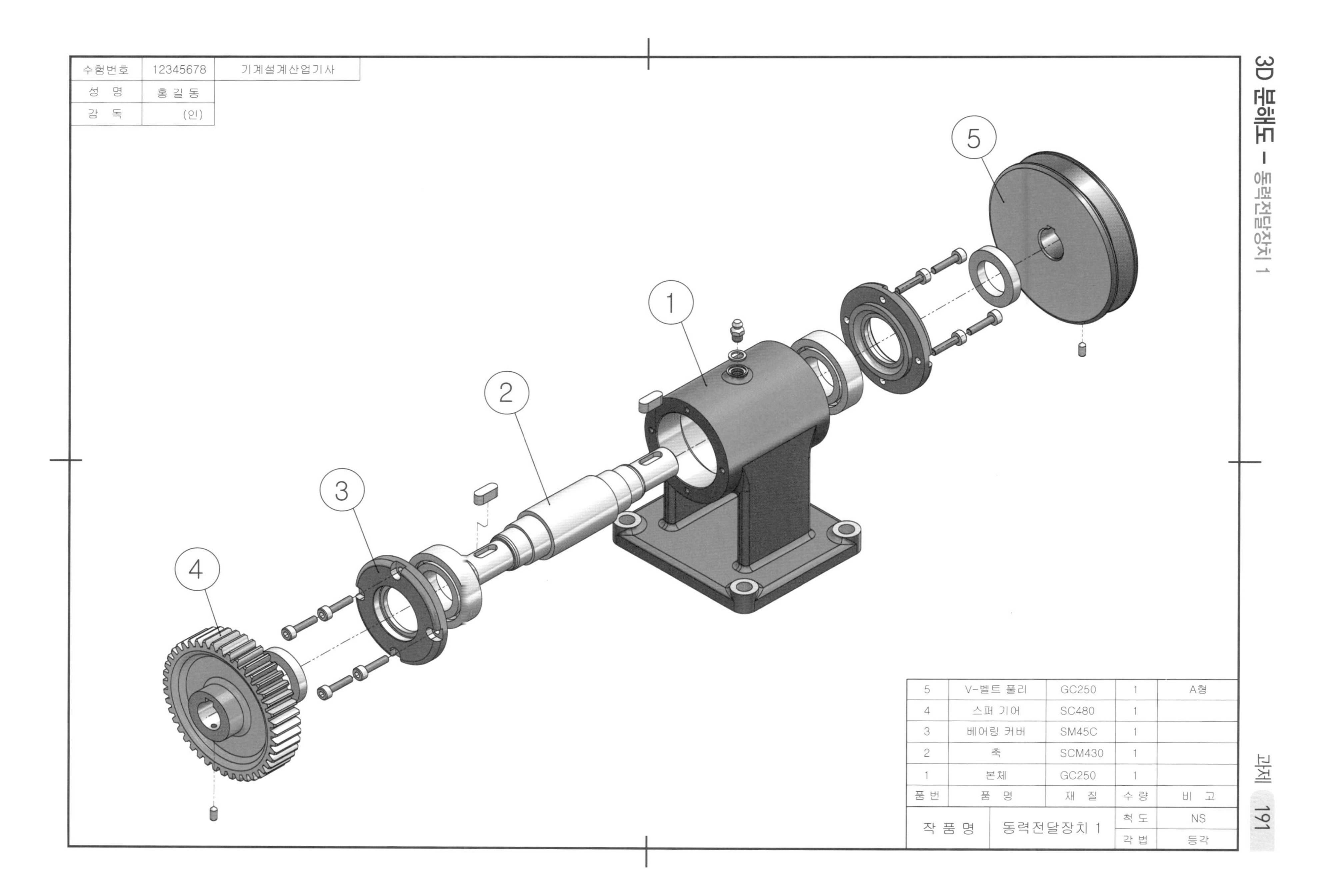
수험번호
12345678
기계설계산업기사
성 명
홍길동
감 독
(인)
1
2
3
4
5
5
V-벨트 풀리
GC250
1
A형
4
스퍼 기어
SC480
1
3
베어링 커버
SM45C
1
2
축
SCM430
1
1
본체
GC250
1
품번
품 명
재 질
수 량
비 고
작 품 명
동력전달장치 1
척 도
NS
각 법
등각

과제 2	작 품 명 ㅣ 동력전달장치 2	자격종목 ㅣ 기계설계산업기사	척 도 ㅣ 1 : 1

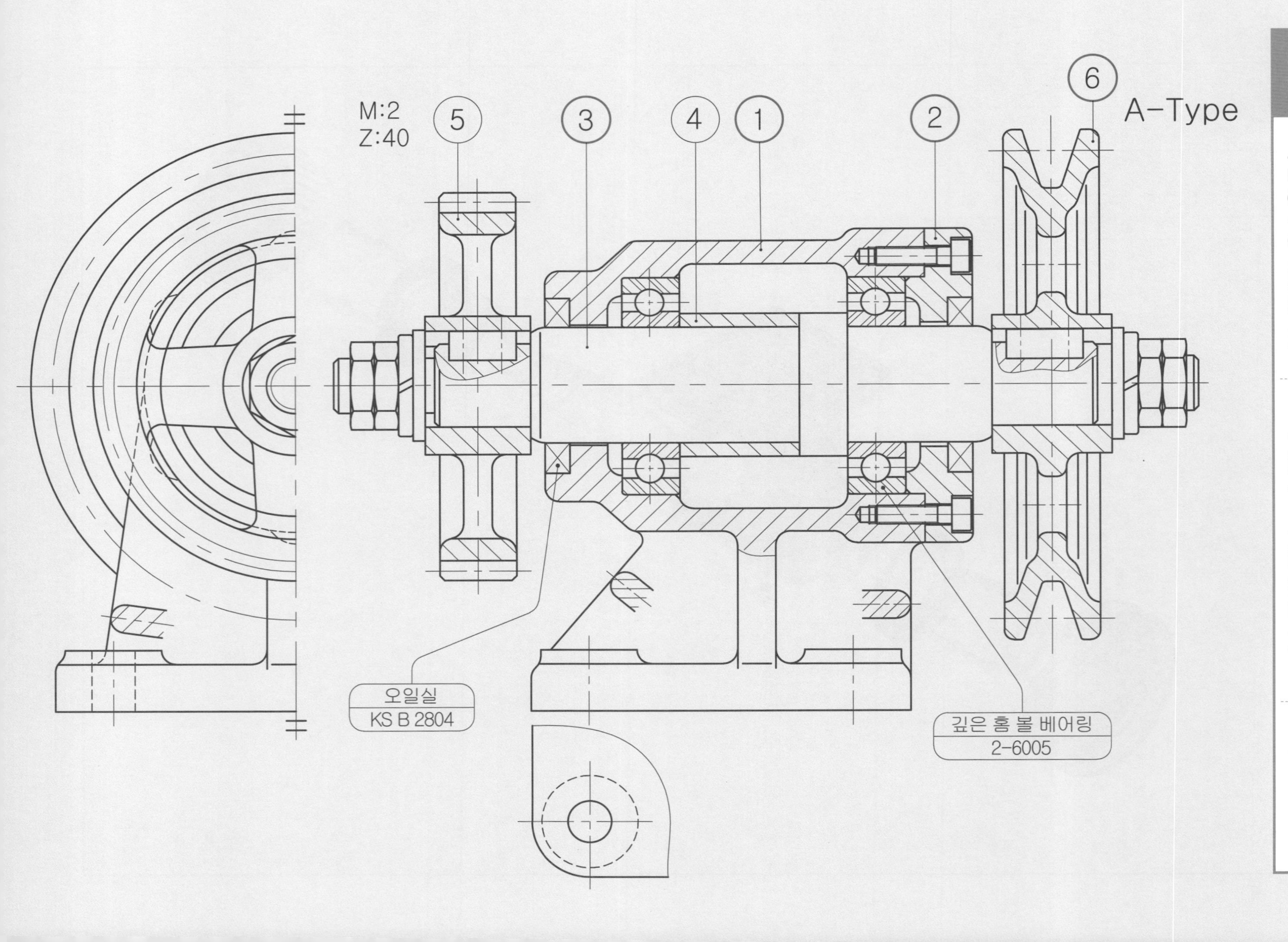

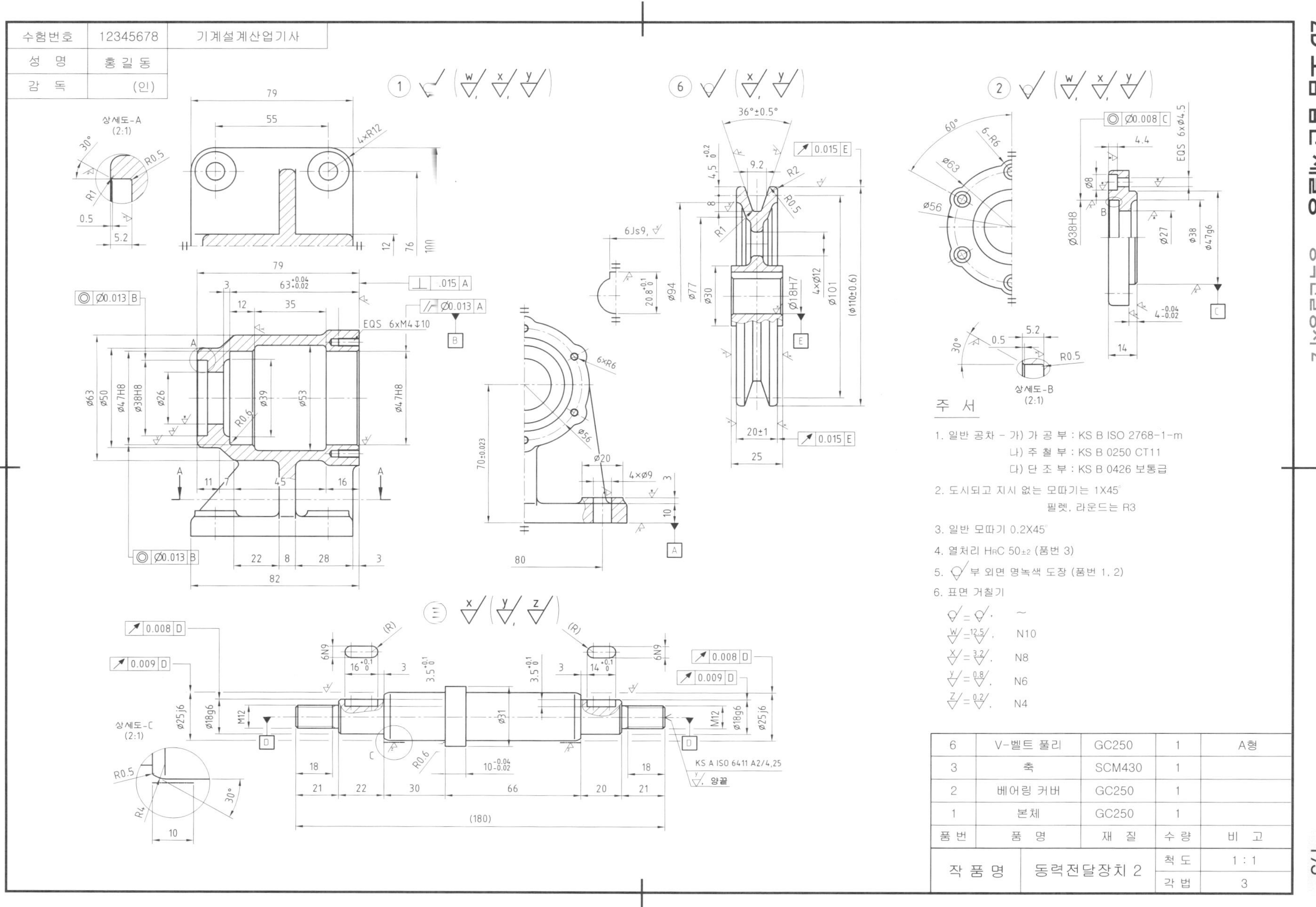

수험번호 12345678
기계설계산업기사
성명 홍길동
감독 (인)
상세도-A (2:1)
상세도-B (2:1)
상세도-C (2:1)
주 서
1. 일반 공차 - 가) 가 공 부 : KS B ISO 2768-1-m
나) 주 철 부 : KS B 0250 CT11
다) 단 조 부 : KS B 0426 보통급
2. 도시되고 지시 없는 모따기는 1X45°
필렛, 라운드는 R3
3. 일반 모따기 0.2X45°
4. 열처리 HRC 50±2 (품번 3)
5. 부 외면 명녹색 도장 (품번 1, 2)
6. 표면 거칠기
N10
N8
N6
N4
KS A ISO 6411 A2/4.25
양끝
6 V-벨트 풀리 GC250 1 A형
3 축 SCM430 1
2 베어링 커버 GC250 1
1 본체 GC250 1
품번 품명 재질 수량 비고
작품명 동력전달장치 2
척도 1:1
각법 3

3D 모범 답안 제출용 – 동력전달장치 2

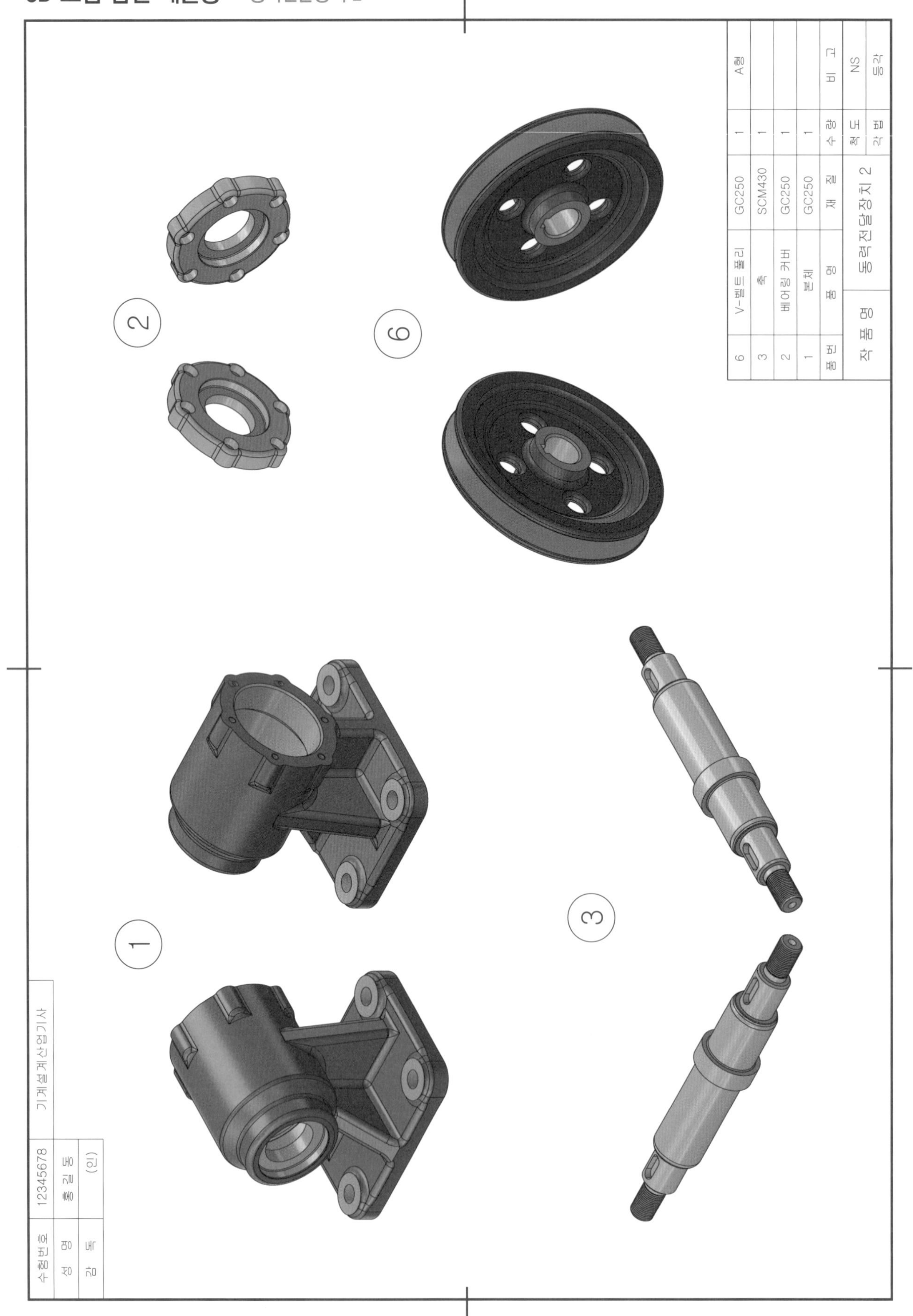

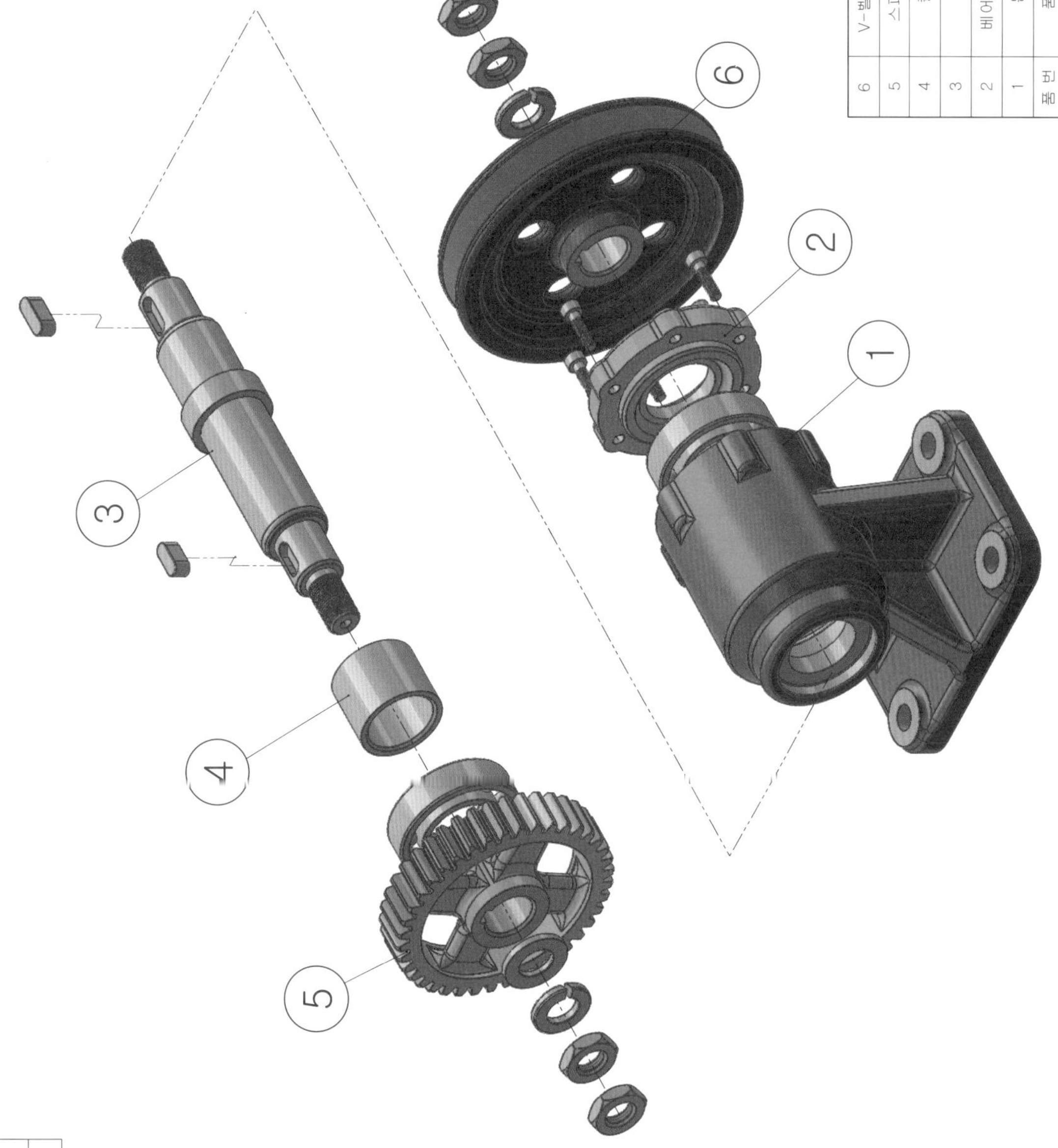

품번	품명	재질	수량	비고
6	V-벨트 풀리	GC250	1	A형
5	스퍼 기어	SC480	1	
4	칼라	SM45C	1	
3	축	SCM430	1	
2	베어링 커버	GC250	1	
1	본체	GC250	1	

작품명	동력전달장치 2	척도	NS
		각법	등각

수험번호	12345678	기계설계산업기사
성명	홍길동	
감독	(인)	

1 2 3 4 5 6

과제 3	작 품 명 ㅣ 동력전달장치 3	자격종목 ㅣ 기계설계산업기사	척 도 ㅣ 1 : 1

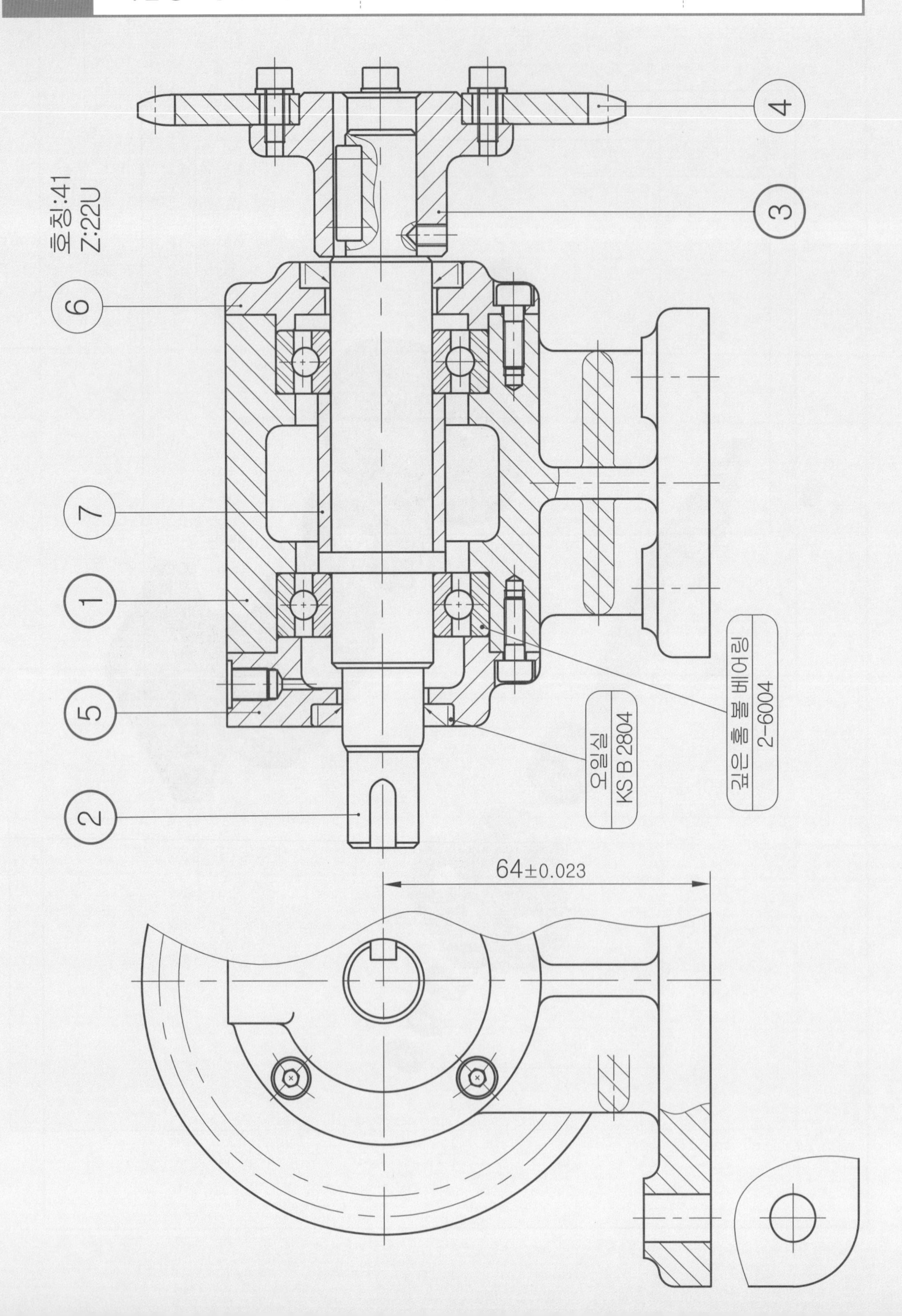

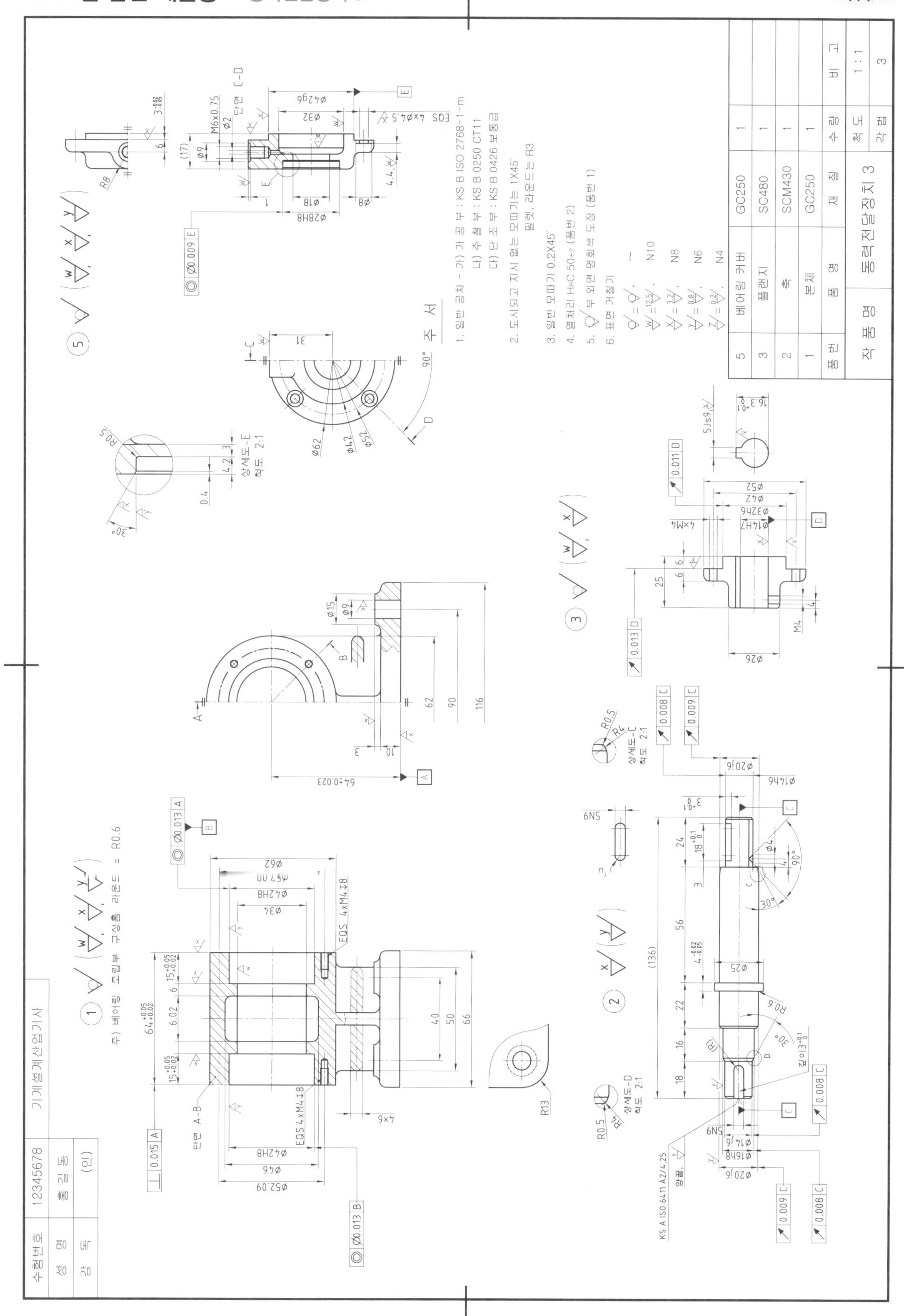
수험번호 12345678
성명 홍길동
감독 (인)
기계설계산업기사
주 서
1. 일반 공차 - 가) 가 공 부 : KS B ISO 2768-1-m
나) 주 철 부 : KS B 0250 CT11
다) 단 조 부 : KS B 0426 보통급
2. 도시되고 지시 없는 모따기는 1X45° 필렛, 라운드는 R3
3. 일반 모따기 0.2X45°
4. 열처리 HRC 50±2 (품번 2)
5. 외면 명회색 도장 (품번 1)
6. 표면 거칠기
5 베어링 커버 GC250 1
3 플랜지 SC480 1
2 축 SCM430 1
1 본체 GC250 1
품번 품명 재질 수량 비고
작품명 동력전달장치 3
척도 1:1
각법 3

3D 모범 답안 제출용 – 동력전달장치 3

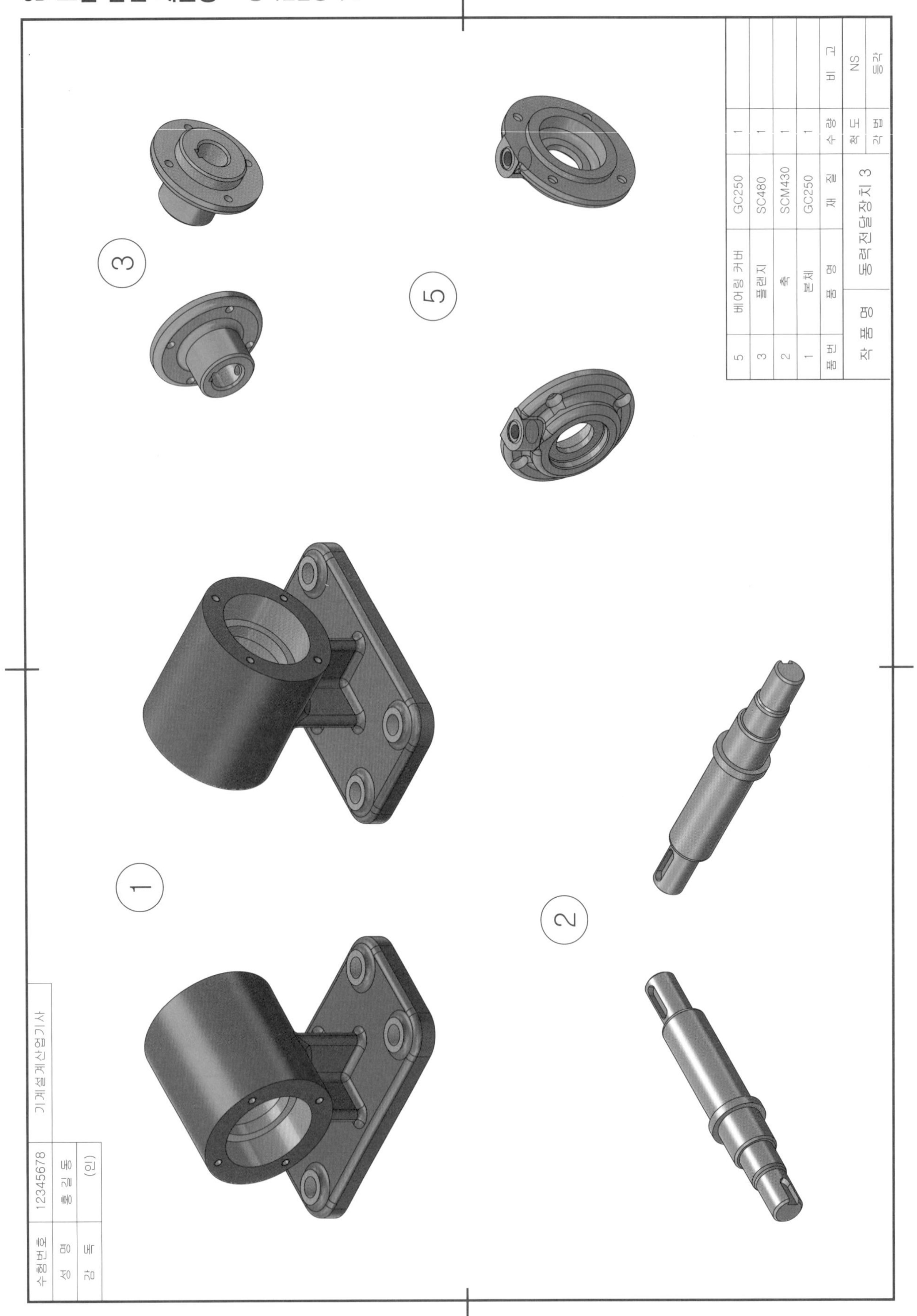

품번	품명	재질	수량	비고
7	칼라	SM45C	1	
6	베어링 커버	GC250	1	
5	베어링 커버	GC250	1	
4	스프로킷	SCM430	1	
3	플랜지	SC480	1	
2	축	SCM430	1	
1	본체	GC250	1	
작품명	동력전달장치 3		척도	NS
			각법	등각

수험번호	12345678	기계설계산업기사
성명	홍길동	
감독	(인)	

7

2

1

4

3

5

6

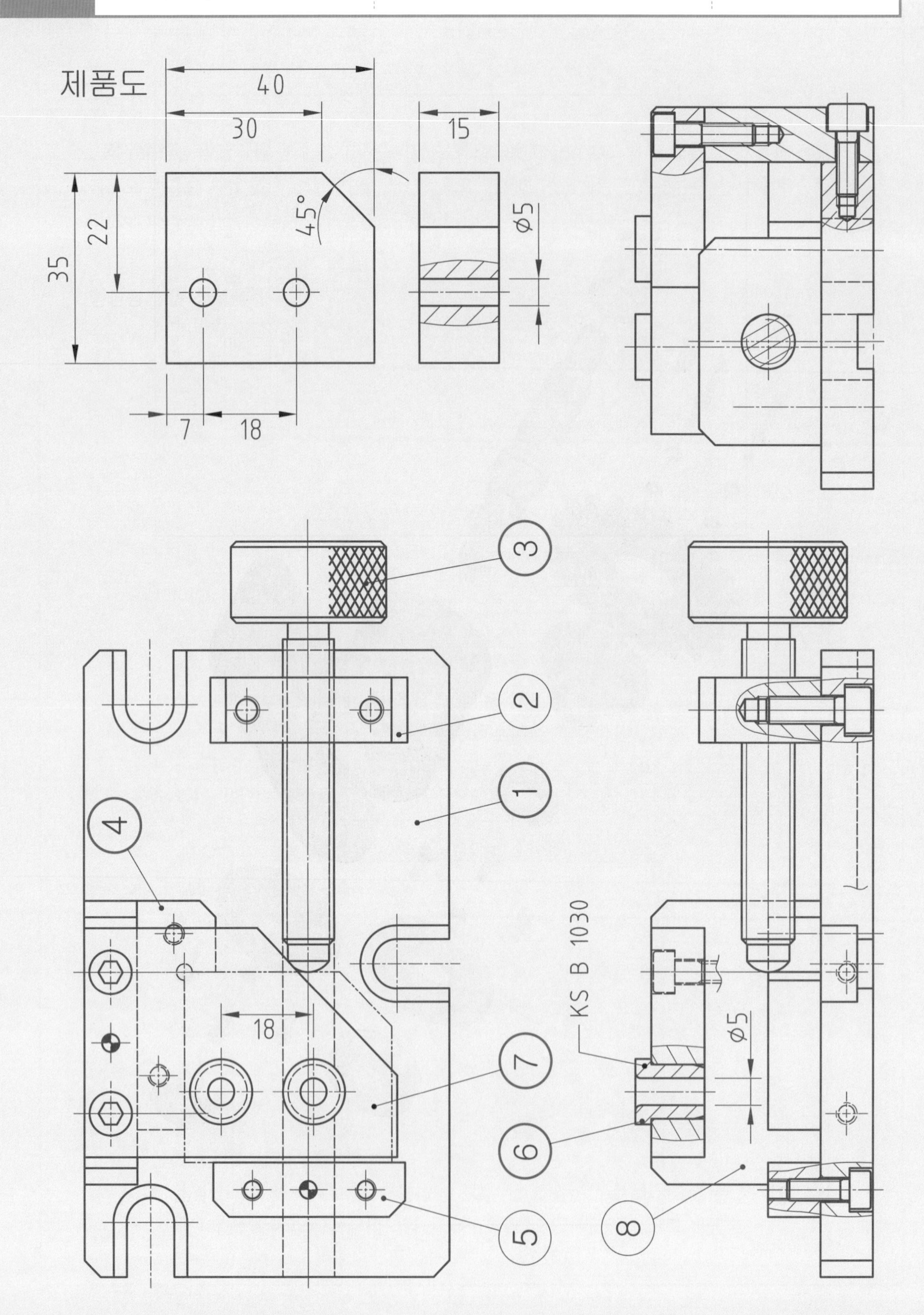

제품도
40
30
15
22
35
45°
ϕ5
7
18
3
2
1
4
18
7
KS B 1030
ϕ5
6
5
8

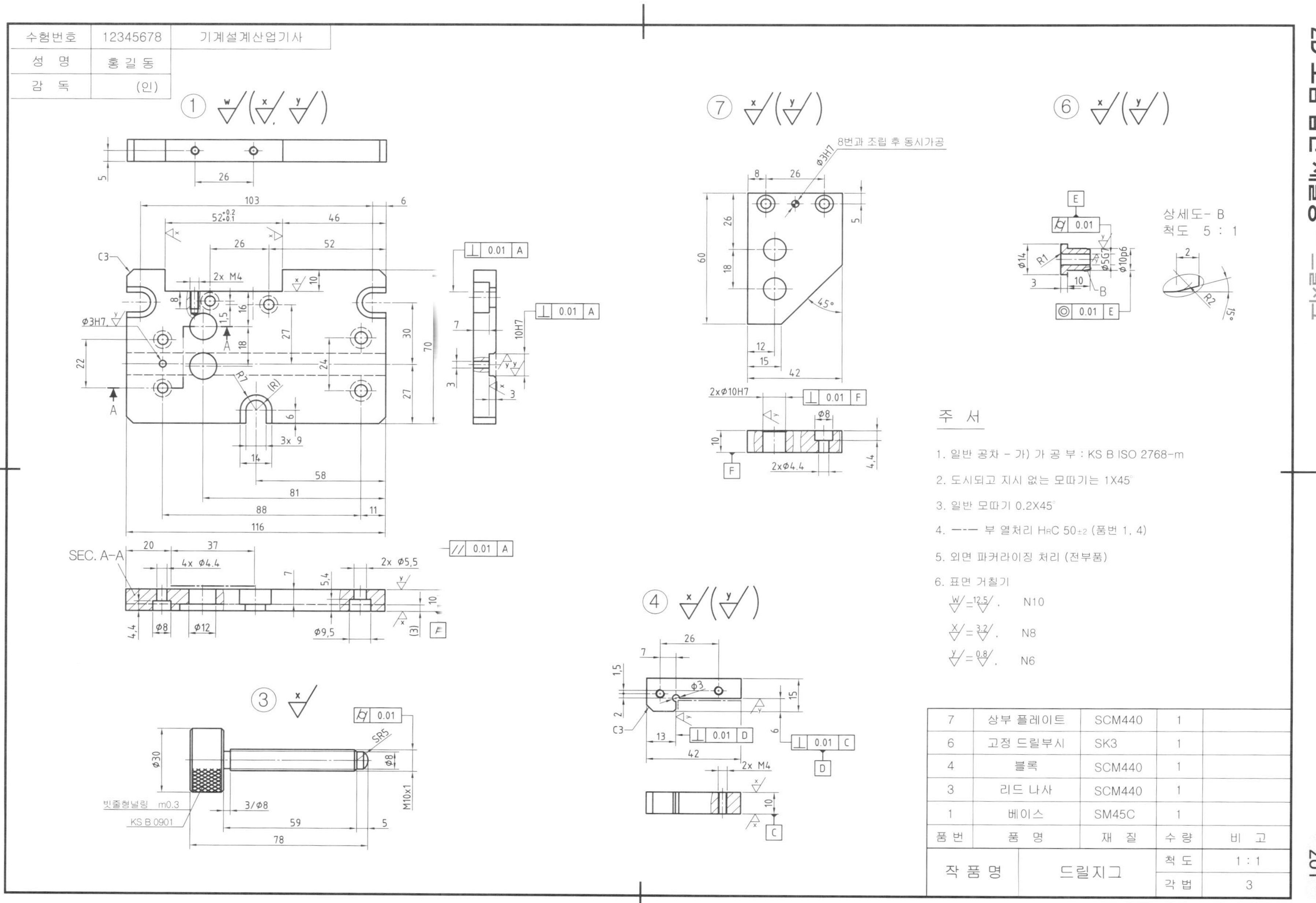
수험번호 12345678
기계설계산업기사
성 명 홍길동
감 독 (인)
8번과 조립 후 동시가공
상세도-B
척도 5 : 1
SEC. A-A
빗줄형널링 m0.3
KS B 0901
주 서
1. 일반 공차 - 가) 가 공 부 : KS B ISO 2768-m
2. 도시되고 지시 없는 모따기는 1X45°
3. 일반 모따기 0.2X45°
4. —·— 부 열처리 HRC 50±2 (품번 1, 4)
5. 외면 파커라이징 처리 (전부품)
6. 표면 거칠기
W = 12.5, N10
X = 3.2, N8
Y = 0.8, N6
7 상부 플레이트 SCM440 1
6 고정 드릴부시 SK3 1
4 블록 SCM440 1
3 리드 나사 SCM440 1
1 베이스 SM45C 1
품번 품명 재질 수량 비고
작품명 드릴지그
척도 1 : 1
각법 3

3D 모범 답안 제출용 – 드릴지그

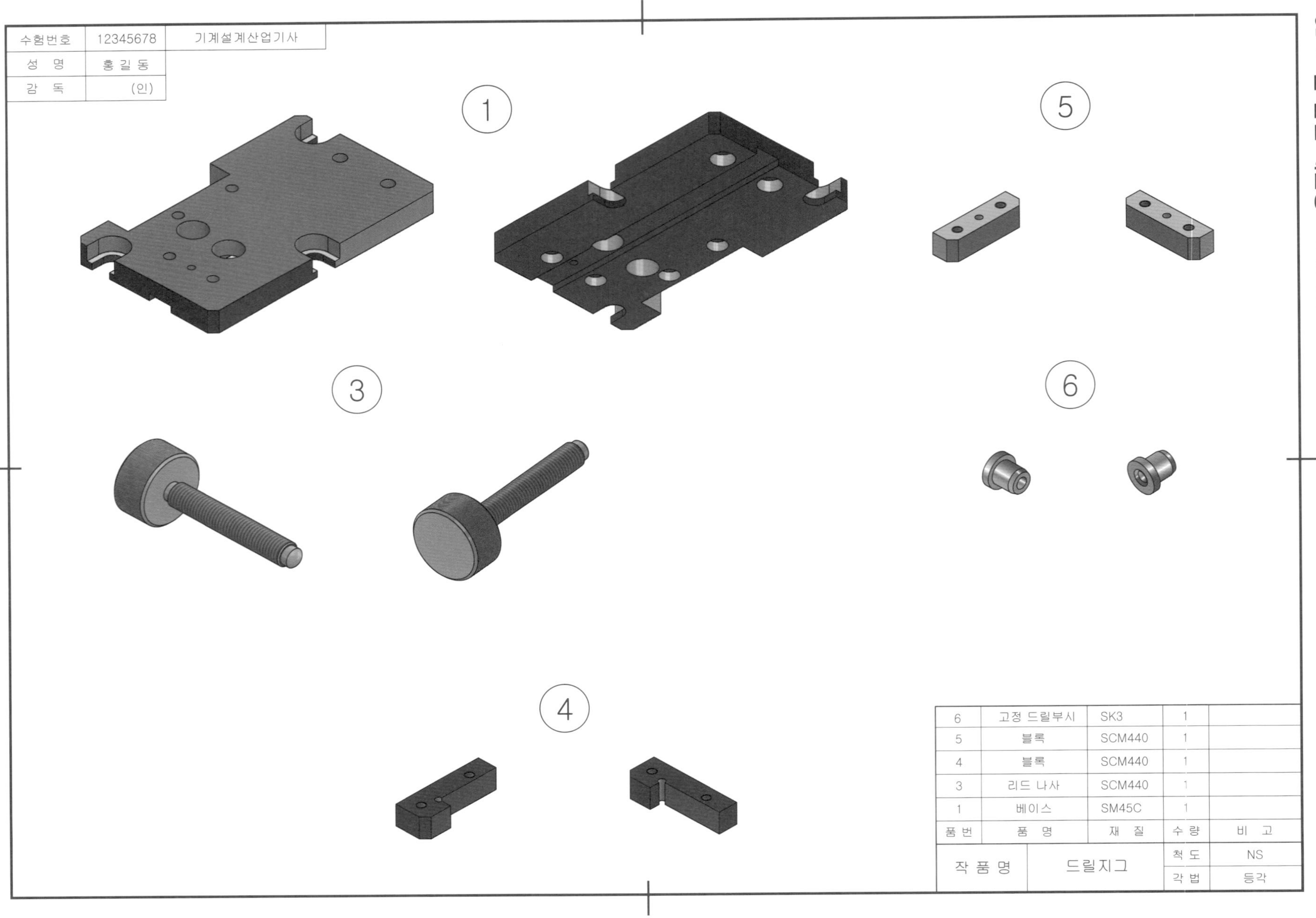

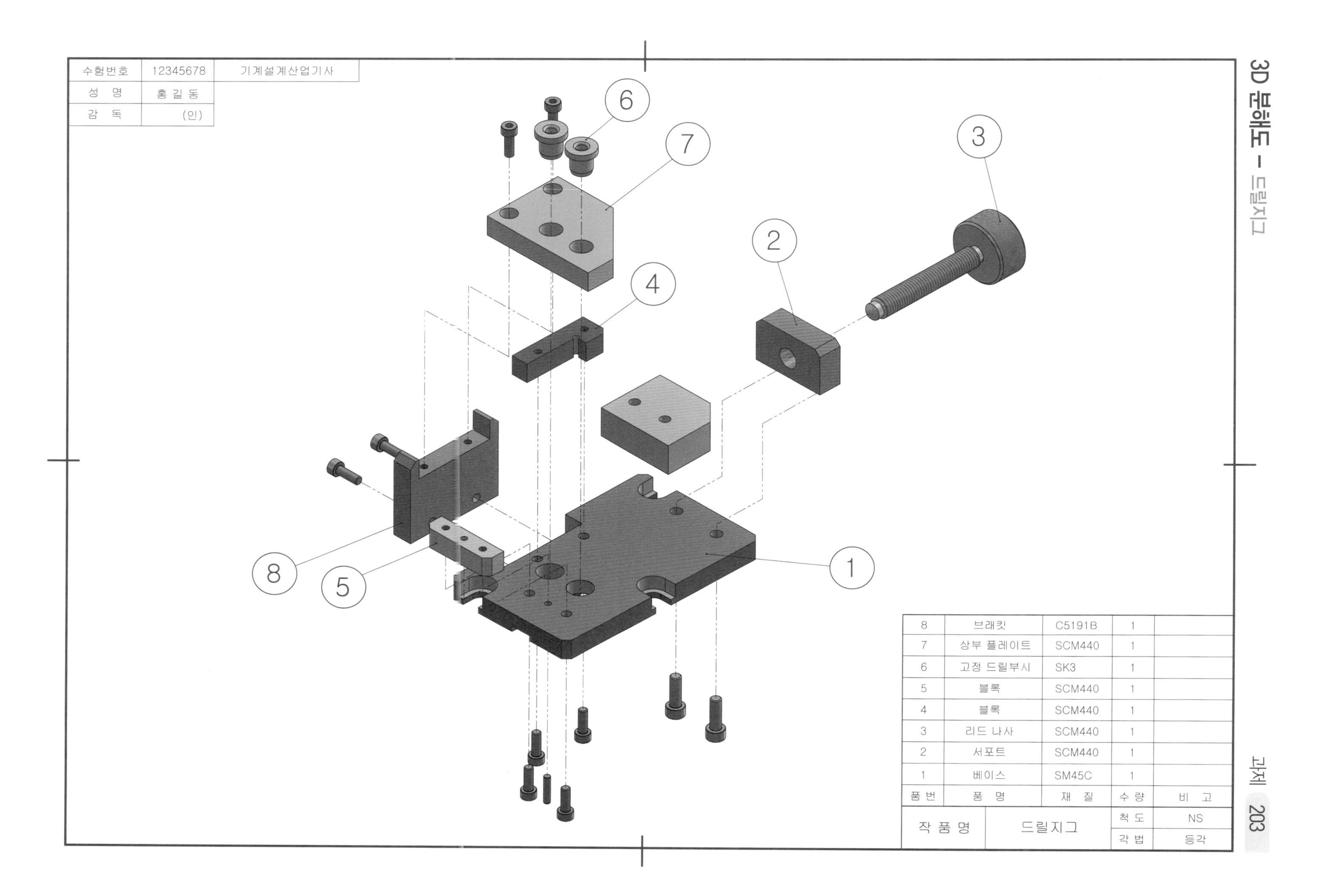
수험번호
12345678
기계설계산업기사
성명
홍길동
감독
(인)
1
2
3
4
5
6
7
8
8
브래킷
C5191B
1
7
상부 플레이트
SCM440
1
6
고정 드릴부시
SK3
1
5
블록
SCM440
1
4
블록
SCM440
1
3
리드 나사
SCM440
1
2
서포트
SCM440
1
1
베이스
SM45C
1
품번
품명
재질
수량
비고
작품명
드릴지그
척도
NS
각법
등각

과제 5	작 품 명 ㅣ 공압 실린더	자격종목 ㅣ 기계설계산업기사	척 도 ㅣ 1 : 1

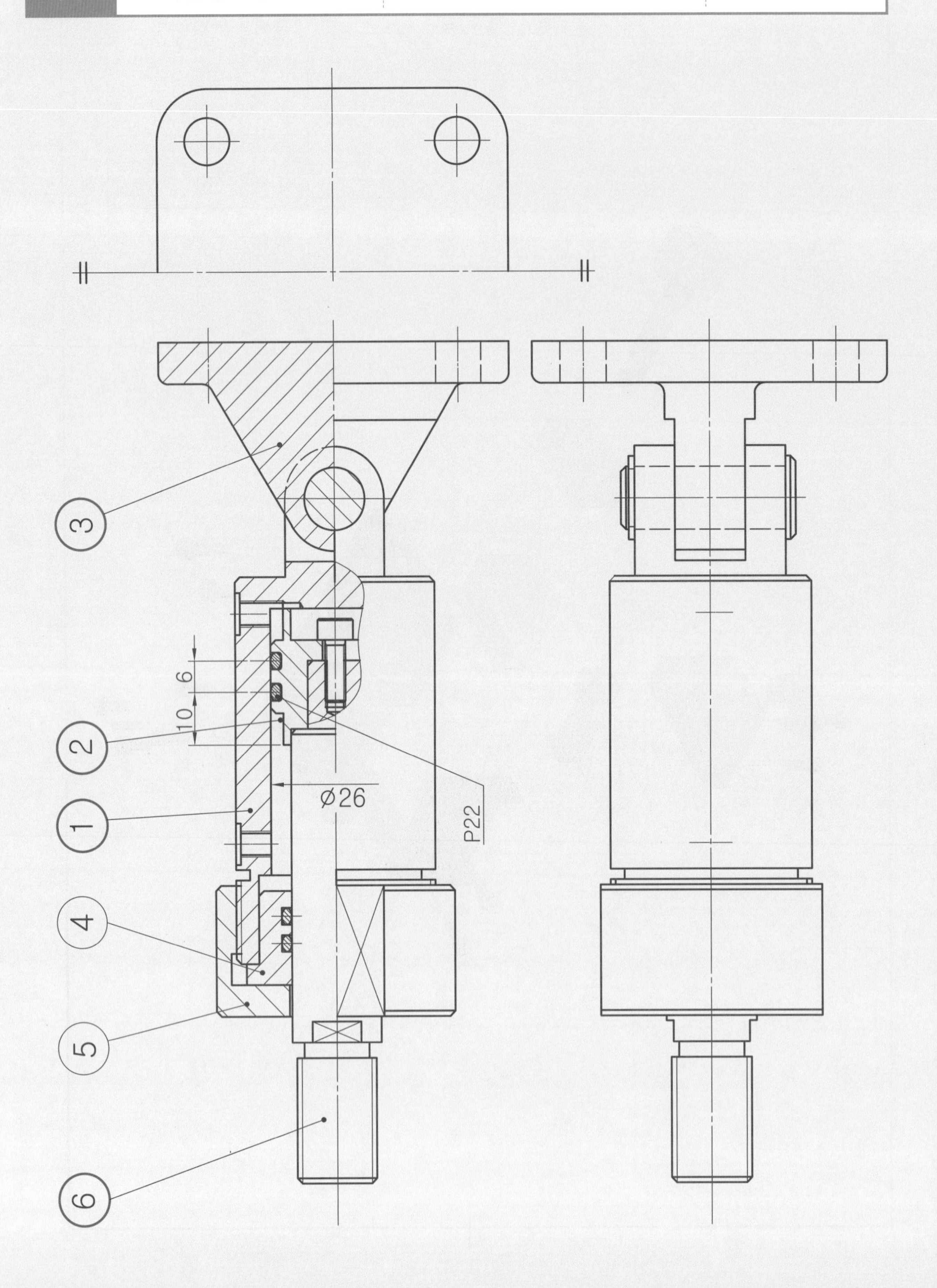

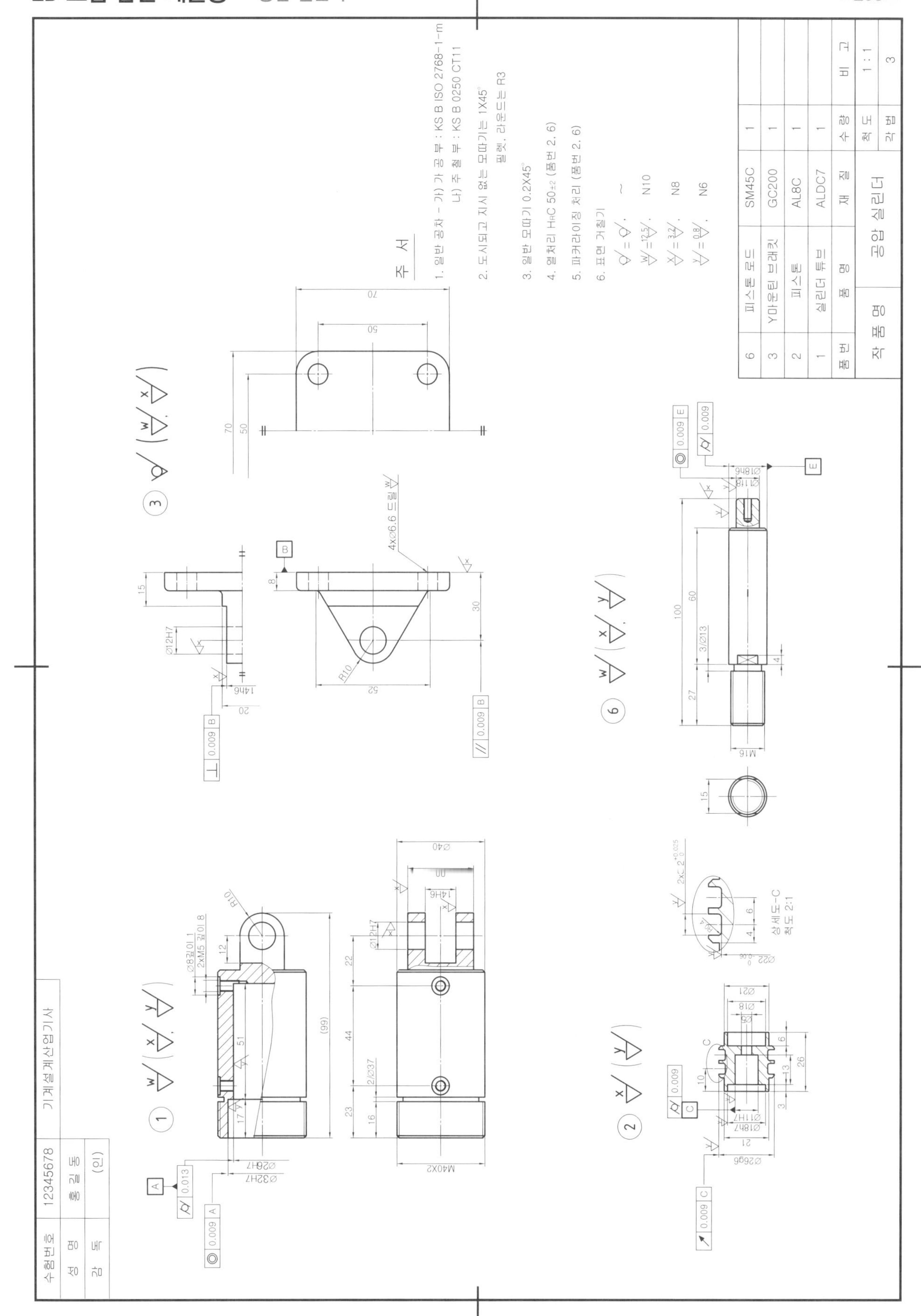
주 서
1. 일반 공차 - 가) 가 공 부 : KS B ISO 2768-1-m
나) 주 철 부 : KS B 0250 CT11
2. 도시되고 지시 없는 모따기는 1X45°
필렛, 라운드는 R3
3. 일반 모따기 0.2X45°
4. 열처리 HRC 50±2 (품번 2, 6)
5. 파커라이징 처리 (품번 2, 6)
6. 표면 거칠기
N10
N8
N6
6 피스톤 로드 SM45C 1
3 Y마운팅 브래킷 GC200 1
2 피스톤 AL8C 1
1 실린더 튜브 ALDC7 1
품번 품 명 재 질 수량 비 고
작 품 명 공압 실린더 척 도 1 : 1 각 법 3
수험번호 12345678 기계설계산업기사
성 명 홍길동
감 독 (인)
상세도-C
척도 2:1

3D 모범 답안 제출용 – 공압 실린더

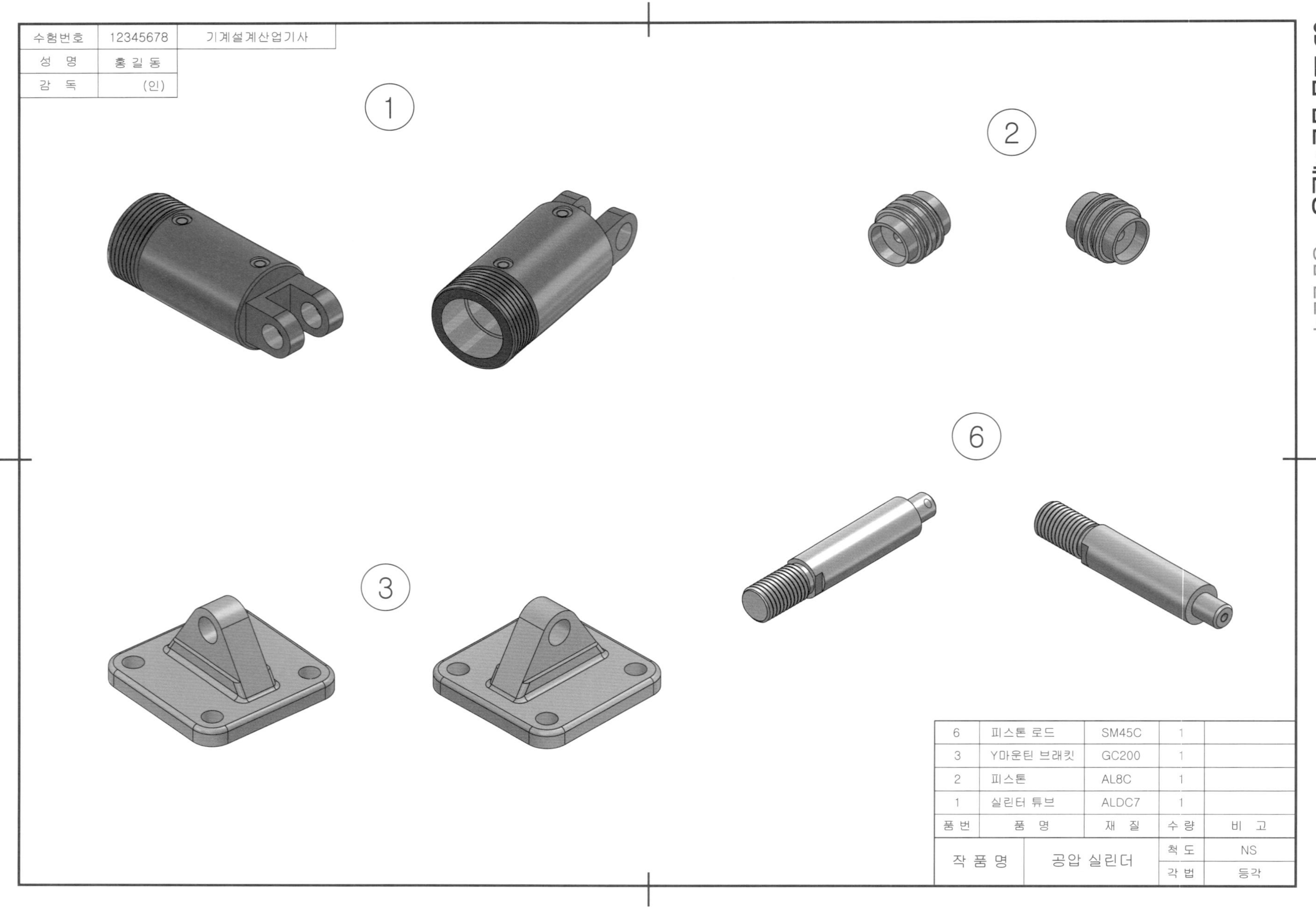

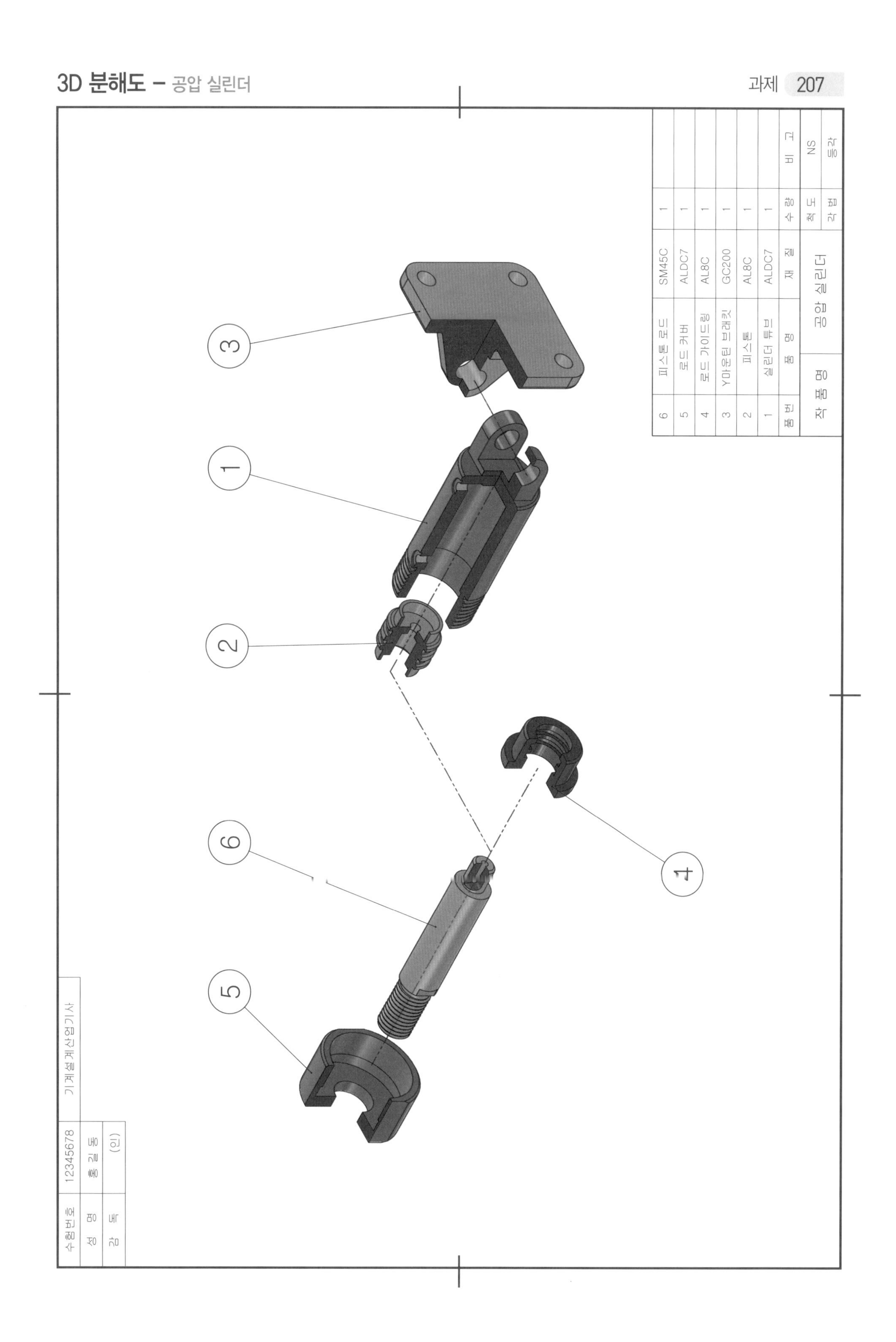
3
1
2
6
4
5
6 피스톤 로드 SM45C 1
5 로드 커버 ALDC7 1
4 로드 가이드링 AL8C 1
3 Y마운틴 브래킷 GC200 1
2 피스톤 AL8C 1
1 실린더 튜브 ALDC7 1
품번 품명 재질 수량 비고
작품명 공압 실린더
척도 NS
각법 등각
수험번호 12345678 기계설계산업기사
성명 홍길동
감독 (인)

과제 6	작 품 명 ǀ 3날 클러치	자격종목 ǀ 기계설계산업기사	척 도 ǀ 1 : 1

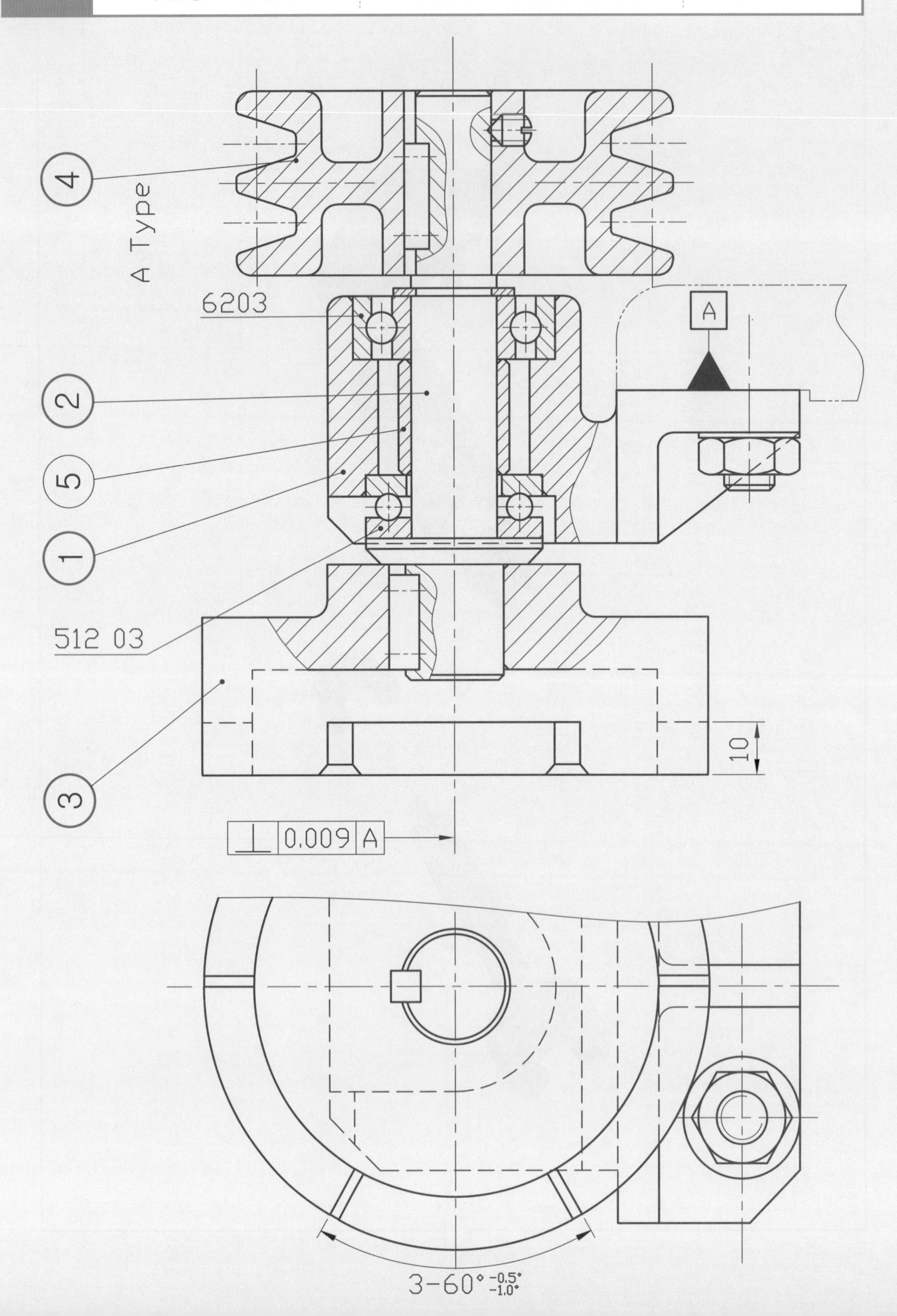

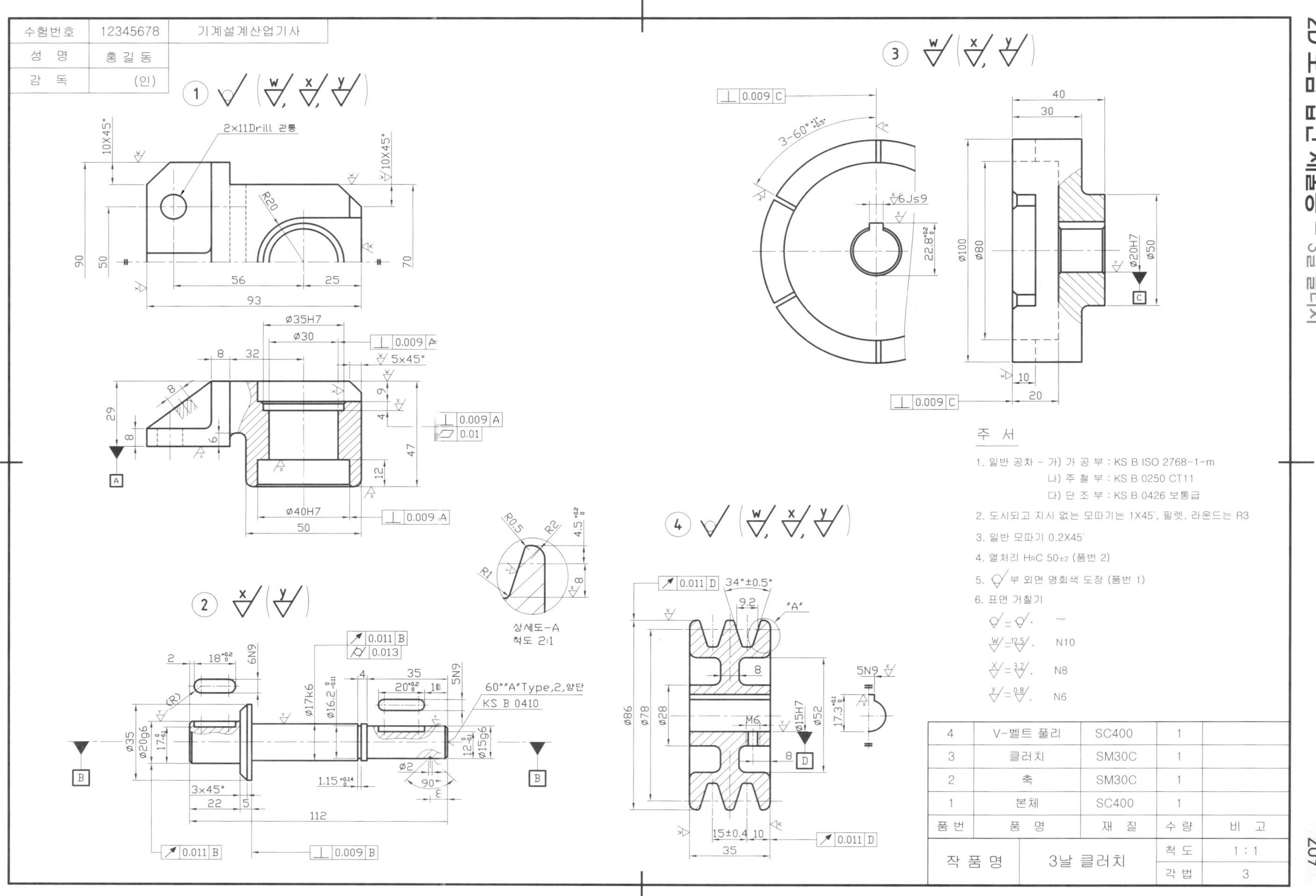
수험번호 12345678 기계설계산업기사
성 명 홍 길 동
감 독 (인)
2x11Drill 관통
상세도-A
척도 2:1
60°"A"Type,2,양단
KS B 0410
주 서
1. 일반 공차 - 가) 가 공 부 : KS B ISO 2768-1-m
나) 주 철 부 : KS B 0250 CT11
다) 단 조 부 : KS B 0426 보통급
2. 도시되고 지시 없는 모따기는 1X45°, 필렛, 라운드는 R3
3. 일반 모따기 0.2X45°
4. 열처리 HRC 50±2 (품번 2)
5. 부 외면 명회색 도장 (품번 1)
6. 표면 거칠기
N10
N8
N6
4 V-벨트 풀리 SC400 1
3 클러치 SM30C 1
2 축 SM30C 1
1 본체 SC400 1
품번 품 명 재 질 수 량 비 고
작 품 명 3날 클러치
척 도 1:1
각 법 3

3D 모범 답안 제출용 – 3날 클러치

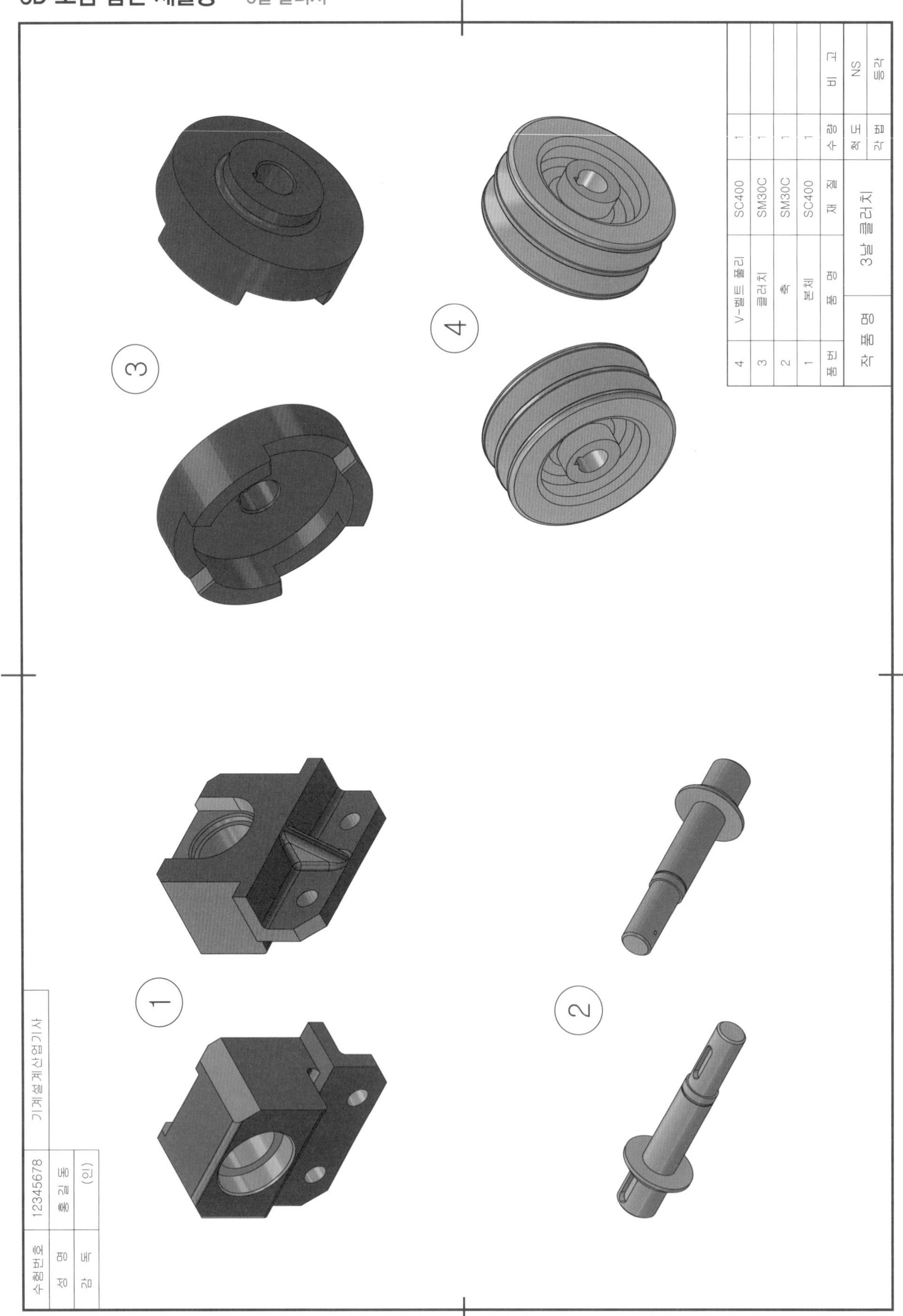

품번	품명	재질	수량	비고
5	칼라	SM30C	1	
4	V-벨트 풀리	SC400	1	
3	클러치	SM30C	1	
2	축	SM30C	1	
1	본체	SC400	1	

작품명	3날 클러치	척도	NS
		각법	등각

수험번호	12345678	기계설계산업기사
성명	홍길동	
감독	(인)	

과제 7	작 품 명 ǀ 동력변환장치	자격종목 ǀ 기계설계산업기사	척 도 ǀ 1 : 1

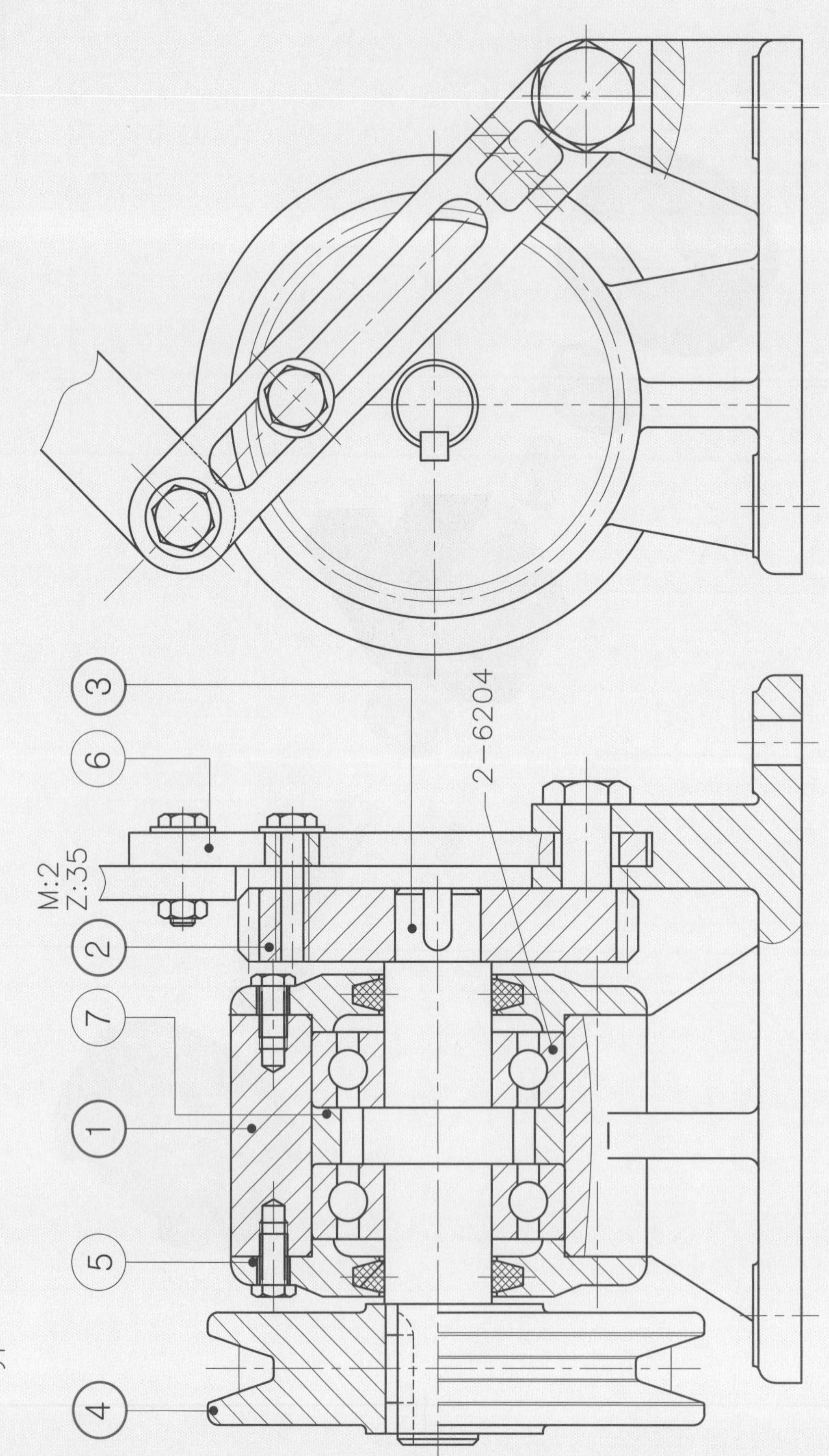

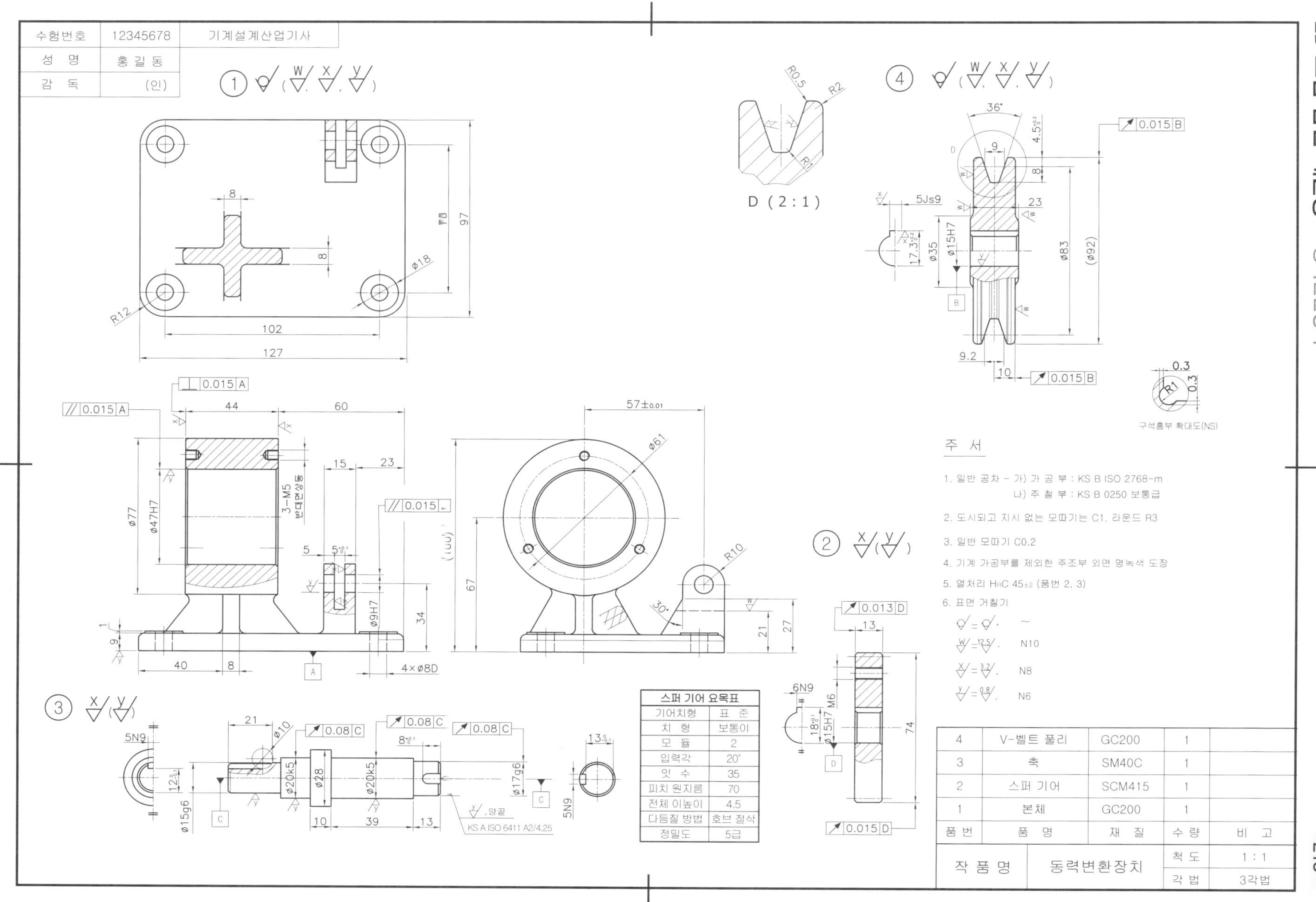
수험번호 12345678 기계설계산업기사
성 명 홍길동
감 독 (인)
D (2 : 1)
구석홈부 확대도(NS)
주 서
1. 일반 공차 - 가) 가 공 부 : KS B ISO 2768-m
나) 주 철 부 : KS B 0250 보통급
2. 도시되고 지시 없는 모따기는 C1, 라운드 R3
3. 일반 모따기 C0.2
4. 기계 가공부를 제외한 주조부 외면 명녹색 도장
5. 열처리 HRC 45±2 (품번 2, 3)
6. 표면 거칠기
스퍼 기어 요목표
기어치형 표준
치 형 보통이
모 듈 2
압력각 20°
잇 수 35
피치 원지름 70
전체 이높이 4.5
다듬질 방법 호브 절삭
정밀도 5급
4 V-벨트 풀리 GC200 1
3 축 SM40C 1
2 스퍼 기어 SCM415 1
1 본체 GC200 1
품번 품 명 재 질 수량 비 고
작 품 명 동력변환장치
척도 1 : 1
각법 3각법

3D 모범 답안 제출용 – 동력변환장치

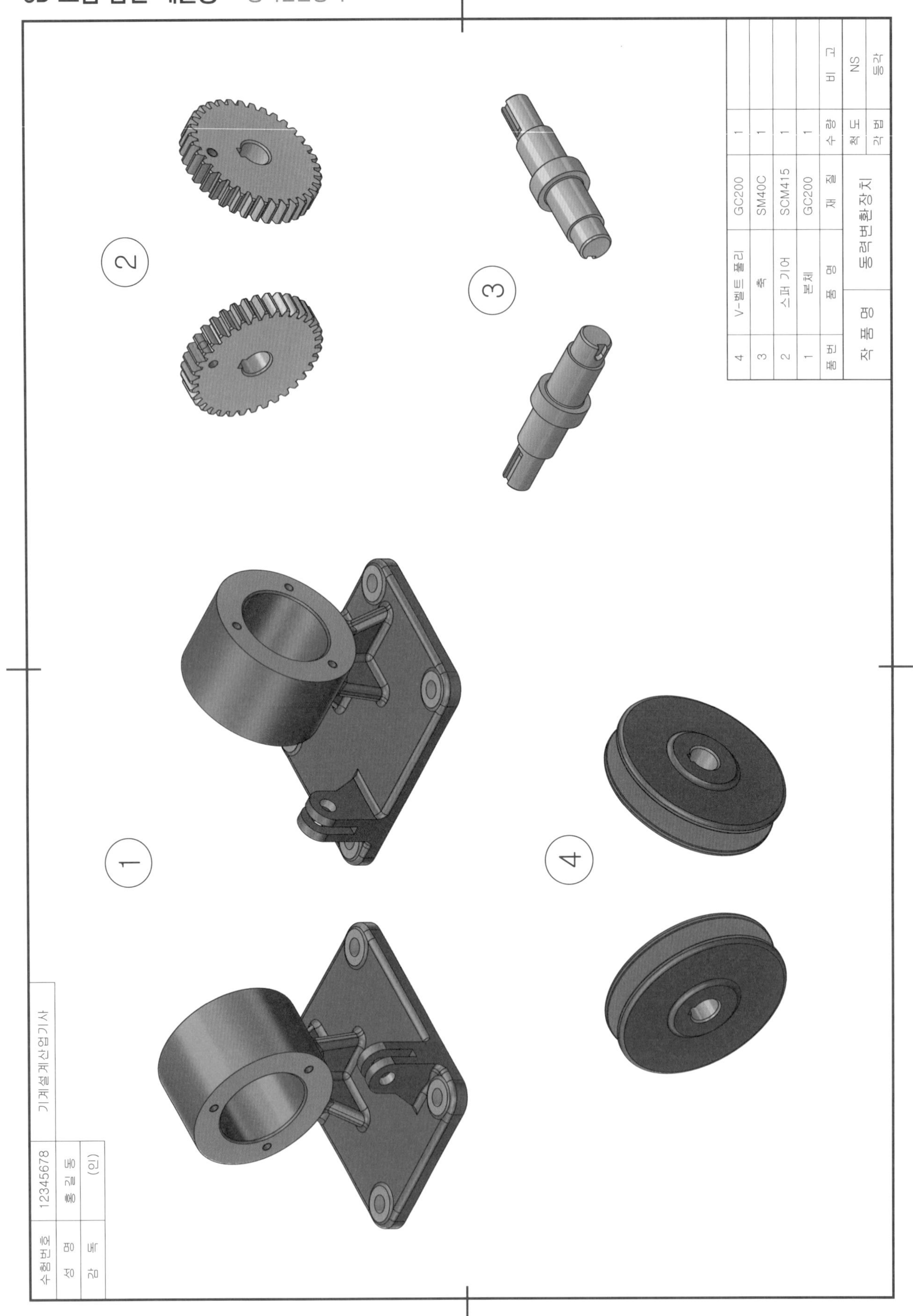

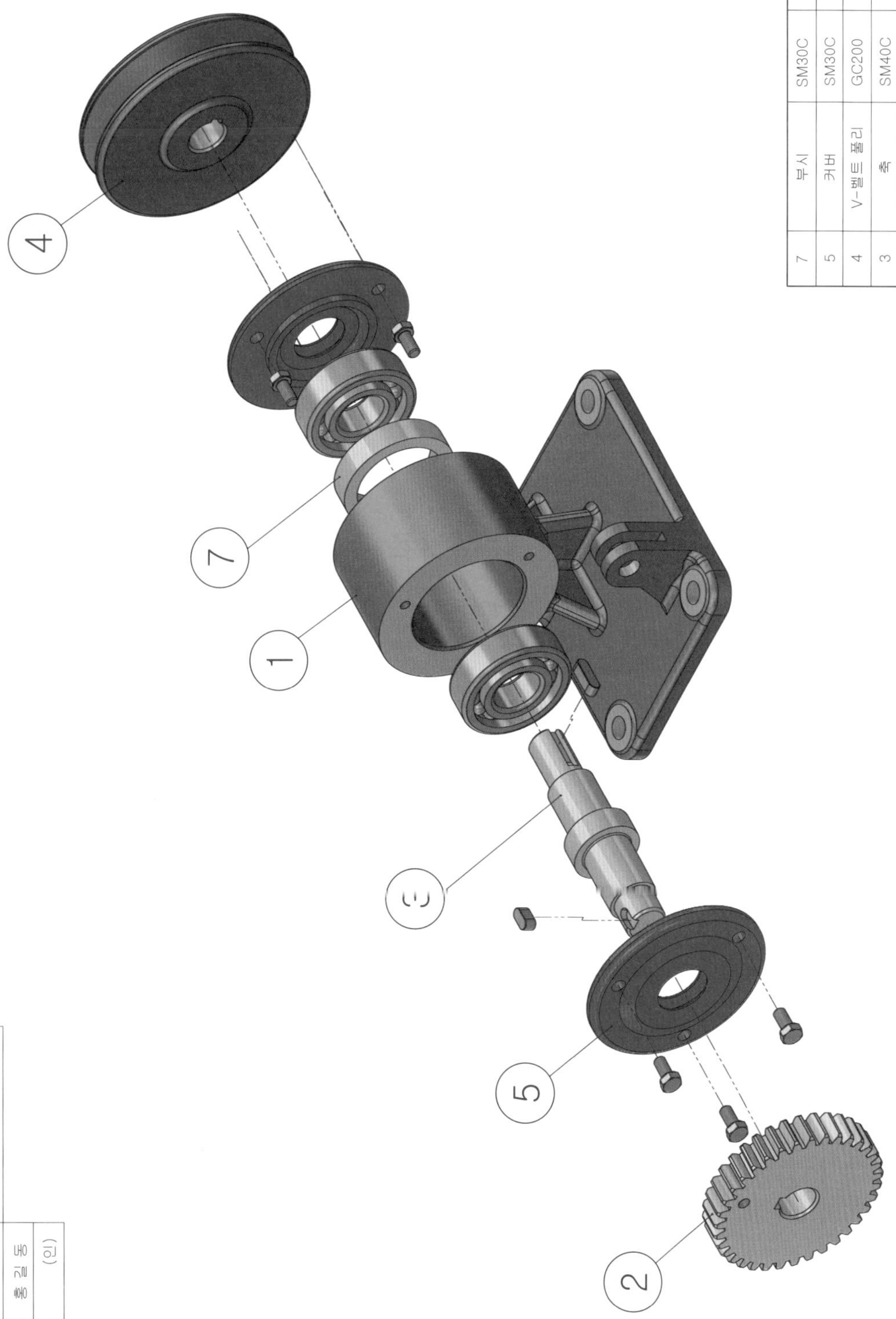

품번	품명	재질	수량	비고
7	부시	SM30C	1	
5	커버	SM30C	2	
4	V-벨트 풀리	GC200	1	
3	축	SM40C	1	
2	스퍼 기어	SCM415	1	
1	본체	GC250	1	
작품명	동력변환장치		척도	NS
			각법	등각

수험번호	12345678	기계설계산업기사
성명	홍길동	
감독	(인)	

과제 8	작 품 명 I 래칫 기어장치	자격종목 I 기계설계산업기사	척 도 I 1 : 1

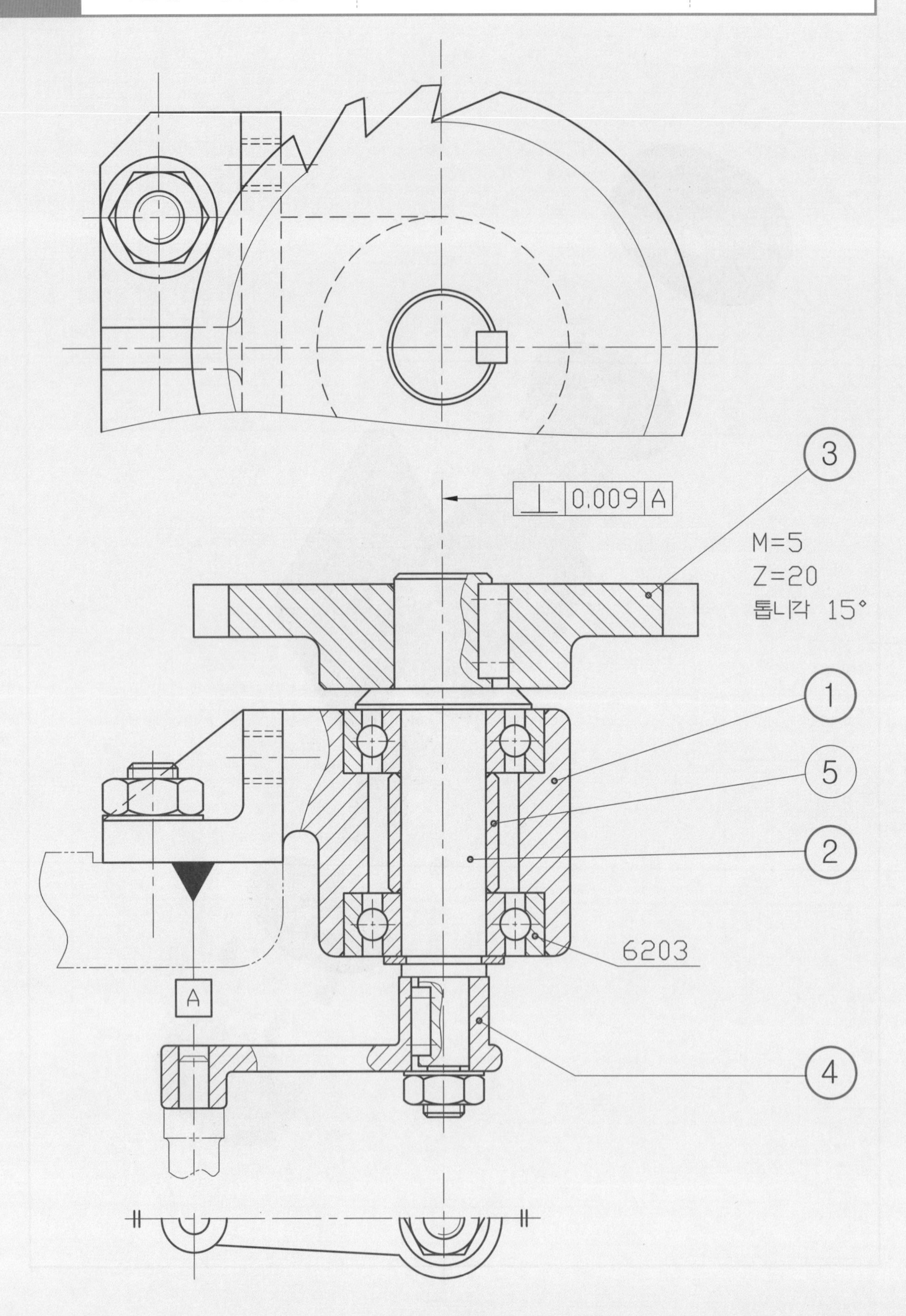

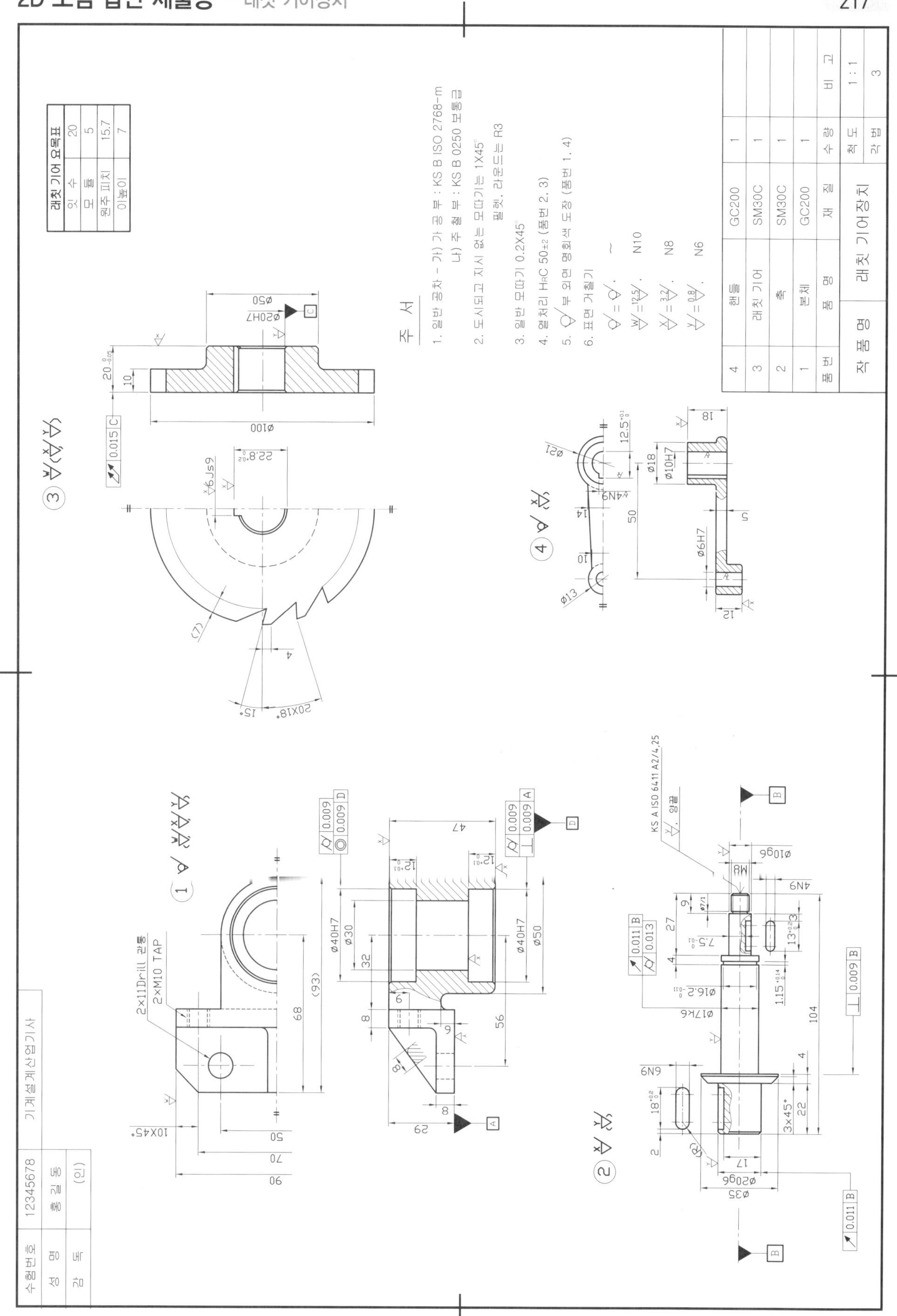
래칫 기어 요목표
잇 수 20
모 듈 5
원주 피치 15.7
이높이 7
주 서
1. 일반 공차 - 가) 가 공 부 : KS B ISO 2768-m
나) 주 철 부 : KS B 0250 보통급
2. 도시되고 지시 없는 모따기는 1X45°
필렛, 라운드는 R3
3. 일반 모따기 0.2X45°
4. 열처리 HRC 50±2 (품번 2, 3)
5. 부 외면 명회색 도장 (품번 1, 4)
6. 표면 거칠기
N10
N8
N6
4 핸들 GC200 1
3 래칫 기어 SM30C 1
2 축 SM30C 1
1 본체 GC200 1
품번 품명 재질 수량 비고
작품명 래칫 기어장치 척도 1:1 각법 3
수험번호 12345678
성 명 홍길동
감 독 (인)
기계설계산업기사
2×11Drill 관통
2×M10 TAP
KS A ISO 6411 A2/4,25

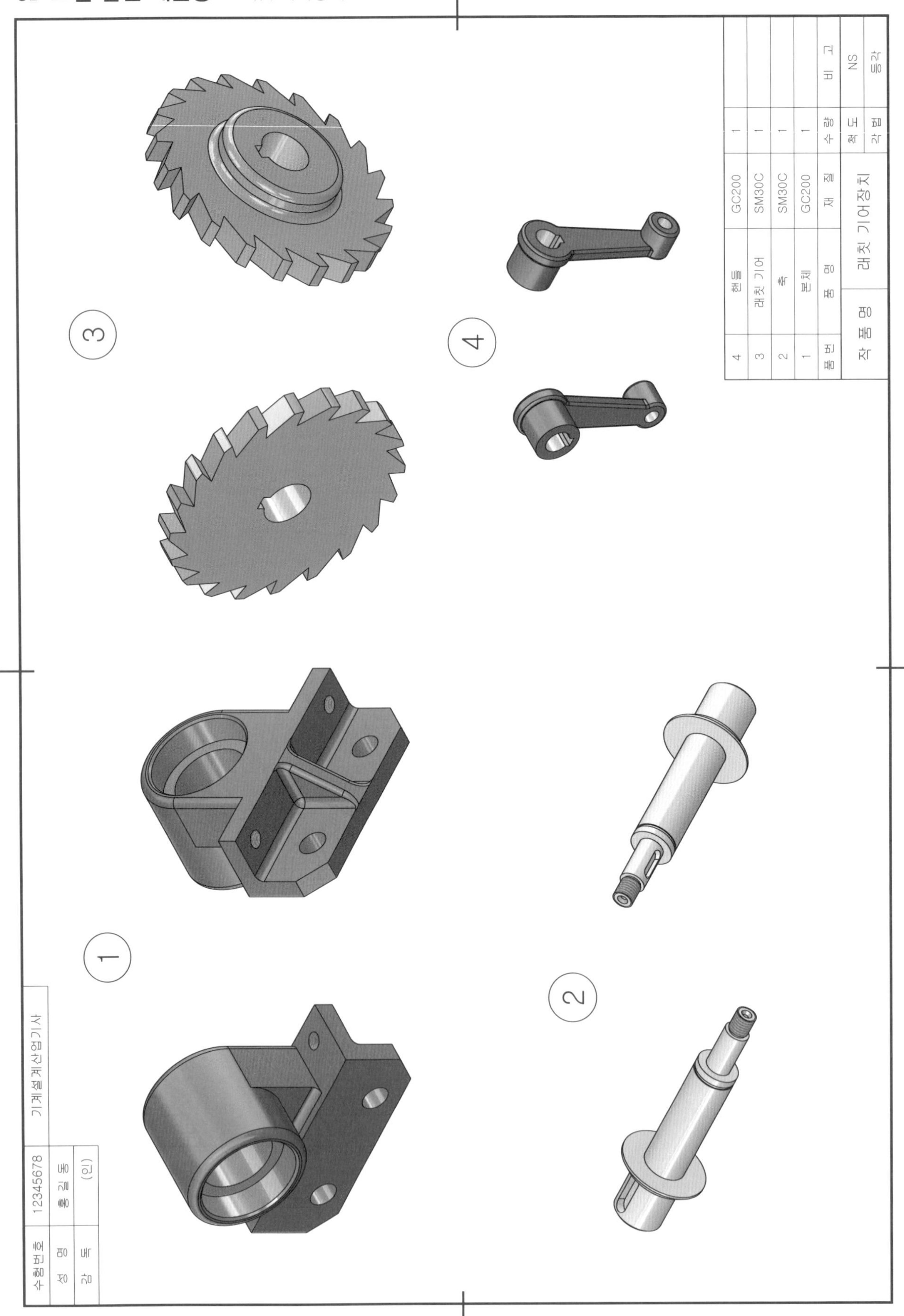

1
2
3
4
수험번호
12345678
성 명
홍 길 동
감 독
(인)
기계설계산업기사
4
핸들
GC200
1
3
래칫 기어
SM30C
1
2
축
SM30C
1
1
본체
GC200
1
품 번
품 명
재 질
수 량
비 고
작 품 명
래칫 기어장치
척 도
NS
각 법
등각

품번	품명	재질	수량	비고
5	칼라	SM30C	1	
4	핸들	GC200	1	
3	래칫 기어	SM30C	1	
2	축	SM30C	1	
1	본체	GC200	1	

작품명	래칫 기어장치	척도	NS
		각법	등각

수험번호	12345678	기계설계산업기사
성명	홍길동	
감독	(인)	

과제 9	작 품 명 ㅣ 편심왕복장치	자격종목 ㅣ 기계설계산업기사	척 도 ㅣ 1 : 1

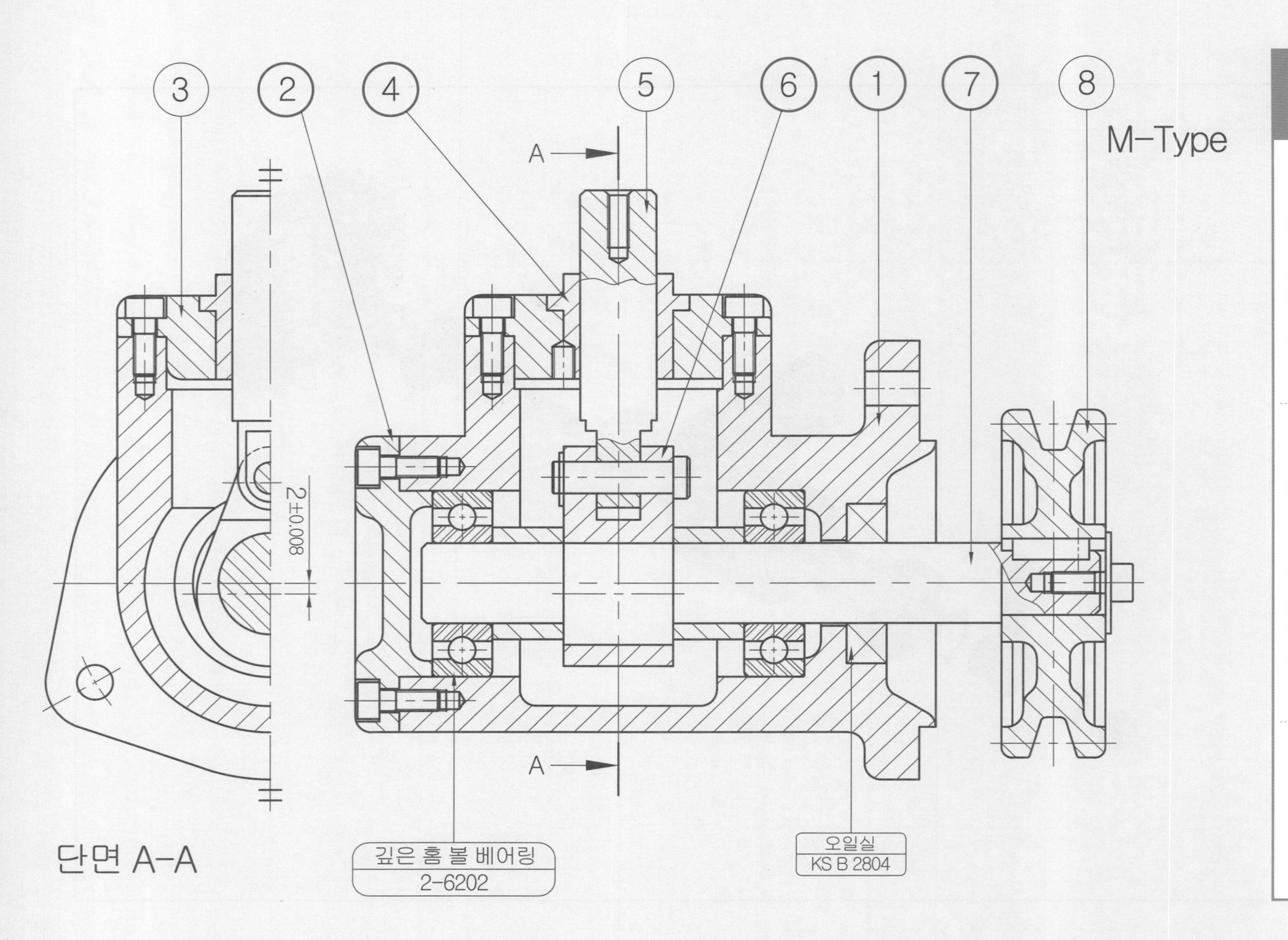

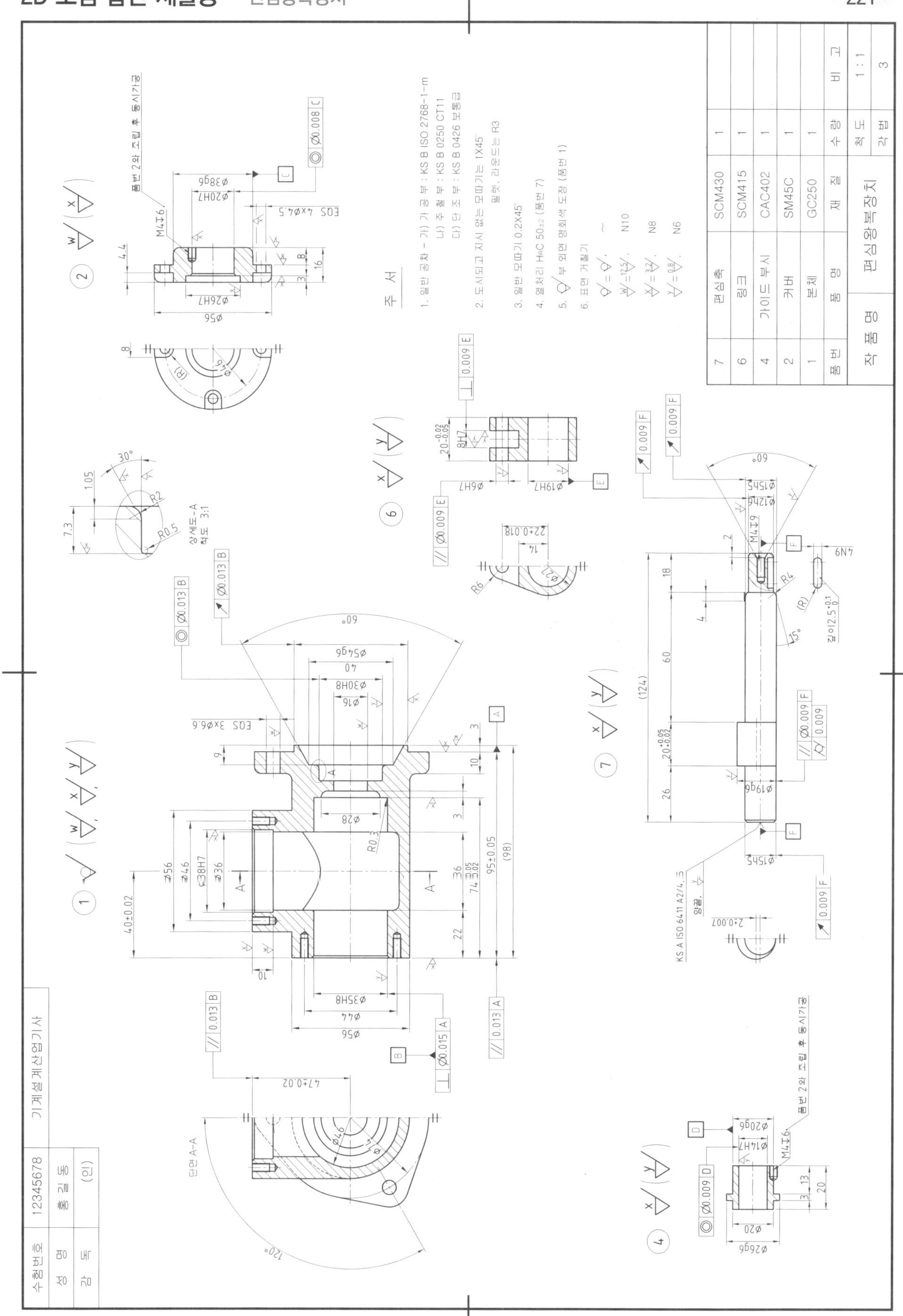
주 서
1. 일반 공차 - 가) 가 공 부 : KS B ISO 2768-1-m
나) 주 철 부 : KS B 0250 CT11
다) 단 조 부 : KS B 0426 보통급
2. 도시되고 지시 없는 모떼기는 1X45°
필렛, 라운드는 R3
3. 일반 모떼기 0.2X45°
4. 열처리 HRC 50±2 (품번 7)
5. 부 외면 명회색 도장 (품번 1)
6. 표면 거칠기
7 편심축 SCM430 1
6 링크 SCM415 1
4 가이드 부시 CAC402 1
2 커버 SM45C 1
1 본체 GC250 1
품번 품명 재질 수량 비고
작품명 편심왕복장치 척도 1:1 각법 3
수험번호 12345678
성명 홍길동
감독 (인)
기계설계산업기사
상세도-A 척도 3:1
단면 A-A

3D 모범 답안 제출용 – 편심왕복장치

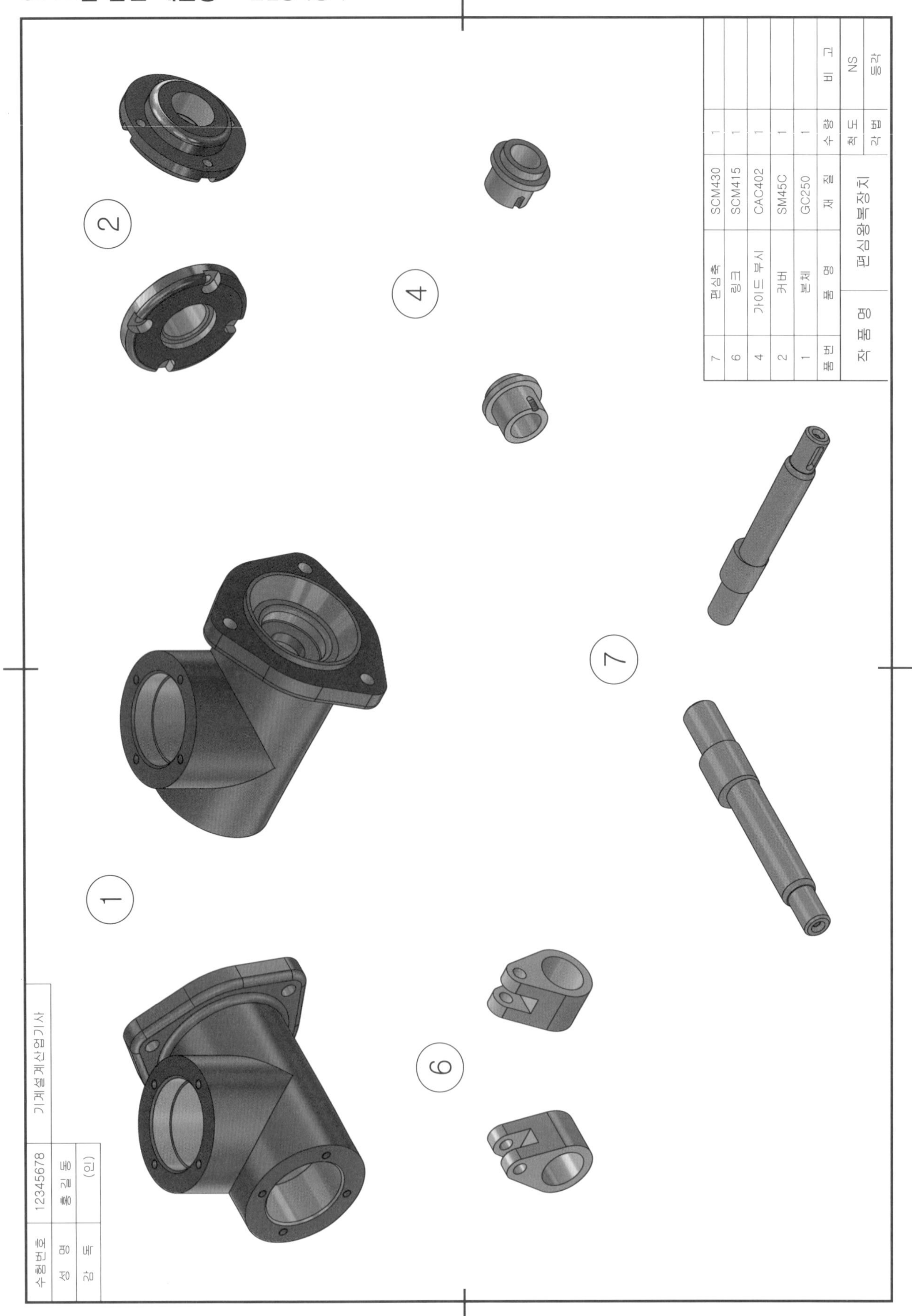

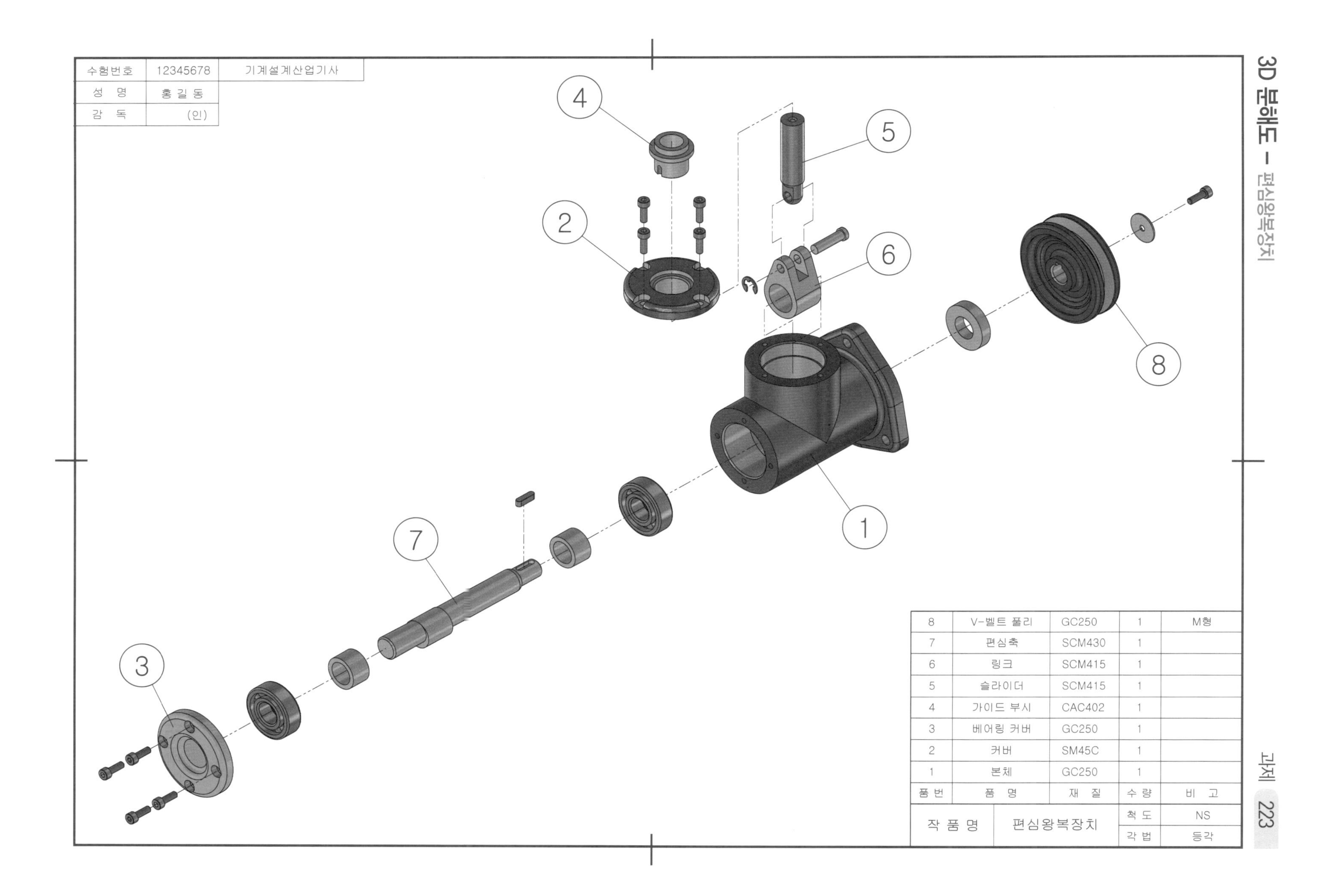
수험번호 12345678 기계설계산업기사
성 명 홍길동
감 독 (인)
4
5
2
6
8
1
7
3
8 V-벨트 풀리 GC250 1 M형
7 편심축 SCM430 1
6 링크 SCM415 1
5 슬라이더 SCM415 1
4 가이드 부시 CAC402 1
3 베어링 커버 GC250 1
2 커버 SM45C 1
1 본체 GC250 1
품번 품 명 재 질 수량 비 고
작 품 명 편심왕복장치
척 도 NS
각 법 등각

과제 10	작 품 명 | 축받침대	자격종목 | 기계설계산업기사	척 도 | 1 : 1

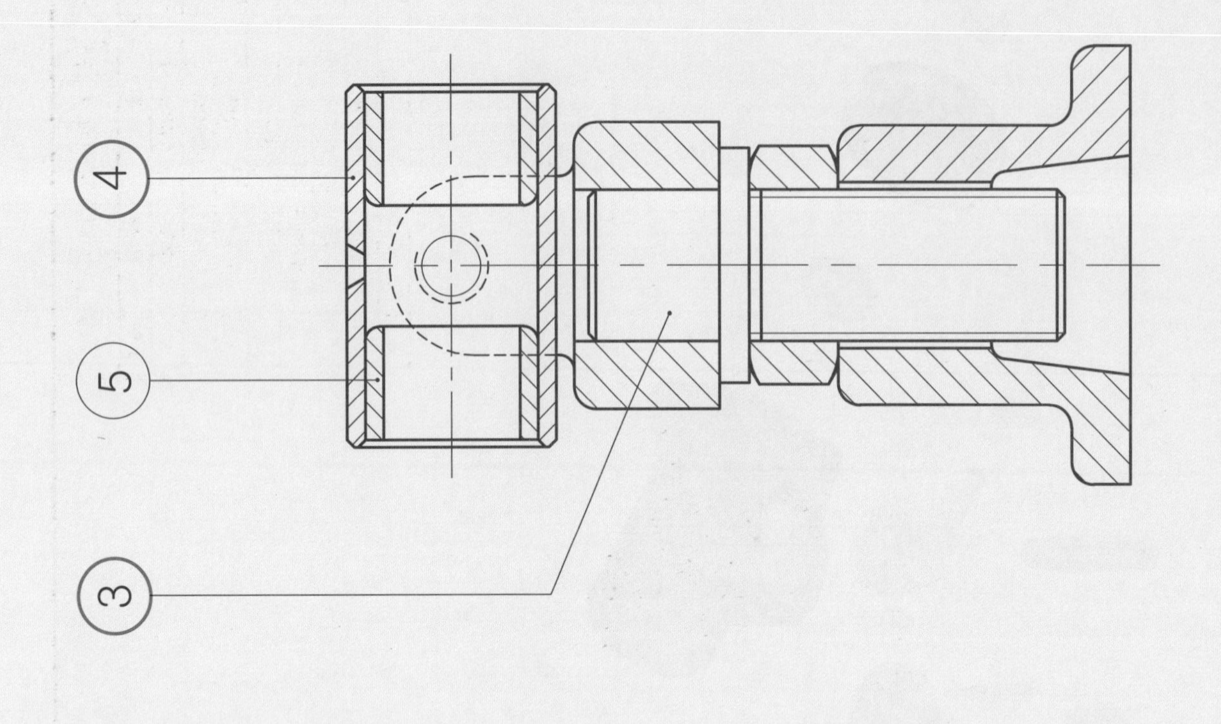

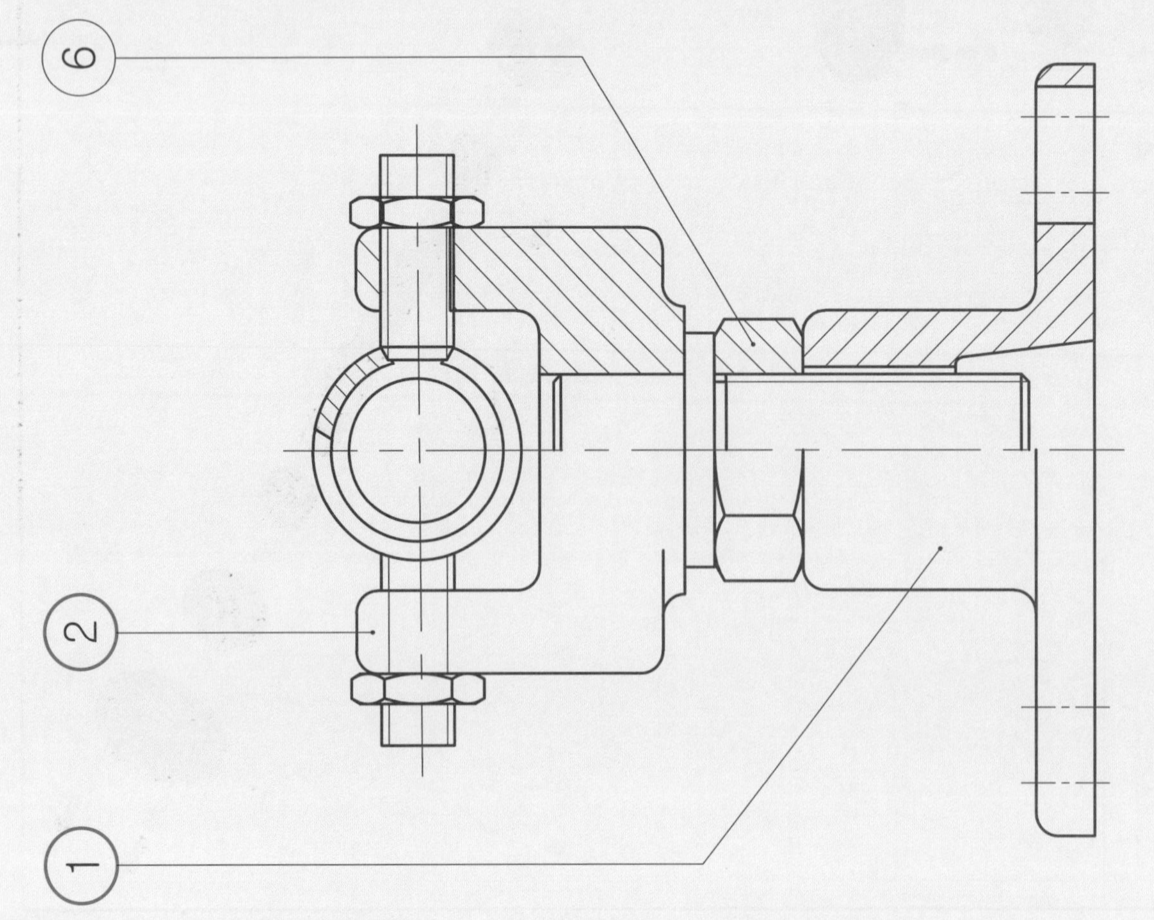

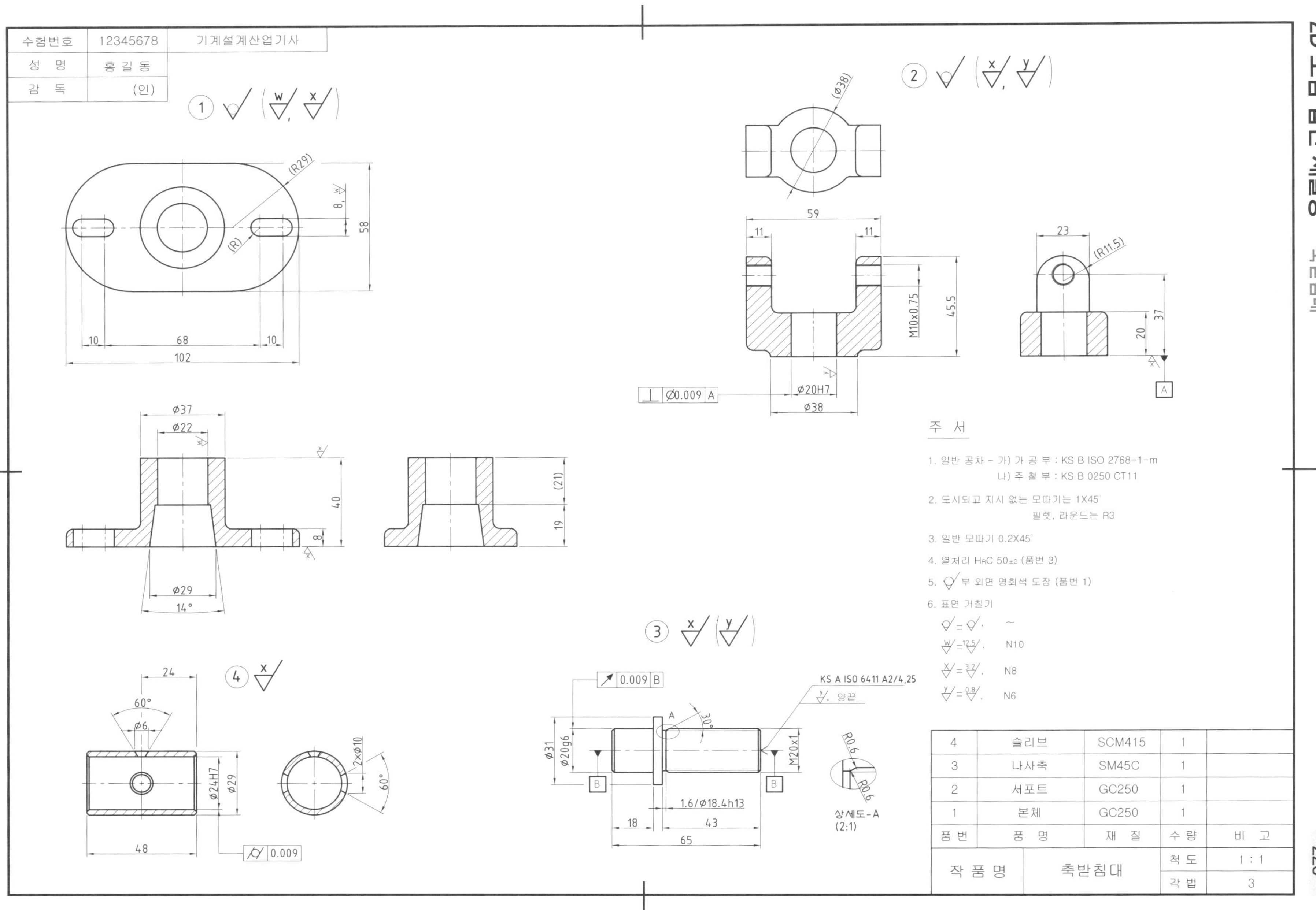
주 서
1. 일반 공차 - 가) 가 공 부 : KS B ISO 2768-1-m
나) 주 철 부 : KS B 0250 CT11
2. 도시되고 지시 없는 모따기는 1X45°
필렛, 라운드는 R3
3. 일반 모따기 0.2X45°
4. 열처리 HRC 50±2 (품번 3)
5. 부 외면 명회색 도장 (품번 1)
6. 표면 거칠기
N10
N8
N6
상세도-A
(2:1)
4 슬리브 SCM415 1
3 나사축 SM45C 1
2 서포트 GC250 1
1 본체 GC250 1
품번 품명 재질 수량 비고
작품명 축받침대
척도 1:1
각법 3
수험번호 12345678
성명 홍길동
감독 (인)
기계설계산업기사

3D 모범 답안 제출용 – 축받침대

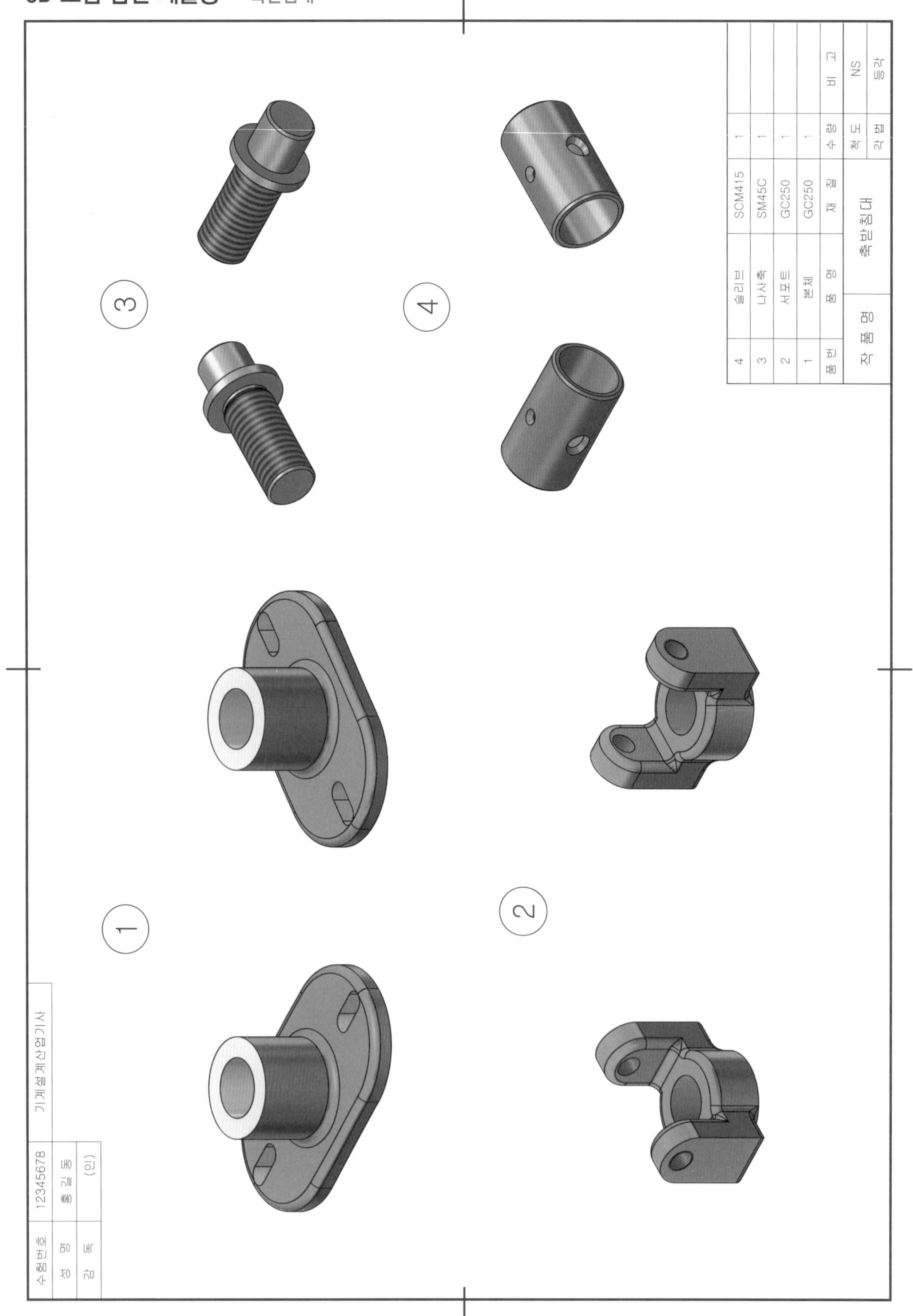

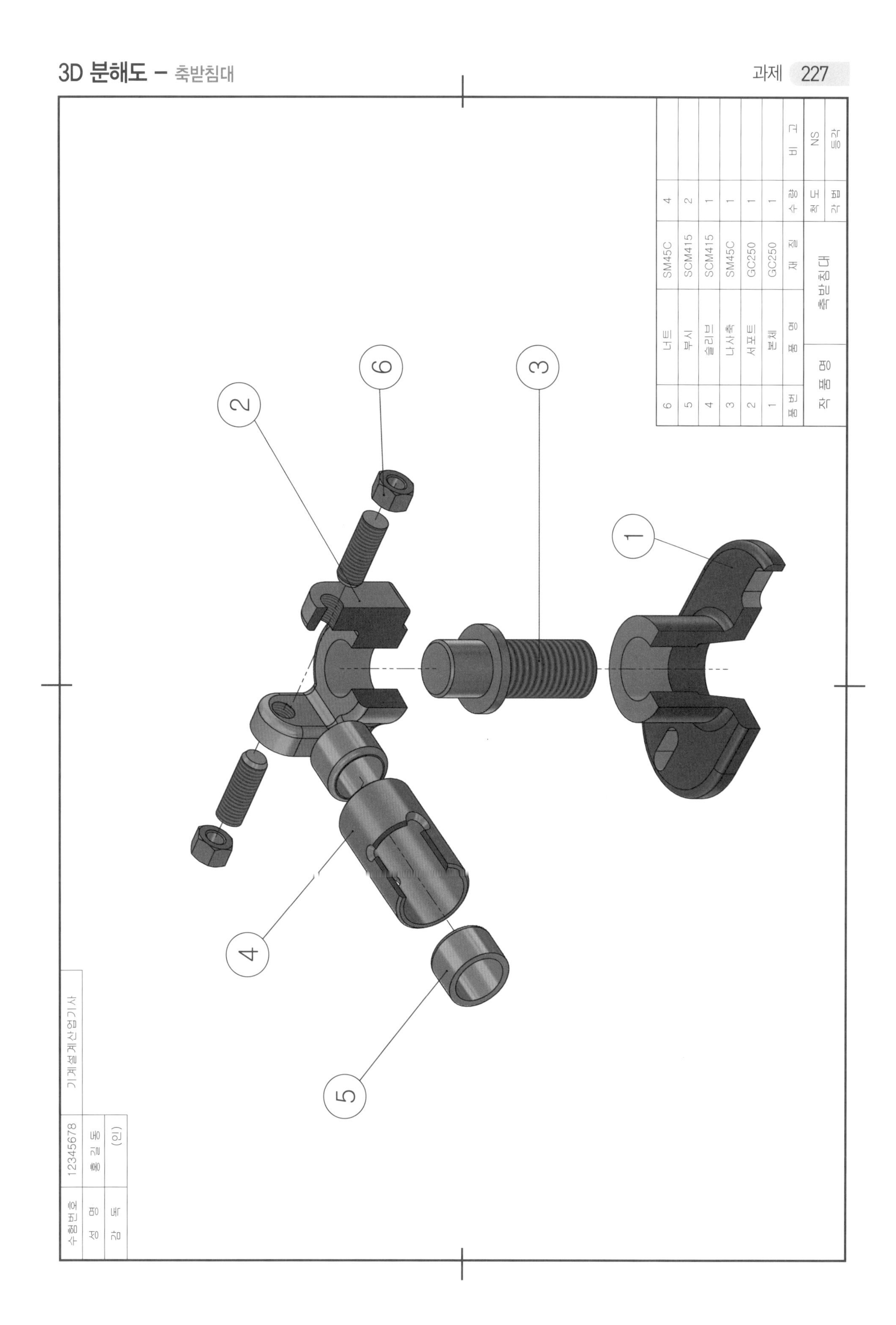
6 너트 SM45C 4
5 부시 SCM415 2
4 슬리브 SCM415 1
3 나사축 SM45C 1
2 서포트 GC250 1
1 본체 GC250 1
품번 품명 재질 수량 비고
작품명 축받침대
척도 NS
각법 등각
수험번호 12345678
기계설계산업기사
성명 홍길동
감독 (인)
1
2
3
4
5
6

과제 11	작 품 명 ǀ 레버 스토리지	자격종목 ǀ 기계설계산업기사	척 도 ǀ 1 : 1

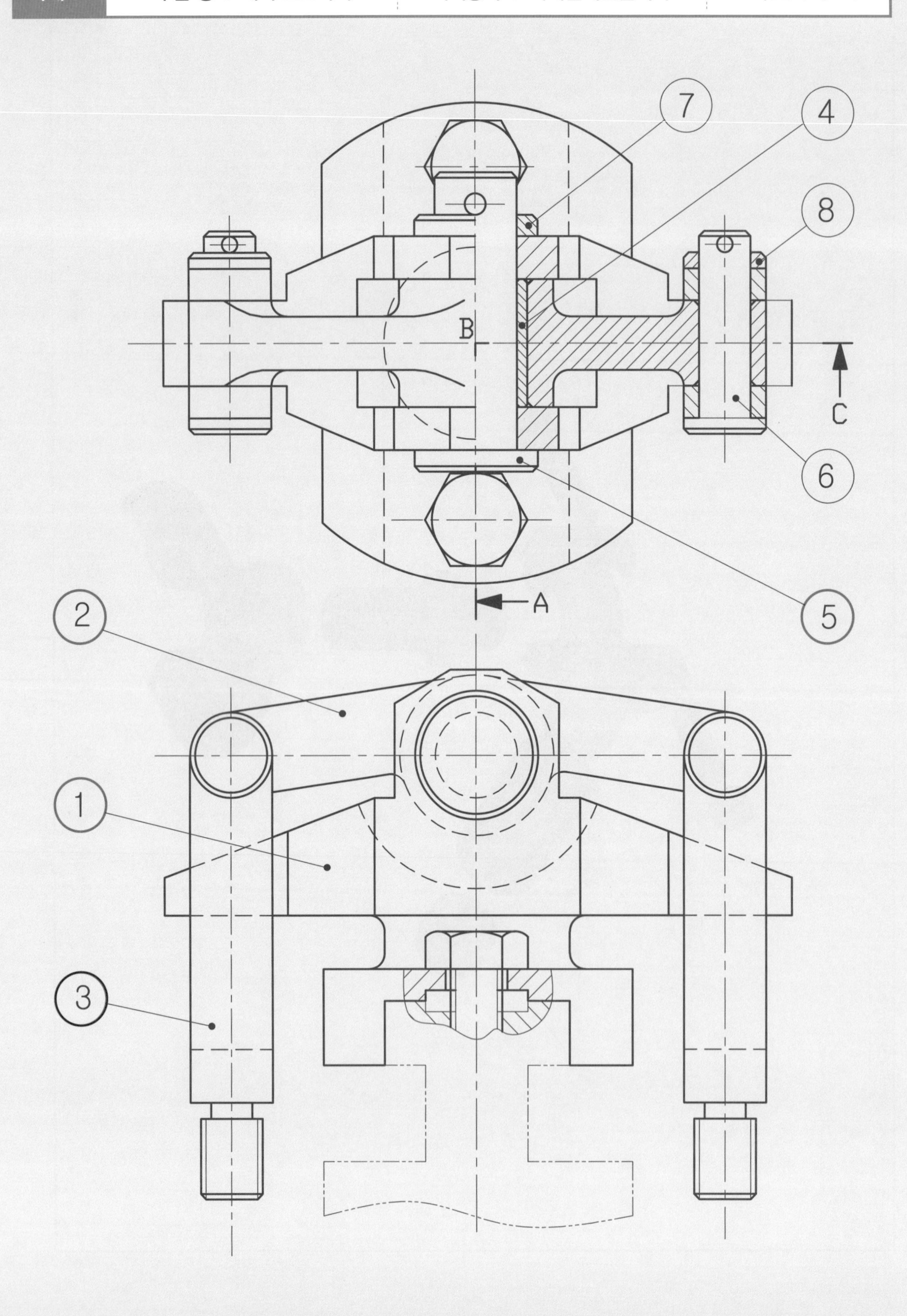

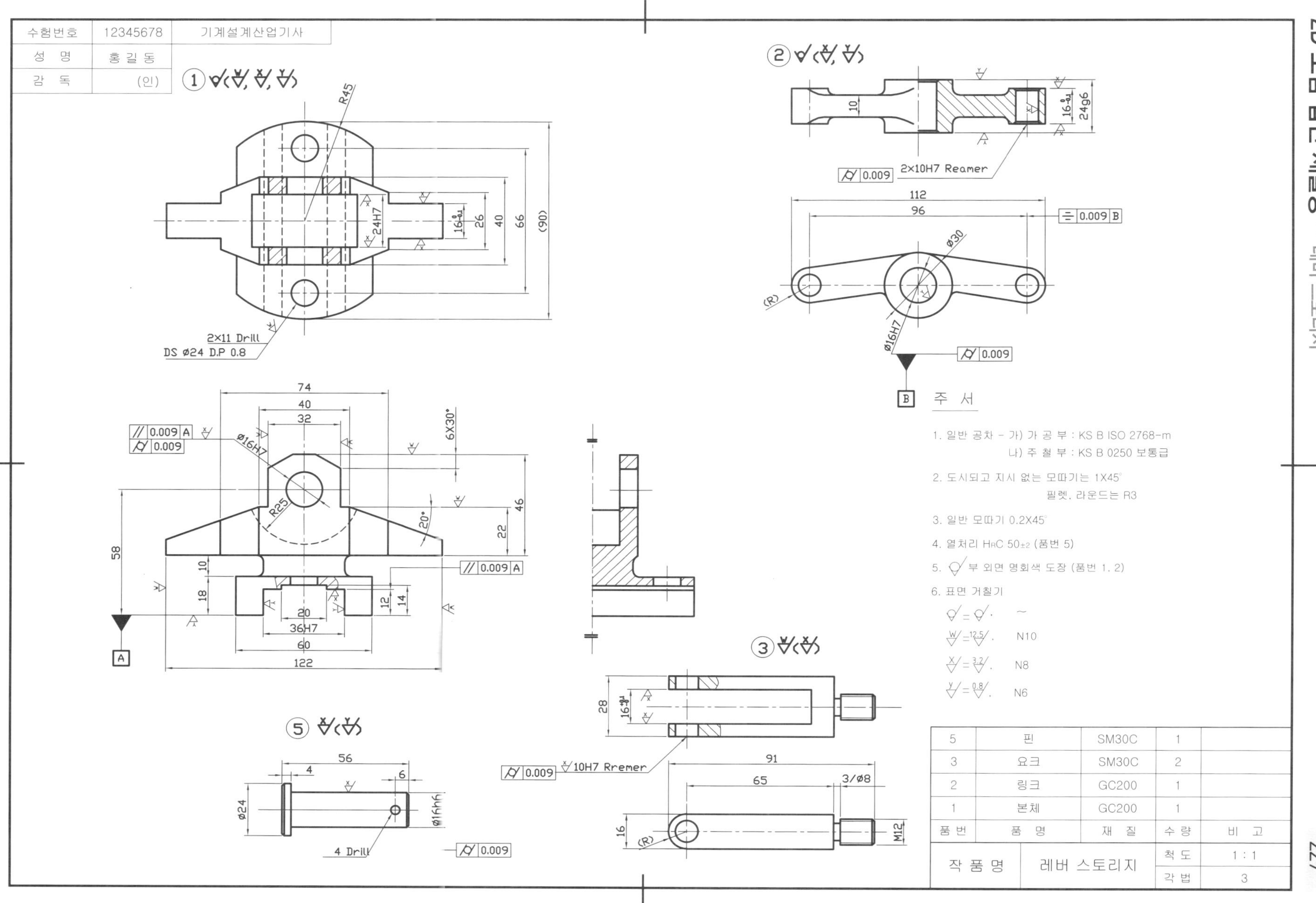
수험번호 12345678 기계설계산업기사
성 명 홍길동
감 독 (인)
2×11 Drill
DS ø24 D.P 0.8
2×10H7 Reamer
10H7 Rremer
4 Drill
주 서
1. 일반 공차 - 가) 가 공 부 : KS B ISO 2768-m
나) 주 철 부 : KS B 0250 보통급
2. 도시되고 지시 없는 모따기는 1X45°
필렛, 라운드는 R3
3. 일반 모따기 0.2X45°
4. 열처리 HRC 50±2 (품번 5)
5. 부 외면 명회색 도장 (품번 1, 2)
6. 표면 거칠기
N10
N8
N6
5 핀 SM30C 1
3 요크 SM30C 2
2 링크 GC200 1
1 본체 GC200 1
품번 품 명 재 질 수 량 비 고
작 품 명 레버 스토리지
척 도 1 : 1
각 법 3

3D 모범 답안 제출용 – 레버 스토리지

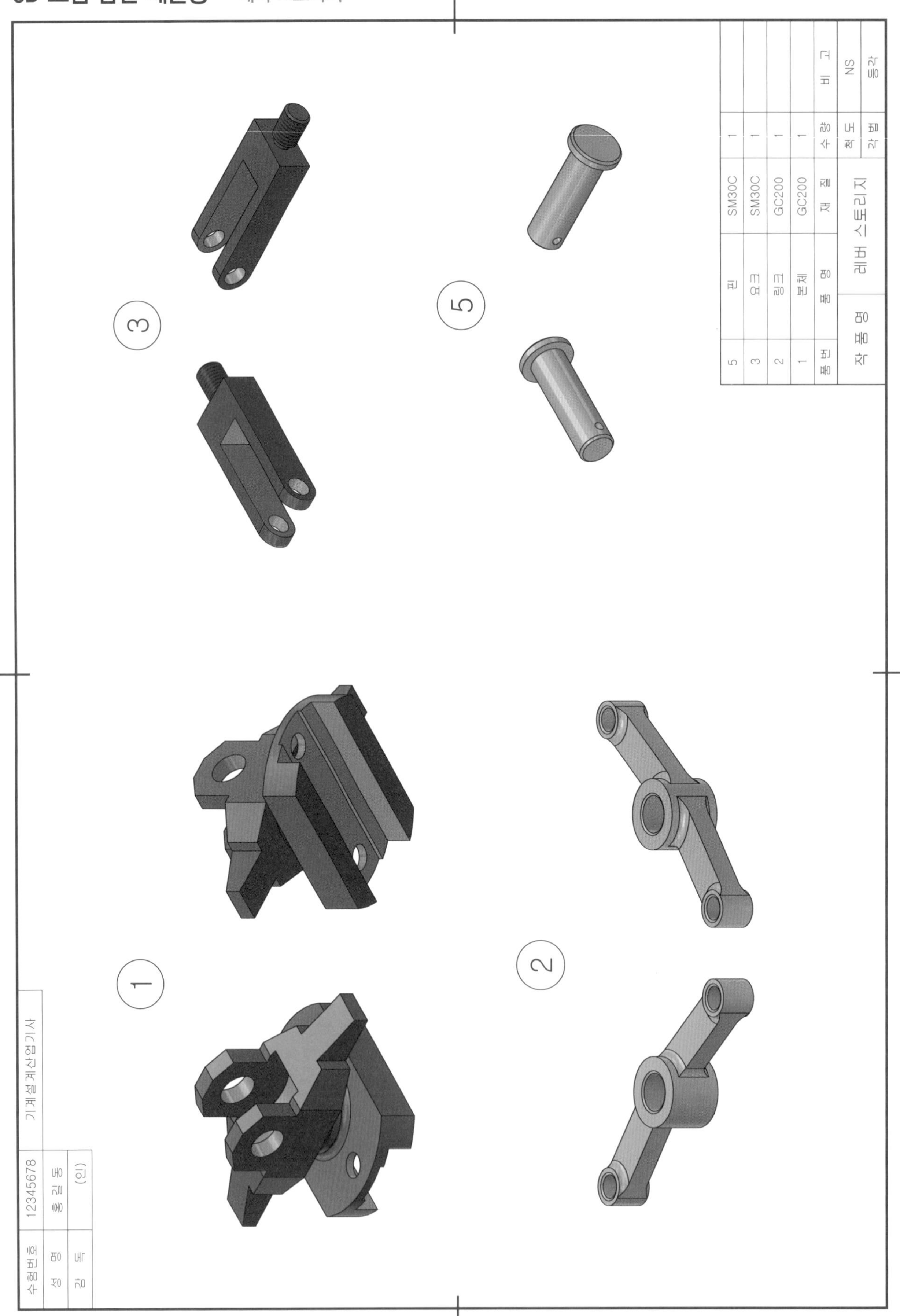

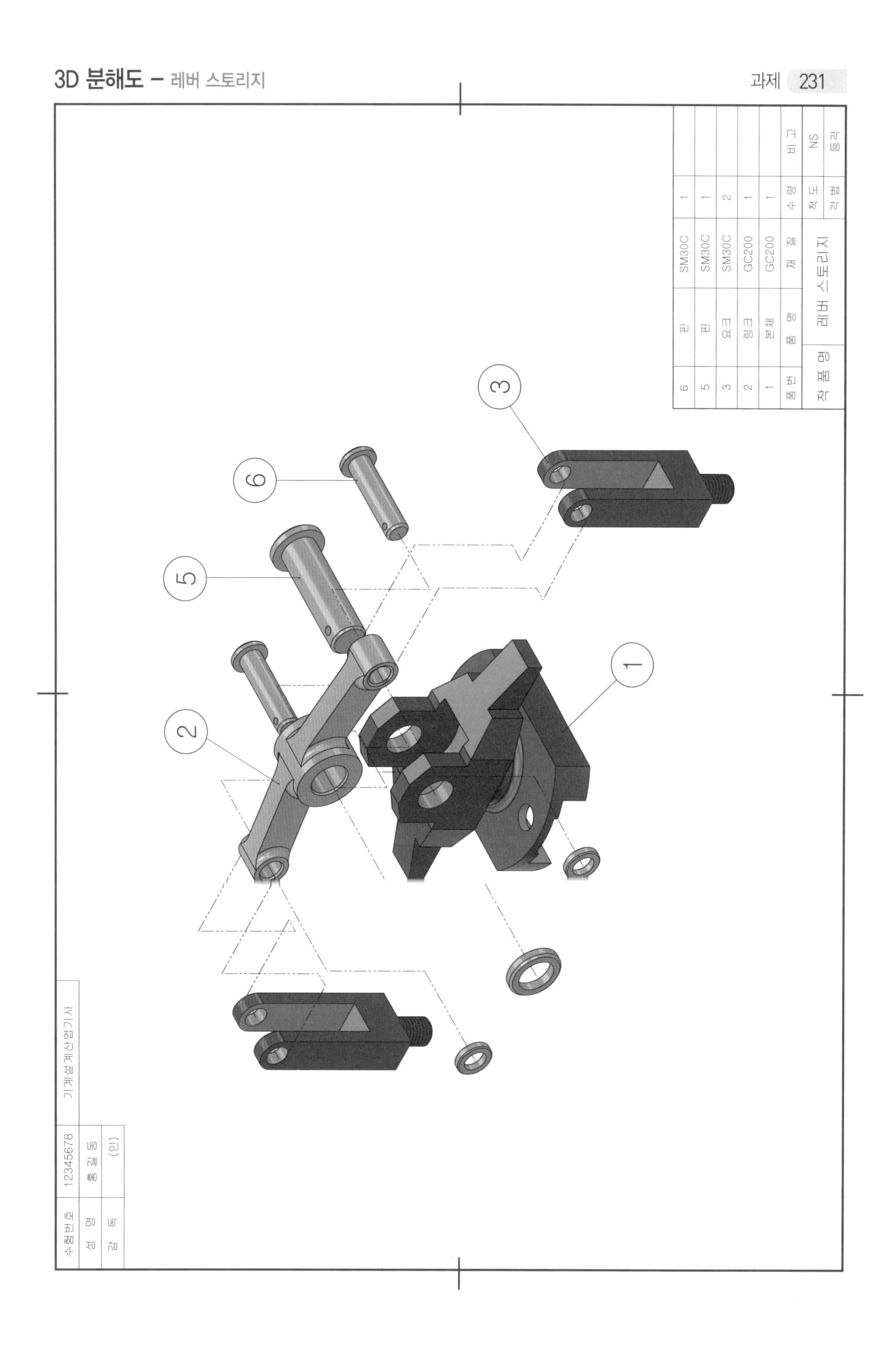
6
5
3
2
1
품번 | 품명 | 재질 | 수량 | 비고
6 | 핀 | SM30C | 1
5 | 핀 | SM30C | 1
3 | 요크 | SM30C | 2
2 | 링크 | GC200 | 1
1 | 본체 | GC200 | 1
작품명 | 레버 스토리지 | 척도 | NS
각법 | 등각
수험번호 | 12345678 | 기계설계산업기사
성명 | 홍길동
감독 | (인)

과제 12	작 품 명	기어펌프	자격종목	기계설계산업기사	척 도	1 : 1

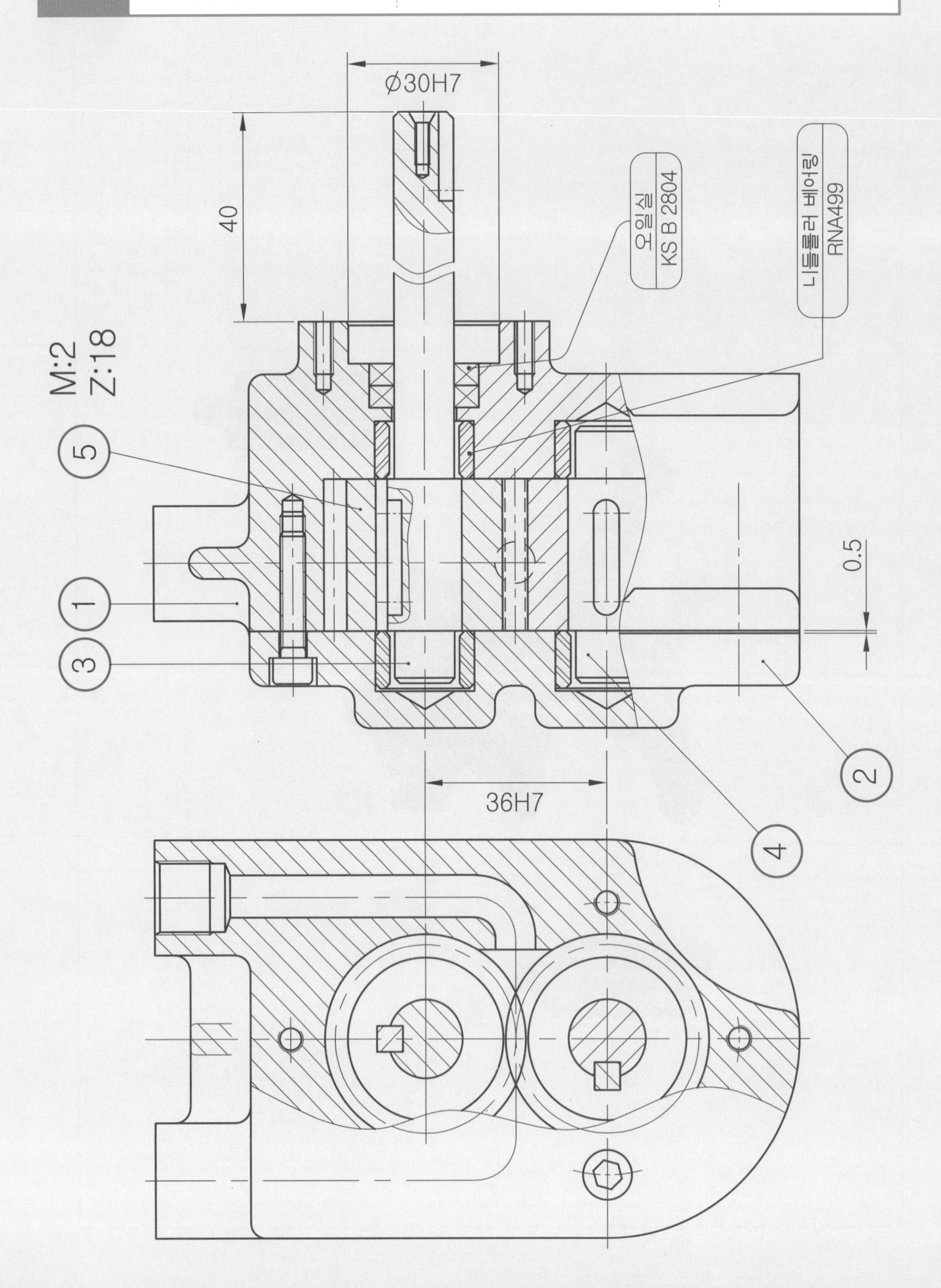

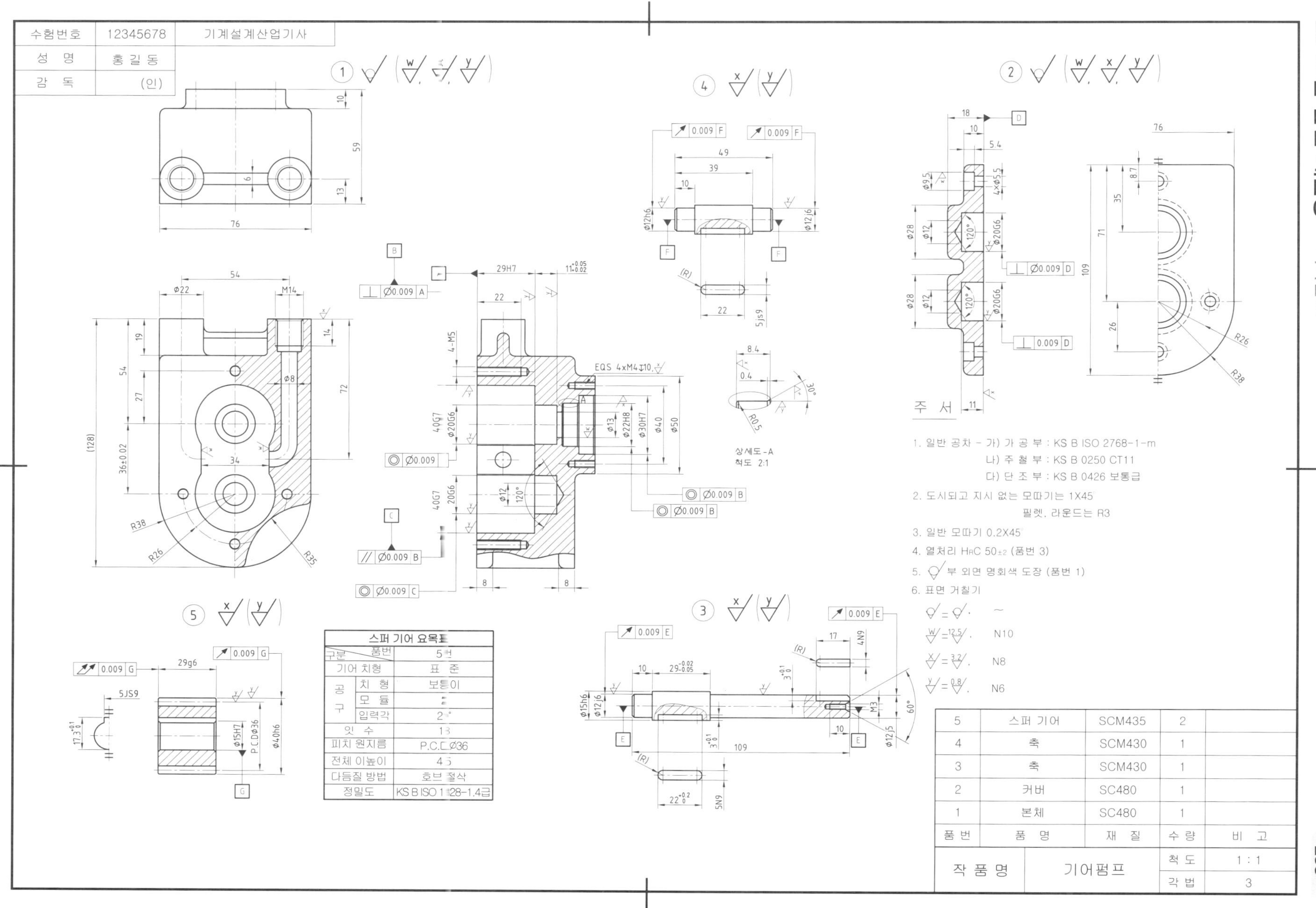

수험번호 12345678 기계설계산업기사
성명 홍길동
감독 (인)
상세도-A
척도 2:1
주 서
1. 일반 공차 - 가) 가공부 : KS B ISO 2768-1-m
나) 주철부 : KS B 0250 CT11
다) 단조부 : KS B 0426 보통급
2. 도시되고 지시 없는 모따기는 1X45˚
필렛, 라운드는 R3
3. 일반 모따기 0.2X45˚
4. 열처리 HRC 50±2 (품번 3)
5. 부 외면 명회색 도장 (품번 1)
6. 표면 거칠기
N10
N8
N6
스퍼 기어 요목표
기어치형 표준
공구 치형 보통이
모듈 2
압력각 20°
잇수 18
피치원지름 P.C.D Ø36
전체 이높이 4.5
다듬질 방법 호브절삭
정밀도 KS B ISO 1328-1,4급
5 스퍼 기어 SCM435 2
4 축 SCM430 1
3 축 SCM430 1
2 커버 SC480 1
1 본체 SC480 1
품번 품명 재질 수량 비고
작품명 기어펌프 척도 1:1 각법 3

3D 모범 답안 제출용 – 기어펌프

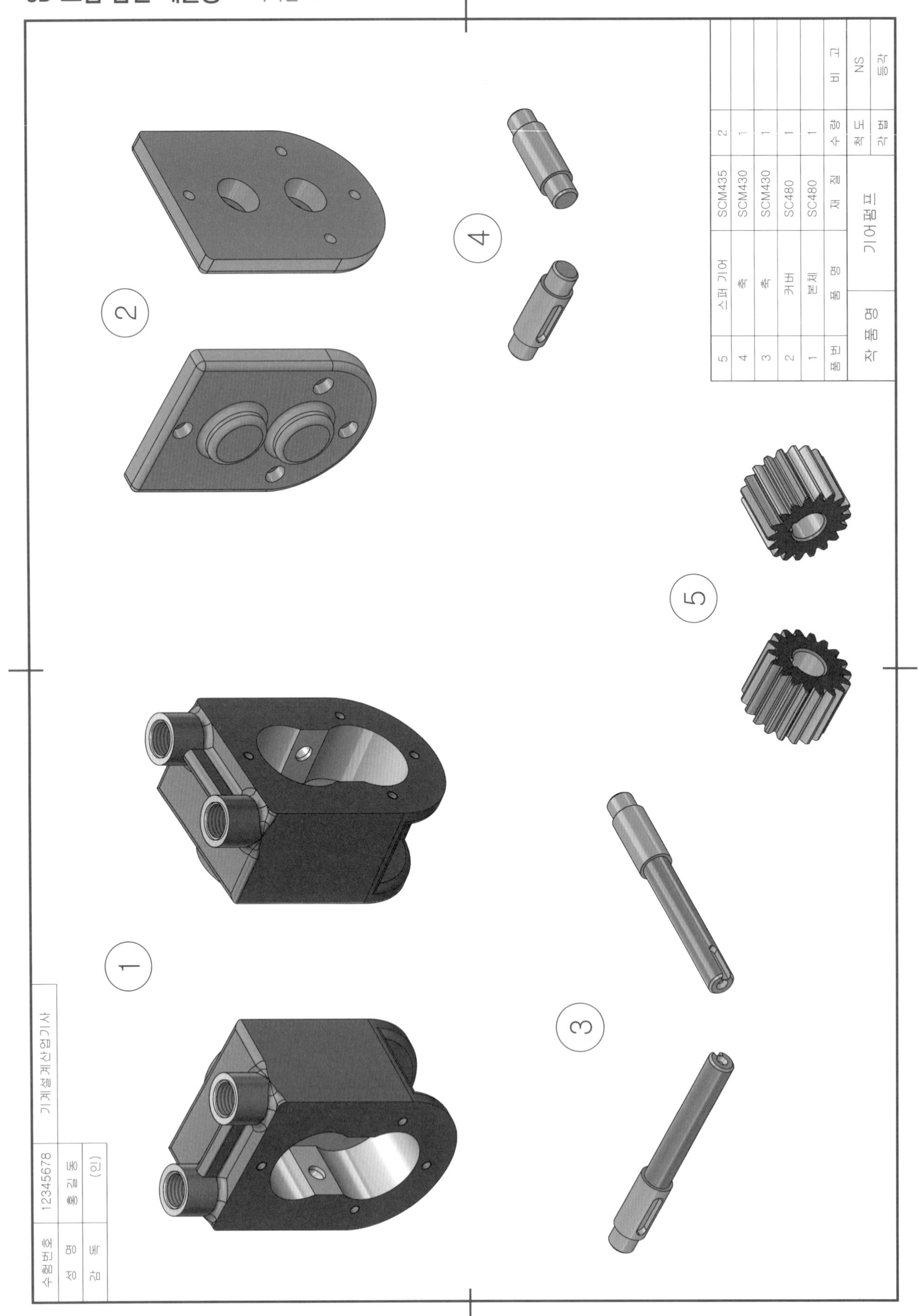

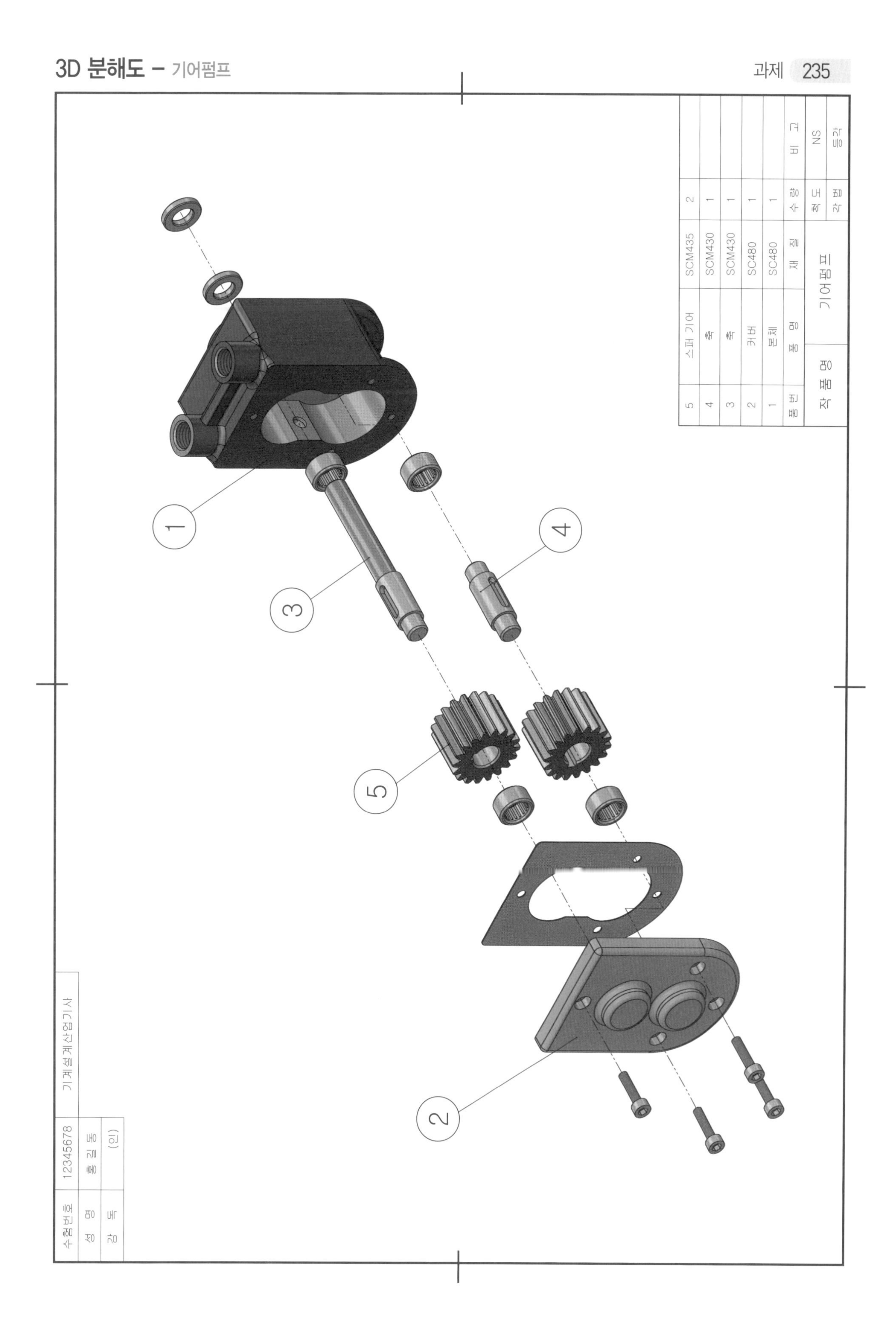

1
2
3
4
5
품번 | 품명 | 재질 | 수량 | 비고
5 | 스퍼 기어 | SCM435 | 2 |
4 | 축 | SCM430 | 1 |
3 | 축 | SCM430 | 1 |
2 | 커버 | SC480 | 1 |
1 | 본체 | SC480 | 1 |
작품명 | 기어펌프 | 척도 | NS
각법 | 등각
수험번호 | 12345678 | 기계설계산업기사
성명 | 홍길동
감독 | (인)

과제 13	작 품 명 ǀ 분할장치	자격종목 ǀ 기계설계산업기사	척 도 ǀ 1 : 1

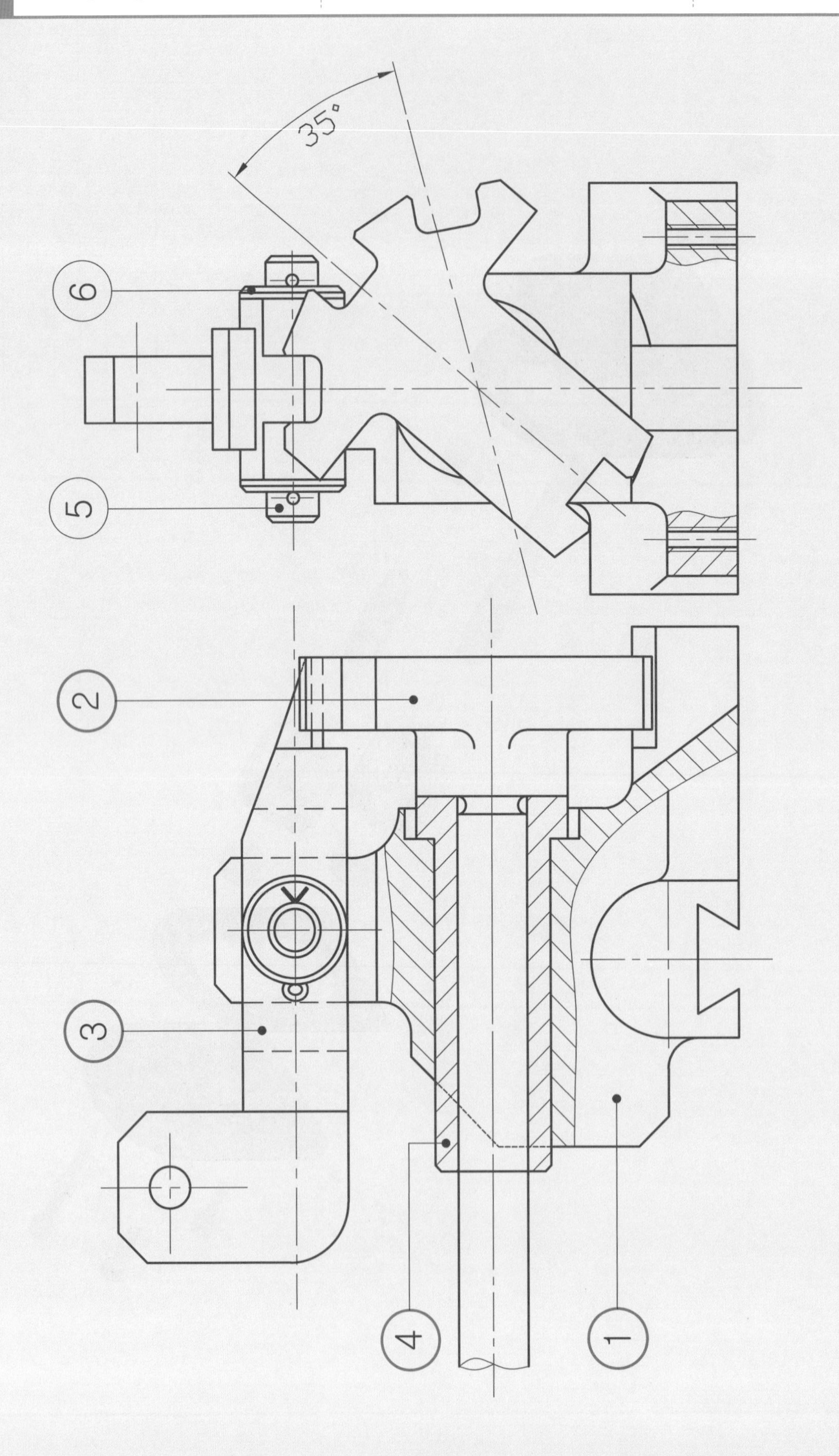

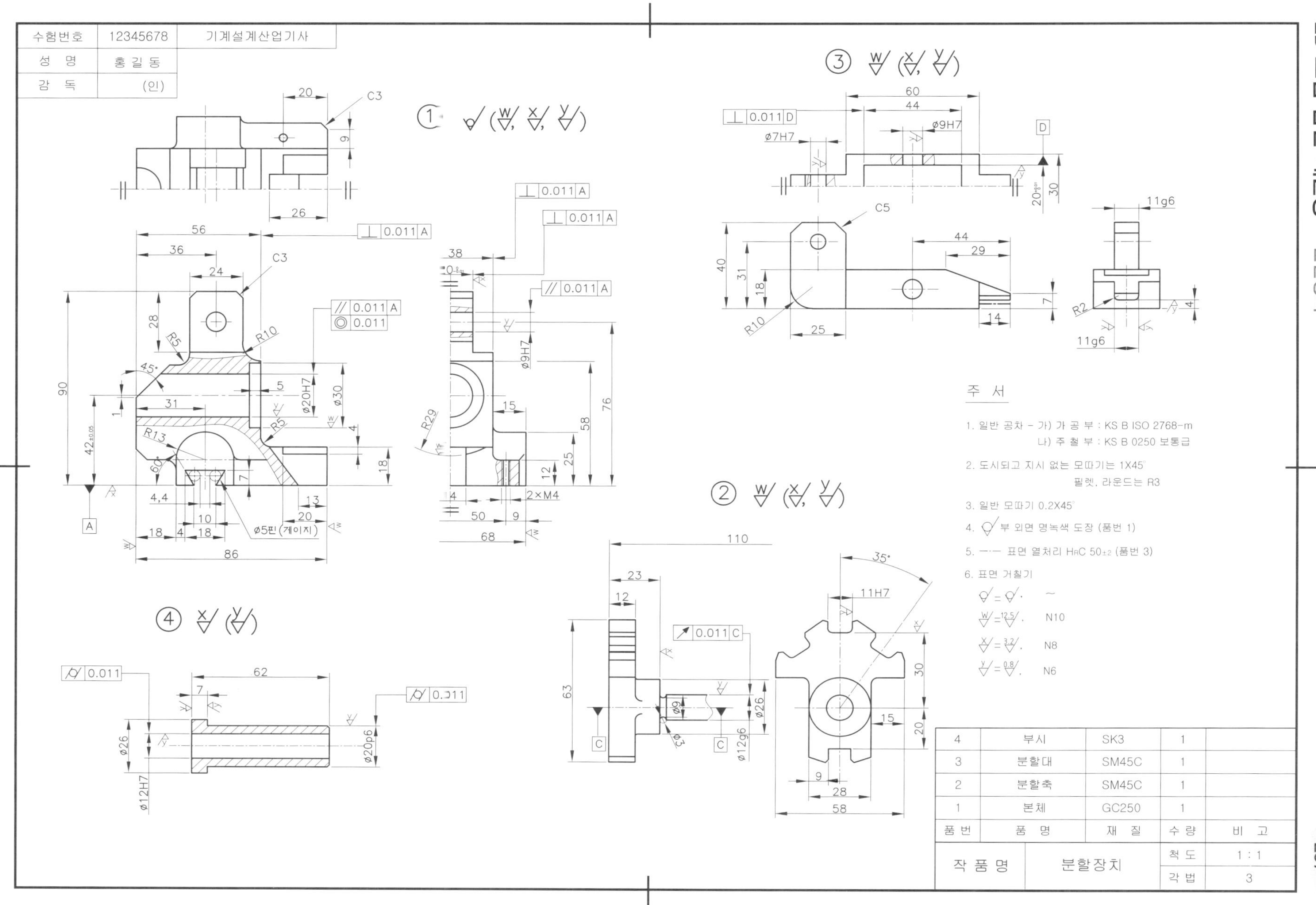
수험번호 12345678 기계설계산업기사
성 명 홍 길 동
감 독 (인)
주 서
1. 일반 공차 - 가) 가 공 부 : KS B ISO 2768-m
나) 주 철 부 : KS B 0250 보통급
2. 도시되고 지시 없는 모따기는 1X45°
필렛, 라운드는 R3
3. 일반 모따기 0.2X45°
4. 부 외면 명녹색 도장 (품번 1)
5. 표면 열처리 HRC 50±2 (품번 3)
6. 표면 거칠기
품번 4 부시 SK3 1
품번 3 분할대 SM45C 1
품번 2 분할축 SM45C 1
품번 1 본체 GC250 1
품 번 품 명 재 질 수 량 비 고
작 품 명 분할장치 척 도 1 : 1 각 법 3

3D 모범 답안 제출용 – 분할장치

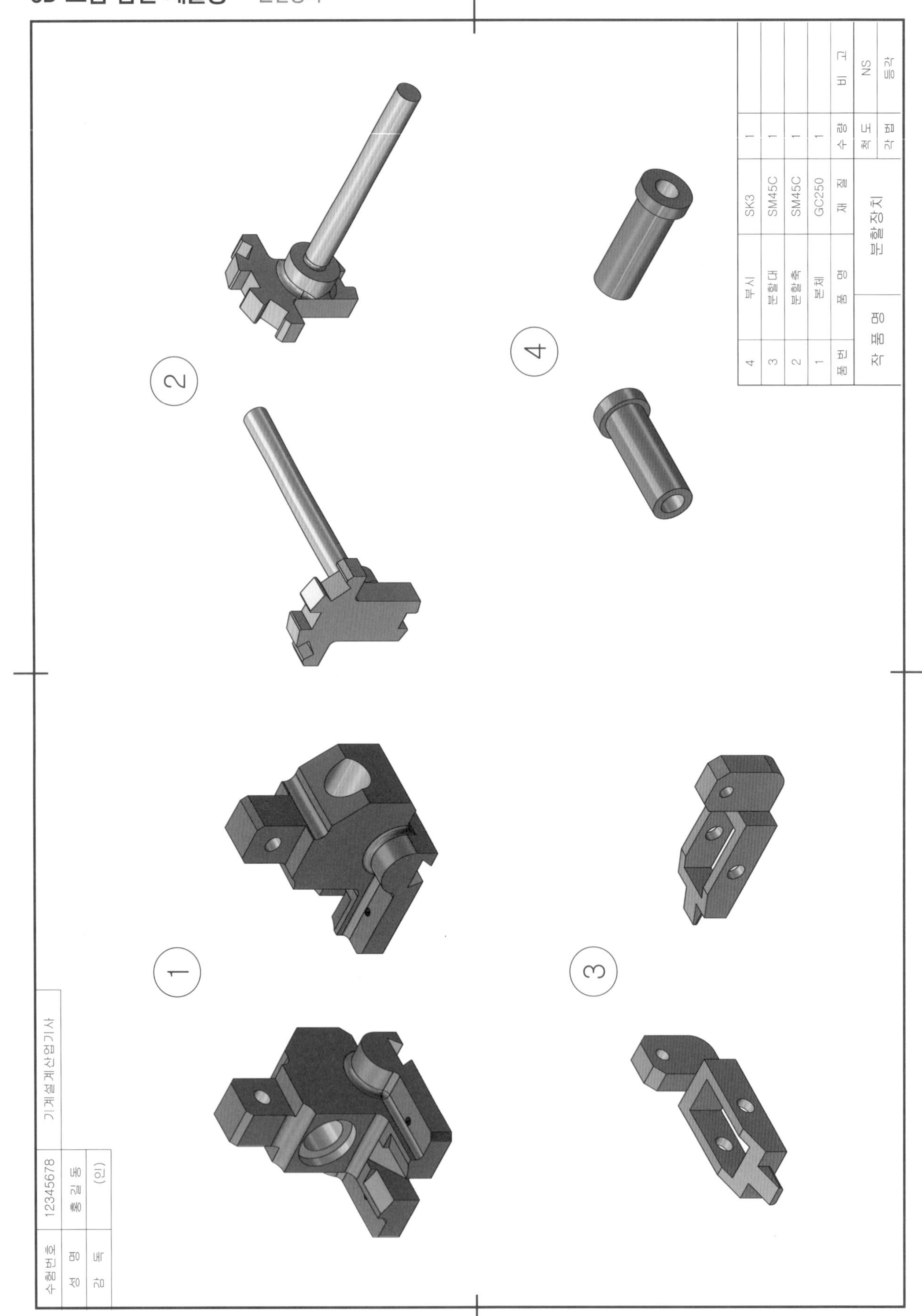

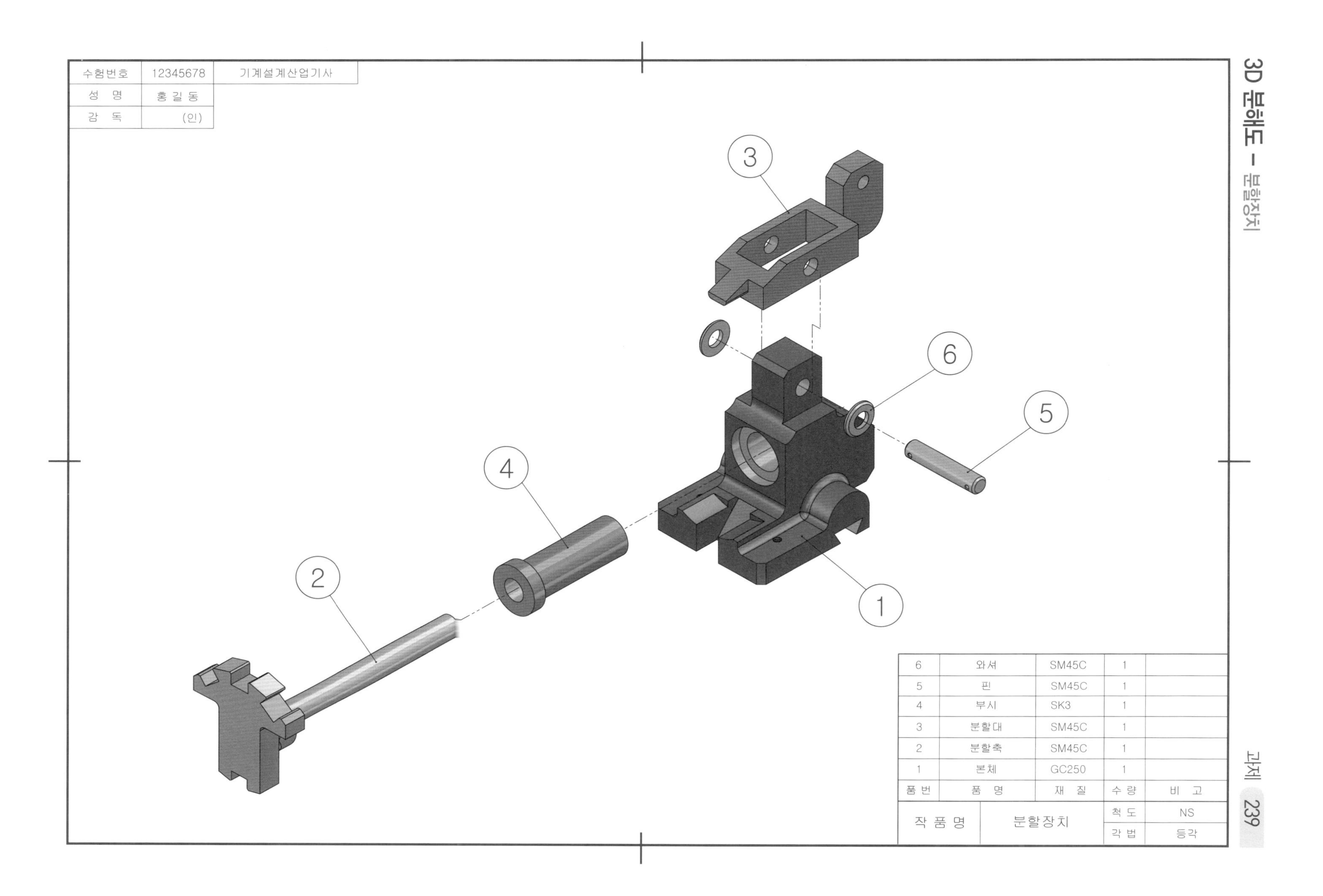
수험번호 12345678 기계설계산업기사
성 명 홍길동
감 독 (인)
1
2
3
4
5
6
6 와셔 SM45C 1
5 핀 SM45C 1
4 부시 SK3 1
3 분할대 SM45C 1
2 분할축 SM45C 1
1 본체 GC250 1
품번 품 명 재 질 수량 비 고
작 품 명 분할장치
척도 NS
각법 등각

과제 14	작 품 명 ㅣ 세그먼트 기어	자격종목 ㅣ 기계설계산업기사	척 도 ㅣ 1 : 1

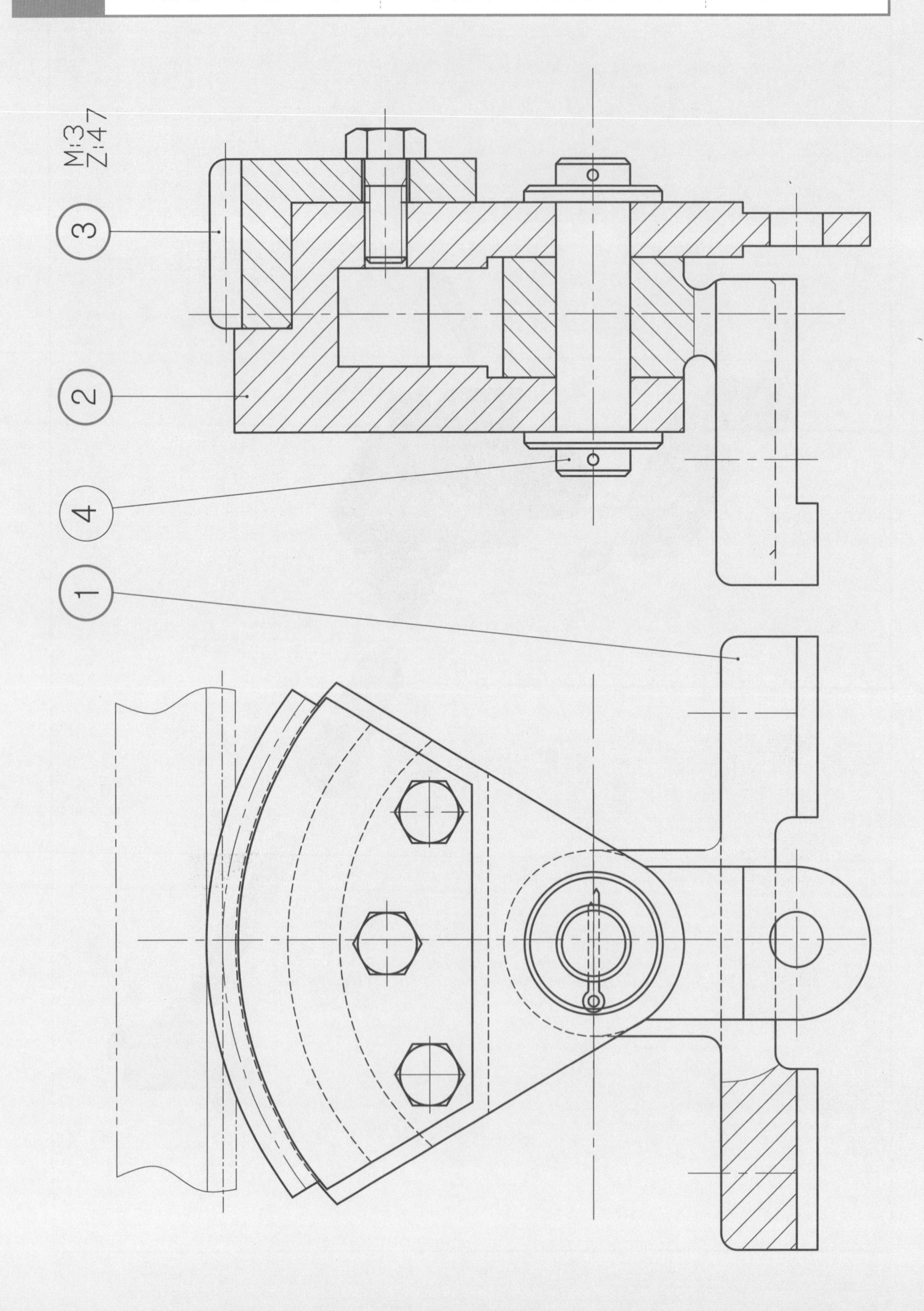

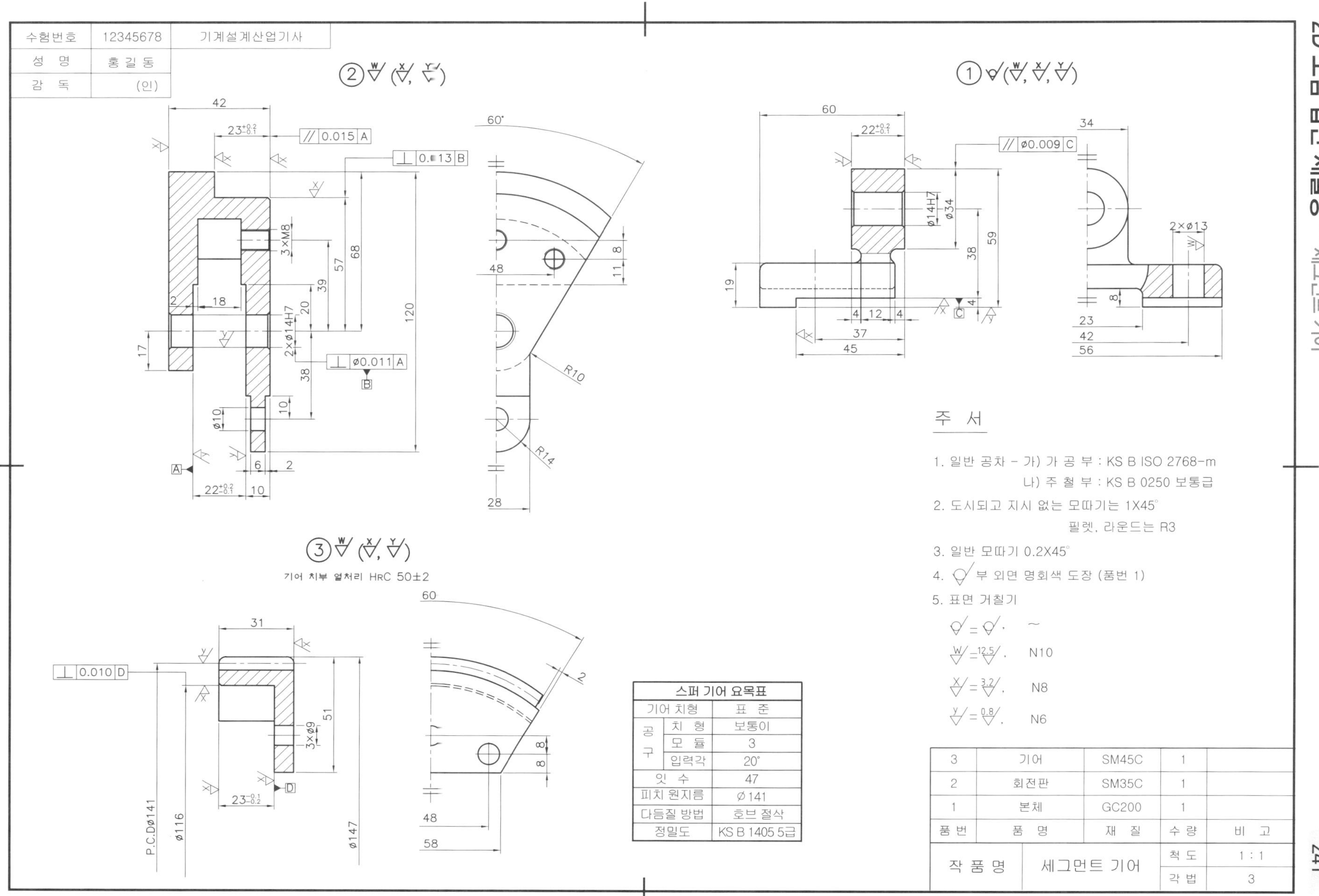
수험번호 12345678 기계설계산업기사
성 명 홍길동
감 독 (인)
주 서
1. 일반 공차 - 가) 가 공 부 : KS B ISO 2768-m
나) 주 철 부 : KS B 0250 보통급
2. 도시되고 지시 없는 모따기는 1X45°
필렛, 라운드는 R3
3. 일반 모따기 0.2X45°
4. 부 외면 명회색 도장 (품번 1)
5. 표면 거칠기
N10
N8
N6
기어 치부 열처리 HRC 50±2
스퍼 기어 요목표
기어 치형 표 준
공구 치형 보통이
공구 모듈 3
공구 압력각 20°
잇 수 47
피치 원지름 Ø141
다듬질 방법 호브 절삭
정밀도 KS B 1405 5급
3 기어 SM45C 1
2 회전판 SM35C 1
1 본체 GC200 1
품번 품 명 재 질 수 량 비 고
작 품 명 세그먼트 기어
척 도 1 : 1
각 법 3

3D 모범 답안 제출용 – 세그먼트 기어

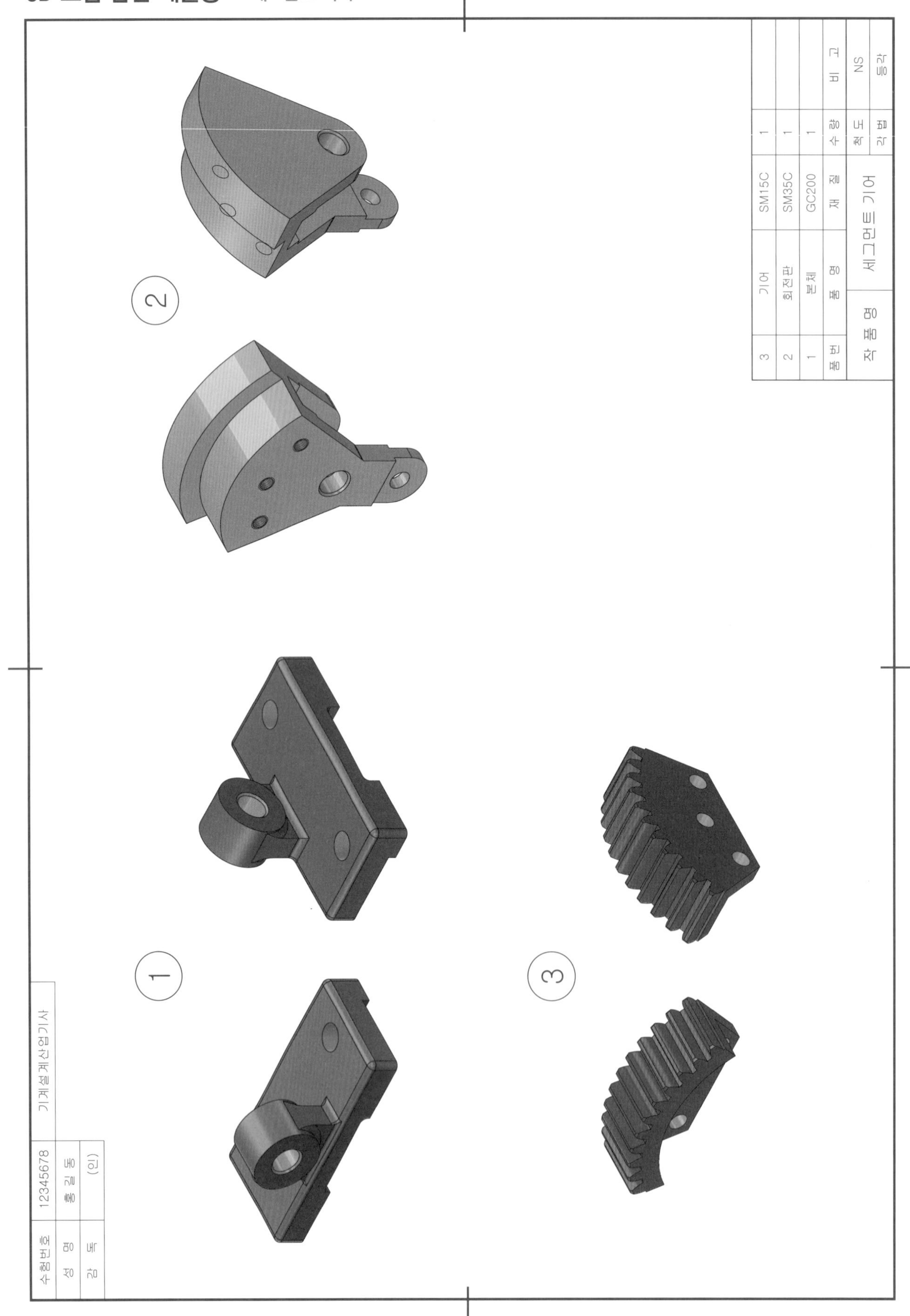

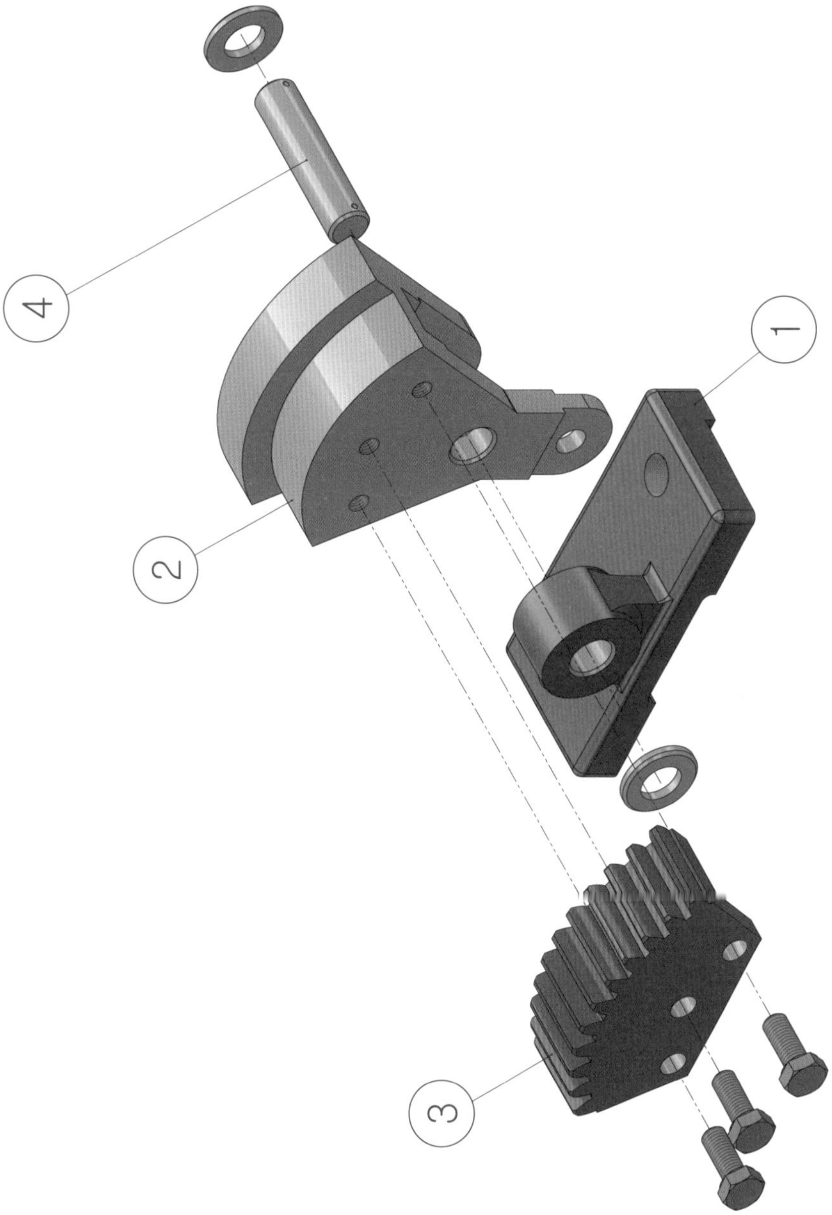

품번	품명	재질	수량	비고
4	핀	SM45C	1	
3	기어	SM15C	1	
2	회전판	SM35C	1	
1	본체	GC200	1	
작품명	세그먼트 기어		척도	NS
			각법	등각

4
1
2
3

수험번호	12345678	기계설계산업기사
성명	홍길동	
감독	(인)	

과제 15 작 품 명 | 인덱싱 드릴지그 자격종목 | 기계설계산업기사 척 도 | 1 : 1

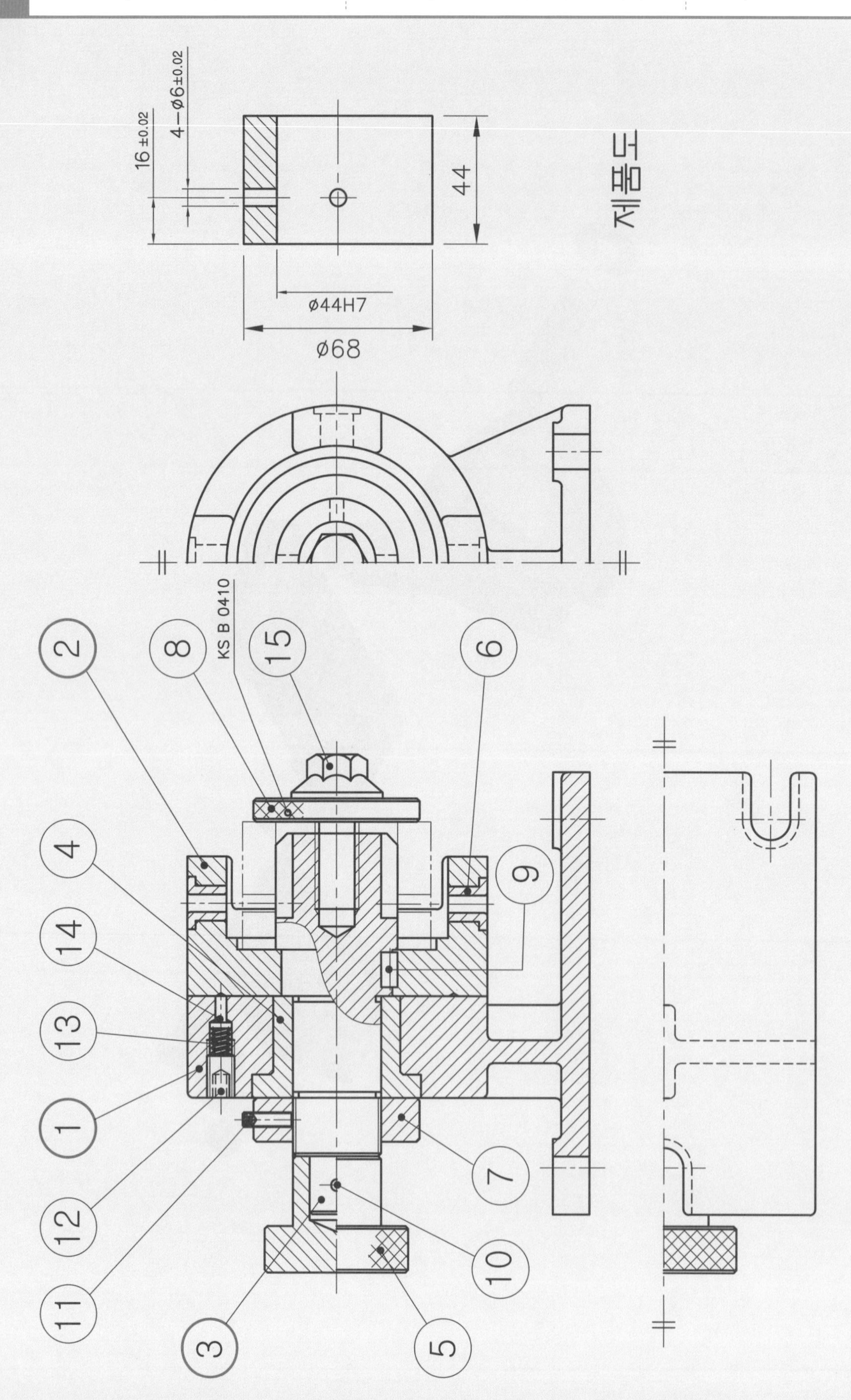

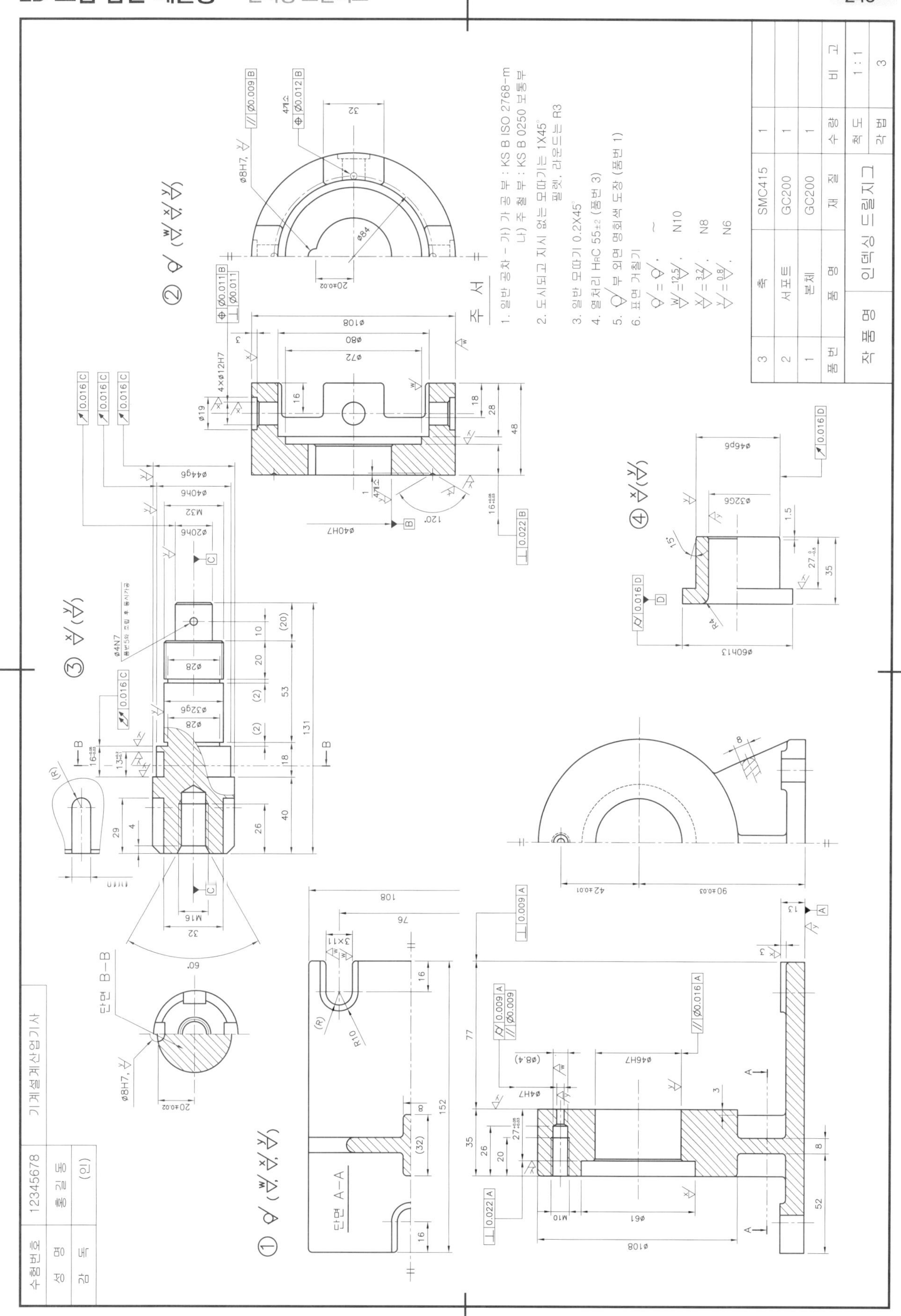
수험번호 12345678
성 명 홍길동
감 독 (인)
기계설계산업기사
① 본체
② 서포트
③ 축
④
단면 A-A
단면 B-B
주 서
1. 일반 공차 - 가) 가 공 부 : KS B ISO 2768-m
나) 주 철 부 : KS B 0250 보통급
2. 도시되고 지시 없는 모따기는 1X45°
필렛, 라운드는 R3
3. 일반 모따기 0.2X45°
4. 열처리 HRC 55±2 (품번 3)
5. 부 외면 명회색 도장 (품번 1)
6. 표면 거칠기
N10
N8
N6
3 축 SMC415 1
2 서포트 GC200 1
1 본체 GC200 1
품번 품 명 재 질 수 량 비 고
작 품 명 인덱싱 드릴지그
척 도 1 : 1
각 법 3

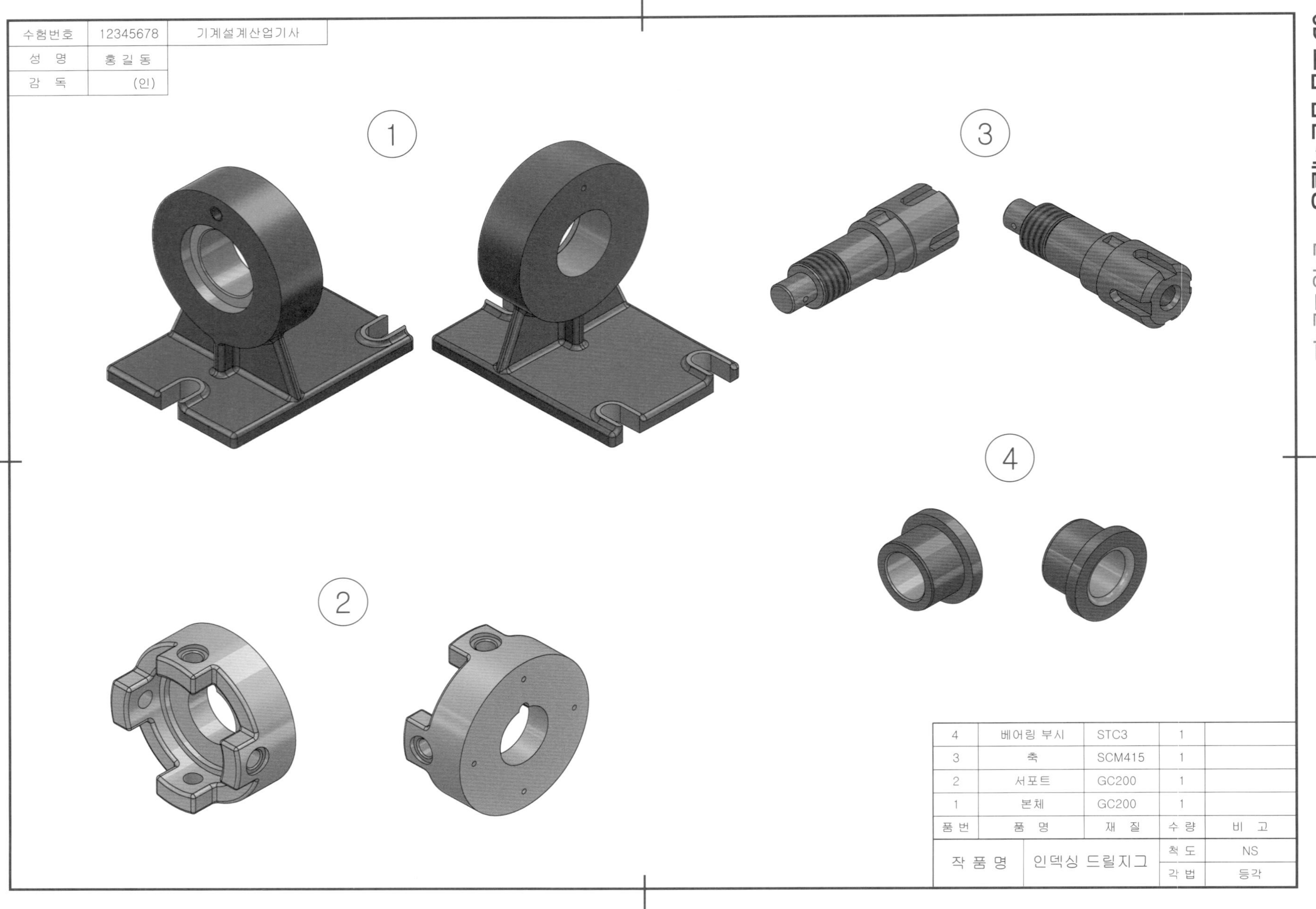
수험번호 12345678 기계설계산업기사
성명 홍길동
감독 (인)
1
2
3
4
4 베어링 부시 STC3 1
3 축 SCM415 1
2 서포트 GC200 1
1 본체 GC200 1
품번 품명 재질 수량 비고
작품명 인덱싱 드릴지그
척도 NS
각법 등각

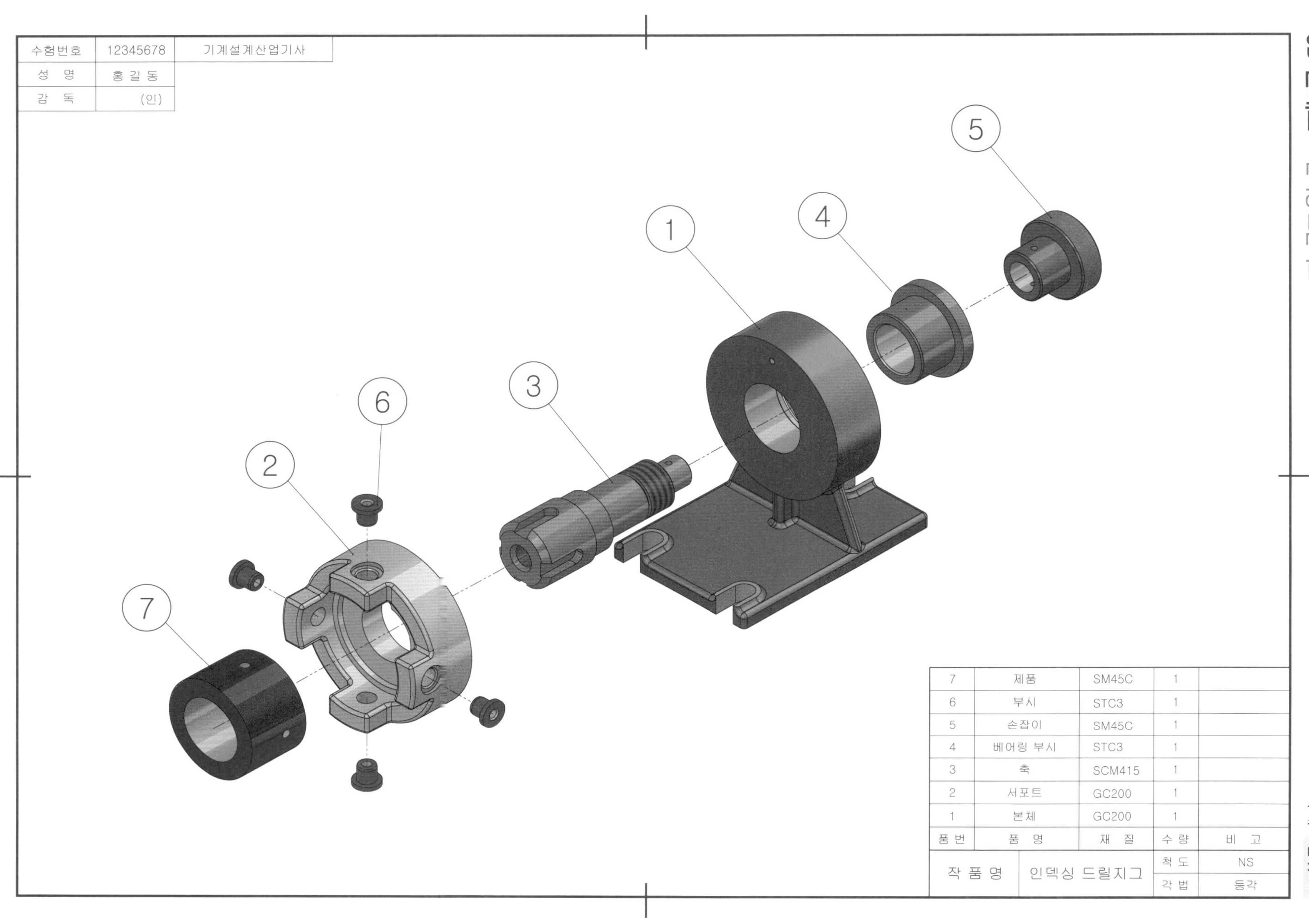

수험번호 12345678 기계설계산업기사
성 명 홍길동
감 독 (인)
5
4
1
3
6
2
7
7 제품 SM45C 1
6 부시 STC3 1
5 손잡이 SM45C 1
4 베어링 부시 STC3 1
3 축 SCM415 1
2 서포트 GC200 1
1 본체 GC200 1
품번 품명 재질 수량 비고
작품명 인덱싱 드릴지그
척도 NS
각법 등각

과제 16	작 품 명 ǀ 클러치축	자격종목 ǀ 기계설계산업기사	척 도 ǀ 1 : 1

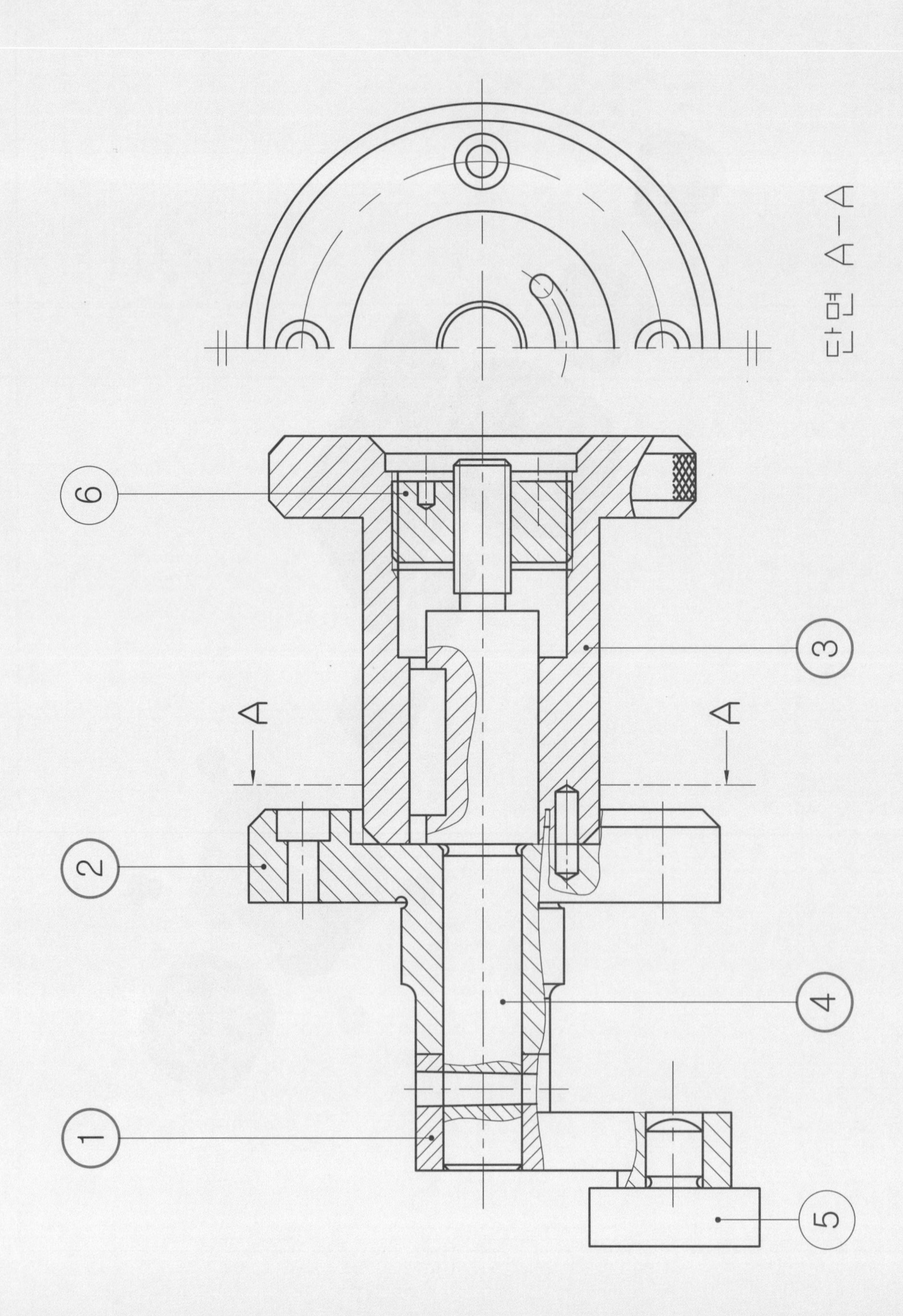

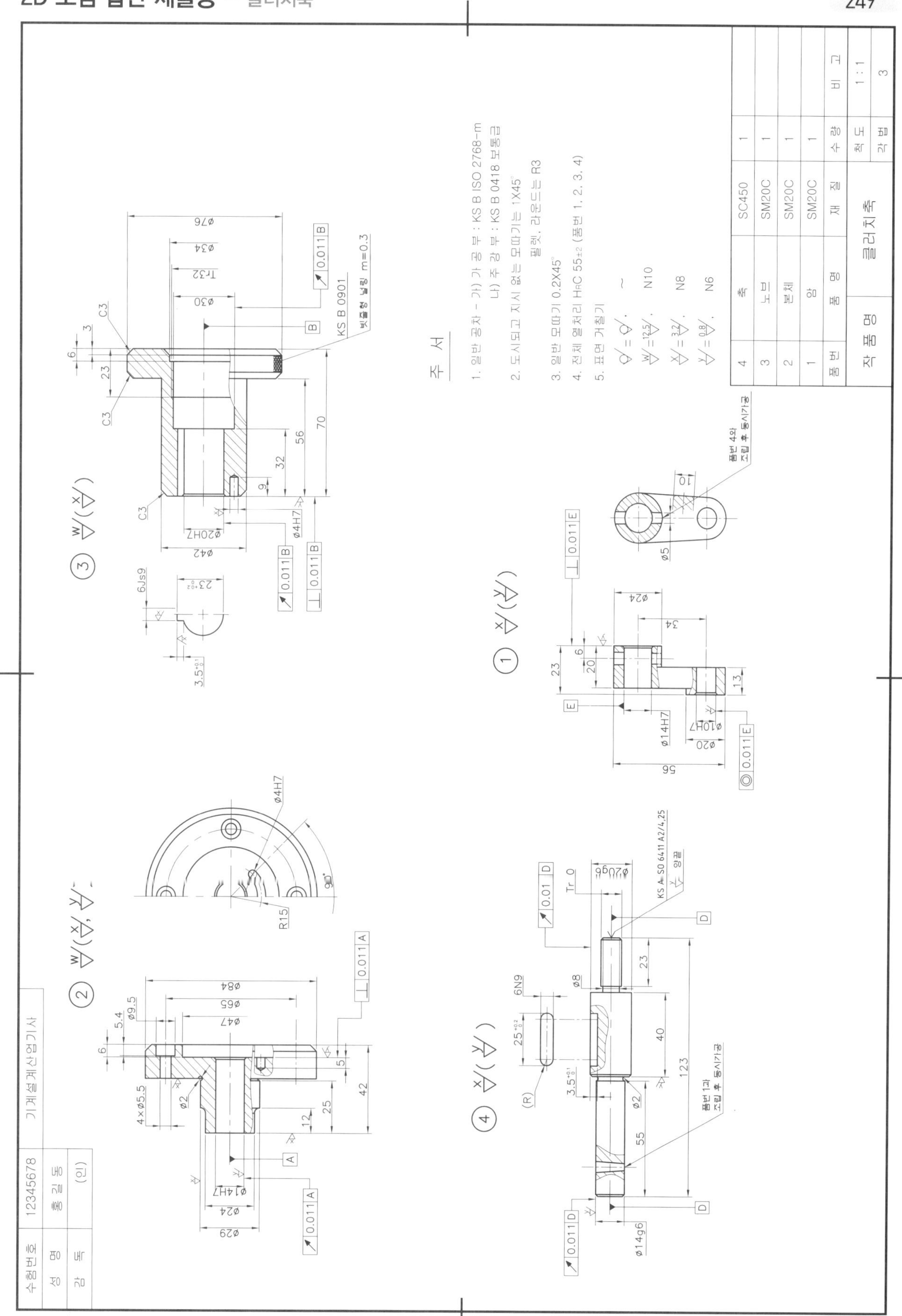
주 서
1. 일반 공차 - 가) 가 공 부 : KS B ISO 2768-m
나) 주 강 부 : KS B 0418 보통급
2. 도시되고 지시 없는 모따기는 1X45°
필렛, 라운드는 R3
3. 일반 모따기 0.2X45°
4. 전체 열처리 HRC 55±2 (품번 1, 2, 3, 4)
5. 표면 거칠기
4 축 SC450 1
3 노브 SM20C 1
2 본체 SM20C 1
1 암 SM20C 1
품번 품명 재질 수량 비고
작품명 클러치축
척도 1:1
각법 3
수험번호 12345678 기계설계산업기사
성명 홍길동
감독 (인)

3D 모범 답안 제출용 – 클러치축

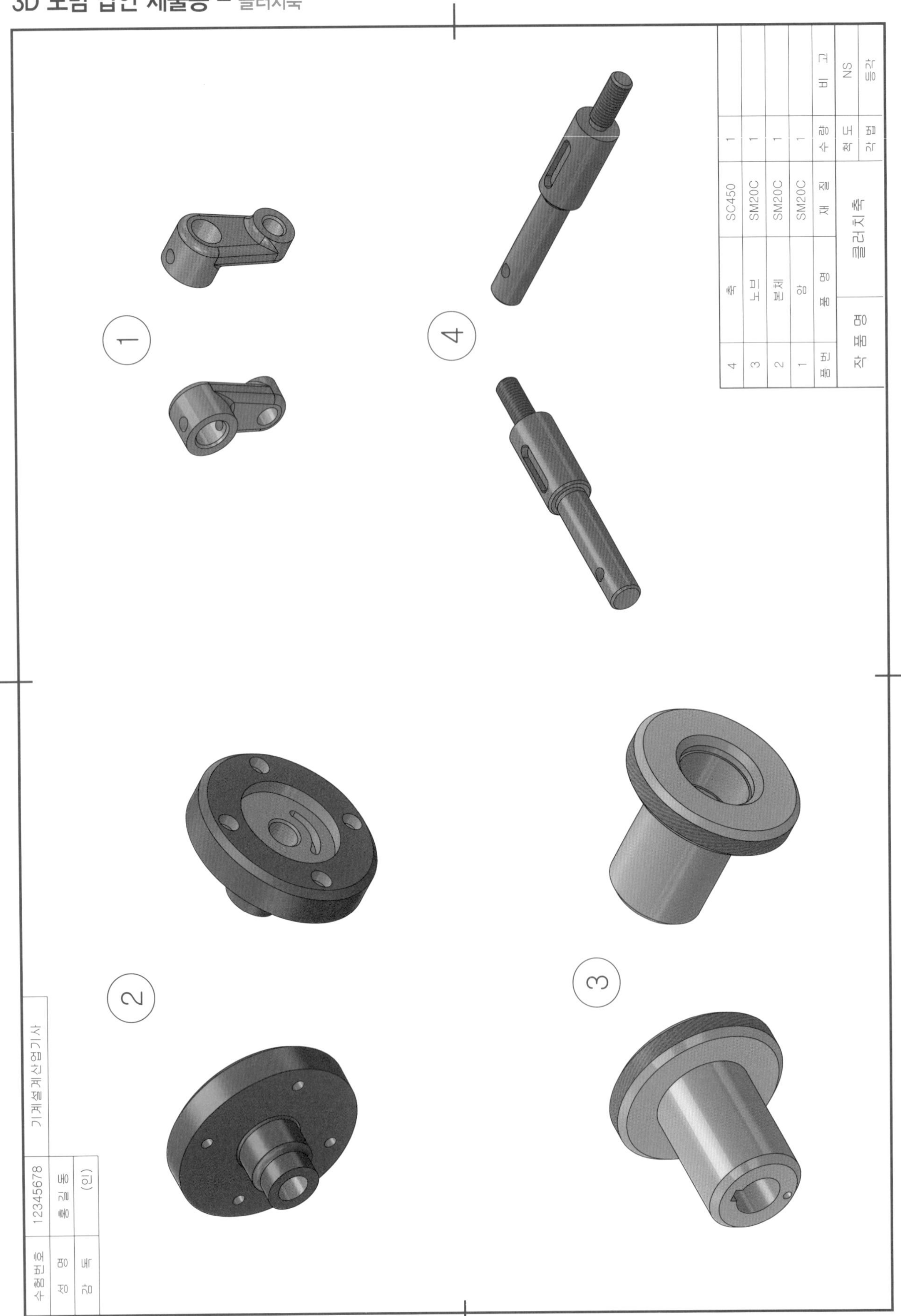

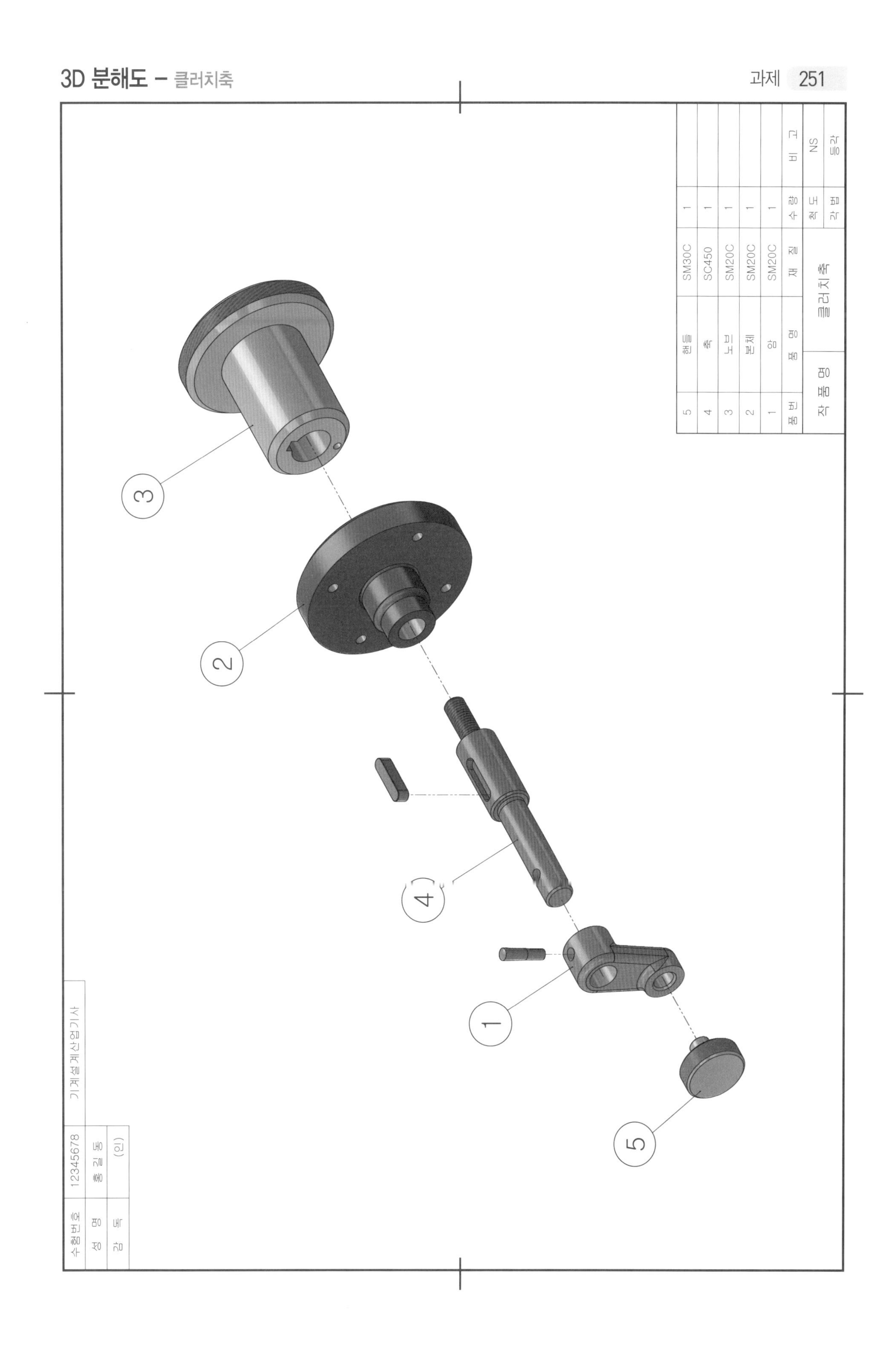
5 핸들 SM30C 1
4 축 SC450 1
3 노브 SM20C 1
2 본체 SM20C 1
1 암 SM20C 1
품번 품명 재질 수량 비고
작품명 클러치축 척도 NS
각법 등각
수험번호 12345678
성명 홍길동
감독 (인)
기계설계산업기사
1
2
3
4
5

과제 17	작 품 명	길이측정 검사구	자격종목	기계설계산업기사	척 도	1 : 1

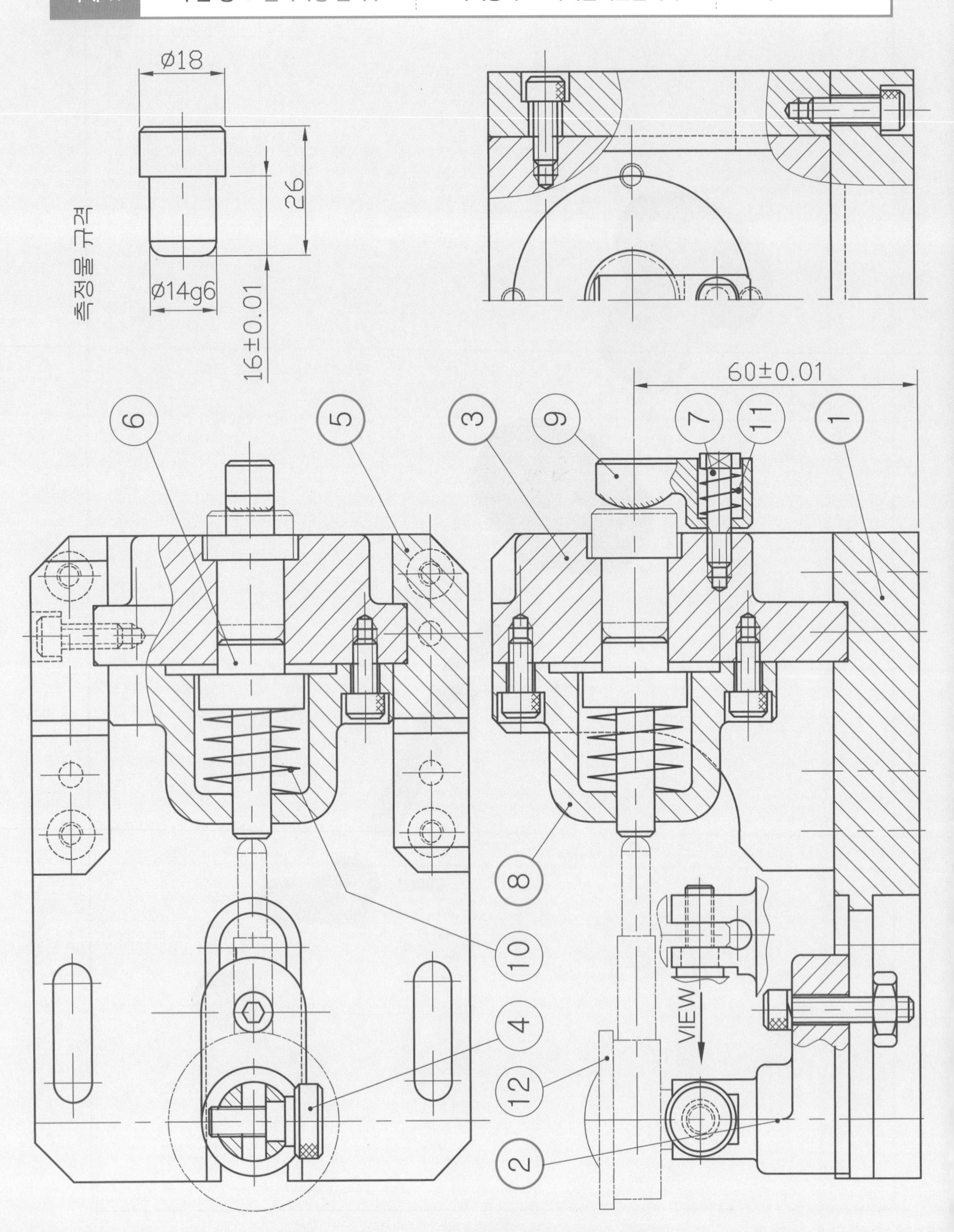

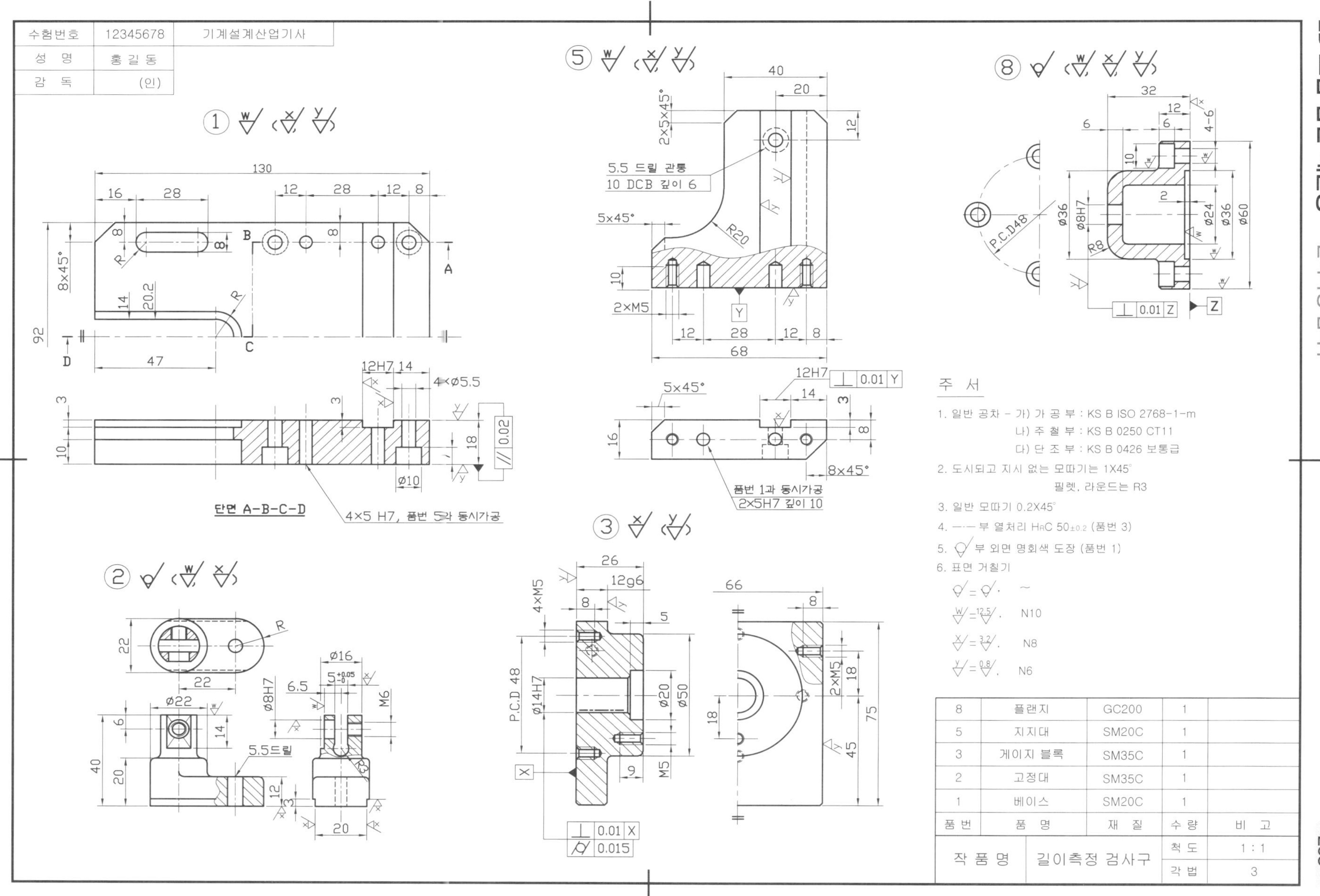
수험번호 12345678 기계설계산업기사
성 명 홍길동
감 독 (인)
단면 A-B-C-D
4×5 H7, 품번 5와 동시가공
5.5 드릴 관통
10 DCB 깊이 6
품번 1과 동시가공
2×5H7 깊이 10
5.5드릴
주 서
1. 일반 공차 - 가) 가 공 부 : KS B ISO 2768-1-m
나) 주 철 부 : KS B 0250 CT11
다) 단 조 부 : KS B 0426 보통급
2. 도시되고 지시 없는 모따기는 1X45°
필렛, 라운드는 R3
3. 일반 모따기 0.2X45°
4. 부 열처리 HRC 50±0.2 (품번 3)
5. 부 외면 명회색 도장 (품번 1)
6. 표면 거칠기
N10
N8
N6
8 플랜지 GC200 1
5 지지대 SM20C 1
3 게이지 블록 SM35C 1
2 고정대 SM35C 1
1 베이스 SM20C 1
품번 품명 재질 수량 비고
작품명 길이측정 검사구
척도 1:1
각법 3

3D 모범 답안 제출용 – 길이측정 검사구

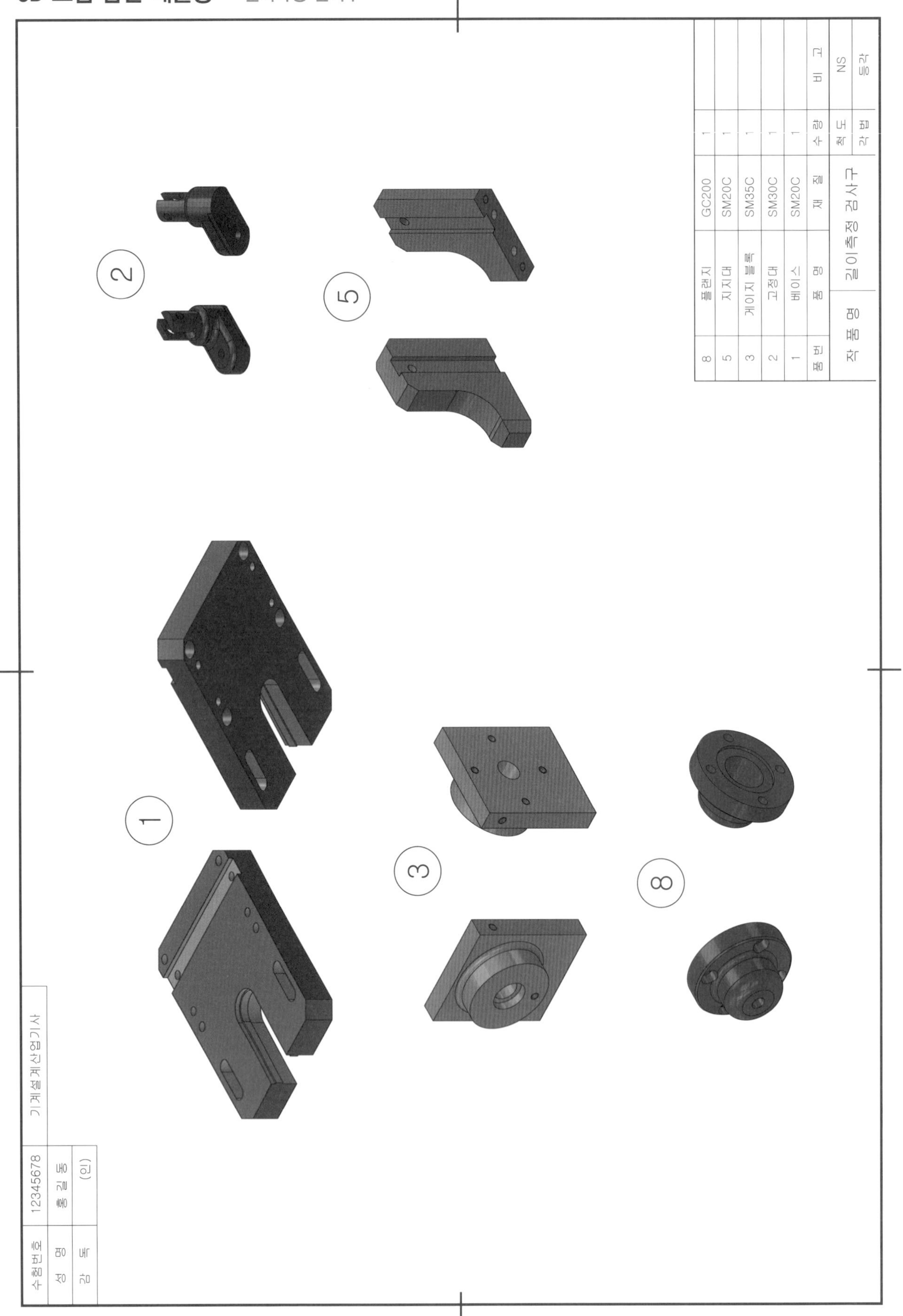

수험번호	12345678	기계설계산업기사
성 명	홍 길 동	
감 독	(인)	

5

3

1

6

8

2

8	플랜지	GC200	1	
6	조	SC400	1	
5	지지대	SM20C	2	
3	게이지 블록	SM35C	1	
2	고정대	SM30C	1	
1	베이스	SM20C	1	
품번	품 명	재 질	수 량	비 고
작 품 명	길이측정 검사구		척 도	NS
			각 법	등각

과제 18	작 품 명 ❘ 클램프	자격종목 ❘ 기계설계산업기사	척 도 ❘ 1 : 1

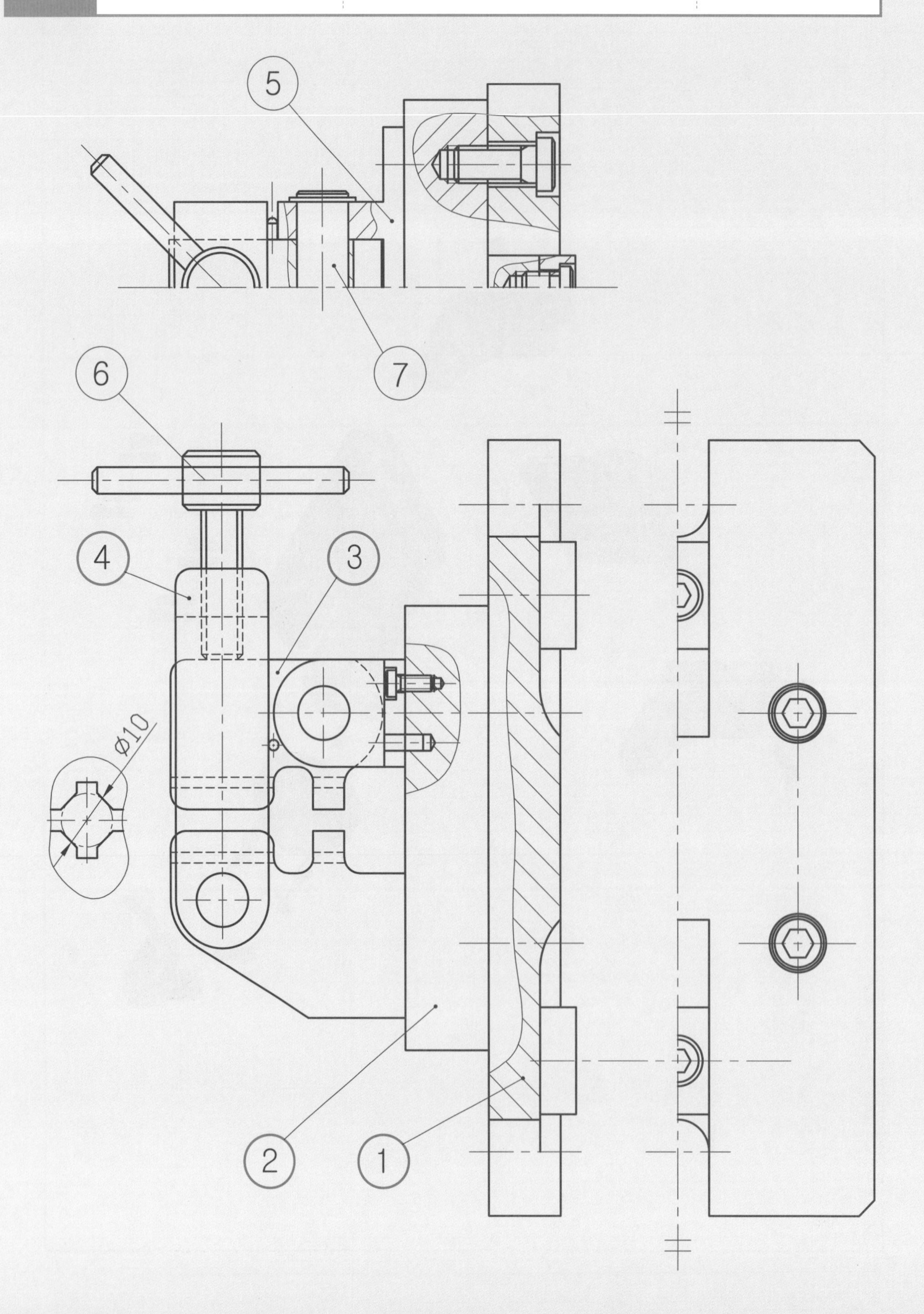

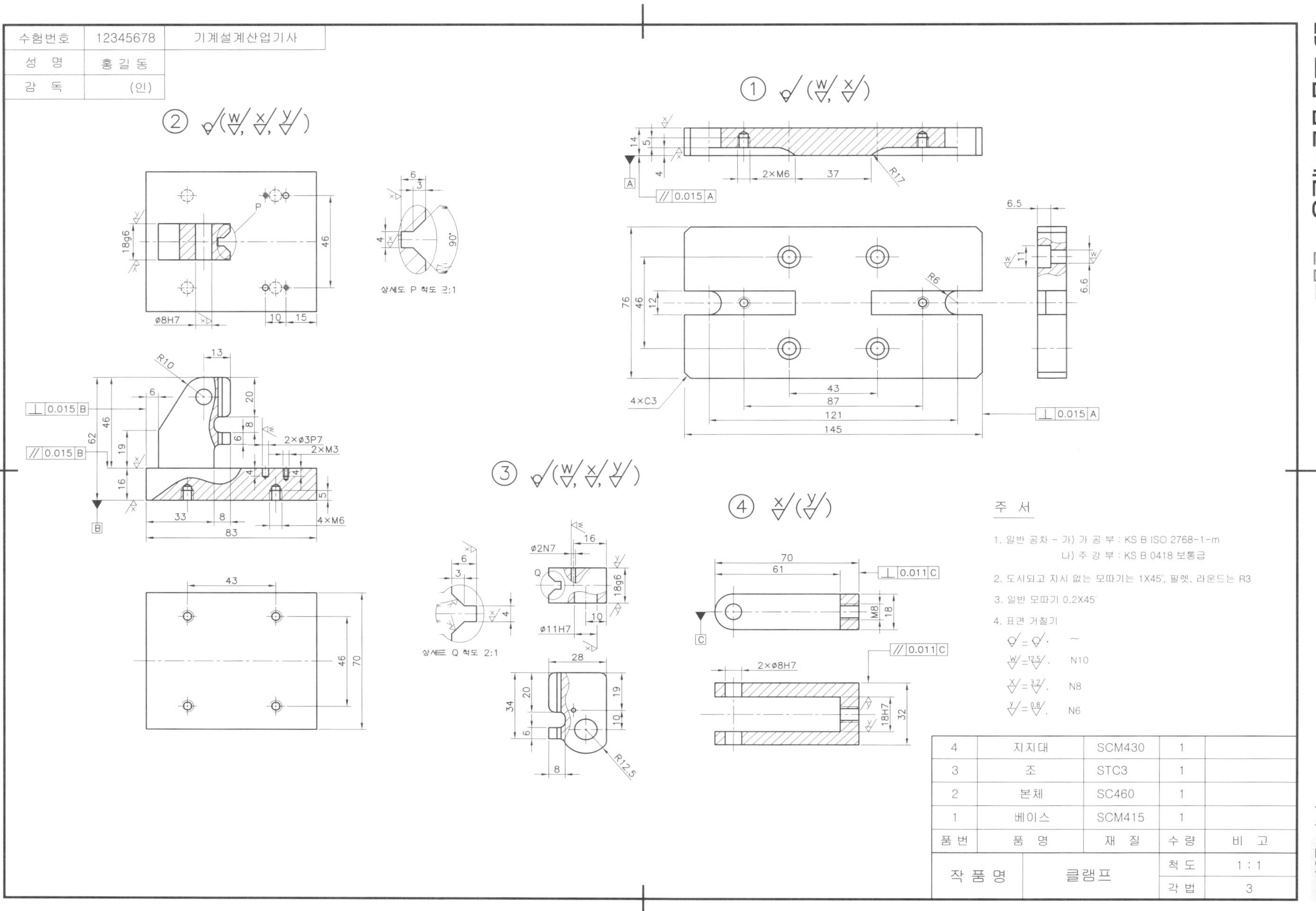
수험번호 12345678 기계설계산업기사
성명 홍길동
감독 (인)
상세도 P 척도 2:1
상세도 Q 척도 2:1
주 서
1. 일반 공차 - 가) 가 공 부 : KS B ISO 2768-1-m
나) 주 강 부 : KS B 0418 보통급
2. 도시되고 지시 없는 모따기는 1X45°, 필렛, 라운드는 R3
3. 일반 모따기 0.2X45°
4. 표면 거칠기
N10
N8
N6
4 지지대 SCM430 1
3 조 STC3 1
2 본체 SC460 1
1 베이스 SCM415 1
품번 품명 재질 수량 비고
작품명 클램프
척도 1:1
각법 3

3D 모범 답안 제출용 – 클램프

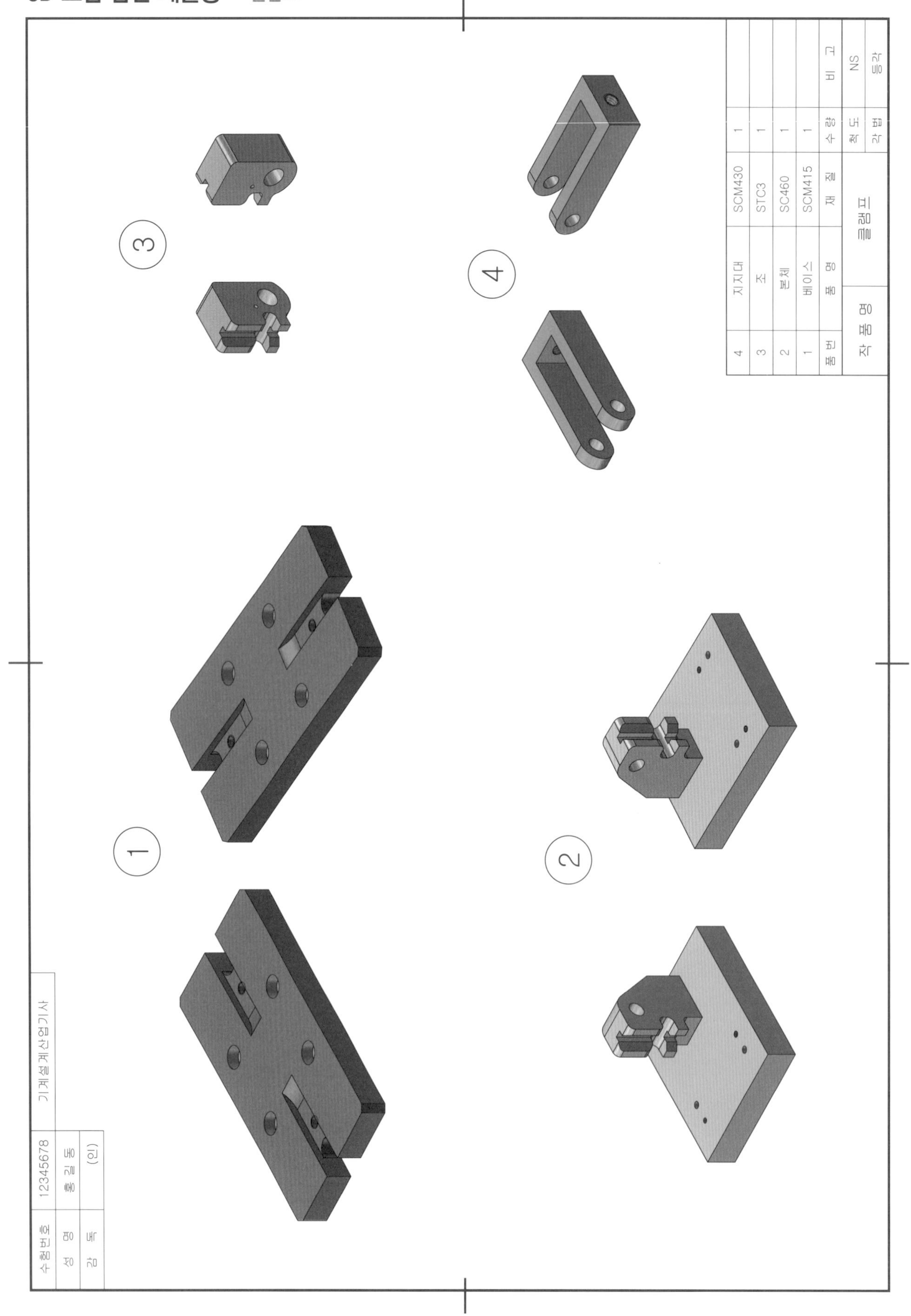

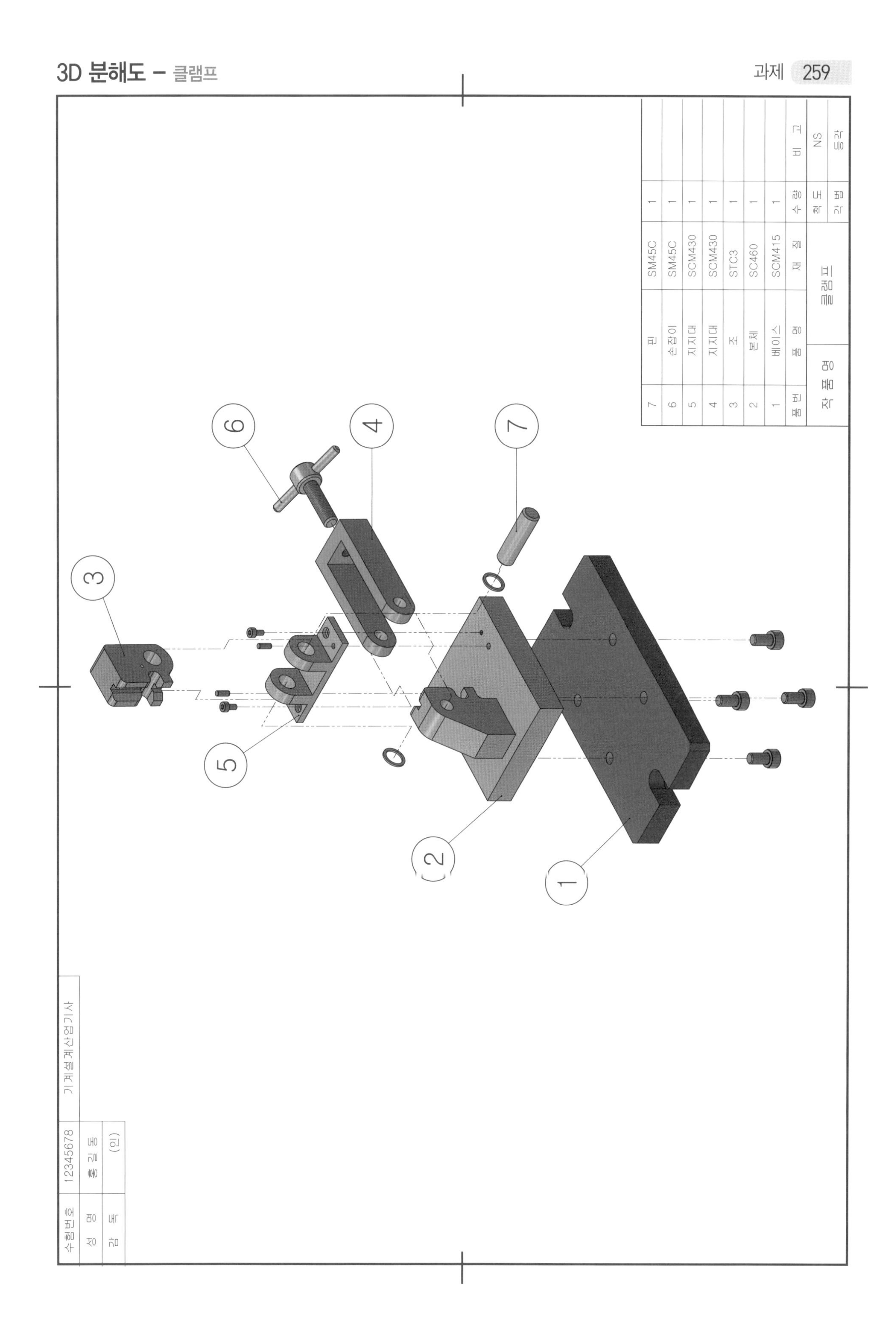
7 핀 SM45C 1
6 손잡이 SM45C 1
5 지지대 SCM430 1
4 지지대 SCM430 1
3 조 STC3 1
2 본체 SC460 1
1 베이스 SCM415 1
품번 품명 재질 수량 비고
작품명 클램프 척도 NS 각법 등각
수험번호 12345678
성명 홍길동
감독 (인)
기계설계산업기사
1
2
3
4
5
6
7

과제 19	작 품 명 ǀ C형 슬라이더	자격종목 ǀ 기계설계산업기사	척 도 ǀ 1 : 1

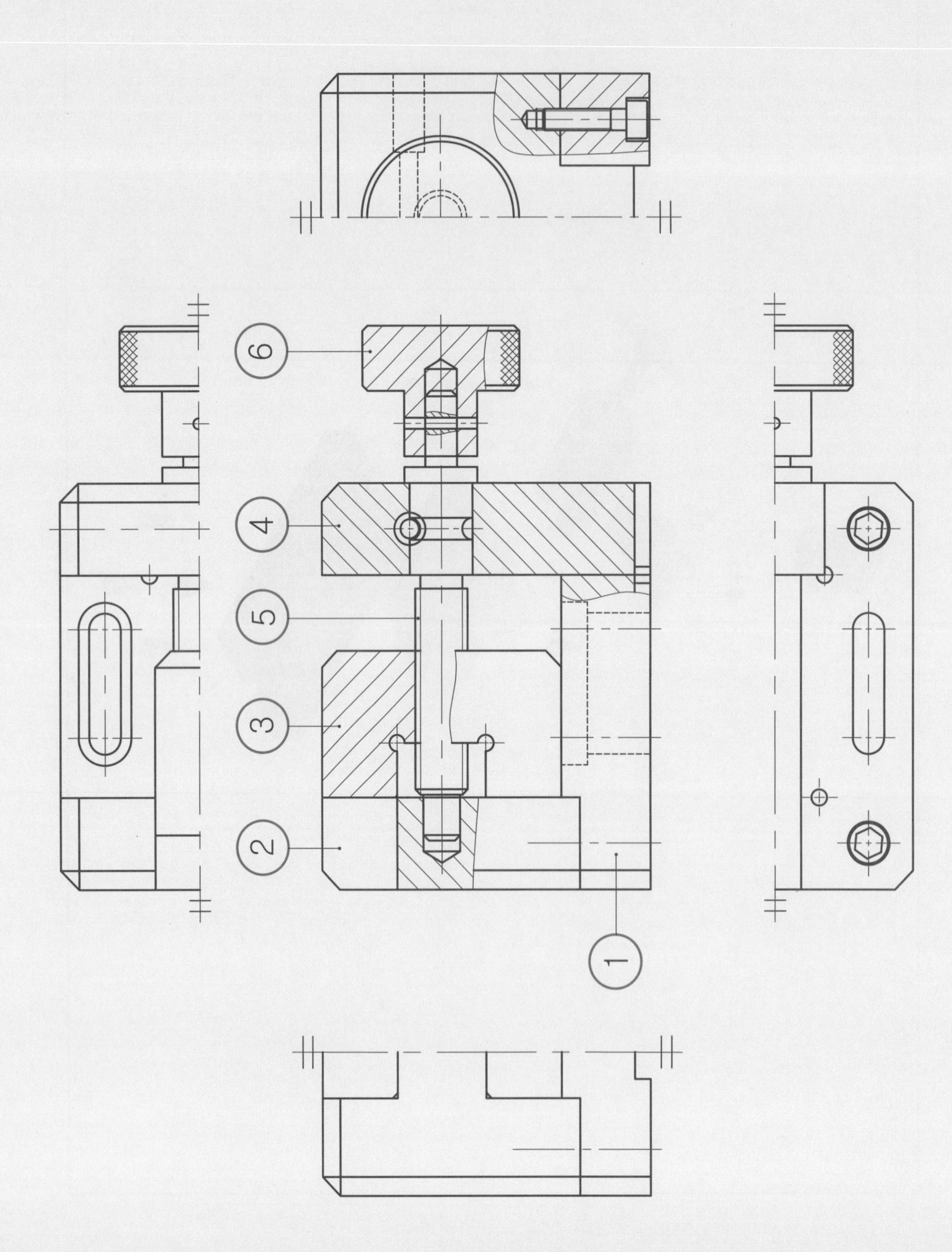

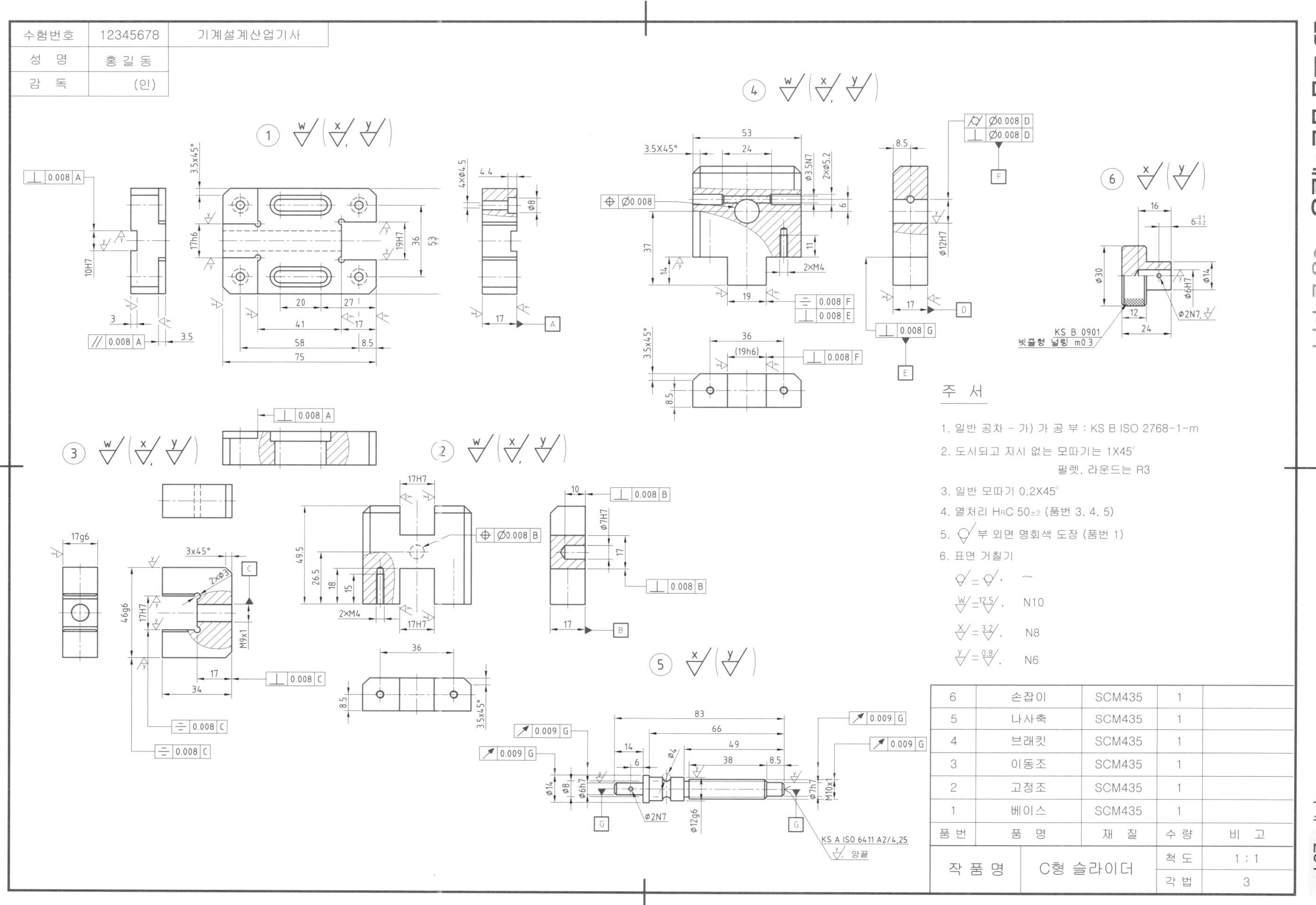
수험번호 12345678
기계설계산업기사
성명 홍길동
감독 (인)
주 서
1. 일반 공차 - 가) 가 공 부 : KS B ISO 2768-1-m
2. 도시되고 지시 없는 모따기는 1X45°
필렛, 라운드는 R3
3. 일반 모따기 0.2X45°
4. 열처리 HRC 50±2 (품번 3, 4, 5)
5. 부 외면 명회색 도장 (품번 1)
6. 표면 거칠기
N10
N8
N6
6 손잡이 SCM435 1
5 나사축 SCM435 1
4 브래킷 SCM435 1
3 이동조 SCM435 1
2 고정조 SCM435 1
1 베이스 SCM435 1
품번 품명 재질 수량 비고
작품명 C형 슬라이더
척도 1:1
각법 3
KS B 0901
빗줄형 널링 m0.3
KS A ISO 6411 A2/4.25

3D 모범 답안 제출용 – C형 슬라이더

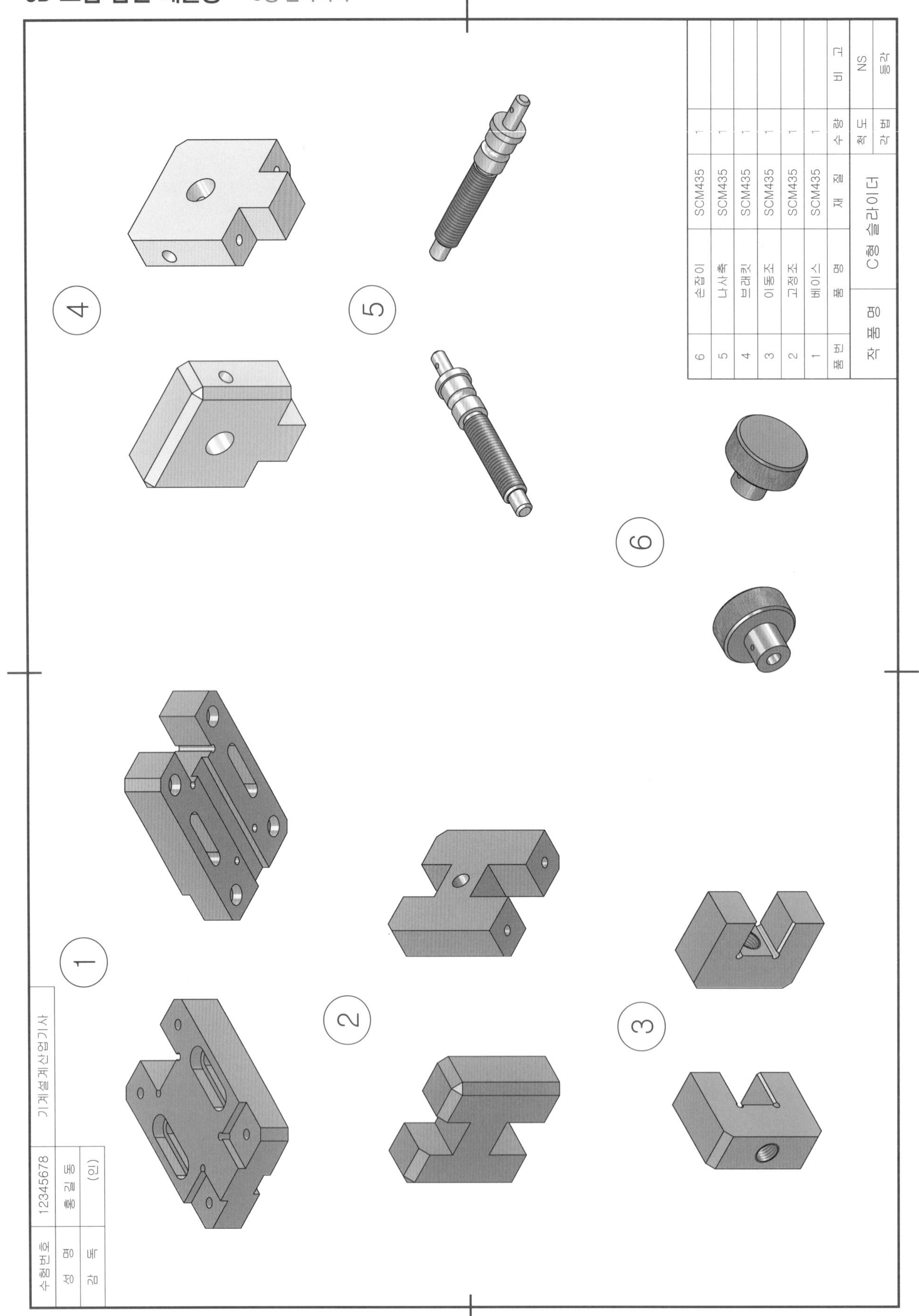

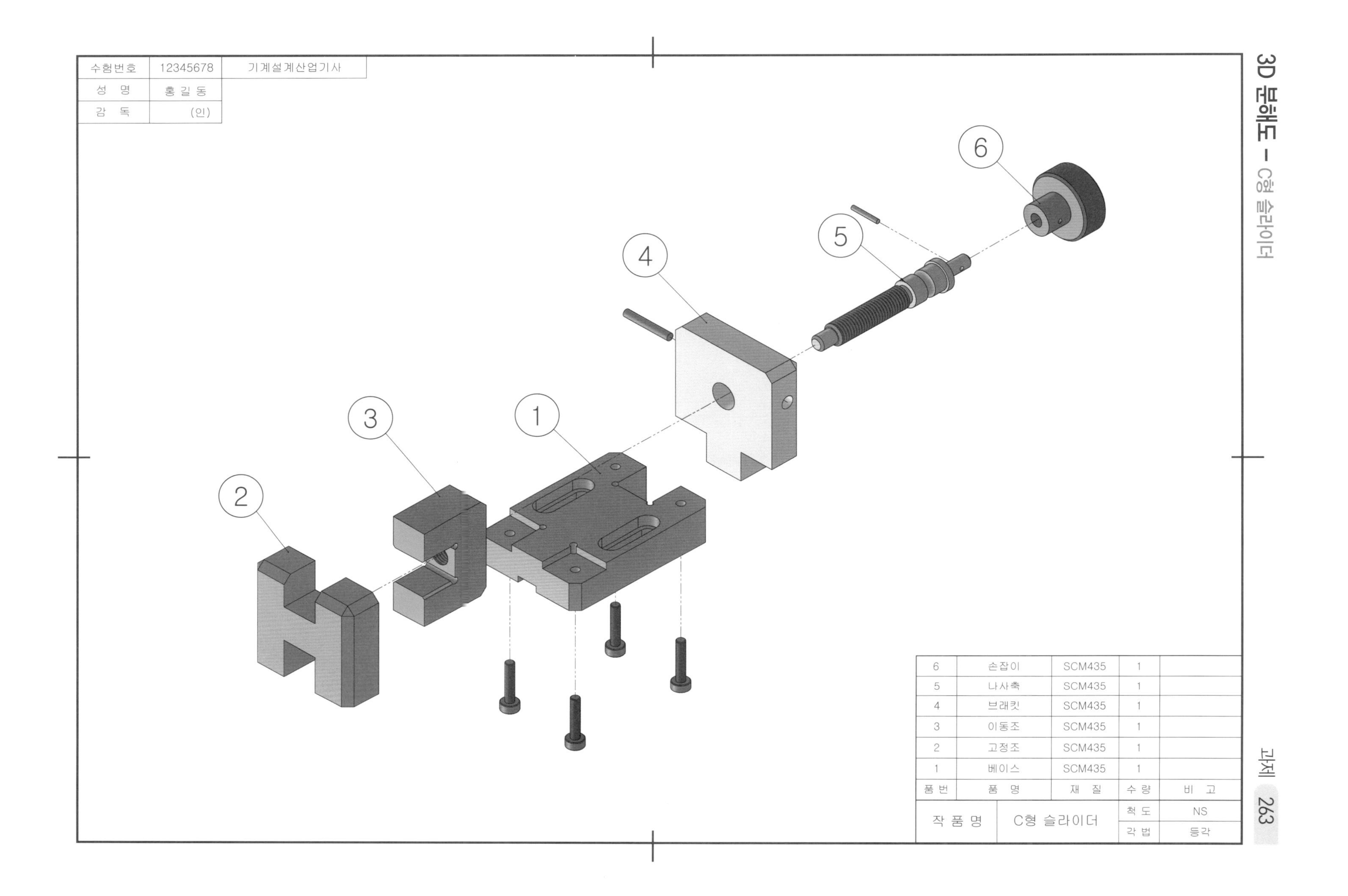
수험번호 | 12345678 | 기계설계산업기사
성 명 | 홍길동
감 독 | (인)
1
2
3
4
5
6
6 | 손잡이 | SCM435 | 1
5 | 나사축 | SCM435 | 1
4 | 브래킷 | SCM435 | 1
3 | 이동조 | SCM435 | 1
2 | 고정조 | SCM435 | 1
1 | 베이스 | SCM435 | 1
품번 | 품 명 | 재 질 | 수 량 | 비 고
작 품 명 | C형 슬라이더 | 척 도 | NS
각 법 | 등각

과제 20	작 품 명 ｜ 리밍지그	자격종목 ｜ 기계설계산업기사	척 도 ｜ 1 : 1

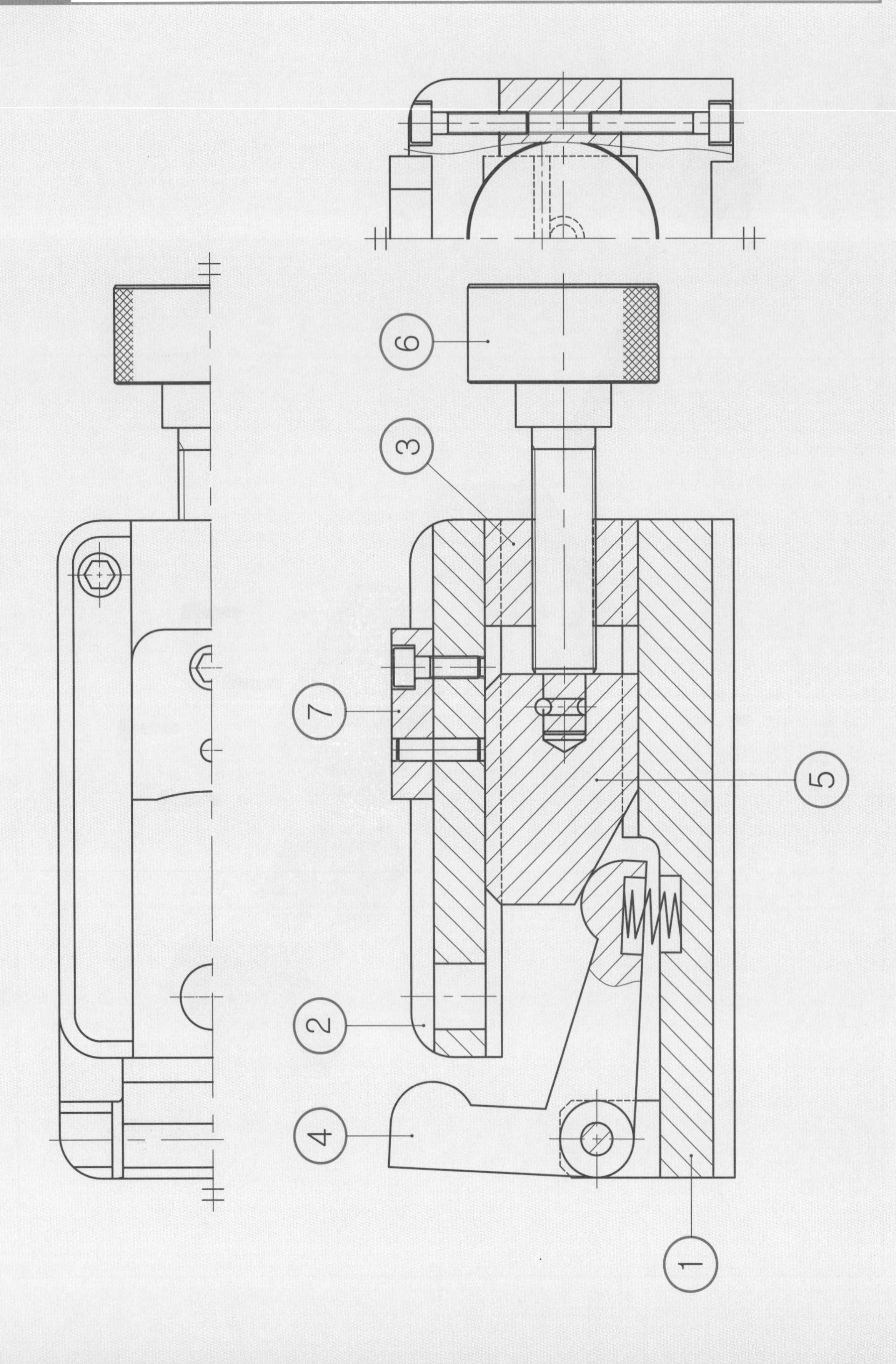

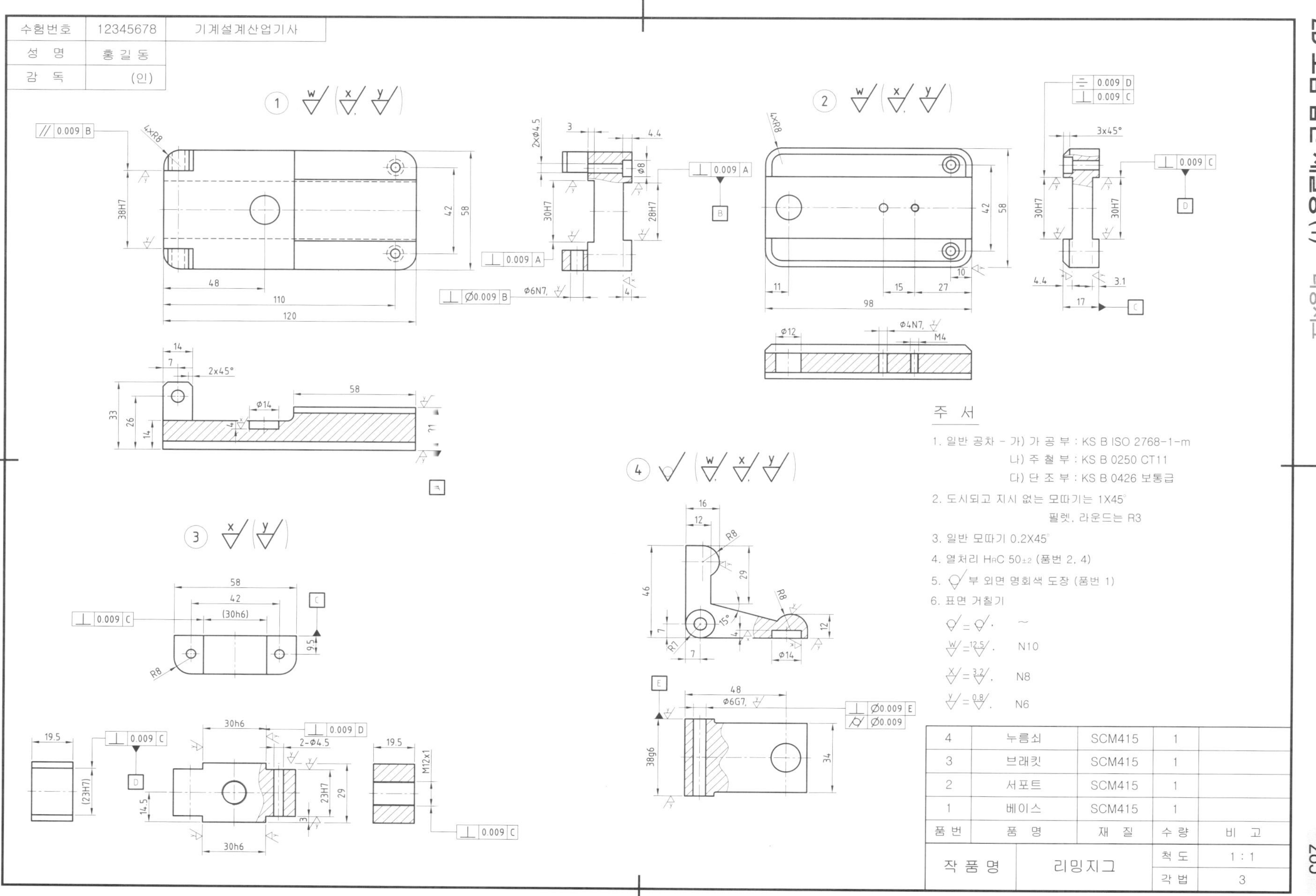
수험번호 12345678 기계설계산업기사
성 명 홍길동
감 독 (인)
주 서
1. 일반 공차 - 가) 가 공 부 : KS B ISO 2768-1-m
나) 주 철 부 : KS B 0250 CT11
다) 단 조 부 : KS B 0426 보통급
2. 도시되고 지시 없는 모따기는 1X45°
필렛, 라운드는 R3
3. 일반 모따기 0.2X45°
4. 열처리 HRC 50±2 (품번 2, 4)
5. 부 외면 명회색 도장 (품번 1)
6. 표면 거칠기
N10
N8
N6
4 누름쇠 SCM415 1
3 브래킷 SCM415 1
2 서포트 SCM415 1
1 베이스 SCM415 1
품번 품 명 재 질 수 량 비 고
작 품 명 리밍지그 척 도 1 : 1 각 법 3

2D 모범 답안 제출용(2) – 리밍지그

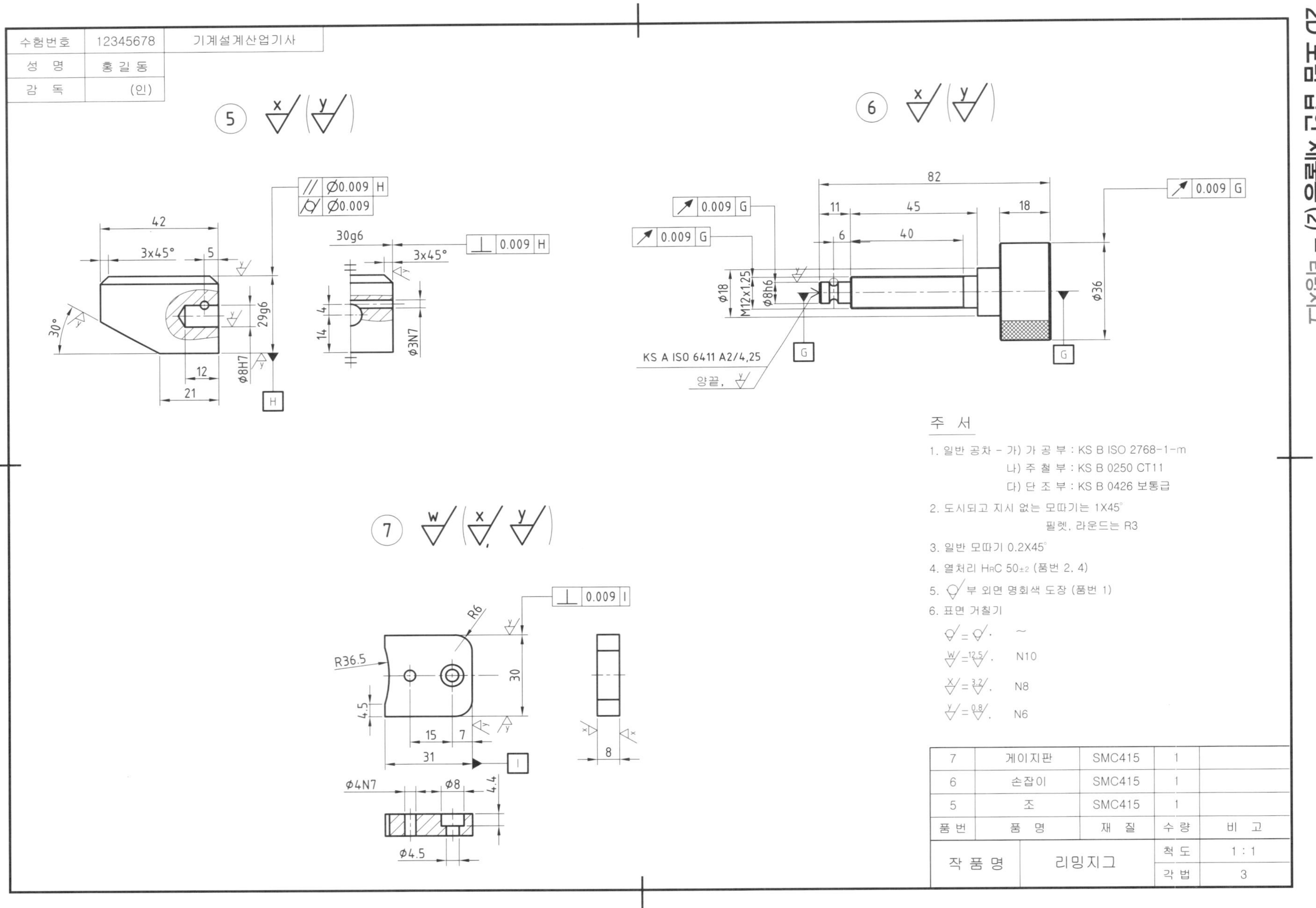

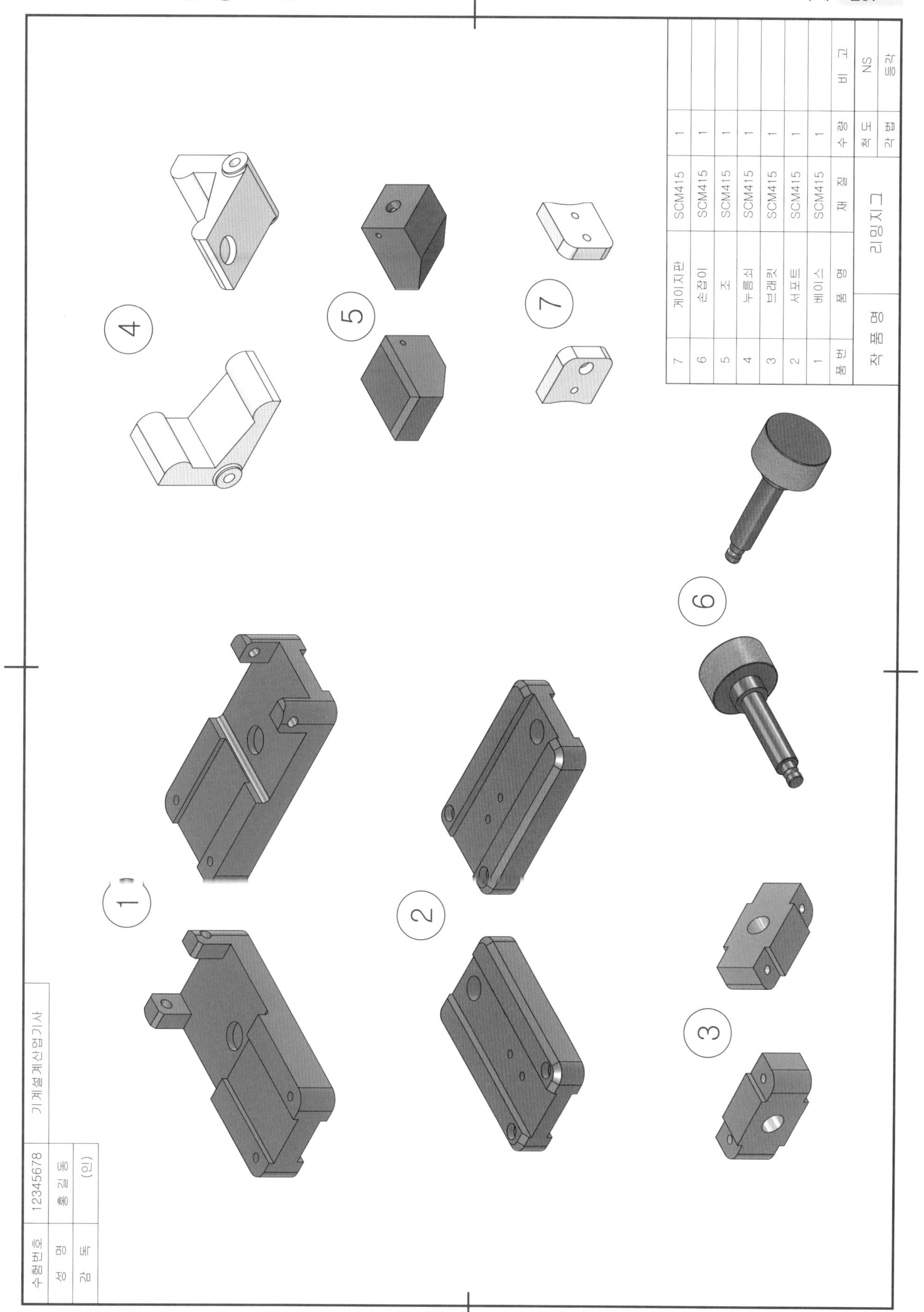
7 게이지판 SCM415 1
6 손잡이 SCM415 1
5 조 SCM415 1
4 누름쇠 SCM415 1
3 브래킷 SCM415 1
2 서포트 SCM415 1
1 베이스 SCM415 1
품번 품명 재질 수량 비고
작품명 리밍지그 척도 NS 각법 3각
수험번호 12345678 기계설계산업기사
성명 홍길동
감독 (인)
1
2
3
4
5
6
7

3D 분해도 – 리밍지그

품번	품 명	재 질	수 량	비 고
7	게이지판	SMC415	1	
6	손잡이	SMC415	1	
5	조	SMC415	1	
4	누름쇠	SMC415	1	
3	브래킷	SMC415	1	
2	서포트	SMC415	1	
1	베이스	SMC415	1	
작 품 명	리밍지그		척 도	NS
			각 법	등각

수험번호	12345678	기계설계산업기사
성 명	홍길동	
감 독	(인)	

1 2 3 4 5 6 7

SolidWorks
기계설계제도

2019년 8월 10일 1판 1쇄
2023년 3월 20일 1판 2쇄

저자 : 강형식 · 이종신
펴낸이 : 이정일

펴낸곳 : 도서출판 **일진사**
www.iljinsa.com
04317 서울시 용산구 효창원로 64길 6
대표전화 : 704-1616, 팩스 : 715-3536
이메일 : webmaster@iljinsa.com
등록번호 : 제1979-000009호(1979.4.2)

값 28,000원

ISBN : 978-89-429-1594-1